高职高专计算机任务驱动模式教材

信息技术基础

主　编／陈守森　李华伟　姜泉竹
副主编／万继平　高　雨　于　昊　刘立静

清華大学出版社
北　京

内 容 简 介

本书根据教育部高职信息技术基础新大纲要求编写，兼顾了专升本和计算机二级考试的知识点。全书包括7章内容，分别是计算机基础知识、文档处理、电子表格处理、演示文稿制作、信息检索、新一代信息技术简介、信息产业与信息素养。本书为新形态、立体式、电子活页教材，配套完备的PPT、微课视频、电子活页、实训材料，通过扫描二维码可以随时随地学习并使用相关资料，解决了以往教学中出现的软件版本升级慢、实训设备短缺、基础不统一等方面的问题。

本书适合作为职业本科及高职高专计算机文化基础、信息技术基础课程的教材，也可以作为应用型本科和社会培训机构的教材。

图书在版编目（CIP）数据

信息技术基础 / 陈守森，李华伟，姜泉竹主编 . — 北京：清华大学出版社，2022.8
高职高专计算机任务驱动模式教材
ISBN 978-7-302-61133-2

Ⅰ . ①信…　Ⅱ . ①陈… ②李… ③姜…　Ⅲ . ①电子计算机 – 高等职业教育 – 教材　Ⅳ . ① TP3

中国版本图书馆 CIP 数据核字（2022）第 110336 号

组稿编辑： 张龙卿
文稿编辑： 李慧恬
封面设计： 徐日强
责任校对： 李　梅
责任印制： 朱雨萌

出版发行： 清华大学出版社
　　网　　址： http: //www.tup.com.cn，http: //www.wqbook.com
　　地　　址： 北京清华大学学研大厦A座　　**邮　　编：** 100084
　　社 总 机： 010-83470000　　**邮　　购：** 010-62786544
　　投稿与读者服务： 010-62776969, c-service@tup.tsinghua.edu.cn
　　质量反馈： 010-62772015, zhiliang@tup.tsinghua.edu.cn
　　课件下载： http://www.tup.com.cn, 010-83470410
印 装 者： 北京鑫海金澳胶印有限公司
经　　销： 全国新华书店
开　　本： 185mm×260mm　　**印　　张：** 17.75　　**字　　数：** 406千字
版　　次： 2022年8月第1版　　**印　　次：** 2022年8月第1次印刷
定　　价： 49.80元

产品编号：095878-01

前言

信息技术基础（又称计算机文化基础）是当前职业院校必修基础课之一，但是授课内容和方式有很多争议：一是学生学习目标不同，部分学生以通过计算机二级考试、专升本为目标，部分学生以信息化能力为目标，并且计算机二级考试、专升本、教育部大纲侧重点各不相同；二是学生基础差异较大，对课程内容、难度的掌握能力不同；三是学生专业不同，对教学内容侧重点需求不同。另外，信息技术发展较快，软件更新升级快，但是大部分职业院校软硬件升级换代较慢，不能完全满足最新的软件实训要求。

根据以上情况，编者整合了教育部大纲、专升本、计算机二级考试中信息技术基础部分的知识点要求，以“任务驱动、理实一体”的方式编写了本书。同时，本书为新形态、电子活页式教材，知识点配套了PPT、微课视频，通过二维码的方式，可以随时随地完成学习，便于不同基础、不同专业的学生自主学习。本书还设置了不同版本的软件实训项目，例如，书中讲解了如何使用 Word 2019 实现文字排版任务，电子活页中介绍了如何使用 Word 2013、WPS 等不同软件完成该任务，既满足了不同目标学生的学习需求，又能够有效地解决实训版本、软件升级等问题。

本书主要包括 7 章内容：第 1 章讲解计算机基础知识，包括计算机体系架构，Windows 10 操作系统，文件和文件夹管理，系统安全等；第 2 章讲解文档处理，包括编辑讲座通知，编制产品说明书，制作个人简历，制作录取通知书，顶岗实习报告排版 5 个任务；第 3 章讲解电子表格处理，包括建立学生成绩表，统计学生成绩，分析学生成绩数据，制作学生成绩统计图表等；第 4 章讲解演示文稿制作，主要通过制作相关演示文稿来完成相关任务；第 5 章讲解信息检索，包括网络基础，毕业论文资料检索，网页与网站等方面的知识；第 6 章讲解新一代信息技术，包括新一代通信网络、物联网、虚拟现实、云计算、大数据、人工智能、区块链等知识的简介；第 7 章讲解信息产业与信息素养，以电子活页形式提供各节内容。

本书与清华大学出版社出版的《新一代信息技术导论》（陈守森主

编，ISBN 为 9787302606185）构成上下篇，实现了职业本科及高职高专信息技术教育知识点全覆盖，可以作为本科、高职高专院校的教材，也可以作为自学、培训的参考用书。

本书由陈守森、李华伟、姜泉竹担任主编，万继平、高雨、于昊、刘立静等人担任副主编，同时感谢很多同事及朋友给予的帮助和支持。

由于编者水平有限，不足之处在所难免，敬请广大读者批评指正，不胜感激。

编　者

2022 年 5 月

目 录

第 1 章　计算机基础知识

【学习目标】

- 掌握信息技术和计算机文化的基础知识，包括信息、数据、信息技术、信息社会、计算机文化等。
- 掌握计算机中数据的表示、存储与处理。
- 掌握计算机系统的组成及主要技术指标。
- 掌握 Windows 10 的基本知识及基本操作。
- 掌握 Windows 10 的文件及文件夹的基本概念及操作。
- 建立信息安全意识，能识别常见的网络欺诈行为。
- 了解常用的信息安全技术，掌握密码技术、防火墙技术、反病毒技术等信息安全技术的概念。

1.1　计算机体系架构

任务知识点

- 计算机的发展、分类。
- 计算机的硬件系统，主要包括 CPU、主板、内存储器（内存条）、硬盘、显卡、显示器、机箱及电源等。
- 计算机的软件系统，主要包括操作系统和常用应用软件。
- 二进制、八进制、十进制和十六进制等计数制，以及各计数制之间的相互转换。

任务描述

列出详细的配置单，选购一台适合自己的计算机。

知识预备

计算机是指能够存储和操作信息的智能电子设备，而计算机系统是指与计算机相关的硬件和软件以及相关知识的综合。

从科学的角度来讲，计算机与计算机系统（系统是由一些相互联系、相互制约的若干组成部分结合而成且具有特定功能的一个有机整体）是有区别的。在日常生活、工作中，人们一般对计算机和计算机系统不加以区别，需要进行区分的时候，通过计算机硬件和软件来进行单独区分。

计算机硬件是组成计算机（系统）的物理设备，由控制器、运算器、存储器、输入设备和输出设备这五个逻辑部件组成，另外还包括其他设备，如图 1-1 所示。在一定程度上，满足五个逻辑部件的电子仪器设备，都可以当作计算机。

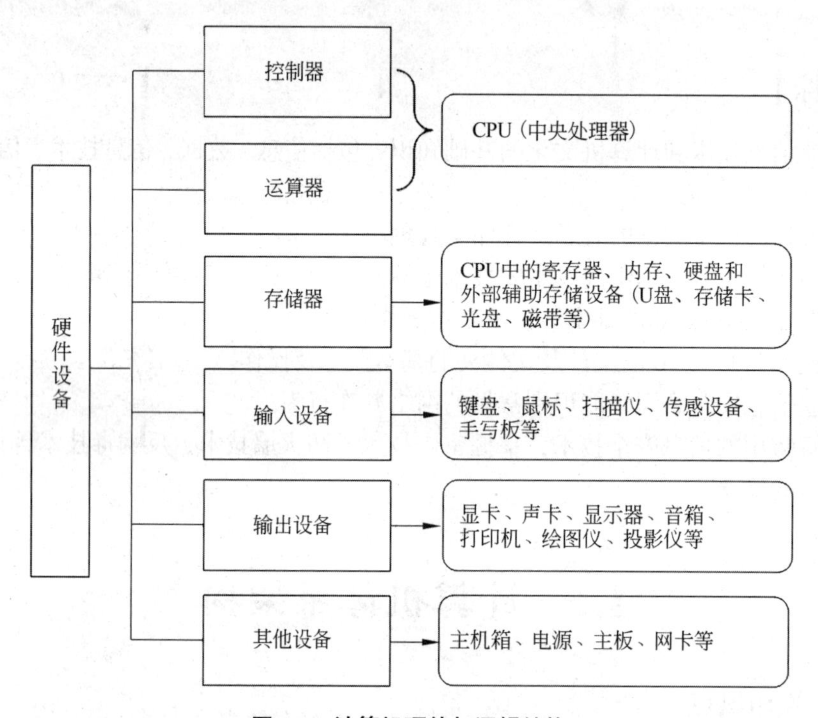

图 1-1　计算机硬件与逻辑结构

计算机硬件设备并不是严格与这些逻辑结构一一对应的。一台计算机也不是必须包括所有硬件设备，但是一定要具备上述五种逻辑结构。一台计算机的硬件设备主要包括主机箱、主板、CPU、显卡、声卡、硬盘、网卡、内存、显示器、键盘、鼠标等设备。

1. 计算机的发展和分类

1）计算机的发展

1946 年 2 月 15 日，世界上第一台电子计算机 ENIAC（electronic numerical integrator and calculator）诞生于美国宾夕法尼亚大学。ENIAC（见图 1-2）有几间房间那么大，占地 170m^2，使用了 1500 个继电器和 18800 个电子管，重达 30 多吨，每小时耗电 150kW，耗资 40 万美元，真可谓庞然大物。人们公认 ENIAC 的问世标志着计算机时代的到来，它的出现具有划时代的历史意义。

在此后几十年的发展历程中，计算机的发展已经历了四代，并正在向第五代过渡。习惯上，人们根据计算机所用的电子元件的变化来划分计算机的“代”。

（1）第一代计算机（1946—1958 年）。组成计算机的基本电子元件是电子管。其特点是体积大、功耗高、存储容量小、运算速度在每秒数千次到数万次之间。第一代计算机主要使用机器语言，并开始使用符号语言。其主要用于科学计算。

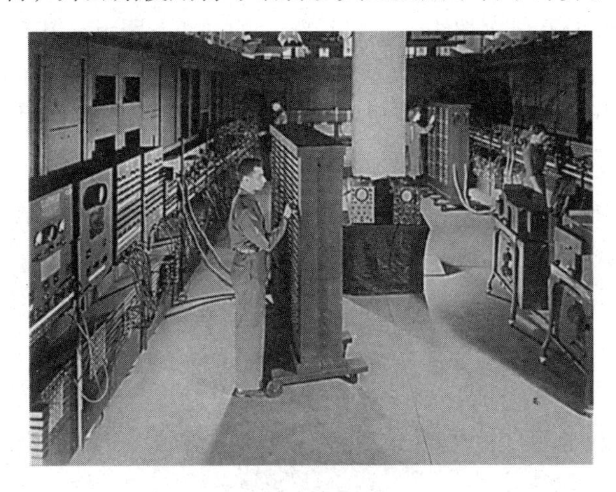

图 1-2 第一台电子计算机 ENIAC

（2）第二代计算机（1958—1964 年）。组成计算机的基本电子元件是晶体管，计算机主存储器大量使用由磁性材料制成的磁芯，并开始使用磁盘作为外存储器。计算机的体积缩小了，功耗降低了，存储容量增大了，稳定性提高了，运算速度也提高到每秒几十万次。开始使用操作系统及高级程序设计语言，主要应用领域也从以科学计算为主转向以数据处理为主。

（3）第三代计算机（1964—1972 年）。组成计算机的主要电子元件是集成电路，半导体存储器取代了沿用多年的磁芯存储器。与晶体管电路相比，集成电路计算机的体积、重量、功耗都进一步减小，而稳定性、运算速度和逻辑运算功能都进一步提高。所使用的操作系统得到了进一步发展，且出现了多种高级程序设计语言，主要应用于科学计算、数据处理及过程控制等领域。

（4）第四代计算机（1972 年至今）。主要电子元件是大规模集成电路、超大规模集成电路，磁盘的存取速度和存储容量大幅度上升，开始使用光盘作为外存储介质，计算机的运算速度可达每秒几百万次至上亿次。而体积、重量和耗电量进一步减少。微处理器的出现，使计算机实现了微型化；多媒体技术、数据存储技术、并行处理技术、多机系统、分布式系统和计算机网络都得以迅猛发展；软件工程的标准化、多种计算机高级语言、Windows 操作系统、各类数据库管理系统的使用，使计算机的应用渗透到了几乎所有的领域。

2）中国计算机发展史

我国计算机工业从 1956 年起步，1958 年第一台电子管计算机（DJS-1 型计算机）试制成功。在 1964 年，我国制成了第一台全晶体管电子计算机（441-B 型计算机）。1974 年开始研制微型机，主要有长城、东海、联想、方正等系列产品。

在研制大型机及巨型机方面，国防科技大学研制的超级计算机有“银河”系列和“天河一号”系列，曙光信息产业有限公司和国家智能计算机研究开发中心研制推出“曙光”

系列。

2010 年 11 月 14 日,“天河一号”首次进入全球超级计算机 500 强排行榜并排名全球第一。它是我国首台千万亿次超级计算机系统，如图 1-3 所示，其系统峰值性能为每秒 1206 万亿次双精度浮点运算。在“天河一号”中，共有 6144 个 Intel 处理器和 5120 个 AMD 图像处理单元（相当于普通计算机中的图像显示卡）,“天河一号”广泛应用于航天、勘探、气象、金融等众多领域。

图 1-3 “天河一号”超级计算机

3）计算机的分类

从 1946 年计算机诞生到今天，已经发展出外形、功能和性能各异的计算机，这些计算机在社会的不同行业中得到广泛的应用。尽管不同类型的计算机大小和性能相差很大，但是它们都满足计算机系统逻辑结构的定义，属于计算机的不同分类。

（1）超级计算机。超级计算机基本组成组件与个人计算机的组成组件无太大差异，是计算机中功能非常强、运算速度非常快、存储容量非常大的一类计算机。拥有非常强的并行计算能力，主要用于科学计算。在气象、军事、能源、航天、探矿等领域承担大规模、高速度的计算任务。超级计算机通常由大量的 CPU 和存储设备组成，是一种专注于科学计算的高性能服务器，而且价格非常昂贵。

例如，国防科技大学研制的“天河二号”超级计算机系统，以峰值计算速度每秒 5.49 亿亿次、持续计算速度每秒 3.39 亿亿次双精度浮点运算的优异性能，位居 2013 年超级计算机榜首，成为全球最快的超级计算机。该计算机有 125 个机柜，共采用了 312 万个 CPU 建设而成，内存达到 1.408PB，外存采用 12.4PB 容量的硬盘阵列。这样的庞然大物所消耗的能源也是巨大的，在搭载了水冷却系统以后，功耗达到 24MW。

（2）小型机和刀片服务器。服务器通常指一个管理资源并为用户提供服务的计算机软件，常见的服务器有文件服务器、数据库服务器和应用程序服务器等。通常情况下运行上述软件的计算机（系统）也被称为服务器，这里提到的服务器指的是计算机硬件系统。

小型机是指采用 8~32 个处理器，性能和价格介于个人计算机服务器和大型主机之间的一种高性能 64 位计算机。小型机与普通个人计算机的区别在于：它具有高可靠性、高可用性、高服务性三个特点。

刀片服务器是指在标准高度的机架式机箱内可插装多个卡式的服务器单元，从而实现高可用和高密度。每一块“刀片”实际上就是一块系统主板，加上主板上的CPU等组件，构成了一个个独立的计算机，刀片服务器实际上是把若干台计算机放到同一个机架式机箱中进行统一管理。

（3）个人计算机。个人计算机的概念由IBM公司于1981年最先提出，发展到现在包括了台式机、笔记本电脑、一体机、掌上电脑和平板电脑等不同类型的计算机。个人计算机不需要共享其他计算机的处理、磁盘和打印机等资源即可以独立工作，是人们日常生活工作中接触较多、较频繁的计算机。

（4）工业计算机。工业计算机大量地应用在自动化、控制、监测等领域，工业计算机由于其工作环境不同，因此在外形和输入/输出方面与普通计算机有很大的不同。例如，一些工业计算机为了能够适应工厂粉尘工作环境，安装了密封的防尘罩；一些工业计算机的输入设备（即各种不同的传感器）将监测数据输入计算机单元中，以方便进行计算机处理。

（5）移动终端。移动终端指的是在移动中能够使用的计算机，包括智能手机、掌上电脑、笔记本电脑、POS机等类型的计算机。智能手机是最近几年发展非常快的移动终端设备，以至于移动终端目前基本上特指智能手机和平板电脑。

智能手机像个人计算机一样，具有独立的处理器、存储器等硬件系统。智能手机最大的特点是具有独立的操作系统，使用者能够方便自主地安装和卸载软件和应用。

（6）新概念计算机。新概念计算机主要在两个方面体现出与传统计算机的不同：一是在芯片的工艺材料上；二是在外形设计上，无论是哪个方面，都是对未来计算机的一个展望。

在新的工艺材料上，主要是采用一些纳米、光电子技术来代替传统的集成电路技术，并且在输入/输出端都进行了极大的改进。在外形设计上，智能眼镜、智能手表等形形色色的电子产品不断推出，都颠覆了传统的计算机概念，未来计算机将成为一个更广泛的概念。从发展趋势来看，今后计算机将继续朝着巨型化、微型化、网络化、智能化和多媒体各个方向发展。

2. 计算机的组成

计算机系统通常由硬件系统和软件系统两大部分组成，如图1-4所示。硬件系统和软件系统是一个有机的结合体，是组成计算机系统的两个不可分割的部分，它们相辅相成，缺一不可。

计算机的硬件系统是看得见、摸得着的物理实体，是计算机进行工作的物质基础。随着计算机功能的不断增强以及应用范围的不断扩展，计算机硬件系统也越来越复杂，但是其基本组成和工作原理还是大致相同的。

至今为止，计算机硬件体系结构基本上还是采用冯·诺依曼结构，即由控制器、运算器、存储器、输入设备和输出设备五大部件组成，其中，运算器和控制器构成了中央处理器（CPU）。它们之间的关系如图1-5所示，其中，细线箭头表示由控制器发出的控制信息的流向，粗线箭头表示数据信息的流向。冯·诺依曼结构的基本思想是程序存储和程序控制，即程序和数据一样进行存储，然后按程序编排的顺序一步一步地取出指令，自动完成指令规定的操作。

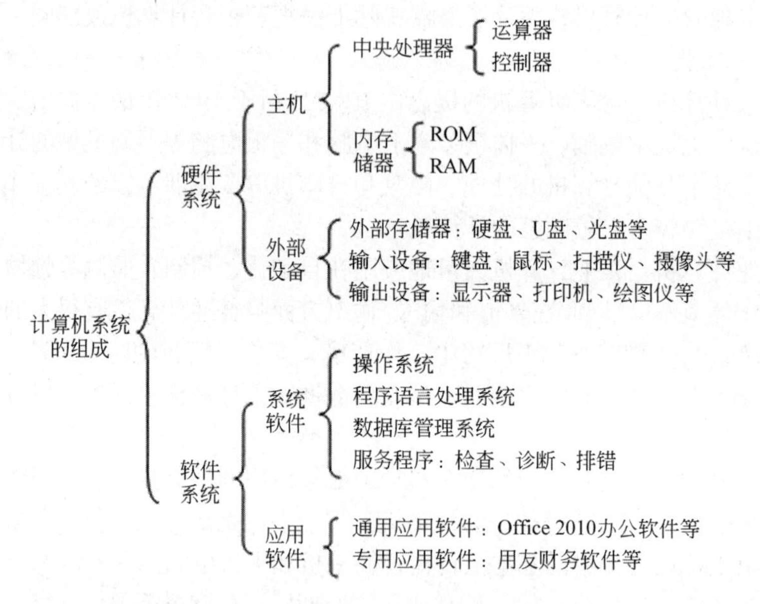

图 1-4 计算机系统的组成

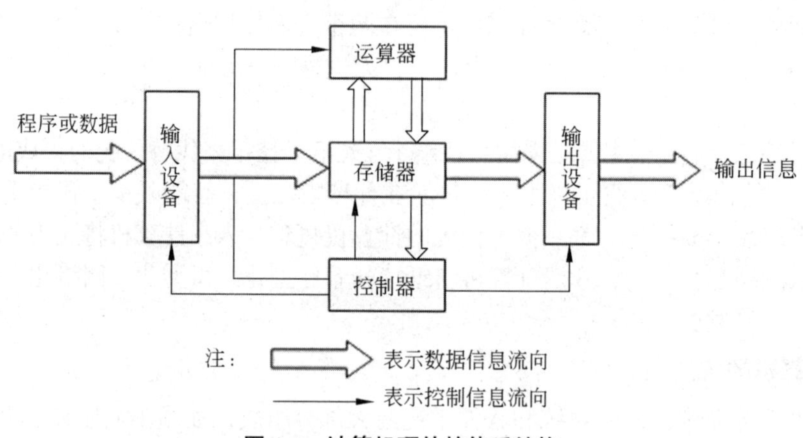

图 1-5 计算机硬件的体系结构

常见的计算机硬件设备主要如下所示。

1）中央处理器

中央处理器（CPU）是计算机最核心的部件，负责统一指挥、协调计算机所有的工作，它的速度决定了计算机处理信息的能力，其品质的优劣决定了计算机的系统性能。中央处理器由运算器和控制器组成。目前市面上流行的品牌主要有 Intel、AMD、VIA（威盛）等。下面是衡量中央处理器性能的主要参数指标。

（1）主频。主频是中央处理器内部时钟工作频率（内核频率）的简称，是中央处理器内核电路的实际运行频率。主频越高说明中央处理器的运行速度越快。现在中央处理器主频的单位已经由 MHz（兆赫兹，就是每秒完成一百万次操作）发展到以 GHz（千兆赫兹）为标准单位了。

（2）高速缓存。高速缓存又叫 Cache，是位于中央处理器与内存之间的临时存储器，高速缓存是中央处理器性能表现的关键之一，在中央处理器核心不变的情况下，增加高速缓存容量能使中央处理器性能大幅提高。

（3）字长。字长（也称为数据总线宽度）是中央处理器一次能够同时运算的二进制数的最大位数。其他性能参数相同时，中央处理器的字长值越大，功能就越强，运算速度也越快。

目前中央处理器的生产商还通过在芯片内集成更多的处理核心、采用多线程技术和内置针对多媒体处理的指令集等方法来提高中央处理器的执行效率。

一款中央处理器的规格描述："Intel Core i7 11700K 八核十六线程中央处理器（3.6GHz/16MB 高速缓存）"。这些参数代表什么含义呢？这里的"Intel"是指中央处理器由 Intel（英特尔）公司生产的；"Core"代表"Intel 酷睿产品系列"；"i7 11700K"是中央处理器的型号，11 表示是第 11 代中央处理器；"八核十六线程"是指中央处理器内集成了 8 个处理核心，同时可以有 16 个线程处理任务；"3.6GHz"表示中央处理器的主频是 3.6GHz；"16MB 高速缓存"代表中央处理器内置了 16MB 的高速缓存。图 1-6 所示的是一颗 Intel i7 中央处理器的正背面。

图 1-6　Intel 第 11 代酷睿 i7 中央处理器

2）主板

主板（mainboard）（见图 1-7）是计算机中最大的电路板，相当于计算机的躯干，是计算机最基本、最重要的部件之一。主板为中央处理器、内存条、显卡、硬盘、网卡、声卡、鼠标、键盘等部件提供了插槽和接口，计算机的所有部件都必须与它结合才能运行，它对计算机所有部件的工作起着统一协调的作用。目前，大部分主板上都集成了声卡和网卡，部分主板还集成了显卡。常见主板品牌有华硕、技嘉、微星、精英、七彩虹等。

3）内存储器（内存条）

内存储器（见图 1-8）是计算机的记忆中心，主要用于存放当前计算机运行所需的临时程序和数据。根据作用不同，内存储器分为只读存储器（ROM）和随机存储器（RAM）。只读存储器只能读取而不能写入信息，断电或关机后存储的信息不会丢失；随机存储器既可读取又可写入信息，但断电或关机后存储的信息会丢失。常见的内存储器品牌有三星、金士顿、威刚、现代、宇瞻等。

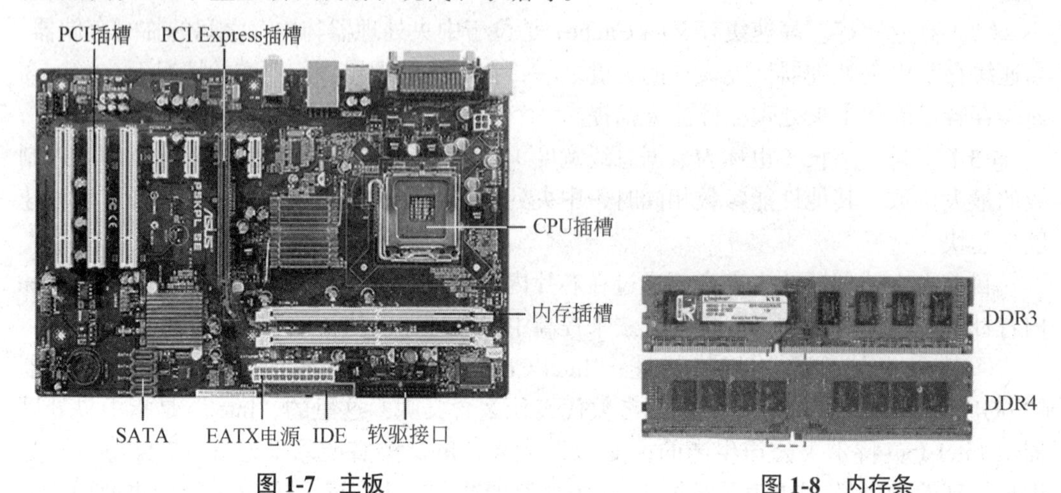

图 1-7　主板　　**图 1-8　内存条**

存储器的存储容量的基本单位为字节，用 B（Byte）表示。b（bit）表示信息的最小单位。它们之间的关系是：1Byte = 8bit。由于存储器的容量一般都较大，因此常用 KB、MB、GB、TB 等来表示，它们之间的关系如下。

$1\text{KB} = 2^{10}\text{B} = 1024\text{B}$

$1\text{MB} = 2^{20}\text{B} = 1024 \times 1024\text{B} = 1048576\text{B} = 1024\text{KB}$

$1\text{GB} = 2^{30}\text{B} = 1024 \times 1024 \times 1024\text{B} = 1024\text{MB}$

$1\text{TB} = 2^{40}\text{B} = 1024 \times 1024 \times 1024 \times 1024\text{B} = 1024\text{GB}$

4）硬盘

硬盘（hard disk）（见图 1-9）是计算机中非常重要的数据存储设备，计算机中的文件都存储在硬盘中。硬盘通常被固定在主机箱内部，其性能直接影响计算机的整体性能。其特点是速度快、容量大、可靠性高。硬盘分为固态硬盘（SSD）、机械硬盘（HDD）和混合硬盘（SSHD），固态硬盘速度最快，混合硬盘次之，机械硬盘最慢。常见硬盘接口分为 IDE、SATA、SCSI 和光纤通道四种。SATA 接口又有 3.0 和 2.0 的区别，SATA 3.0 速度高于 SATA 2.0。转速通常为 7200 转 / 分钟，容量一般为 500GB、1TB、2TB、3TB 等。常见的品牌有希捷、西部数据等。

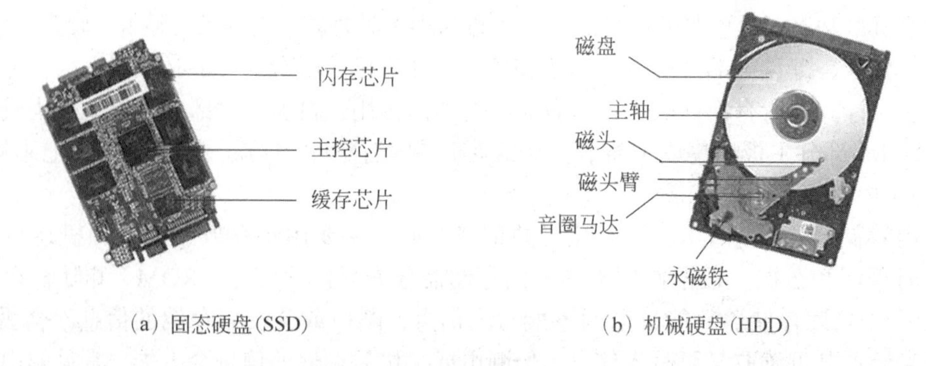

（a）固态硬盘（SSD）　　（b）机械硬盘（HDD）

图 1-9　硬盘

5）显卡

显卡又称显示卡（video card），是计算机中一个重要的组成部分（见图 1-10），承担输出显示图形的任务。对喜欢玩游戏和从事专业图形设计的人来说，显卡非常重要；其内置的并行计算能力在现阶段也用于深度学习等运算。

图 1-10　显卡

显卡是插在主板上的扩展槽里的（一般是 PCI-E 插槽）。它主要负责把主机向显示器发出的显示信号转化为一般电器信号，使显示器能明白计算机在让它做什么。显卡主要由显卡主板、显示芯片（video chipset）、显示存储器、散热器（散热片、风扇）等部分组成。

显示芯片是显卡的主要处理单元，因此又称为图形处理器（graphic processing unit，GPU）。主流显卡的显示芯片主要由 NVIDIA（英伟达）和 AMD（超威半导体）两大厂商制造，通常将采用 NVIDIA 显示芯片的显卡称为 N 卡，而将采用 AMD 显示芯片的显卡称为 A 卡。显卡上也有和计算机存储器相似的存储器，称为显示存储器，简称显存。

影响显卡性能的高低主要有显卡频率、显示存储器等性能指标。频率越高，显存越大，显卡性能越好。

6）显示器

显示器是计算机非常重要的输出设备，通过显示器能方便地查看输入的内容和经过计算机处理后的各种信息。它可以分为 CRT、LCD、LED、OLED 等多种类型。

（1）CRT 显示器是一种使用阴极射线管（cathode ray tube）的显示器。它主要由五部分组成：电子枪、偏转线圈、荫罩、荧光粉层及玻璃外壳。CRT 显示器由于体积大、能耗高，目前已经退出市场。

（2）LCD 显示器即液晶显示器（liquid crystal display）。它的优点有机身薄、占地小和辐射小。LCD 显示器内部有很多液晶粒子，它们有规律地排列成一定的形状，并且它们每一面的颜色都不同，分为红色、绿色和蓝色。这三原色能还原成任意的其他颜色。当显示器收到显示数据时，会控制每个液晶粒子转动到不同颜色的面，从而组合成不同的颜色和图像。也因为这样，LCD 显示器的缺点有色彩不够艳和可视角度不大等。

（3）LED 显示器是一种通过控制半导体发光二极管（light-emitting diode）的显示方式来显示文字、图形、图像、视频等各种信息的设备。LED 显示器集微电子技术、计算机技术、信息处理技术于一体，以其色彩鲜艳、动态范围广、亮度高、寿命长、工作稳定可靠等优点，成为极具优势的新一代显示设备。目前，LED 显示器已广泛应用于大型广场、体育场馆、证券交易大厅等场所，可以满足不同环境的需要。

（4）OLED 显示器利用有机发光二极管（organic light-emitting diode）制成。OLED 显示器由于同时具备自发光、不需背光源、对比度高、厚度薄、视角广、反应速度快、可用于挠曲性面板、使用温度范围广、构造及制程较简单等优异特性，被认为是下一代的平面显示器新兴应用技术。

显示器的选购参数主要有屏幕尺寸、分辨率、屏幕比例和接口类型等。屏幕尺寸是指显示器屏幕对角线的长度；屏幕分辨率是指纵横向上的像素点数。屏幕分辨率确定计算机屏幕上显示多少信息，以水平和垂直像素来衡量。就相同大小的屏幕而言，当屏幕分辨率低时，在屏幕上显示的像素少，单个像素尺寸比较大。屏幕分辨率高时，在屏幕上显示的像素多，单个像素尺寸比较小。屏幕比例是指屏幕画面纵向和横向的比例，又名纵横比或者长宽比，常见的比例有 4∶3、5∶4、16∶10、16∶9、21∶9。好的接口能带来好的画质，显示器接口有很多种，市场常见的显示器接口类型排名（清晰度）为 DP>HMDI>DVI>VGA（见图 1-11）。

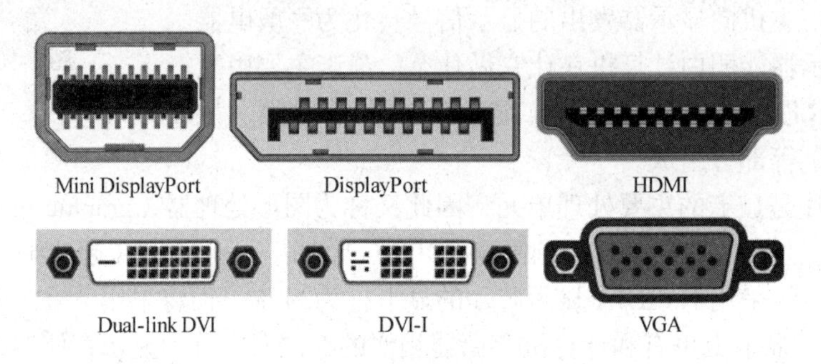

图 1-11　显示器接口

7）机箱及电源

机箱是计算机的外壳，从外观上可分为卧式和立式两种。机箱一般包括外壳、用于固定软硬盘驱动器的支架、面板上必要的开关及指示灯等。配套的机箱内还有电源，稳定的电源可以为计算机各个电子元件提供稳定的电压以及电流，并且在选购时最好预留一定额度的功率，这样为将来增加硬盘数量或者其他设备提供升级空间。

3. 计算机软件系统

一台没有软件只有硬件的计算机是无法正常工作的，必须为计算机安装软件系统，它才能正常工作。

计算机软件系统包括系统软件和应用软件两类。系统软件的任务是控制和维护计算机的正常运行，管理计算机的各种资源。应用软件则是帮助用户处理实际任务的，可以使用应用软件播放视频，处理照片或编写论文。系统软件与应用软件又分成很多子类，如图 1-12 所示。

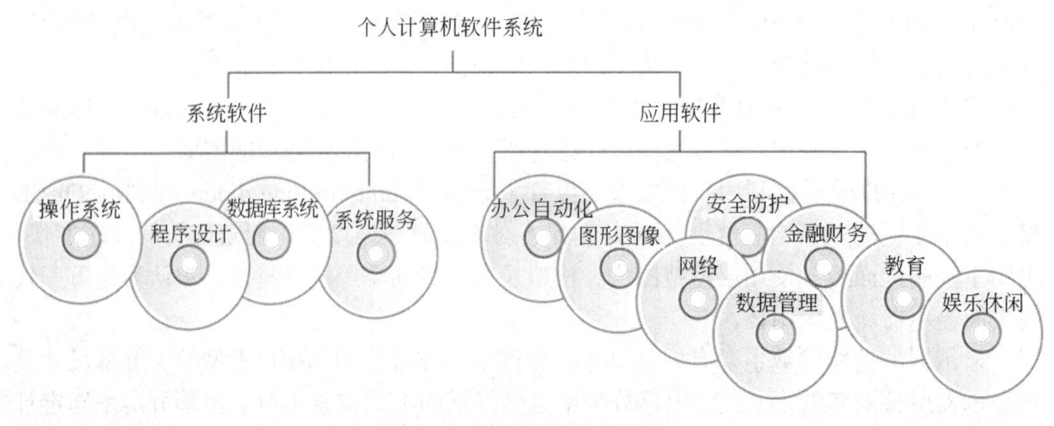

图 1-12　计算机软件的分类

1）操作系统

系统软件的核心是操作系统。操作系统是用来控制和管理计算机系统的硬件资源和软件资源的组织者和管理者。它在用户和程序之间分配系统资源，为用户访问计算机提供了工作环境，并使之协调一致、高效地完成各种复杂的任务，每个用户都是通过操作系统来使用计算机资源的。比如，程序执行前必须获得内存资源才能将程序装入内存；程序执行时要依靠处理器完成算术运算和逻辑运算；执行过程中可能还要使用外部设备输入原始数据和输出计算结果。操作系统会根据用户的需要合理而有效地进行资源分配。操作系统既是用户和计算机的接口，也是计算机硬件和其他应用软件的接口，操作系统与其他软件、用户和硬件系统的关系如图 1-13 所示。

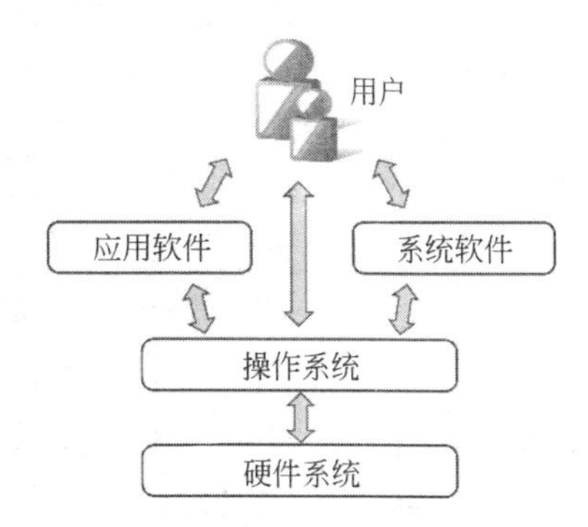

图 1-13 计算机系统的层次结构

2）个人计算机操作系统

我们使用的桌面计算机或便携式计算机类设备都安装有操作系统，下面介绍这些操作系统的区别。

（1）微软公司的 Windows 系列。目前大部分的个人计算机都安装了微软的 Windows 操作系统。1985 年，美国微软公司（Microsoft）研发出 Windows 操作系统。最初的研发目标是在 MS-DOS 的基础上提供一个多任务的图形用户界面。之后微软不断更新升级整个系统，提升它的易用性，使 Windows 成为应用非常广泛的操作系统。

早期的 MS-DOS 系统在使用时需要输入指令，而 Windows 采用了更为人性化的图形用户界面（GUI）。Windows 的架构从最开始的 16 位、32 位升级到 64 位，系统版本也从 Windows 1.0 更新到 Windows 95、Windows 98、Windows 2000、Windows XP、Windows Vista、Windows 7、Windows 8、Windows 8.1、Windows 10、Windows 11 和 Windows Server 服务器企业级操作系统。移动端设备还经历过 Windows Mobile、Windows Phone 和 Windows 10 Mobile 等阶段。Windows 10 Mobile 是微软发布的最后一个手机系统，并已于 2019 年停止支持。

Windows 系统上运行的程序数量和多样性是其他任何操作系统都无法相比的。Windows 不但有广泛的用户基础，而且有广大的硬件厂商和程序开发者的支持。现在微软为各种硬件平台都推出了相应的 Windows 系统，也在努力使开发者开发的软件能在不同的硬件平台上运行。

Windows 系统有着广泛的用户基础，但也成为他人的首选攻击目标。Windows 系统是公认的较容易受到病毒、蠕虫或其他攻击侵扰的桌面操作系统。Windows 系统的稳定性也常常遭人诟病，其出现不稳定情况的频率往往要比其他操作系统高。不过从 Windows 7 系统开始，在稳定性方面较之前的 Windows 版本有所改善。

（2）苹果公司的 Mac OS 系列。苹果公司是一家非常著名的电子科技产品生产商，苹果公司的产品既有计算机设备，也有其他电子科技产品。苹果公司为它的计算机产品提供的是 Mac OS 系列操作系统，后来为全触摸式平板电脑和智能手机专门开发了 iOS

系列操作系统。

苹果公司先于微软公司使用图形界面和鼠标，它的开发人员总是走在直观用户界面设计领域的前沿。苹果操作系统是人们公认的较为易用、可靠而且安全的操作系统。

苹果操作系统上运行的软件与其他操作系统不兼容，这意味着很多我们非常熟悉的软件在苹果系统上无法运行。苹果计算机的价格相对其他相同性能的 IBM PC 系列计算机价格会高一些。

（3）Linux 系列。Linux 是一种开放源代码操作系统，存在着许多不同的版本。Linux 不仅系统性能稳定，而且是开源软件。使用者不仅可以直观地获取该操作系统的实现机制，而且可以根据自身需要来修改完善 Linux，使其最大化地适应用户需要。其核心防火墙组件性能高效、配置简单，保证了系统的安全。在很多企业网络中，为了追求速度和安全，Linux 不仅被网络运维人员当作服务器使用，甚至被当作网络防火墙，这是 Linux 的一大亮点。

Linux 以它的高效性和灵活性著称，Linux 模块化的设计结构，使它既能在价格昂贵的工作站上运行，也能够在普通的个人计算机上运行。不过目前能在 Linux 上运行的程序相对比较有限，需要的修补程序较多，普通用户使用起来还不是很方便。

（4）谷歌公司的 Android 系统。Android 由谷歌公司推出，它是一种以 Linux 为基础的开放源代码操作系统，主要用于便携式计算机设备和智能手机。因为是开放式平台架构，所以它获得了很多移动设备生产商的支持。Android 目前在智能手机上的占有率是世界第一，遥遥领先于其他的智能手机操作系统。

（5）华为公司的鸿蒙系统。华为鸿蒙系统（Huawei HarmonyOS）是华为公司基于开源项目 OpenHarmony 开发的面向多种全场景智能设备的商用版本。华为鸿蒙系统是一款全新的面向全场景的分布式操作系统，创造一个超级虚拟终端互联的世界，将人、设备、场景有机地联系在一起，实现消费者在全场景生活中接触的多种智能终端的极速发现、极速连接、硬件互助、资源共享，用最合适的设备提供最佳的场景体验。

3）常用应用软件

我们配置一台计算机是为了完成多种任务，所以应用软件的类型也非常多。下面介绍一些常用的应用软件。

（1）办公自动化软件。办公自动化软件主要是指能提高日常办公效率的应用软件。应用较为广泛的有微软公司开发的 Office 套装，它由文字处理软件 Word、电子表格软件 Excel、幻灯片演示软件 PowerPoint 等组成。类似软件还有金山公司的 WPS、IBM 的 Lotus 等软件。

（2）图形图像处理软件。图形图像处理软件分为两大类：一类是擅长处理图像的 Adobe Photoshop；另一类是主要处理图形的 Adobe Illustrator 和 Coreldraw 等软件。

（3）辅助设计软件。辅助设计软件主要有机械、建筑辅助设计软件 AutoCAD，网络拓扑设计软件 Visio，电子电路辅助设计软件 Protel。

（4）网络应用软件。网络应用软件主要有网页浏览器软件 IE、Chrome，即时通信软件 QQ、微信，网络下载软件 FlashGet、迅雷。

（5）多媒体制作软件。多媒体制作软件主要有动画设计软件 Flash、音频处理软件

Audition、视频处理软件 Premiere、多媒体创作软件 Authorware 等。

（6）企业管理软件。国内比较知名的企业管理软件有用友、金蝶、速达、管家婆等。

（7）安全防护软件。安全防护软件主要有瑞星、火绒、卡巴斯基、安全卫士 360 等。

（8）系统维护工具软件。系统维护工具软件主要有文件压缩与解压缩软件 WinRAR、系统管理软件 360 软件管家、磁盘克隆软件 Ghost、数据恢复软件 Easy Recovery Pro 等。

4. 信息与编码

计算机要处理各种信息，首先要将信息表示成具体的数据形式。计算机内的信息都是以二进制数的形式来表示，这是因为二进制数在电路上具有容易实现、可靠性高、运算规则简单、可直接进行逻辑运算等优点。人们生活中习惯使用的是十进制数，为了简化二进制数的表示，又引入了八进制和十六进制。二进制数与其他进制数之间存在一定的联系，相互之间也能进行转换。

1）进位计数制

计算机中常用的数制是二进制、八进制、十进制和十六进制，它们都采用进位计数制。

所谓进位计数制，就是按进位的方法进行计数。下面主要介绍人们习惯使用的十进制数以及与计算机密切相关的二进制数、八进制数和十六进制数。

（1）基数。基数指某计数制中数字符号的个数；进位规则是指何时向高一位进位。

二进制数：有 0、1 两个数字符号，基数是二，进位规则是逢二进一。

八进制数：有 0、1、2、3、4、5、6、7 共 8 个数字符号，基数是八，进位规则是逢八进一。

十进制数：有 0、1、2、3、4、5、6、7、8、9 共 10 个数字符号，基数是十，进位规则是逢十进一。

十六进制数：有 0、1、2、3、4、5、6、7、8、9、A、B、C、D、E、F 共 16 个数字符号，基数是十六，进位规则是逢十六进一。

（2）位权。处在不同位上的数字所代表的值不同，一个数字在某个固定位置上所代表的值是固定的，这个固定位上的值称为位权。位权与基数的关系是：各进位制中位权的值恰巧是基数的若干次幂。因此，任何一种数制表示的数都可以写成按位权展开的多项式之和。

二进制数：$1011.11=1\times 2^3+0\times 2^2+1\times 2^1+1\times 2^0+1\times 2^{-1}+1\times 2^{-2}$

十进制数：$3561.71=3\times 10^3+5\times 10^2+6\times 10^1+1\times 10^0+7\times 10^{-1}+1\times 10^{-2}$

十六进制数：$101.2=1\times 16^2+0\times 16^1+1\times 16^0+2\times 16^{-1}$

（3）数制的表示方法。为了区别各种计数制的数，通常采用在数字后面加写相应的英文字母或在括号外面加下标的方法来加以区分。

二进制数：用 B（binary）表示，如二进制数 231 可写成 231B 或 $(231)_2$。

八进制数：用 O（octal）表示，如八进制数 617 可写成 617O 或 $(617)_8$。

十进制数：用 D（decimal）表示，如十进制数 445 可写成 445D 或 $(445)_{10}$。

十六进制数：用 H（hexadecimal）表示，如十六进制数 11B7 可写成 11B7H 或 $(11B7)_{16}$。

通常无后缀的数字为十进制数。

2）不同进制数间的转换

（1）任意进制数（用 R 表示）转换为十进制数。按权相加法：把 R 进制数每位上的权数与该位上的数码相乘，然后求和，即得要转换的十进制数，例如：

$$(1101.11)_2=1\times2^3+1\times2^2+0\times2^1+1\times2^0+1\times2^{-1}+1\times2^{-2}=8+4+1+0.5+0.25=(13.75)_{10}$$

在将八进制数、十六进制数转换成十进制数时同样采用数码乘位权的方法。例如：

$$(17.1)_8=1\times8^1+7\times8^0+1\times8^{-1}=(15.125)_{10}$$

$$(3E.B)_{16}=3\times16^1+14\times16^0+11\times16^{-1}=(62.6875)_{10}$$

（2）十进制数转换为 R 进制数。在将十进制数转换成 R 进制数时，需对整数部分和小数部分分别进行处理。例如，把 $(98.6875)_{10}$ 转换为二进制数。

① 十进制整数转换为二进制整数。方法：除以 2 反取余数法，即用 2 不断地去除要转换的十进制数，直到商为 0。第一次除以 2 所得余数是二进制数的最低位，最后一次除以 2 所得余数是二进制的最高位。

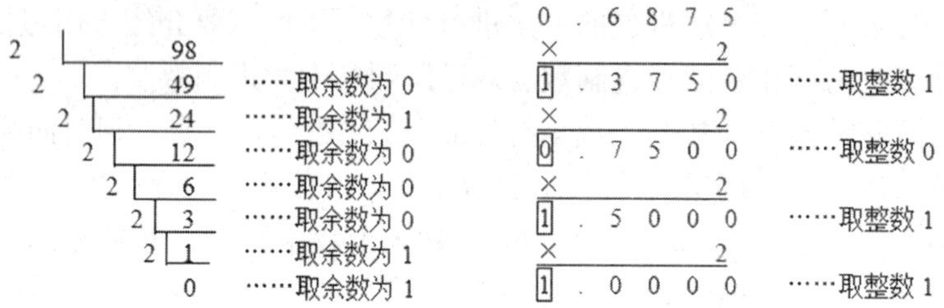

2	98	
2	49	……取余数为 0
2	24	……取余数为 1
2	12	……取余数为 0
2	6	……取余数为 0
2	3	……取余数为 0
2	1	……取余数为 1
	0	……取余数为 1

0 . 6 8 7 5	
× 2	
1 . 3 7 5 0	……取整数 1
× 2	
0 . 7 5 0 0	……取整数 0
× 2	
1 . 5 0 0 0	……取整数 1
× 2	
1 . 0 0 0 0	……取整数 1

所以，$(98)_{10}=(1100010)_2$。

② 十进制小数转换为二进制小数。方法：乘以 2 正取整数法，即用 2 多次乘被转换的十进制数的小数部分，每次相乘后，所得乘积的整数部分就为对应的二进制数。第一次乘所得整数部分是二进制小数的最高位，其次为次高位，最后一次是最低位。

注意：这种方法可能产生取不完的情况，也就是说一个十进制数可能无法精确地转换成 R 进制数，这就是“存储误差”，可根据要求保留若干位。

所以，$(0.6875)_{10}=(0.1011)_2$，$(98.6875)_{10}=(1100010.1011)_2$。

十进制数转换成八进制数、十六进制数可相应采用除以八、十六取余（对整数部分），乘以八、十六取整（对小数部分）的方法。

（3）二进制数、八进制数、十六进制数之间的转换。

① 二进制数与八进制数之间转换。二进制数转换为八进制数时，从小数点开始，整数部分向左、小数部分向右每三个二进制位划分为一组，不足三位时用 0 补齐。按对应位置写出与每一组二进制数等值的八进制数。

$$\underline{011}\ \underline{110}\ \underline{111}.\underline{010}$$
$$\downarrow\quad\downarrow\quad\downarrow\quad\downarrow$$
$$3\quad 6\quad 7\ .\ 2$$

所以，$(11110111.01)_2=(367.2)_8$。

八进制数转换为二进制数时，只要将每位八进制数用三位二进制数替换。例如，将八进制数 317.321 转换为二进制数。

$$\begin{array}{cccccc} 3 & 1 & 7. & 3 & 2 & 1 \\ \downarrow & \downarrow & \downarrow & \downarrow & \downarrow & \downarrow \\ \overline{011} & \overline{001} & \overline{111}. & \overline{011} & \overline{010} & \overline{001} \end{array}$$

所以，$(317.321)_8 = (11001111.011010001)_2$。

② 二进制数与十六进制数之间转换。二进制数转换为十六进制数，每四位二进制数可用一位十六进制数表示。例如，将二进制数 11111101101.0101101 转换为十六进制数。

$$\begin{array}{ccccc} \underline{0111} & \underline{1110} & \underline{1101}. & \underline{0101} & \underline{1010} \\ \downarrow & \downarrow & \downarrow & \downarrow & \downarrow \\ 7 & E & D. & 5 & A \end{array}$$

所以，$(11111101101.0101101)_2=(7ED.5A)_{16}$。

十六进制数转换为二进制数时，只需将一位十六进制数用四位相应的二进制数表示。

例如，将十六进制数 3AB.3D 转换为二进制数。

$$\begin{array}{ccccc} 3 & A & B. & 3 & D \\ \downarrow & \downarrow & \downarrow & \downarrow & \downarrow \\ \overline{0011} & \overline{1010} & \overline{1011}. & \overline{0011} & \overline{1101} \end{array}$$

所以，$(3AB.3D)_{16}=(111010101100111101)_2$。

表 1-1 给出了十进制数、二进制数、八进制数、十六进制数之间的关系。

表 1-1　常用计数制的表示法

十进制数	二进制数	八进制数	十六进制数	十进制数	二进制数	八进制数	十六进制数
0	0000	0	0	9	1001	11	9
1	0001	1	1	10	1010	12	A
2	0010	2	2	11	1011	13	B
3	0011	3	3	12	1100	14	C
4	0100	4	4	13	1101	15	D
5	0101	5	5	14	1110	16	E
6	0110	6	6	15	1111	17	F
7	0111	7	7	16	10000	20	10
8	1000	10	8	17	10001	21	11

任务实施

详细配置单如表 1-2 所示。

表 1-2　详细配置单

配置	品 牌 型 号	数量	价格 / 元
CPU	Intel 酷睿 i512600K	1	2299
主板	华硕 TUF GAMING B660M-PLUS D4	1	1099
内存	金士顿骇客神条 DDR4 套装（2 × 16GB）	1	1100

续表

配置	品 牌 型 号	数量	价格 / 元
硬盘	西部数据蓝盘 1TB 7200 转 64MB SATA3	1	279
固态硬盘	三星 980 NVMe M.2（500GB）	1	519
显卡	七彩虹战斧 GeForce RTX 3050 DUO 8GB	1	1899
机箱	航嘉 GX780R 魔戒	1	299
电源	航嘉 WD500K	1	299
散热器	酷冷至尊海魔 120	1	279
显示器	三星 S32AM700PC	1	1799
键鼠套装	罗技 MK275 无线光电键鼠套装	1	89
合 计			9960

1.2 Windows 10 操作系统

任务知识点

- Windows 10 操作系统的基本知识。
- 任务栏的组成、跳转列表、查找程序、库的使用等桌面操作。
- 窗口的组成、多窗口的管理、对话框的使用。
- 画图、步骤记录器、数学输入面板、远程桌面连接、快速助手、截图工具、计算器、录音机、磁盘清理等 Windows 附件和管理工具。

任务描述

设置个性化的系统桌面。

知识预备

1. Windows 10 操作系统简介

Windows 10 是由微软公司（Microsoft）开发的操作系统，应用于计算机和平板电脑等设备。

Windows 10 在易用性和安全性方面有了极大的提升，除了针对云服务、智能移动设备、自然人机交互等新技术进行融合外，还对固态硬盘、生物识别、高分辨率屏幕等硬件进行了优化完善与支持。

Windows 10 共有家庭版、专业版、企业版、教育版、专业工作站版、物联网核心版六个版本，如表 1-3 所示。

表 1-3　Windows 10 各个版本

版　本	备　　注
家庭版	有 Cortana 语音助手（选定市场）、Edge 浏览器、面向触控屏设备的 Continuum 平板电脑模式、Windows Hello（脸部识别、虹膜、指纹登录）、串流 Xbox One 游戏的能力、微软开发的通用 Windows 应用（Photos、Maps、Mail、Calendar、Groove Music 和 Video）、3D Builder
专业版	以家庭版为基础，增添了管理设备和应用，保护敏感的企业数据，支持远程和移动办公，使用云计算技术。另外，它还带有 Windows Update for Business，微软承诺该功能可以降低管理成本，控制更新部署，让用户更快地获得安全补丁软件
企业版	以专业版为基础，增添了大中型企业用来防范针对设备、身份、应用和敏感企业信息的现代安全威胁的先进功能，供微软的批量许可（volume licensing）客户使用，用户能选择部署新技术的节奏，其中包括使用 Windows Update for Business 的选项。作为部署选项，Windows 10 企业版将提供长期服务分支（long term servicing branch）
教育版	以企业版为基础，面向学校职员、管理人员、教师和学生。它将通过面向教育机构的批量许可计划提供给客户，学校将能够升级 Windows 10 家庭版和 Windows 10 专业版设备
专业工作站版	它包括了许多普通版 Windows 10 Pro 没有的内容，着重优化了多核处理以及大文件处理，面向大企业用户以及真正的“专业”用户，如 6TB 内存、ReFS 文件系统、高速文件共享和工作站模式
物联网核心版	面向小型低价设备，主要针对物联网设备。已支持树莓派 2 代 /3 代、Dragonboard 410c（基于骁龙 410 处理器的开发板）、MinnowBoard MAX 及 Intel Joule

Windows 10 启动之后可以看到整个计算机桌面，如图 1-14 所示。桌面由任务栏和桌面图标组成，任务栏位于屏幕的底部，一般情况下任务栏从左向右依次显示的是：“开始”按钮、快速启动栏、活动任务区、输入法图标、音量图标、时间以及其他一些托盘图标。桌面图标主要包括以下几个元素。

（1）用户的文件。指系统当前登录用户的个人文件默认的存放区，是一个文件夹。

（2）此电脑。指用户使用的这个计算机，计算机管理员用户可以查看并管理计算机中的所有资源。

（3）网络。用于查看活动网络和更改网络设置。

（4）回收站。用于暂时存放被删除的文件或其他对象。只要不是彻底删除，一般删除的文件都是先存放在回收站里。回收站中的文件可以复原。

（5）控制面板。用户通过控制面板来进行一些系统设置，如添加或卸载应用程序，更改和删除用户账户，更改日期时间和时区等。

（6）各种应用程序的快捷方式图标。快捷方式有很多种，桌面上出现的左下角带有黑色箭头的图标属于桌面快捷方式，实际上是与它所对应的对象建立了一个链接关系。

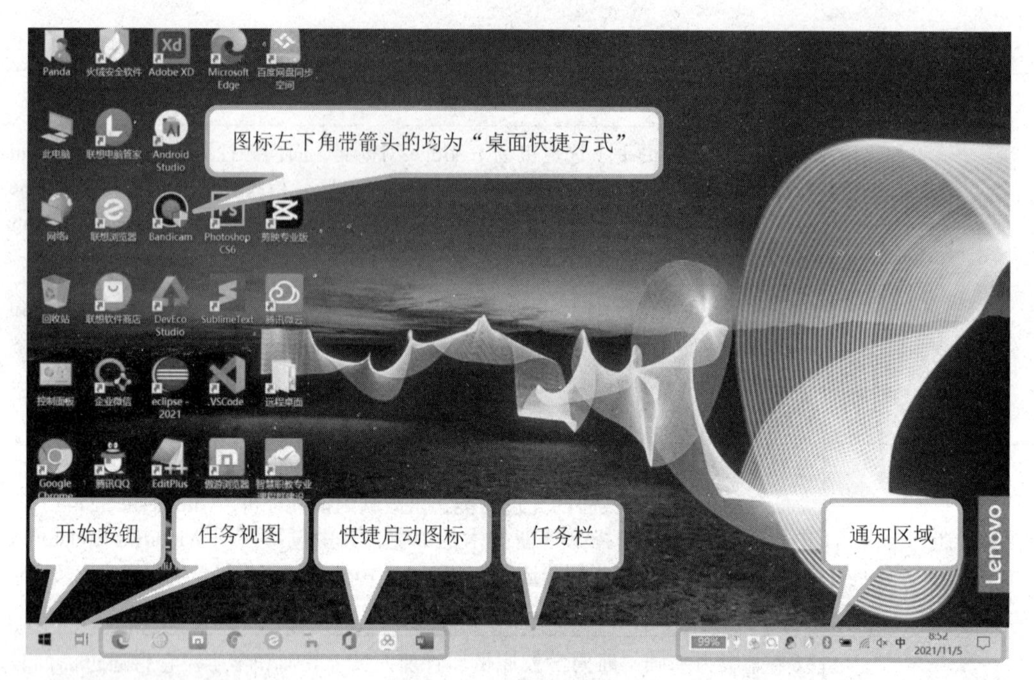

图 1-14 计算机桌面

删除或者移动快捷方式不会影响对象本身的内容和位置。如果想打开程序，只要双击该程序的“快捷方式”图标即可。“开始”菜单中出现的属于菜单快捷方式，桌面左下角出现的图标属于快速启动快捷方式。一般安装完一个软件程序之后，会在桌面默认地建立一个快捷方式，用户也可以自己为某些程序文件建立快捷方式。

2. Windows 10 新功能

1）资讯和兴趣

通过 Windows 任务栏上的“资讯和兴趣”功能，用户可以快速访问动态内容的集成馈送，如新闻、天气、体育等，这些内容在一天内进行更新。用户还可以选择自己感兴趣的相关内容来订制任务栏，在任务栏上无缝地阅读资讯，因为内容比较精简，所以不太会扰乱日常工作流程。开启方式如图 1-15 所示。

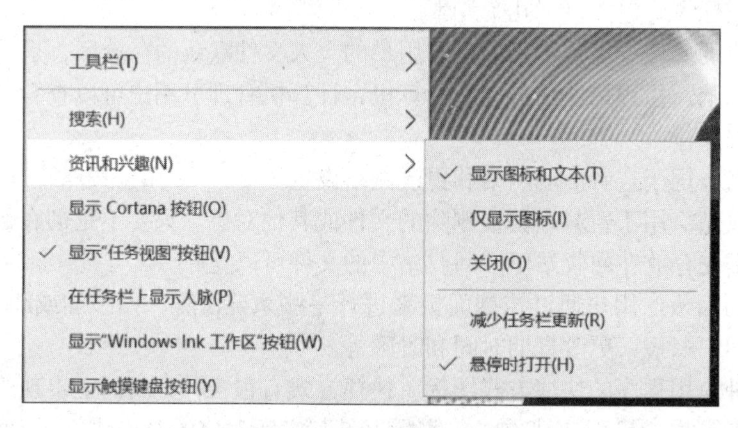

图 1-15 开启“资讯和兴趣”功能

2）生物识别技术

Windows 10 新增的 Windows Hello 功能带来了一系列对于生物识别技术的支持。除了常见的指纹扫描之外，系统还能通过面部或虹膜扫描进行登录。当然，需要使用新的 3D 红外摄像头来获取这些新功能，如图 1-16 所示。

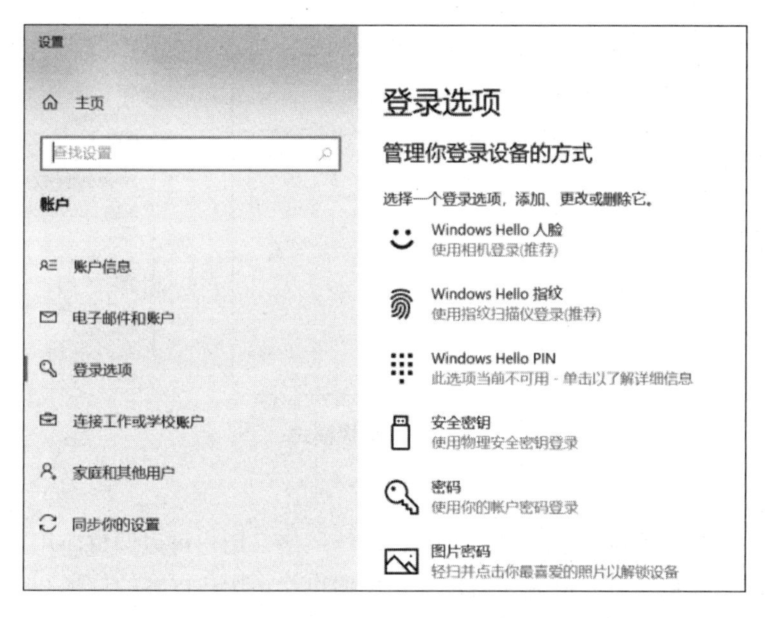

图 1-16 Windows Hello 功能

3）Cortana 搜索功能

Cortana 可以用来搜索硬盘内的文件、系统设置、安装的应用甚至是互联网中的其他信息。作为一款私人助手，Cortana 还能像在移动平台那样帮你设置基于时间和地点的备忘，如图 1-17 所示。

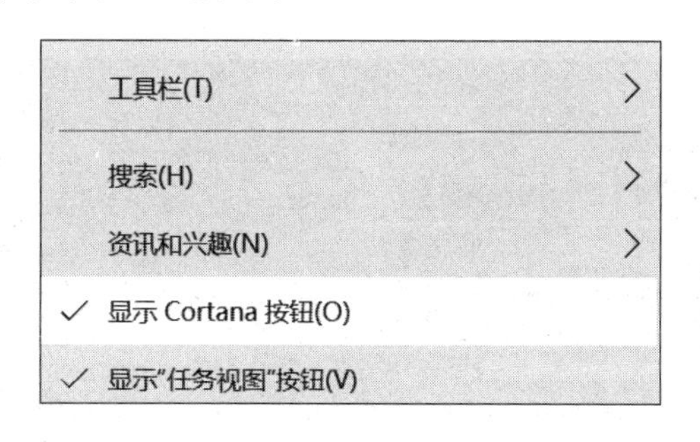

图 1-17 Cortana 搜索功能

4）平板模式

微软公司在照顾老用户的同时，也没有忘记随着触控屏幕成长的新一代用户。Windows 10 提供了针对触控屏设备优化的功能，同时提供了专门的平板电脑模式，“开始”菜单和应用都将以全屏模式运行。如果设置得当，系统会自动在平板电脑与桌面模式间切换，如图 1-18 所示。

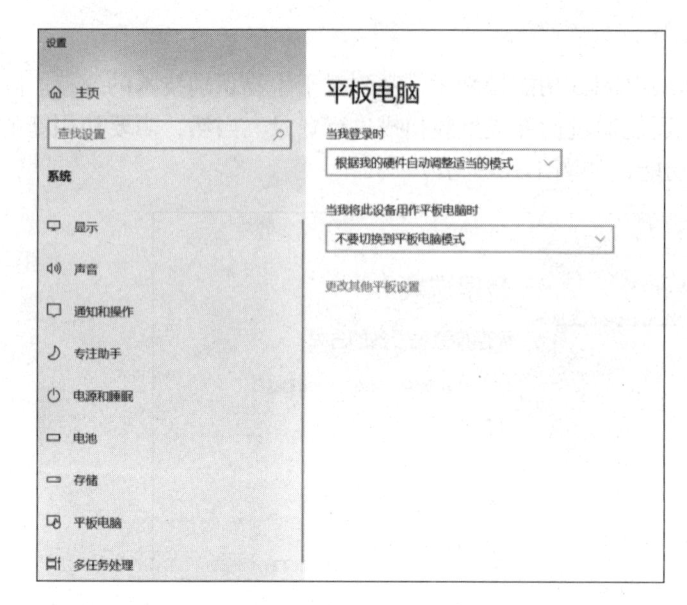

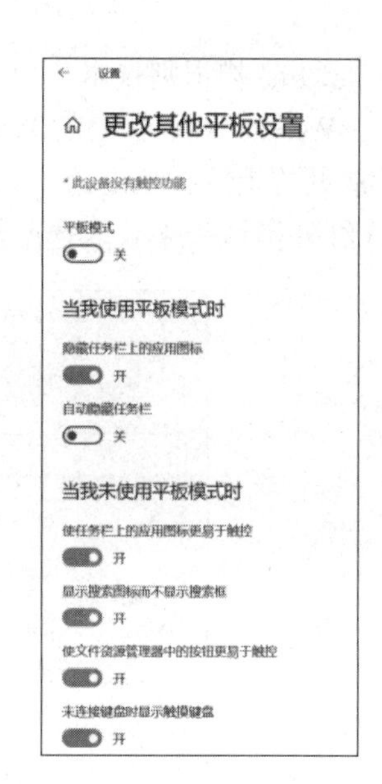

图 1-18　平板模式

5）桌面应用

微软公司放弃激进的 Metro 风格，回归传统风格，用户可以调整应用窗口大小，久违的标题栏重回窗口上方，最大化与最小化按钮也给了用户更多的选择和自由度。

6）多桌面

如果用户没有多显示器配置，但依然需要对大量的窗口进行重新排列，那么 Windows 10 的虚拟桌面应该可以帮到用户。用户可以单击“任务视图”按钮，进入虚拟桌面界面；单击“新建桌面”，可以创建多桌面。在该功能的帮助下，用户可以将窗口放进不同的虚拟桌面中，并在其中进行轻松切换，使原本杂乱无章的桌面变得整洁起来，如图 1-19 所示。

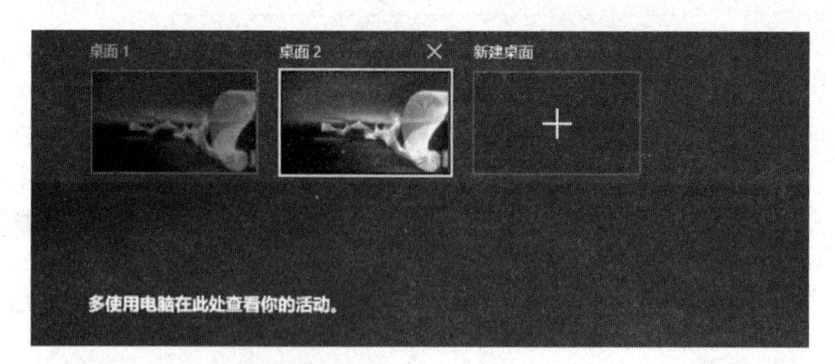

图 1-19　多桌面

7）开始菜单进化

微软公司在 Windows 10 中带回了用户期盼已久的“开始”菜单功能，并将其与 Windows 8“开始”屏幕的特色相结合。用户可以单击屏幕左下角的“开始”按钮或者按 Windows 键，如图 1-20 所示。打开“开始”菜单，不仅会在左侧看到包含系统关键设置和应用的列表，标志性的动态磁贴也会在右侧出现，如图 1-21 所示。

图 1-20　屏幕左下角“开始”按钮和 Windows 键　　图 1-21　“开始”菜单

8）任务切换器

Windows 10 的任务切换器不再仅显示应用图标，而且可通过大尺寸缩略图的方式内容进行预览，如图 1-22 所示。

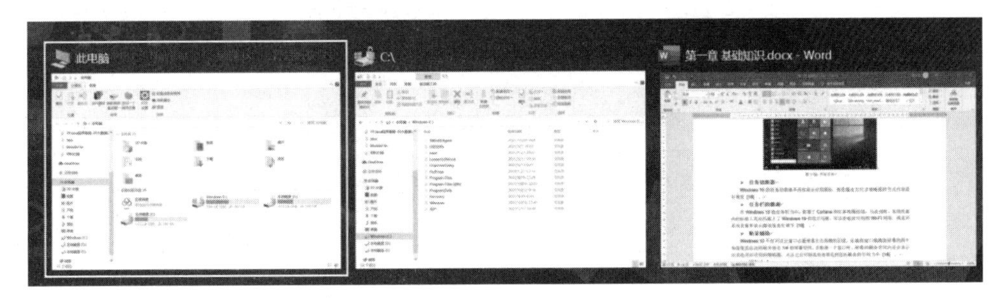

图 1-22　任务切换器

9）任务栏的微调

在 Windows 10 的任务栏中，新增了 Cortana 和“任务视图”按钮，与此同时，系统托盘内的标准工具也匹配上了 Windows 10 的设计风格。可以查看到可用的 Wi-Fi 网络，或是对系统音量和显示器亮度进行调节。

10）贴靠辅助

Windows 10 不仅可以让窗口占据屏幕左右两侧的区域，还能将窗口拖拽到屏幕的四个角落，使其自动拓展并填充 1/4 的屏幕空间。在贴靠一个窗口时，屏幕的剩余空间内还会显示出其他开启应用的缩略图，单击之后可将其快速填充到这块剩余的空间中。

11）通知中心

Windows Phone 8.1 的通知中心功能也被加入 Windows 10 中，让用户可以方便地查看来自不同应用的通知。此外，通知中心底部还提供了一些系统功能的快捷开关，如平板模式、便签和定位等，如图 1-23 所示。

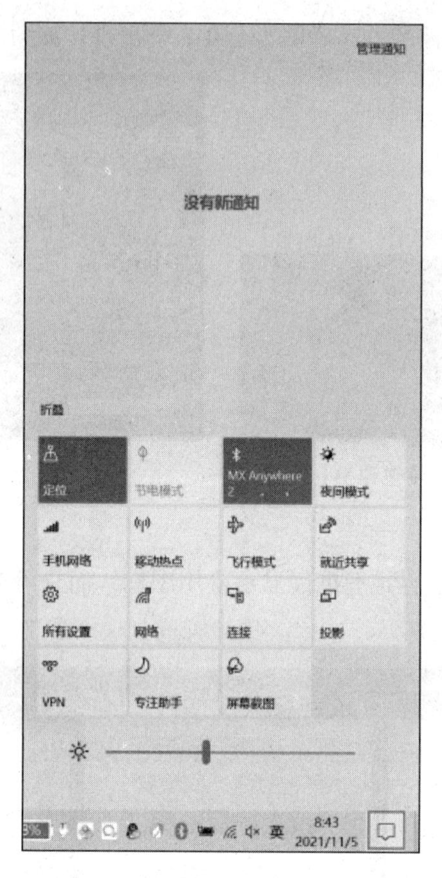

图 1-23　通知中心

12）命令提示符窗口升级

在 Windows 10 中，用户不仅可以对 CMD 窗口的大小进行调整，还能使用辅助粘贴等熟悉的组合键。

13）文件资源管理器升级

Windows 10 的文件资源管理器会在主页面上显示出用户常用的文件和文件夹，让用户可以快速获取到自己需要的内容。

14）新的 Edge 浏览器

为了追赶 Chrome 和 Firefox 等热门浏览器，微软淘汰掉了老旧的 IE，带来了 Edge 浏览器。Edge 浏览器虽然尚未发展成熟，但它的确带来了诸多的便捷功能，如和 Cortana 的整合以及快速分享功能。

15）计划重启

在 Windows 10 中，系统会询问用户希望在多长时间之后进行重启。

16）设置和控制面板

Windows 8 的设置应用同样被沿用到了 Windows 10 中，该应用会提供系统的一些关键设置选项，用户界面也和传统的控制面板相似。而从前的控制面板也依然会存在于系统中，因为它依然提供着一些设置应用所没有的选项，如图 1-24 所示。

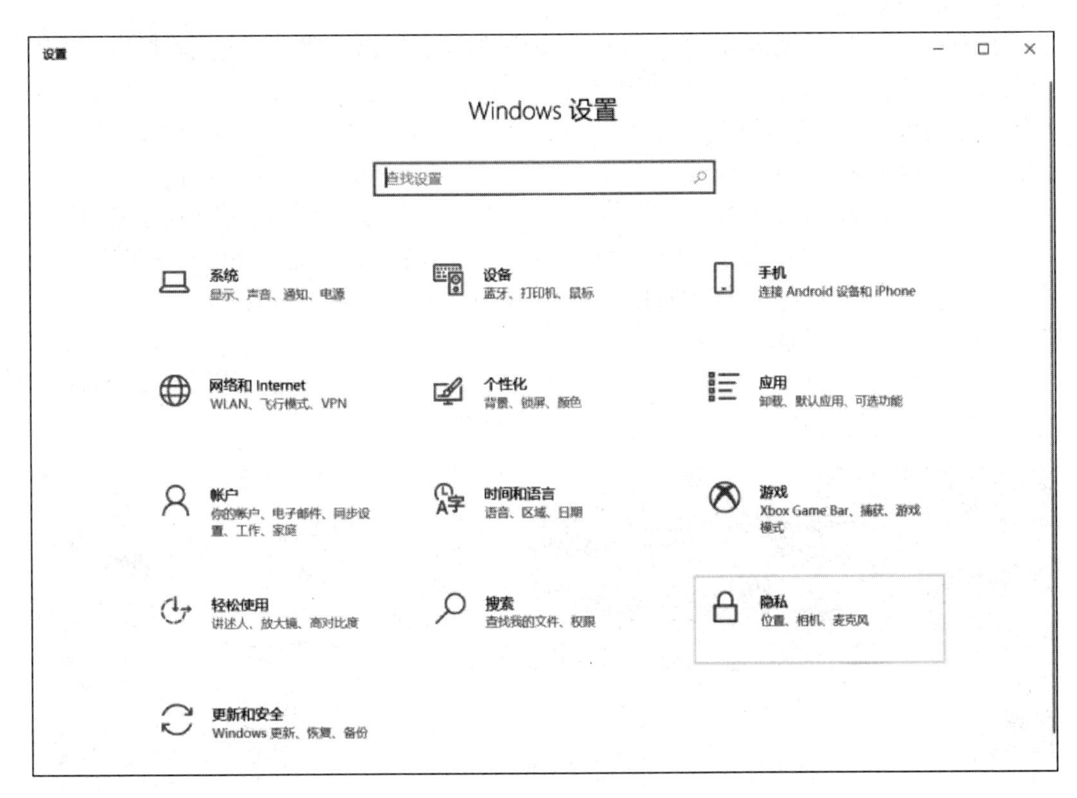

图 1-24 设置和控制面板

2020 年，在 Windows 10 20H2 最新版本中，单击 Windows 控制面板链接入口后，将不再打开经典控制面板，取而代之的将是设置应用，同时将资源管理器、第三方应用中的快捷方式从控制面板改到了设置应用。

17）兼容性增强

只要能运行 Windows 7 操作系统，就能更加流畅地运行 Windows 10 操作系统。针对固态硬盘、生物识别、高分辨率屏幕等硬件都进行了优化支持与完善。

18）安全性增强

除了继承旧版 Windows 操作系统的安全功能之外，还引入了 Windows Hello、Microsoft Passport、Device Guard 等安全功能。

19）新技术融合

在易用性、安全性等方面进行了深入的改进与优化。针对云服务、智能移动设备、自然人机交互等新技术进行融合。

3. 个性化桌面

1）Windows 7 任务栏

任务栏是指位于桌面最下方的小长条，如图 1-25 所示。

图 1-25 Windows 任务栏

任务栏主要由“开始”菜单、“任务视图”按钮、快速启动栏、应用程序区、语言选项带和托盘区组成，从“开始”菜单可以打开大部分安装的软件与控制面板；“任务视图”按钮可以启动多任务多桌面视图；快速启动栏里面存放的是最常用程序的快捷方式，并且可以按照个人喜好拖曳并更改；单击最右边×按钮可以“显示桌面”。

通过 Windows 10 任务栏，可以更快速地访问所需内容，当光标停在任务栏图标上方时，可以看到所打开的内容。如果要开始工作，可以单击自己感兴趣的选项进行预览。拖动任务栏图标，可以使图标重新排序。也可以将常用程序附加到任务栏。

2）实时任务栏缩略图预览

将光标指向任务栏一个按钮，可看到所有打开文件的预览界面。使用者可以通过预览窗口轻松地关闭应用程序（单击右上角的×按钮），如图 1-26 所示。

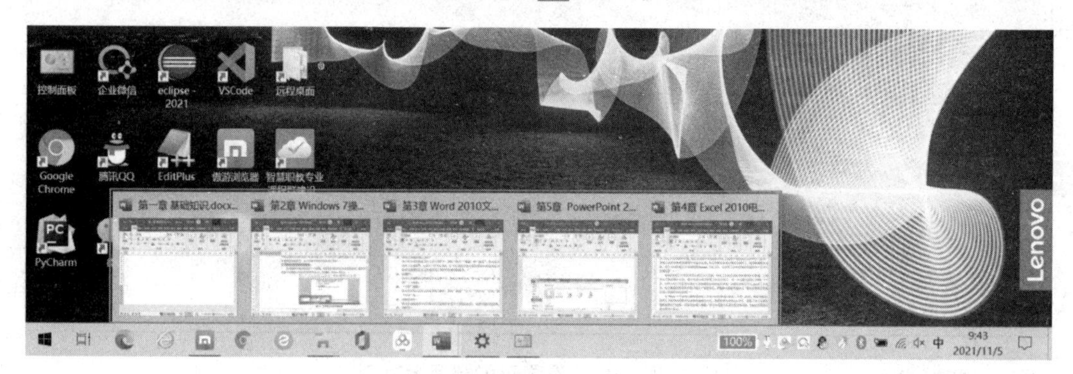

图 1-26 任务栏实时任务缩略图

3）通知区域

位于任务栏右侧的通知区域用来显示某些应用程序的图标，还有系统音量和网络连接的图标。隐藏的图标集中放置在一个小面板中，只需单击通知区域右侧箭头就能显示。如果需要隐藏一个图标，只要将图标向通知区域上方空白处拖动；反之，如果要显示一个图标，只要将其从隐藏面板中拖动回下方通知区域即可，如图 1-27 所示。

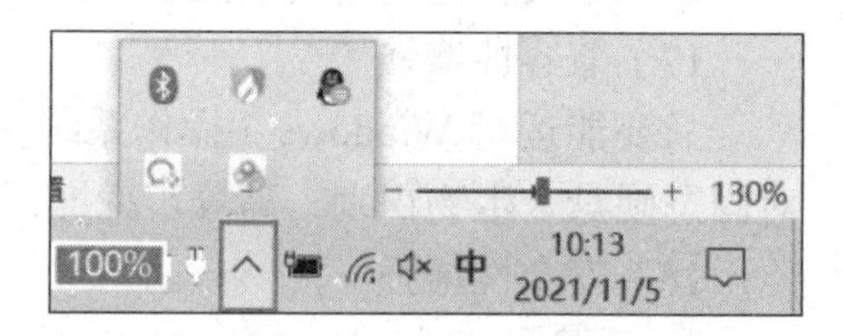

图 1-27 隐藏图标面板

如果要显示所有图标，可以右击任务栏，选择“任务栏设置”命令，单击“任务栏”选项，找到通知区域，单击“选择哪些图标显示在任务栏上”选项，可以选择打开“通知区域始终显示所有图标”开关或者只对个别图标进行显示。另外，单击“打开或关闭系统图标”选项可以针对个别系统进行显示，如图 1-28 所示。

4）跳转列表

从 Windows 7 开始，在系统中就多了“跳转列表”这一实用功能，在后续的各版本 Windows 中，此功能有增无减。

开启一个应用程序、文档、文件夹或网页链接之后，右击在任务栏上的图标，或者右击“开始”菜单中的某应用程序，会显示出一个因对象不同而动态变化的项目列表，这就是“跳转列表”。

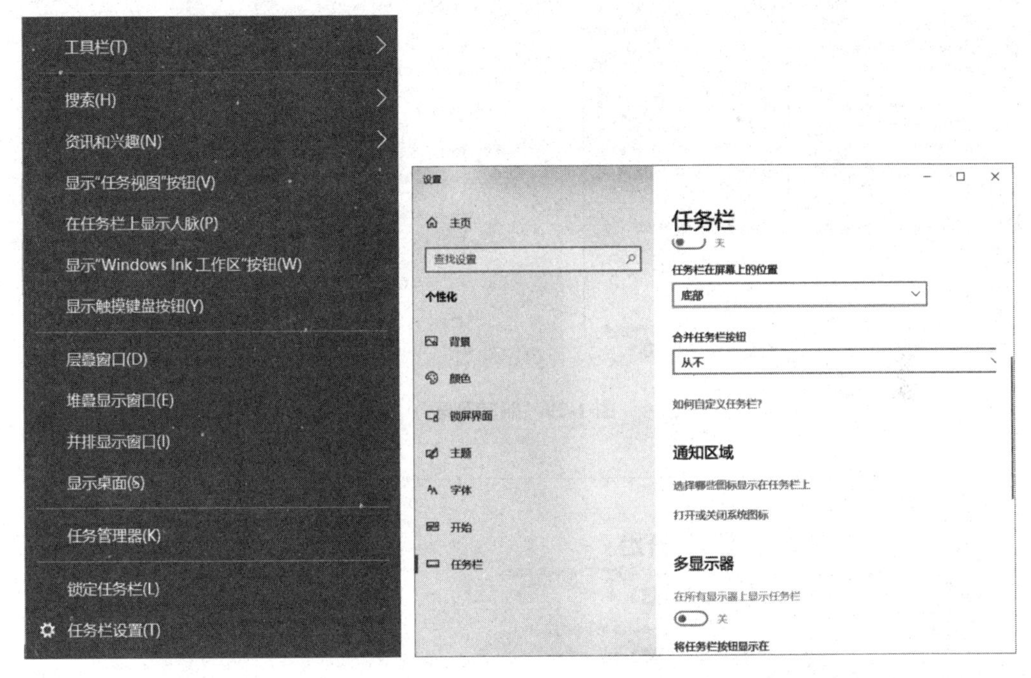

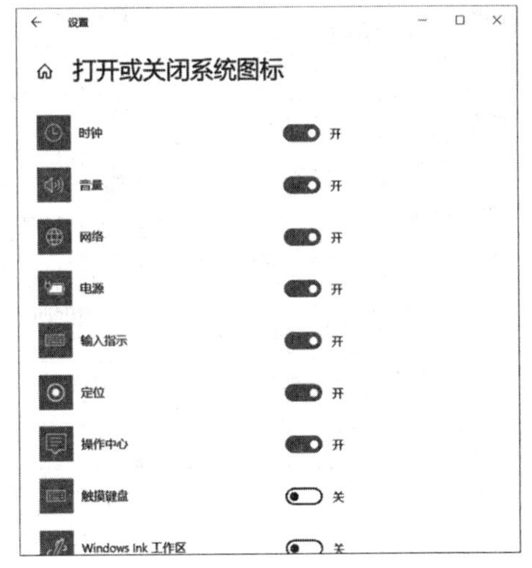

图 1-28　通知区域设置

单击“跳转列表”中某项目名右边的按钮，该项目就会移到列表中“已固定”类下，并且图标变为，表示该项目被锁定，如图 1-29 所示。

如果担心泄露隐私，也可以将“跳转列表”关闭。如果要关闭 Windows 10 中的“跳转列表”功能，可以通过“设置”应用程序来实现。右击桌面的空白区域，单击“个性化”选项；单击“开始”选项，关闭“在‘开始’菜单或任务栏的跳转列表中以及文件资源管理器的‘快速使用’中显示最近打开的项”开关即可，如图 1-30 所示。

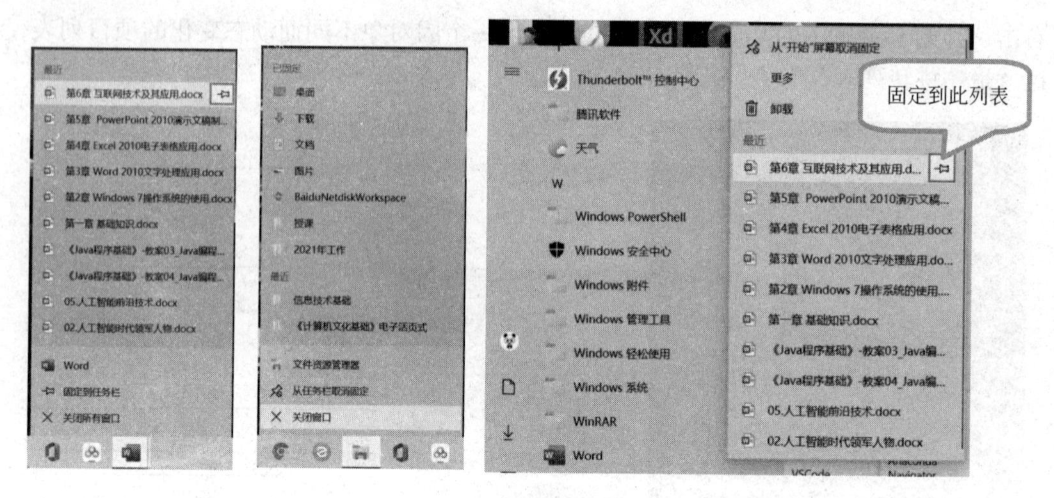

图 1-29　跳转列表

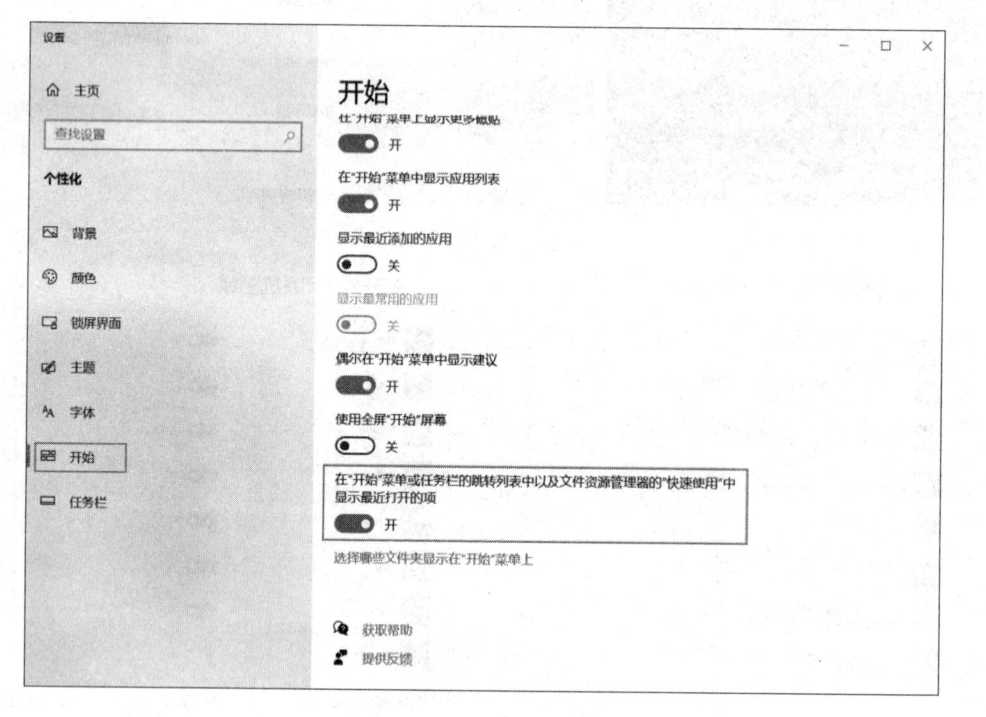

图 1-30　关闭跳转列表

5）查找程序更轻松

Windows 10 在"开始"按钮右侧和资源管理器的右上角添加了搜索框，可以搜索文件、文件夹、库和控制面板。"开始"按钮右侧的搜索框如图 1-31 所示。资源管理器的搜索框如图 1-32 所示。

图 1-31　"开始"按钮旁的搜索框

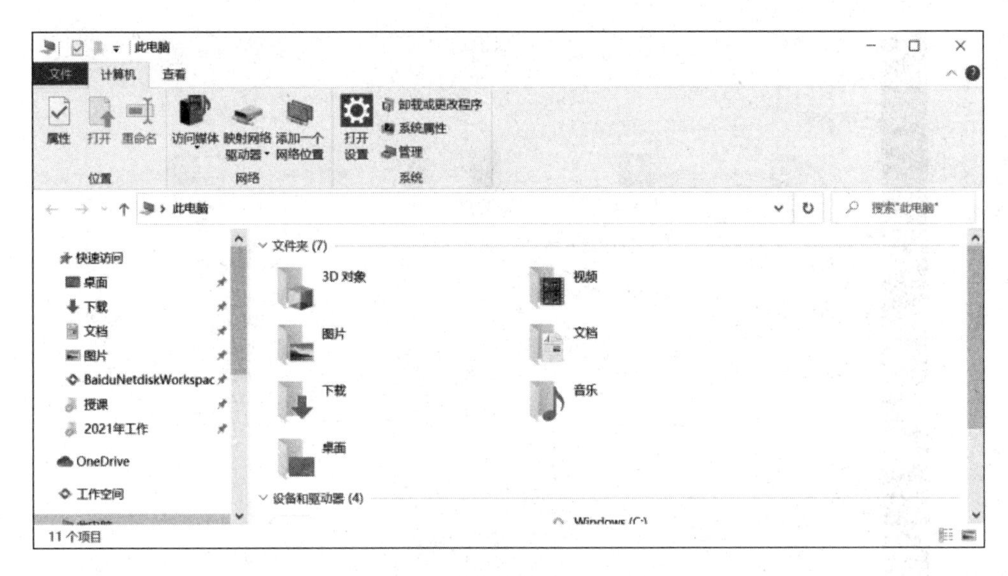

图 1-32　资源管理器的搜索框

“开始”按钮右侧的搜索框，可以选择“显示搜索图标”或者“显示搜索框”的形式。右击任务栏，选择“搜索”命令，选择显示形式，如图 1-33 所示。

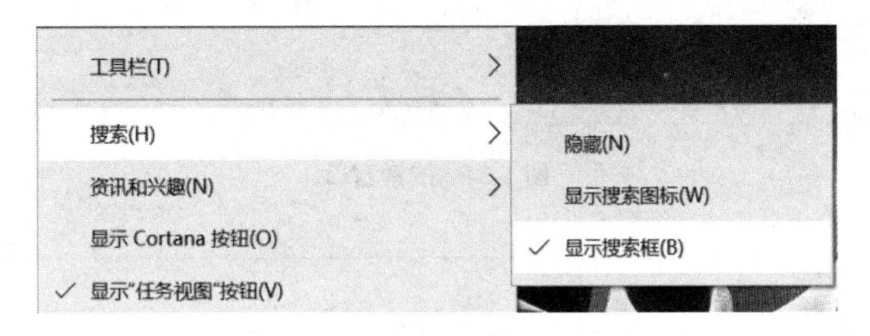

图 1-33　资源管理器的搜索框

如果正在使用具有触控板的笔记本电脑，可以使用三根手指单击触控板，搜索窗口便会应声而出；或者可以按 Win+S 组合键，等效于单击任务栏上的“搜索”按钮；或者直接按 Win 键打开“开始”菜单，然后输入想要搜索的内容，再使用方向键和 Enter 键选定结果即可，如图 1-34 所示。

6）Windows 10 的库

Windows 10 的“库”是一个抽象的组织结构，将类型相同的文件目录归为一类，如“视频”库、“图片”库和“文档”库等。在之前的 Windows 操作系统中，可以通过分区将文件存储到不同的分区中。在 Windows 10 中，还可以使用库组织和访问文件，而不管其存储位置如何。

打开 Windows 10 的资源管理器，可以看到“快速访问”、OneDrive、“此电脑”等访问入口。其实在 Windows 10 中默认是将库隐藏起来的，如图 1-35 所示。

开启方式：依次选择“查看”→“导航窗格”→“显示库”命令，便开启了 Windows 10 的库功能，如图 1-36 所示。

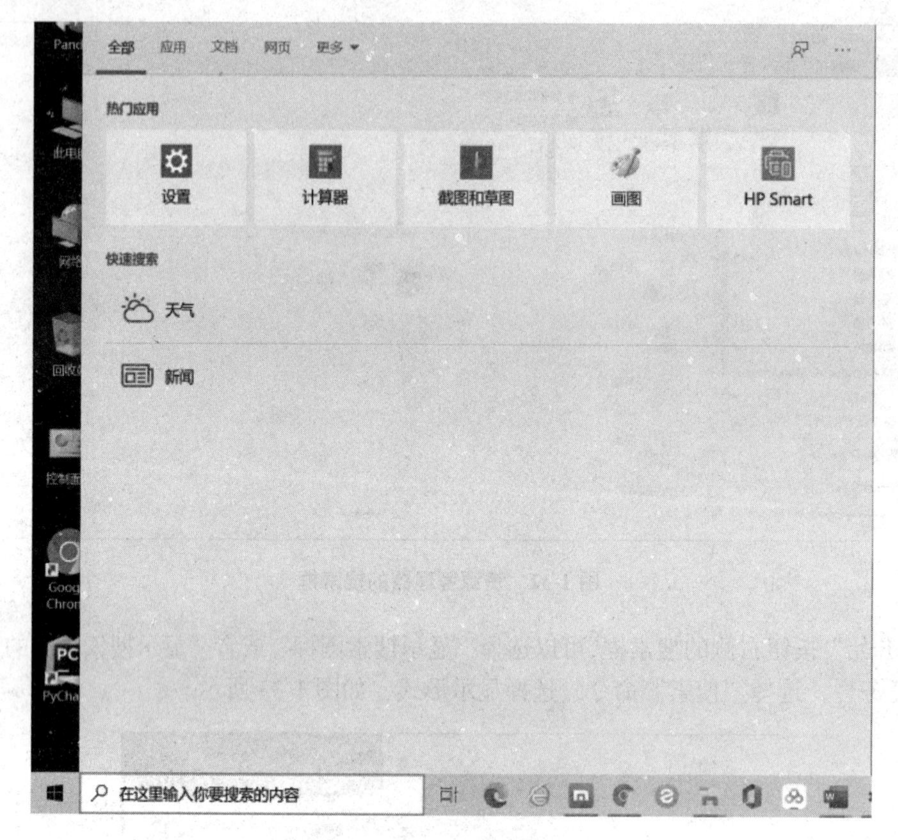

图 1-34　搜索窗口

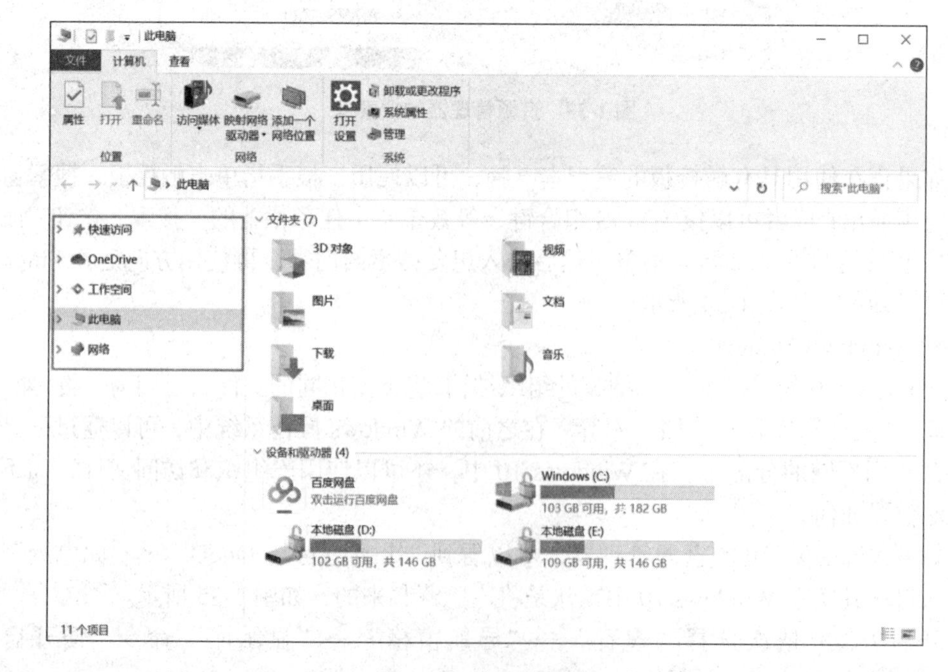

图 1-35　资源管理器

在左边的窗格列表中，右击“库”选项，选择“新建”→“库”命令，便自动创建“新建库”对话框，可对新建的库进行重命名。

开始进行新建库的设置，右击新建的库，选择“属性”命令或者单击右侧的“包括一个文件夹”选项，可以将不同分区的同类型文件设置到新建的库中，如图 1-37 所示。

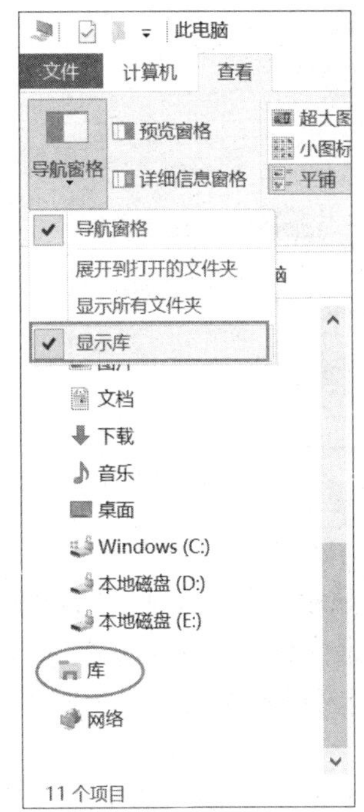

图 1-36　开启“库”功能

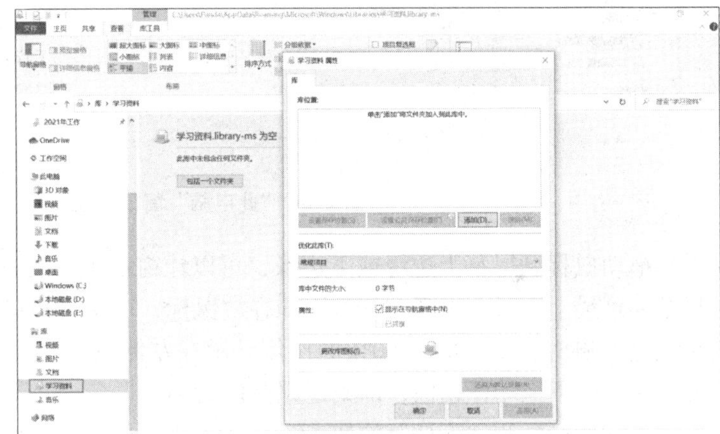

图 1-37　新建和管理库

4. 设置个性化主题

Windows 10 作为一种视窗式操作系统，所有的应用程序都是在窗口下运行的。用户的大多数操作是在各种窗口中完成的，用户通过窗口可以观察应用程序的运行情况以及文件或文件夹中的内容，以便于对它们进行相应的操作。

1）窗口的组成

窗口主要包括标题栏、菜单工具栏、地址栏、搜索框、窗格、工作区等部分，如图 1-38 所示。

（1）标题栏。标题栏位于窗口最上方，显示程序名称或当前选中文件所在的文件夹路径。单击右侧的 3 个窗口控制按钮 − 、 □ / ⧉ 、 ×，可将窗口“最小化”“最大化 / 还原”或“关闭”。最小化是将窗口缩小为一个图标放置在任务栏上；最大化是将窗口充满整个屏幕。此外，拖动标题栏可以移动窗口的位置，这时的窗口不能处于最大化和最小化状态。

将光标移动到窗口边框或四个角上，当光标变成双向箭头形状时，按下左键拖动鼠标，可调整窗口的大小；将光标移到窗口边框上或下边缘，当光标变成上下双向箭头形

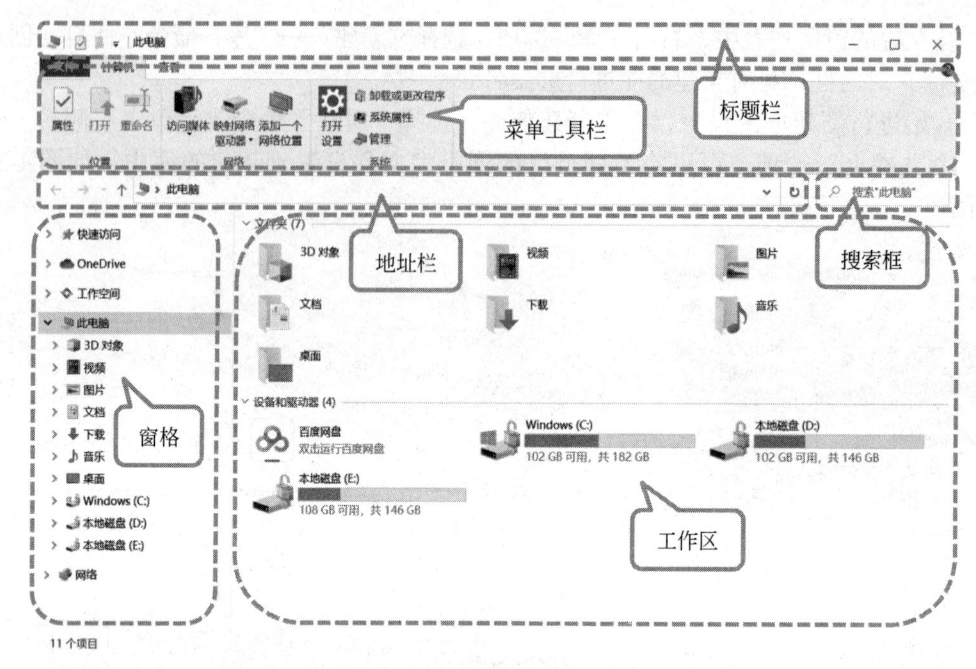

图 1-38 “此电脑”窗口组成

状时，拖动鼠标到屏幕上边缘或下边缘，可以让窗口垂直展开显示；用鼠标拖动窗口标题栏至屏幕最上方时，出现“气泡”即释放鼠标，可实现窗口最大化，如果拖动至屏幕最左或最右侧时，则以屏幕 50% 的比例显示在左侧或右侧；当窗口最大化或以 50% 比例显示时，向下拖动标题栏，即刻还原窗口大小。

单击标题栏左侧“下拉”按钮可以“自定义快速访问工具栏”，如图 1-39 所示。

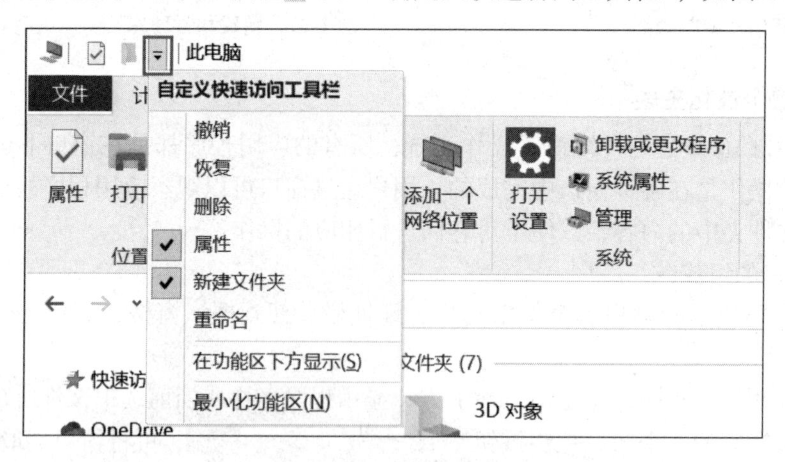

图 1-39 自定义快速访问工具栏

（2）菜单工具栏。Ribbon 风格的菜单工具栏显示当前窗口常用的菜单和工具按钮，单击顶部文字可以切换菜单。将光标移至某个按钮上时，会自动显示该按钮的作用，单击这些按钮时可以快速执行一些常用操作。通过单击，选择执行对应的操作；通过右击，可以将功能按钮添加到标题栏左侧的“快速访问工具栏”，如图 1-40 所示。

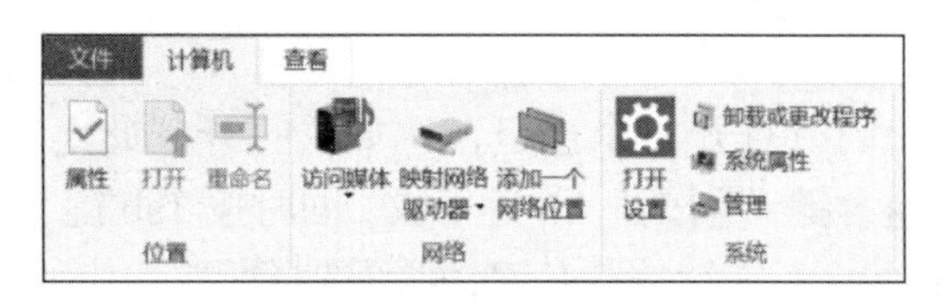

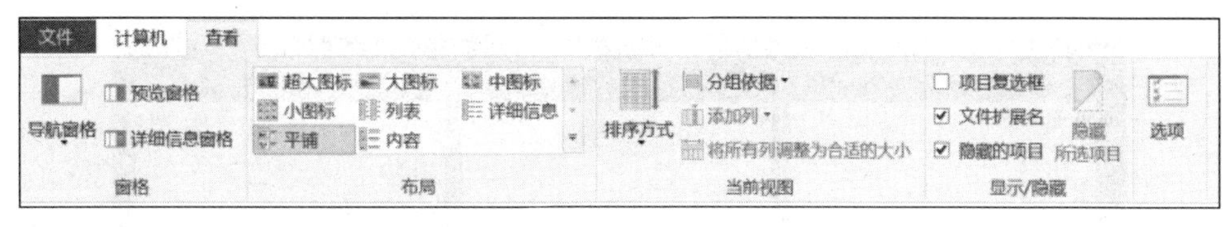

图 1-40　切换菜单

（3）地址栏。显示当前打开的文件夹的路径。每个路径都由不同的按钮连接而成，单击这些按钮，就可以在相应的文件夹之间进行切换。左侧“返回”按钮←和“前进”按钮→，用于打开最近浏览过的窗口；“向上”按钮↑用于返回上级文件夹。

（4）搜索框。窗口中的搜索框与“开始”菜单中的搜索框作用相同，用于快速搜索计算机中的程序和文件。

（5）工作区。显示当前窗口的内容或操作结果。比如，在“此电脑”窗口中，工作区主要用来显示和操作文件或文件夹；在“记事本”“写字板”程序窗口中，工作区主要用来显示和编辑文档内容；在 Photoshop 程序窗口中，工作区主要用来显示和编辑图像。

（6）窗格。窗口中有多种窗格类型。单击导航窗格文件夹列表中的文件夹，可快速打开相应的文件夹或窗口；详细信息窗格用于显示计算机的配置信息或当前窗口中所选对象的信息。要想打开不同窗格，可单击菜单栏中的“查看”选项，在“窗格”区域中选择所需的窗格类型，如“预览窗格”，如图 1-41 所示，可以在预览窗格中预览图片文件。

图 1-41　“窗格”类型和预览窗格

2）多窗口的管理

（1）多窗口切换。同时打开多个窗口，比如，打开“此电脑”“回收站”“网络”3个窗口，按Alt+Tab组合键，即按住Alt键不放，同时按Tab键，会弹出任务切换窗口，列出了当前正在运行的窗口：连续按Tab键，即可选择所要切换的窗口，如图1-42所示。

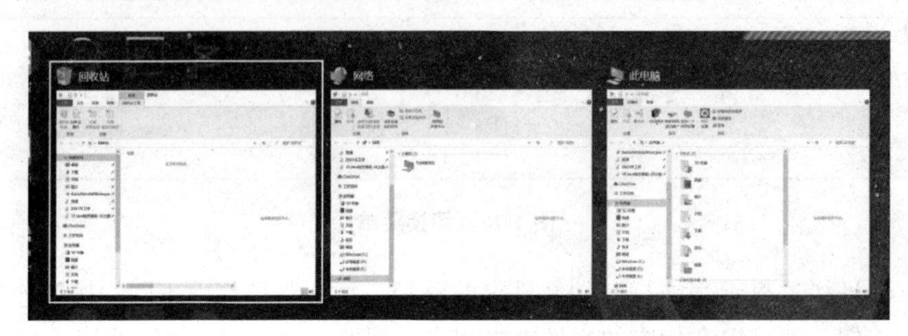

图1-42　任务切换窗口

另外，Windows 10还具有窗口晃动功能，当打开多个窗口时，可按住左键选中窗口的标题栏，晃动鼠标，则除了该窗口外的其他窗口均被最小化；重新按住窗口的标题栏，再次晃动，这些窗口又会还原。

（2）多窗口排列。Windows 10排列窗口的方式主要有“层叠窗口”“堆叠显示窗口”“并排显示窗口”3种。打开多个窗口，右击任务栏的空白处，从弹出的快捷菜单中选择窗口的排列方式，其中，“堆叠显示窗口”方式如图1-43所示。在选择了某种排列方式后，任务栏快捷菜单中会增加“撤销层叠所有窗口”“撤销堆叠显示所有窗口”或“撤销并排显示所有窗口”命令，当执行此命令后，窗口排列将恢复原状。

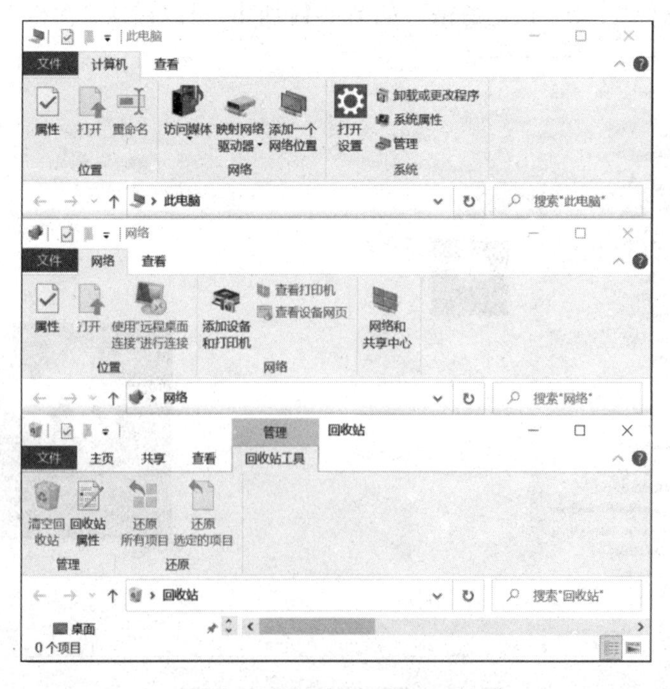

图1-43　“堆叠显示窗口”方式

3）对话框的使用

对话框是用于对相关操作的参数进行设置，它是一种特殊的窗口，与窗口相比，都有标题栏、都能移动，但不能像窗口那样任意改变大小。在标题栏上没有最小化、最大化按钮。对话框一般包括标题栏、选项卡、文本框、列表框、复选框、单选按钮、数字调节按钮、滑块、命令按钮等组件，如图 1-44 所示。

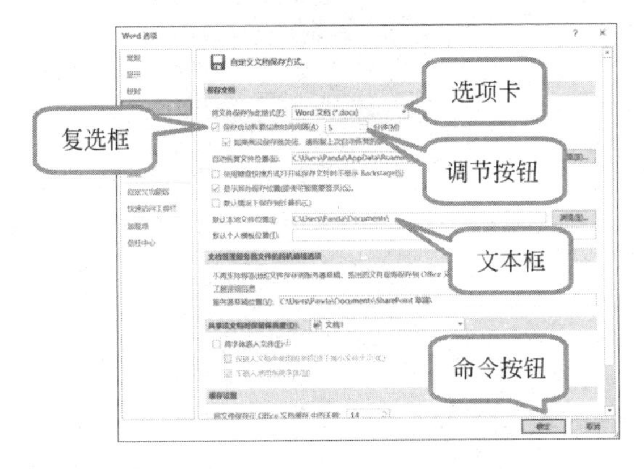

图 1-44　对话框

（1）选项卡。对话框中一般有多个选项卡，通过单击选项卡可切换到不同的设置页。

（2）文本框。用于输入文本信息。

（3）列表框。它以矩形的形式显示，其中可以列出多个选项。

（4）单选按钮。可以完成某项功能设置，一组只能选中一个。

（5）复选框。其作用与单选按钮类似，但可以同时选中多个。

（6）数字调节按钮。可直接在文本框中输入数值，也可单击数值框右边的数字调节按钮来调整数值大小。

（7）滑块。拖动滑块可使数值增加或减少。

（8）命令按钮。单击命令按钮可执行对应的功能，比如，单击“确定”按钮，可完成相应的设置并关闭对话框。

5. 系统实用工具

1）附件工具

启动附件的方法：依次选择“开始”→“Windows 附件”命令，从附件菜单中启动相应的工具命令。

（1）画图。“画图”是 Windows 自带的一个绘图和编辑工具。它能以 BMP、JPG、GIF、PNG 等格式保存文件。“画图”的窗口组成如图 1-45 所示。

操作方法为：选取形状工具“四角星形”→选取前景色→绘制星星图形→选取“文本”工具→选取字体、字号、输入“星星”→拖动文本区域定位→保存文件。

它的绘图技巧比较多，下面学习利用橡皮工具绘图的技巧。选择工具箱上的橡皮工具，可以用左键或右键进行擦除，这两种擦除方法适用于不同的情况。左键擦除是把画面上的图像擦除，并用背景色填充经过的区域。右键擦除可以只擦除指定的颜色，即所选定的前景色，而对其他的颜色没有影响。这就是橡皮的分色擦除功能。前景色和背景色的选取分别由“颜色 1”和“颜色 2”两个按钮来控制。

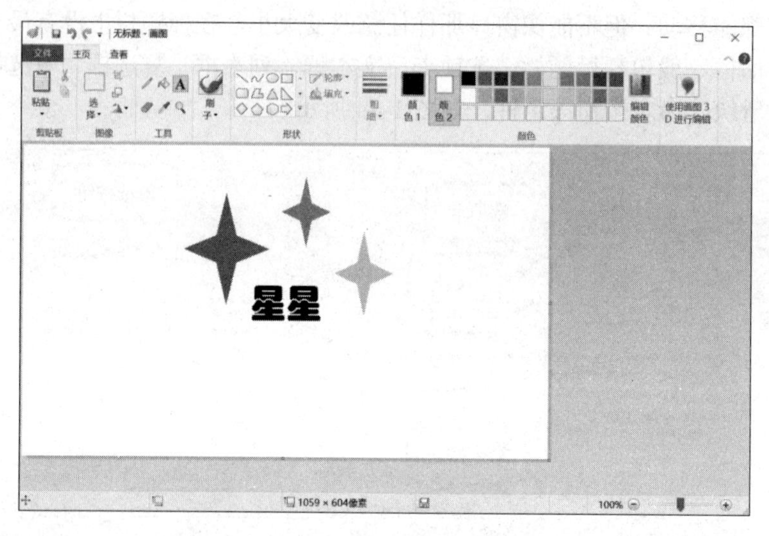

图 1-45　画图

（2）步骤记录器。步骤记录器可以记录我们在计算机上的每一步操作，并自动配以截图和文字说明。用来分享操作步骤和教别人使用方法，如图 1-46 所示。

操作方法：单击“开始记录”按钮，开始记录。操作完成后，单击“停止记录”按钮会自动打开记录内容，已经为我们记录了第一步的操作及文字说明。单击顶部的“保存”按钮可以把刚才的操作步骤内容保存起来。

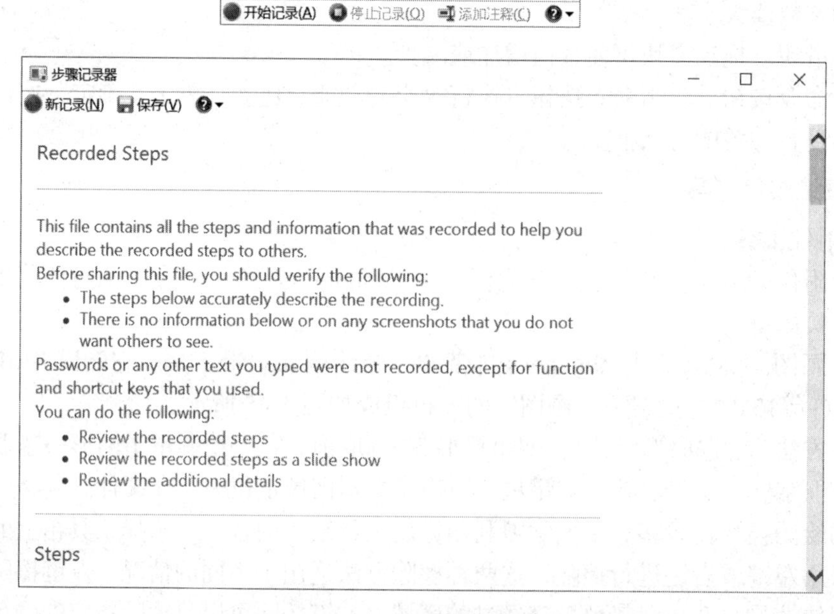

图 1-46　步骤记录器

（3）数学输入面板。数学输入面板是通过数学识别器来识别手写的数学表达式，然后可以将识别的数学表达式插入字处理程序或计算机程序中，如图 1-47 所示。

操作方法：在数学输入面板中用书写笔或者光标书写一些数学公式，这时就会自动把手写体改成印刷体，然后单击 Insert 按钮就可以插入数学程序中。单击 History 按钮就可以查看书写过的数学公式，单击自己想要的公式就可以重新书写或编辑使用了。

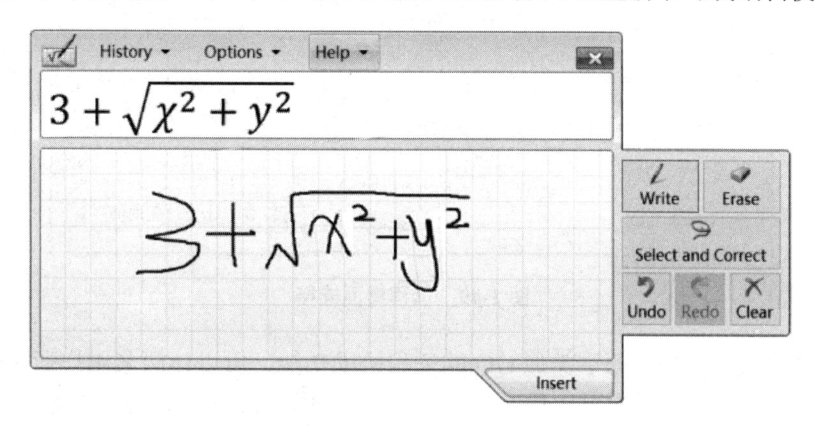

图 1-47　数学输入面板

（4）远程桌面连接。系统自带的远程桌面连接工具可以用来连接服务器远程桌面。对于在局域网内和自己想要操作的计算机身处两地的用户来说，设置远程桌面连接很有必要，这样即使不在计算机前，也能够对它进行操作，可以说十分方便。

操作方法：假设 A 计算机要对 B 计算机进行远程控制，需要先打开 A 计算机的远程连接功能。右击“此电脑”，单击左边的“远程设置”，单击选中“远程”选项卡，单击选中“允许远程协助连接这台计算机”和“允许远程连接到此计算机”，如图 1-48 所示。

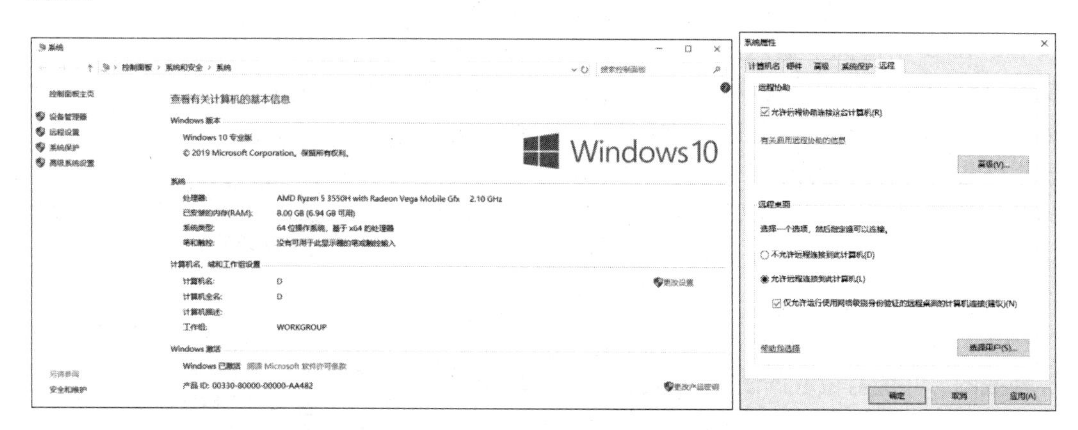

图 1-48　启用远程连接功能

其次，在 B 计算机上启动程序，输入 A 计算机的 IP 地址，单击“连接”按钮。输入 A 计算机的用户名和密码，即可远程桌面连接 A 计算机，如图 1-49 所示。

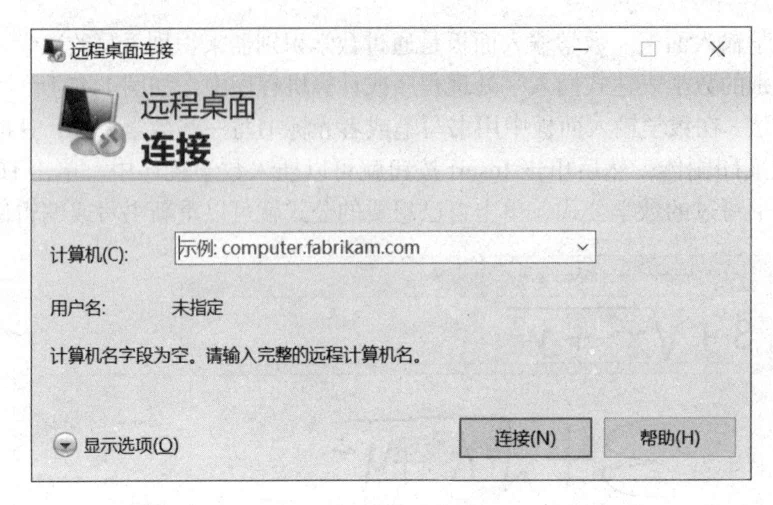

图 1-49　远程桌面连接

（5）快速助手。快速助手类似 QQ 的远程协助功能，可以让两名用户通过远程连接共享计算机，以便一名用户可以控制另一名用户的计算机，帮忙解决计算机上的问题。

快速助手使用 Windows 的远程连接机制。我们知道 Windows 带有远程桌面连接 RDP 功能，快速助手正是基于此来实现。在使用前，受连接方需要开启系统中的“允许远程协助”的选项,才可以使用。

操作方法：如果 A 计算机想远程连接 B 计算机，那么首先需要操作的是 A 计算机。在 A 计算机的快速助手中，单击“提供协助”，随后登录微软账号，接着快速助手就会生成一个安全代码。这个安全代码是存在有效期的，10 分钟后即会过期。接着，在 B 计算机中输入这个安全代码，A 计算机就可以连接了。连接完成后，A 计算机可以直接远程操作 B 计算机，以解决种种问题。而微软还非常贴心，为任务管理器、重新启动等解决计算机问题的常用方案，设置了“一键触发”按钮，甚至还有批注功能，告诉对方到底问题出在哪里，如图 1-50 所示。

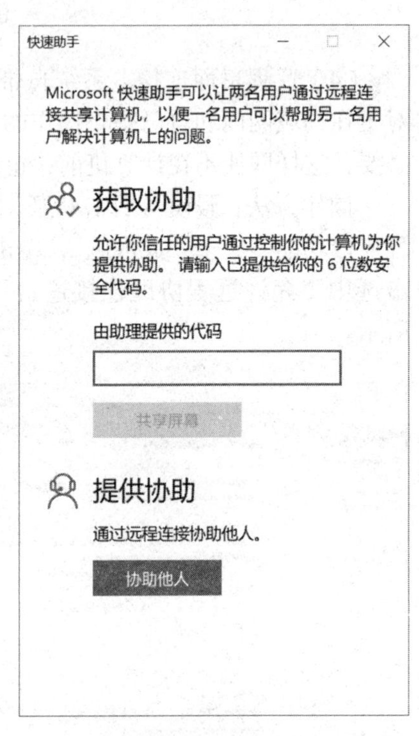

图 1-50　快速助手

（6）截图工具。截图工具能够完成多种方式的屏幕截图，并能对截取的图片进行编辑，如图 1-51 所示。

操作方法：在“模式”下拉列表中有 4 种截图方式，分别是“任意格式截图”“矩形截图”“窗口截图”“全屏幕截图”。选择所需的方式，当光标变成十字形状时，在要截取的区域上按下左键拖动鼠标，松开左键时会打开“截图工具”窗口，其中显示了截取好的图片，如图 1-52 所示。最后，单击“保存截图”按钮可以保存截取的图片；

单击“复制”按钮可以粘贴到其他应用程序中。

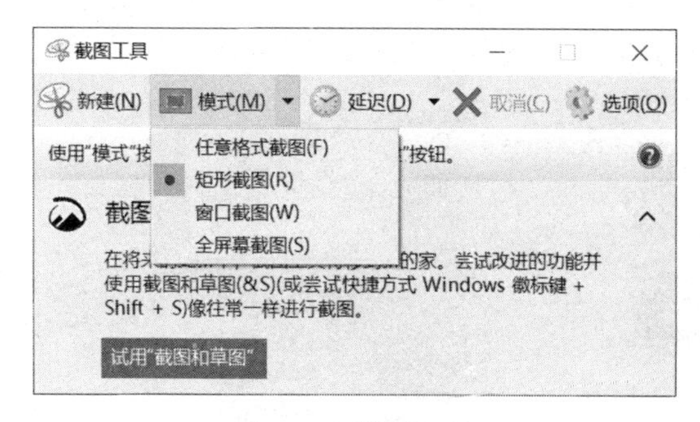

图 1-51　截图工具

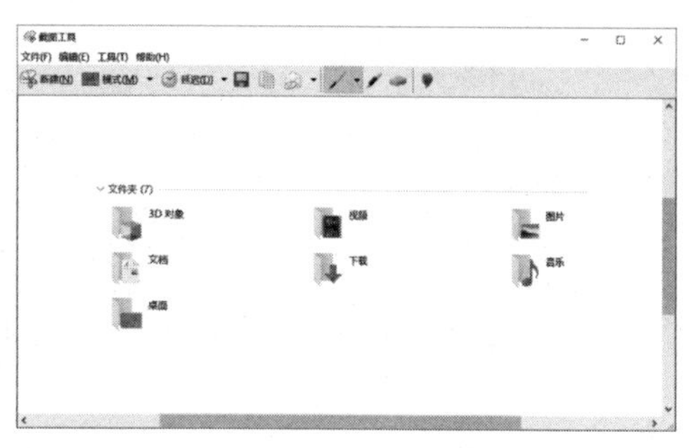

图 1-52　矩形截图

2）其他工具

（1）计算器。“计算器”是 Windows 10 众多工具软件中的一个数学计算工具。它包括“标准”“科学”“绘图”“程序员”“日期计算”5 种模式。标准型计算器和科学型计算器与我们日常生活中的小型计算器类似，可完成简单的算术运算和较为复杂的科学运算，如函数运算等。

依次选择“开始”→“计算器”命令，会打开“计算器”窗口，系统默认为“标准”计算器，如图 1-53 所示。打开菜单，可以切换模式，如图 1-54 所示。切换为“程序员”计算器，如图 1-55 所示。进制转换的操作方法：选择原数据的进制（如十进制 DEC）→输入原数据（如 42）→选择将要转换的进制（如二进制 BIN）→显示栏上显示出结果（101010）。

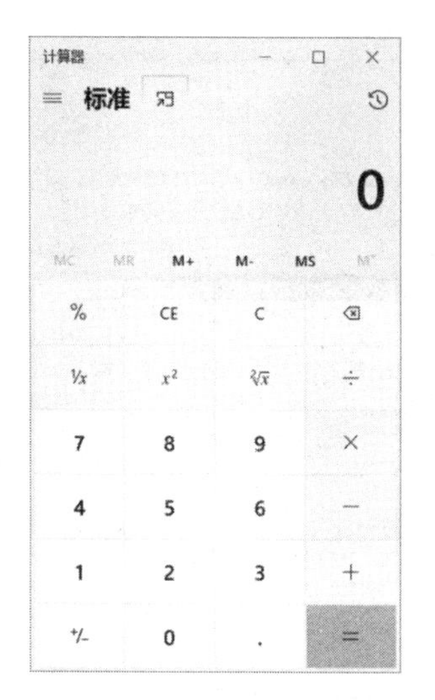

图 1-53　标准计算器

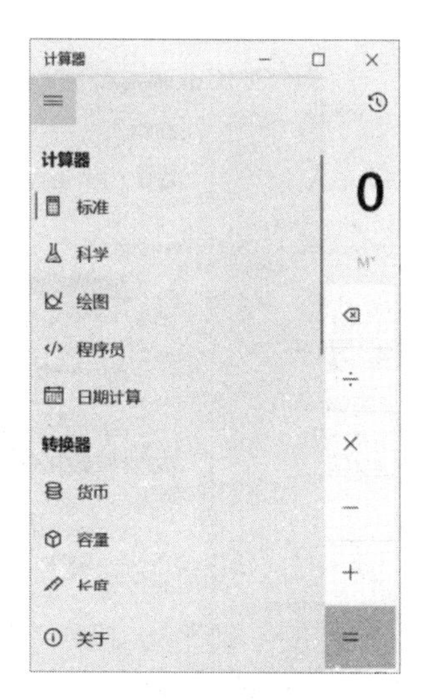

图 1-54　模式切换

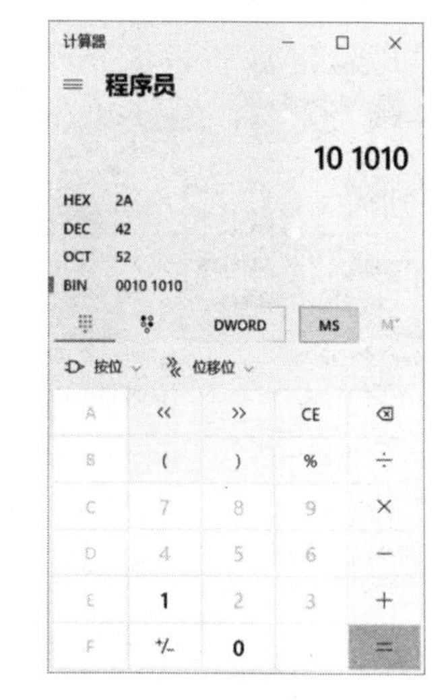

图 1-55　程序员计算器

（2）录音机。录音机应用可用于录制讲课内容、对话以及其他声音。

依次选择“开始”→“录音机”命令，单击中间“录制”按钮，开始录制音频。如果要停止录制音频，就单击“停止录音”按钮。停止后就会显示已录制的音频文件。

录制过程中，可以根据需要暂停录音，还可以添加录音标记，方便以后查看录音，如图 1-56 所示。

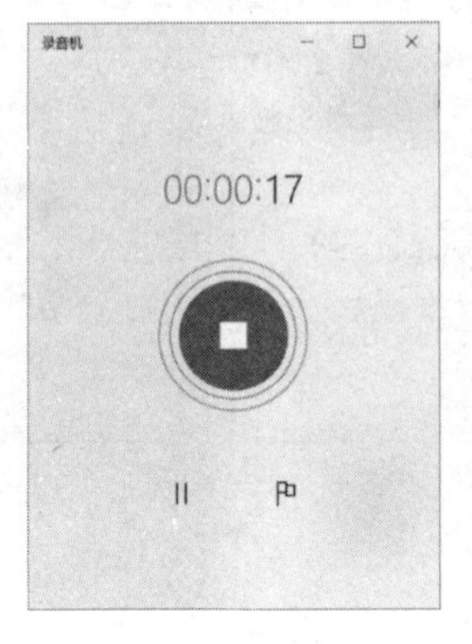

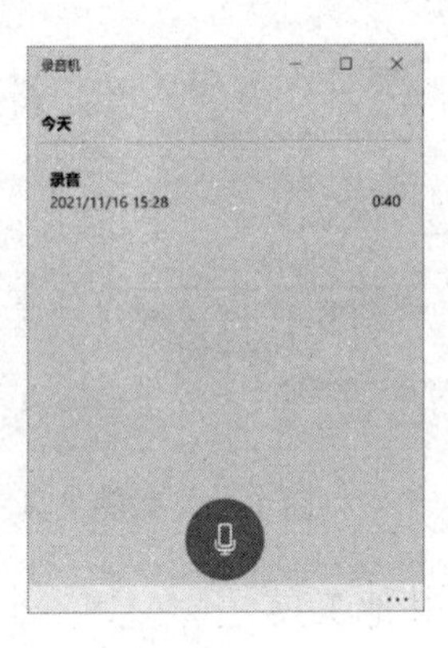

图 1-56　录音机

（3）磁盘清理。可扫描并清理系统和软件产生的临时文件、旧的更新包、缓存等，释放磁盘空间。

在“此电脑”中，右击要清理的磁盘，选择“属性”→“磁盘清理”命令，在“要删除的文件”下，选择要删除的文件类型，单击“确定”按钮。

如果需要释放更多空间，还可以删除系统文件，在“磁盘清理”中，可以选择“清理系统文件”。等待清理结束，就可以看到清理栏多出了两项，为“Windows 更新清理”和“Microsoft Defender 防病毒”。可以看到“Windows 更新清理”所占的空间比较大，清理完就不会占用这么多空间了，如图 1-57 所示。

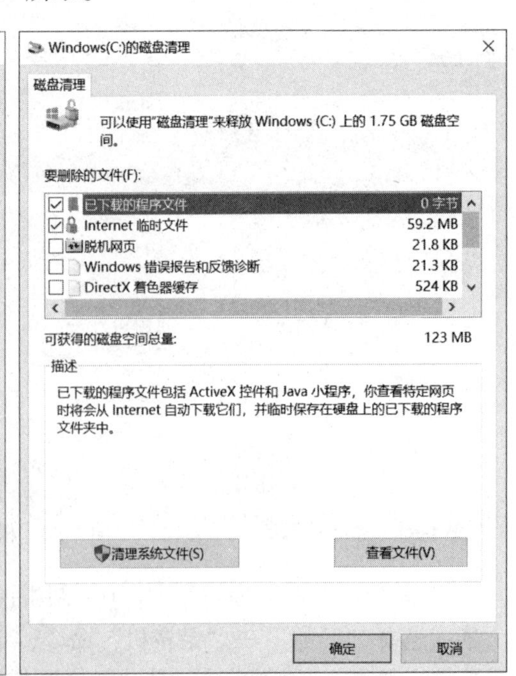

图 1-57　磁盘清理

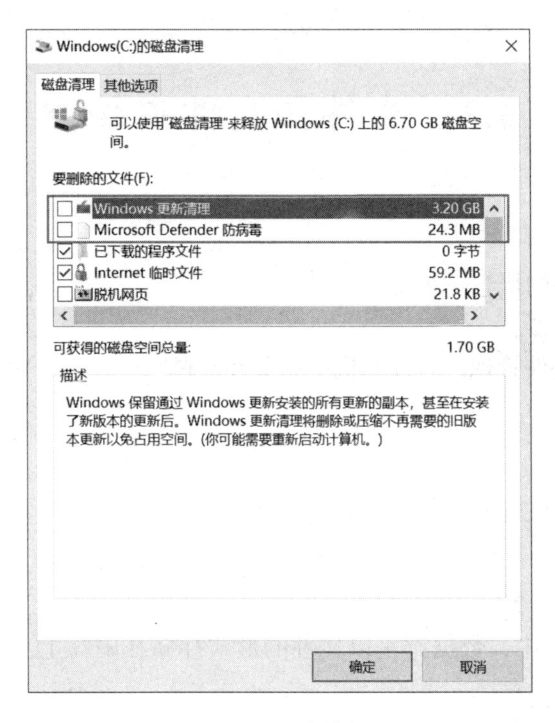

图　1-57（续）

任务实施

（1）右击桌面空白处，从弹出的快捷菜单中选择“个性化”命令，打开“个性化”窗口。

（2）在设置界面单击“背景”，然后在中间显示的几张小图中选择一张喜欢的图片作为桌面背景。如果这几张都不喜欢，可以单击小图下的“浏览”，到计算机里选择保存的其他图片。

（3）如果喜欢简单一些，也可以选择单一颜色的背景。单击“背景”下拉框，在显示的选项中单击“纯色”，然后在出现的多种背景色中选择一种自己最喜欢的即可。

（4）如果想让自己的桌面时刻充满新鲜和惊喜，也可以选择“背景”下拉框中的“幻灯片放映”，再单击下边的“浏览”，然后在弹出的窗口中先选择图片存放的磁盘位置，再选择具体的文件夹，最后选择“选择此文件夹”即可。选好幻灯片放映的文件夹后，我们还要设置它更换每张图的时间。我们首先单击“更改图片的频率”的下拉按钮，然后在各种时间中选择一种。因为计算机中保存的图片并不全是按计算机显示屏大小定制的，其中有大也有小，放到桌面上做背景有时不太合适，这时，就要对图片的契合度进行选择了。首先单击契合度按钮，然后选择其中一种最适合的展示图片的模式就可以了。

（5）除了对计算机桌面背景进行一些个性化设置之外，还可以对计算机的其他方面进行个性化设置，如颜色、锁屏界面、主题、字体、“开始”菜单和任务栏，我们可以根据自己的需要逐一设置。

1.3 文件和文件夹管理

任务知识点

- 文件、文件夹的概念。
- 文件资源管理器。
- Windows 的文件管理，对计算机中的文件资料归类，库，Windows 回收站。

任务描述

整理计算机中的文件和文件夹。

知识预备

在 Windows 系统中，数据都是以文件的形式存储在磁盘上。Windows 系统中的文件类型有很多。

1. 文件和文件夹概念

1）文件

文件是计算机中数据的存储形式，其中种类很多，可以是文字、图片、声音、视频以及应用程序等。

（1）所有文件的外观都是由文件图标和文件名组成。

（2）文件名称由文件名和扩展名组成，中间用“.”隔开。

（3）同类型文件的扩展名和图标相同。

（4）对文件命名，要尽量做到“见名知义”。

例如，在图 1-58 中，“.”前面的字符串是文件名称，后面的字符串是文件的扩展名。根据文件图标或扩展名可以知道文件类型；根据文件名字可以大概知道文件内容。

名称	修改日期	类型	大小
第1章 认识计算机.docx	2021/1/22 20:25	Microsoft Word 文档	3,063 KB
第2章 Windows 7操作系统的使用.docx	2021/1/22 20:26	Microsoft Word 文档	14,504 KB
第3章 Word 2010文字处理应用.docx	2021/1/22 20:26	Microsoft Word 文档	3,117 KB
第4章 Excel 2010电子表格应用.docx	2021/1/22 20:26	Microsoft Word 文档	3,640 KB
第5章 PowerPoint 2010演示文稿制作.docx	2021/1/22 20:27	Microsoft Word 文档	2,481 KB
第6章 互联网技术及其应用.docx	2021/1/22 20:27	Microsoft Word 文档	1,458 KB
第7章 认识新技术.docx	2021/1/22 20:27	Microsoft Word 文档	1,471 KB
第8章 常用工具软件的使用.docx	2021/1/22 20:27	Microsoft Word 文档	1,342 KB

图 1-58　文件命名规则

2）文件夹

Windows 的文件夹可以用来保存和管理文件。文件夹既可以包含文件，也可以包含文件夹。它就像我们的书架一样，可以对文件归类存放。文件夹命名与文件命名相似，尽量做到“见名知义”。

另外，对重要数据还应该做好备份，以防文件被误删除，或文件被病毒破坏。

2. 文件资源管理器

Windows 非常常用的工具是文件资源管理器，也就是之前的“我的电脑”，Windows 8 版本之后改为“此电脑”，可以使用 Win+E 组合键打开，如图 1-59 所示。

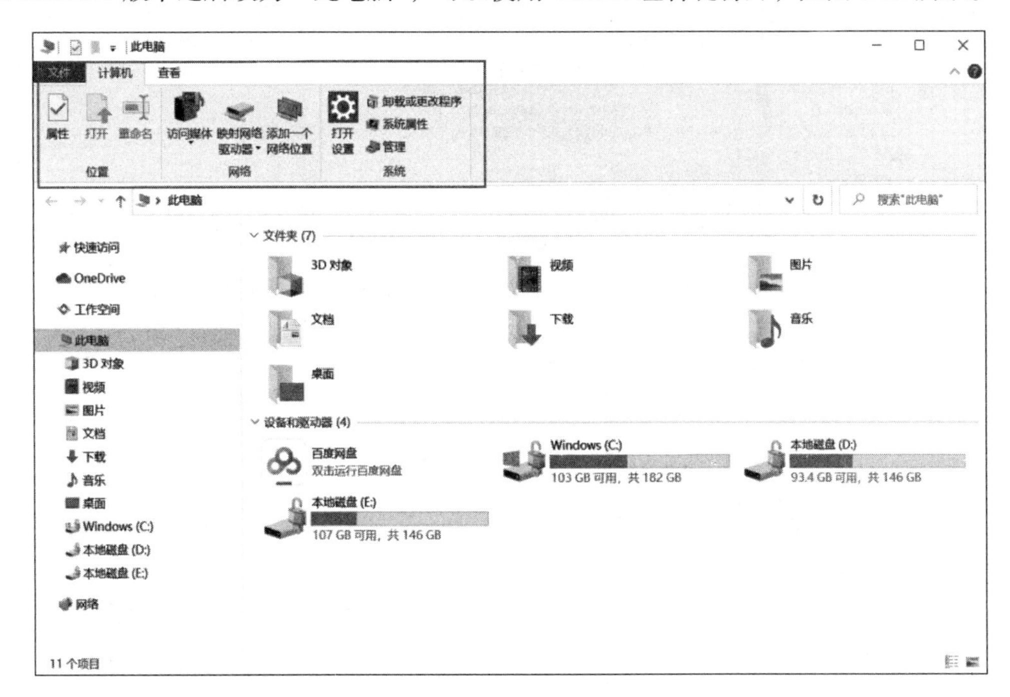

图 1-59 “此电脑”界面

Windows 10 的资源管理器采用了 Ribbon 界面。Ribbon 是一种以面板及标签页为架构的用户界面（user interface），原先出现在 Microsoft Office 2007 后续版本的 Word、Excel 和 PowerPoint 等组件中，后来也被运用到 Windows 7 的一些附加组件等其他软件中，如画图和写字板，以及 Windows 8 中的资源管理器。它是一个收藏了命令按钮和图标的面板。它把命令组织成一组“标签”，每一组包含了相关命令。每一个应用程序都有一个不同的标签组，展示了程序所提供的功能。在每个标签里，各种相关的选项被组在一起。设计 Ribbon 的目的是使应用程序的功能更加易于发现和使用，减少了单击的次数。

打开文件资源管理器时，默认是打开“快速访问”，我们可以依次选择“查看”→“选项”命令，单击选中“常规”选项卡，修改“打开文件资源管理器时打开”的选项，如图 1-60 所示。

在“常规”选项卡中，还可以选择“浏览文件夹”的形式、单击项目的方式和“隐私”等各种选项。

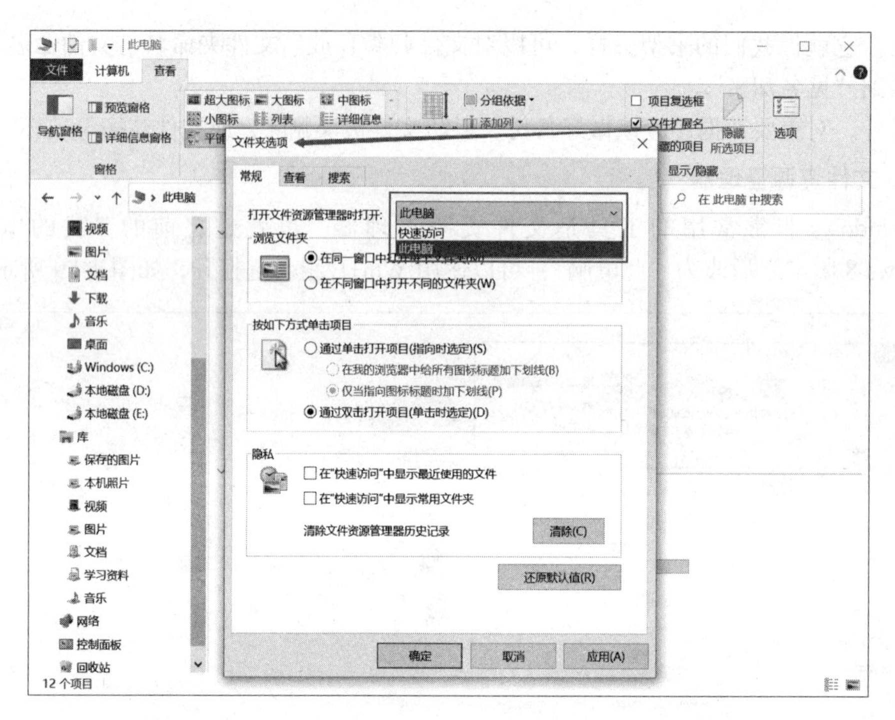

图 1-60　文件夹选项

在“查看”选项卡中，可以选择布局方式，以及是否查看“文件扩展名”和是否显示“隐藏的项目”，如图 1-61 所示。

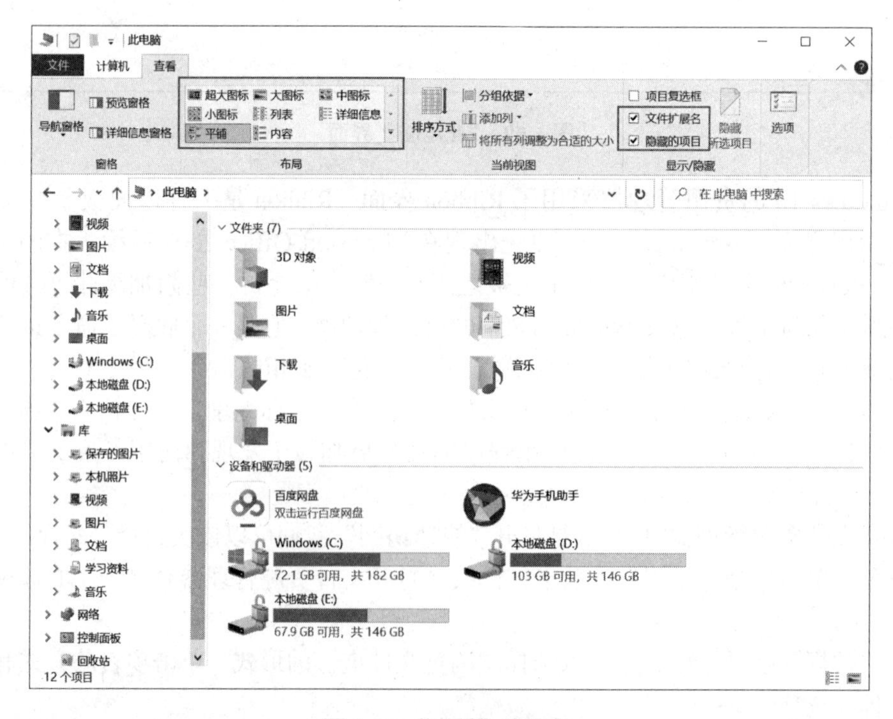

图 1-61　“查看”选项卡

在左侧的“快速访问”中可以删除或固定一个文件夹，这样可以很方便地打开我们常用的文件夹，如图 1-62 所示。

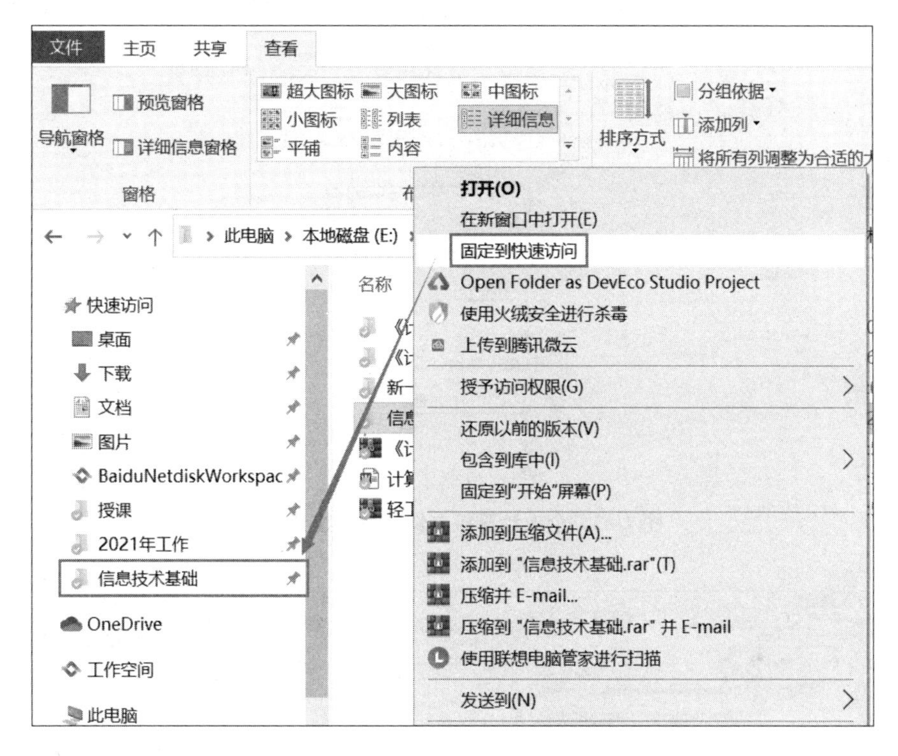

图 1-62　固定到快速访问

3. 文件和文件夹管理

1）Windows 的文件管理

文件管理是操作系统中一项重要功能，是操作系统中负责存取和管理文件信息的机构。从系统角度来讲，文件系统是对文件存储器的存储空间进行组织、分配和回收，负责文件的存储、检索和保护。从用户角度来看，文件系统主要是实现“按名”存取，文件系统的用户只要知道所需文件名字，就可以存取文件中的信息，而无须知道这些文件究竟存放在什么地方。

2）有效地将计算机中的文件资料归类

文件管理和我们生活中的衣物或书籍管理一样，要分类存放，以便能够快速查找，随时做好备份，这是当今计算机使用者必备的素质。

这里给学生提供一套个人计算机文件管理的建议方案，如图 1-63 所示。

4. 库

打开 Windows 资源管理器，将看到与个人文件夹看上去类似的“库”文件夹，包含“视频”“图片”“文档”“学习资料”和“音乐”。如果没有显示“库”文件夹，可以依次选择“查看”→“选项”命令，单击选中“查看”选项卡，“导航窗格”中的“显示库”，或者依次选择“查看”→“导航窗格”命令，选中“显示库”，如图 1-64 所示。

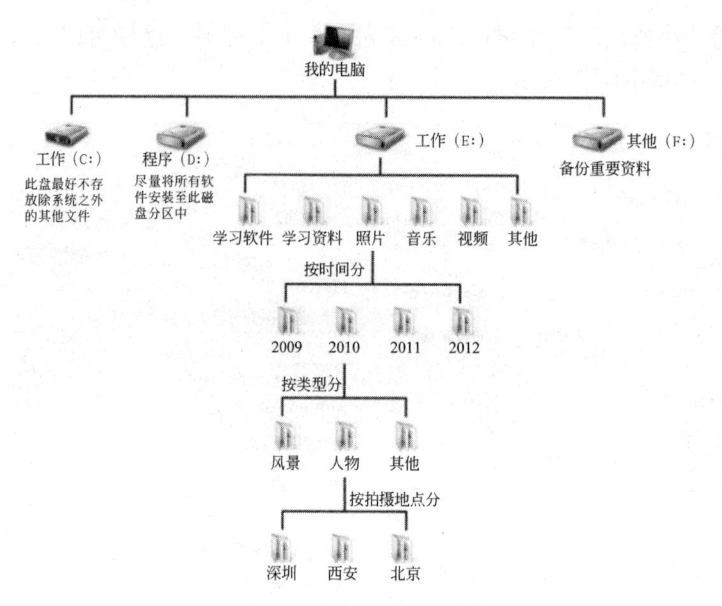

图 1-63　个人计算机文件管理的建议方案

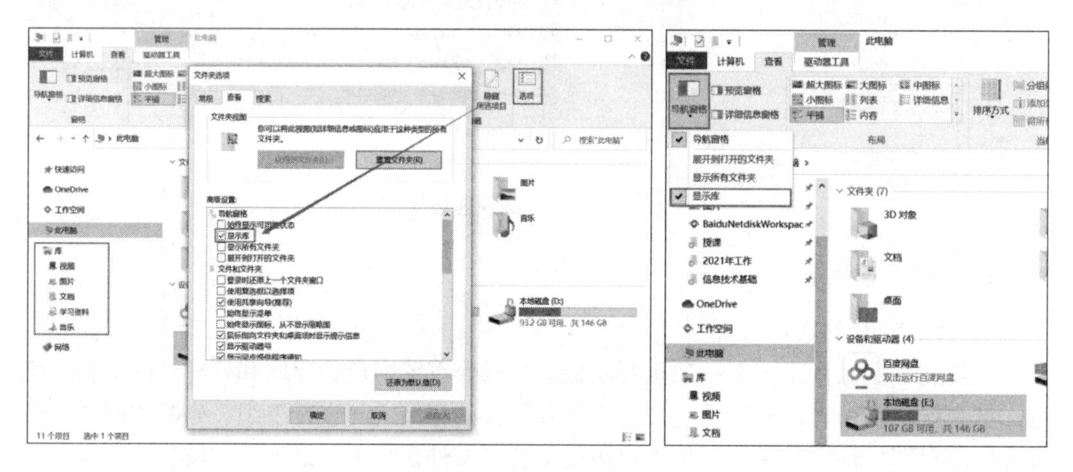

图 1-64　显示库

库功能是 Windows 7 开始具有的新功能，合理地利用文件库功能，不管文件数量有多大，文件夹结构有多复杂，都可以把文件管理得井井有条。

（1）将文件夹收藏起来。就像网页的收藏夹一样，文件库可以把我们需要的文件和文件夹集中到一起，需要时，只要单击库中的链接，就能快速打开添加到库中的文件夹。

（2）对文件进行集中管理。文件库可以将一类文件集中管理，也可以找到文件夹中包含某一个关键字的文件，并集中管理。

（3）添加文件。除了本地文件外，还可以把局域网共享位置添加到库，也可以把包含某一个关键字的文件添加进来。

右击新建库，打开“属性”的设置界面。通过“添加”按钮，可以将不同分区的文件或文件夹设置到新建库中，如图 1-65 所示。

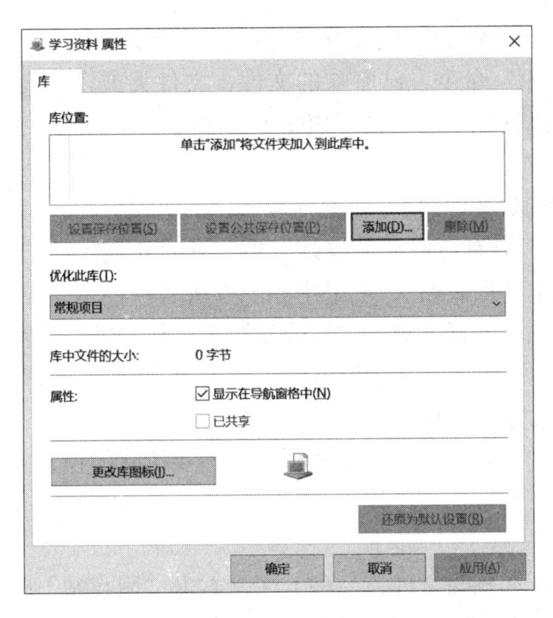

图 1-65 库的使用

5. Windows 回收站

使用 Windows 的用户对回收站不会陌生，回收站保存了删除的文件、文件夹、图片、快捷方式和 Web 页等。这些项目将一直保留在回收站中，直到清空回收站。许多误删除的文件就是从它里面找到的。灵活地利用各种技巧可以更高效地使用回收站，使之更好地为自己服务。

1）恢复删除的内容

没有被永久删除的文件可以从回收站中还原。

双击“回收站”图标，选择要恢复的文件、文件夹和快捷方式等项（要恢复多个项时，可在按 Ctrl 键的同时单击每个要恢复的项），单击“还原所有项目”或“还原选定的项目”，如图 1-66 所示。

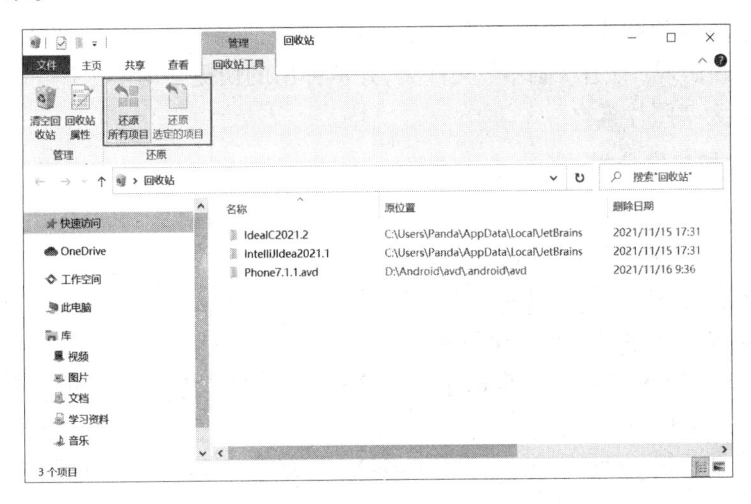

图 1-66 回收站还原项目

另外，可打开“回收站”，右击要恢复的项，从弹出的快捷菜单中选择“还原”命令。已删除的文件、文件夹或快捷方式恢复后，将返回原来的位置，如图 1-67 所示。

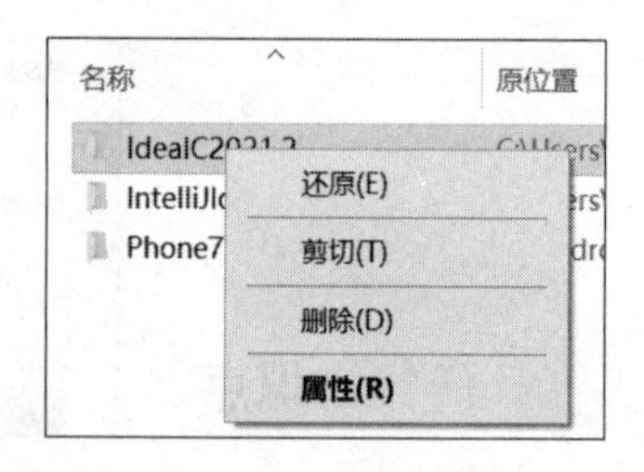

图 1-67 还原项目

2）清空回收站

利用“回收站”删除文件，仅是将文件放入“回收站”，并没有腾出磁盘空间，只有清空“回收站”后，才真正腾出了磁盘空间。要清空“回收站”，可采用如下方法之一。

（1）双击“回收站”图标，单击“回收站”工具栏中的“清空回收站”按钮。

（2）右击“回收站”图标，并从弹出的快捷菜单中选择“清空回收站”命令，在确认删除对话框中单击“是”按钮，即可清空回收站。

（3）如果要清除“回收站”中的某些项，右击要清除的项，并从弹出的快捷菜单中选择“删除”命令。

3）永久删除文件

要想不可恢复地永久删除文件，一种方法是右击“回收站”图标，并从弹出的快捷菜单中选择“属性”命令，选中“不将文件移到回收站”中。移除文件后立即将其删除，单击“确定”按钮即可。

另一种方法是在删除文件时，按 Shift+Delete 组合键，则可永久删除文件。

任务实施

1. 文件备份

为了防止误操作而破坏文件，在处理文件前有必要对原文件夹进行备份，备份文件夹名为“照片素材”。

（1）双击桌面的“此电脑”，打开“文件资源管理器”。

（2）在文件资源管理器左侧，选择素材文件夹中的“照片”文件夹，右击该文件夹，并从弹出的快捷菜单中选择“复制”命令。

（3）右击资源管理器右侧空白处，并从弹出的快捷菜单中选择“粘贴”命令。

（4）右击新出现“照片 - 副本”文件夹，并从弹出的快捷菜单中选择“重命名”命令，将名称重命名为“照片素材”。

2. 将照片按年份分类

（1）双击“照片”文件夹，右击“照片”文件夹中空白处，并从弹出的快捷菜单中依次选择“查看”→“详细信息”命令。

（2）再次右击“照片”文件夹中空白处，并从弹出的快捷菜单中选择“排序方式”命令，在下级菜单中选中“日期”和“递增”。

（3）按照时间创建文件夹。根据年份，分别创建名为“2015 年”“2016 年”“2017 年”“2018 年”的文件夹。

（4）通过“剪切（Ctrl+X）/ 粘贴（Ctrl+Y）”方式，将对应照片移到相应文件夹中。

1.4 系统安全

任务知识点

- 常见病毒、木马及诈骗。
- 杀毒软件 Windows Defender 和第三方杀毒软件。
- 防火墙。

任务描述

对计算机进行安全检查。

知识预备

随着计算机及网络技术与应用的不断发展，伴随而来的计算机系统安全问题越来越引起人们的关注。计算机系统一旦遭受破坏，将给使用单位造成重大的经济损失，并严重影响正常工作的顺利开展。加强计算机系统安全工作，是信息化建设工作的重要工作内容之一。

1. 常见病毒、木马及诈骗

1）病毒

计算机病毒指编制或者在计算机程序中插入的破坏计算机功能或者破坏数据，影响计算机正常使用并且能够自我复制的一组计算机指令。

计算机病毒是人为制造的，既有破坏性，又有传染性和潜伏性的，对计算机信息或系统起破坏作用的程序。它不是独立存在的，而是隐蔽在其他可执行的程序之中。计算机中病毒后，轻则机器运行速度受影响，重则死机，系统文件被破坏。因此，病毒给用户带来很大的损失。

（1）分类。具体分类方式如下。

根据依附的媒体类型进行分类。

① 网络病毒：通过计算机网络感染可执行文件的计算机病毒。

② 文件病毒：主攻计算机内文件的病毒。

③ 引导型病毒：主攻驱动扇区和硬盘系统引导扇区的病毒。

根据计算机特定算法进行分类。

① 附带型病毒：通常附带于一个 EXE 文件上，其名称与 EXE 文件名相同，但扩展名是不同的，一般不会破坏或更改文件本身，但在 DOS 读取时首先激活的就是这类病毒。

② 蠕虫病毒：它不会损害计算机文件和数据，它的破坏性主要取决于计算机网络的部署，通过网络进行传播。

③ 可变病毒：可以自行应用复杂的算法，很难被发现，因为在另一个地方表现的内

容和长度是不同的。

（2）全球十大计算机病毒事件。具体如下。

① 勒索病毒事件。勒索病毒是一种源自美国国家安全局的一种计算机病毒。2017 年 5 月，近百个国家中招，其中，英国医疗系统陷入瘫痪，大量患者无法就医。中国的高校校内网也感染了。受害机器的磁盘文件会被加密，只有支付赎金才能解密恢复。勒索金额为 5 个比特币，当时折合人民币为 5 万多元。据最新的报道，勒索病毒事件的幕后黑客已收到 8.2 个比特币。

②“CIH 病毒”事件。CIH 病毒由我国台湾大学生陈盈豪编写，最早随国际两大盗版集团贩卖的盗版光盘在欧美等地广泛传播，后来通过各网站的互相转载迅速传播。这在那个年代堪称一大灾难，全球不计其数的计算机硬盘被垃圾数据覆盖，这个病毒甚至会破坏计算机的 BIOS，最后连计算机都无法启动。在 2001 年及 2002 年时，这个病毒还死灰复燃过几次。

③“梅丽莎病毒”事件。1998 年，大卫・L .史密斯运用 Word 软件里的宏运算编写了一个计算机病毒，这种病毒通过微软的 Outlook 进行传播，史密斯把它命名为梅丽莎。一旦收件人打开邮件，病毒就会自动向 50 位好友复制发送同样的邮件。史密斯把它放在网络上之后，这种病毒开始迅速传播。直到 1999 年 3 月，梅丽莎登上了全球报纸的头版。据当时的统计，梅丽莎感染了全球 15%~20% 的商用 PC。病毒传播速度之快令美国联邦政府很重视这件事。还迫使 Outlook 中止了服务，直到病毒被消灭。而史密斯也被判处 20 个月的监禁，同时被处 5000 美元罚款。这也是第一个引起全球社会关注的计算机病毒。

④“冲击波病毒”事件。冲击波病毒利用在 2003 年 7 月 21 日公布的 RPC 漏洞进行传播，该病毒于当年 8 月爆发。它会使系统操作异常、不停重启甚至崩溃。另外，该病毒还有很强的自我防卫能力，它会对微软的一个升级网站进行拒绝服务攻击，导致该网站堵塞，使用户无法通过该网站升级系统，使计算机丧失更新该漏洞补丁的能力。而这一病毒的制造者居然只是个 18 岁的少年，这个名叫杰弗里・李・帕森的少年最后被判处 18 个月徒刑。这个病毒的变种至今仍存活，需小心防范。

⑤“爱虫病毒”事件。爱虫病毒跟梅丽莎病毒类似，也是通过 Outlook 电子邮件系统传播，不过邮件主题变为了“I Love You”，打开病毒附件后，就会自动传播。该病毒在很短的时间内就袭击了全球无数的计算机，并且它还是个很“挑食”的病毒，专门喜欢那些具有高价值 IT 资源的计算机系统，如美国国家安全部门、CIA、英国国会等政府机构，股票经纪及那些著名的跨国公司等。爱虫病毒是迄今为止发现的传染速度非常快而且传染面积非常广的计算机病毒。

⑥“震荡波病毒”事件。震荡波病毒于 2004 年 4 月 30 日爆发，短时间内就给全球造成了数千万美元的损失，也让所有人记住了 2004 年的 4 月。计算机一旦中招就会莫名其妙地死机或重新启动；而在纯 DOS 环境下执行病毒文件，则会显示出谴责美国大兵的英文语句。

⑦“MyDoom 病毒”事件。MyDoom 病毒是一种通过电子邮件附件和 P2P 网络

Kazaa 传播的病毒。在 2004 年 1 月 28 日爆发，在高峰时期，导致网络加载时间减慢 50% 以上。它会自动生成病毒文件，修改注册表，通过电子邮件进行传播。芬兰的一家安全软件和服务公司甚至将其称为病毒历史上十分厉害的电子邮件蠕虫。据估计，这个病毒波及爆发当日全球电子邮件通信量的 20%~30%，全球有 40 万 ~50 万台计算机感染了此病毒。

⑧ 美国 1.3 亿张信用卡信息被盗事件。28 岁的美国迈阿密人冈萨雷斯在 2006 年 10 月到 2008 年 1 月期间，利用黑客技术突破计算机防火墙，入侵 5 家大公司的计算机系统，盗取大约 1.3 亿张信用卡和借记卡的账户信息。这是美国司法部迄今起诉的最大的身份信息盗窃案，也直接导致支付服务巨头 Heartland 向 Visa、万事达卡、美国运通以及其他信用卡公司支付超过 1.1 亿美元的相关赔款。2010 年 3 月，冈萨雷斯被判两个并行的 20 年刑期，这是美国史上对计算机犯罪判罚刑期最长的一次。正因为这次事件，冈萨雷斯被称为美国史上最大的黑客。

⑨ 索尼影业遭袭事件。2014 年 11 月 24 日，黑客组织“和平卫士”公布索尼影业员工电邮，涉及公司高管薪酬和索尼非发行电影拷贝等内容。据估计此次行动与即将上映的电影《采访》有关。虽然索尼影业最终决定取消影片的发行。但在此次袭击事件发生数月后，其影响依然在持续发酵，计算机故障频发，电邮持续被冻结等。因涉及诸多影视界明星及各界名人，该公司联席董事长艾米 · 帕斯卡被迫引咎辞职。索尼遭黑客入侵并不是头一次，2011 年，索尼 PSN 网络上就有百万用户信息曾被窃取。

⑩ “熊猫烧香病毒”事件。2007 年 1 月初，“熊猫烧香”病毒开始肆虐网络，它主要通过下载的档案传染，受到感染的机器文件因为误携带，间接对其他计算机程序、系统破坏严重。在短短的两个多月时间，该病毒不断入侵个人计算机，给上百万个人用户以及网吧和企业局域网用户带来无法估量的损失。不过，“熊猫烧香”作者只为炫技，并没有像比特病毒一样为了要钱。2007 年 9 月 24 日，“熊猫烧香”案一审宣判，主犯李俊被判刑 4 年。

2）木马

木马病毒属于计算机病毒的一个子分类。“木马”这个名字来源于古希腊传说——特洛伊木马。这个故事大家一定非常熟悉：“希腊联军围困特洛伊久攻不下，于是假装撤退，留下一具巨大的中空木马，特洛伊守军不知是计，把木马运进城中作为战利品。夜深人静之际，木马腹中躲藏的希腊士兵打开城门，特洛伊沦陷。”

木马病毒是指隐藏在正常程序中的一段具有特殊功能的恶意代码，是具备破坏和删除文件、发送密码、记录键盘和攻击 DOS 等特殊功能的后门程序。木马病毒其实是计算机黑客用于远程控制计算机的程序，将控制程序寄生于被控制的计算机系统中，里应外合，对被感染木马病毒的计算机实施操作。一般的木马病毒程序主要是寻找计算机后门，伺机窃取被控计算机中的密码和重要文件等。可以对被控计算机实施监控、资料修改等非法操作。木马病毒具有很强的隐蔽性，可以根据黑客意图突然发起攻击。

现在最为流行的木马就是“挖矿木马”了，随着加密货币价格的攀升，国内外频频爆出各种“挖矿木马”事件。有些黑客通过将“挖矿木马”植入知名激活工具 KMS，当用户下载安装此带毒工具后，“挖矿木马”也会入侵计算机，利用用户的计算机资源，为黑客“挖矿”赚钱。

除此之外，常见的木马病毒有以下几种。

盗号木马：此类木马会隐匿在系统中，伺机盗取用户各类账号密码，如特洛伊木马、灰鸽子、红娘、冰刃、QQ 大盗之类。

下载者木马：此类木马通过下载其他病毒来间接对系统产生安全威胁，下载者木马通常体积较小，并辅以诱惑性的名称和图标诱骗用户使用。由于体积较小，下载者木马更易传播，且传播速度很快，如黑洞。

释放器木马：此类木马通过释放其他病毒来间接地对系统产生安全威胁，如 Emotet 恶意软件。

单击器木马：此类木马会在后台通过访问特定网址来“刷流量”，使病毒作者获利，并会占用被感染主机的网络带宽，如舟大师、影子单击器。

代理木马：此类木马会在被感染主机上设置代理服务器，黑客可将被感染主机作为网络攻击的跳板，以被感染者的身份进行黑客活动，以达到隐藏自己、躲避执法者追踪的目的，如“波宛”变种 E、代理木马。

3）诈骗

网络诈骗是指以非法占有为目的，利用互联网，采用虚构事实或者隐瞒真相的方法，骗取数额较大的公私财物的行为。其花样繁多，行骗手法日新月异，常用手段有假冒好友、网络钓鱼、网银升级诈骗等，主要特点有空间虚拟化、行为隐蔽化等。

（1）常见情形如下。

① 网络购物诈骗。犯罪分子开设虚假购物网站或淘宝店铺，一旦事主下单购买商品，便称系统故障需要重新激活。随后，通过 QQ 发送虚假激活网址实施诈骗。

② 低价购物诈骗。犯罪分子通过互联网、手机短信发布二手车、二手计算机、海关没收的物品等转让信息，一旦事主与其联系，即以“缴纳定金”“交易税手续费”等方式骗取钱财。

③ 犯罪分子在微信朋友圈以优惠、打折、海外代购等为诱饵，待买家付款后，又以“商品被海关扣下，要加缴关税”等为由要求加付款项，一旦获取购货款则失去联系。

④ 刷网评信誉诈骗。犯罪分子以开网店需快速刷新交易量、网上好评、信誉度为由，招募网络兼职刷单，承诺在交易后返还购物费用并额外提成，要求受害人在指定的网店高价购买商品或缴纳定金，以此骗取受害人钱款。

⑤ 招聘诈骗。犯罪分子通过网络、短信或者传统媒体发布虚假招聘信息，进而以缴纳服装费、押金、保证金、定金等名义，让受害人向其提供的账户上汇款。

⑥ 招商加盟。犯罪分子通过网络或传统媒体发布虚假招商、加盟信息，以高额利润为诱饵，骗取受害人定金、加盟费、货款等费用。

（2）防范方法如下。

① 不要随意拨打网上的电话。有些诈骗网站会留下自己的联系方式让你拨打，这

个时候我们就一定要提高警惕了，必须先做一个全方位的了解，再考虑进行下一步的行动，万不可自以为是。

② 去正规的官方网站，注意防范“钓鱼网站”。所谓“钓鱼网站”是指不法分子利用各种手段，仿冒真实网站的URL地址以及页面内容，或者利用真实网站服务器程序上的漏洞，在站点的某些网页中插入危险的HTML代码，以此来骗取用户银行或信用卡账号、密码等私人资料。

③ 购物尽量使用第三方支付平台交易。在网站购物时，消费者要尽量避免直接汇款给对方，可以采用支付宝等第三方支付平台交易，一旦发现对方在诈骗，应立即通知支付平台冻结货款。即使采用货到付款方式，也要约定先验货再付款，防止不法商家偷梁换柱。此外，一定要在市场上认可度比较高的购物网站上购物，在支付过程中最好选择支付宝、网银等较为安全的支付方式，切记不可现金转账，以免被骗。

④ 保管好自己的私人信息，不要随便告诉陌生人。注意保管好自己的电子邮箱、QQ号等相关私人资料，尽量少在网吧或公用计算机上网等。尤其是在汇款给别人之前，务必要向朋友或客户核实情况，以免上当受骗。另外，在上网购物接到退款电话时，一定要提高警惕，特别是当对方要求你提供身份证、手机号以及支付宝、银行卡的相关信息时，千万不要轻易将账号和密码告诉陌生人。

⑤ 账号密码要及时更换。不要年复一年地用同一个密码，银行账户、QQ、邮箱一定要做到不定期地修改密码，最好与自己不离身的手机进行捆绑，以便在第一时间掌握自己在网上的信息。

⑥ 如果发生诈骗，要及时举报。一旦发现自己进入了诈骗者的圈套，要第一时间去网络官方举报，然后保留好证据，如聊天记录等。如果有钱财损失，要马上报警，一定要做到冷静，更不能试图自己解决，因为网络诈骗分子的手段层出不穷。

2. 杀毒软件

杀毒软件，也称反病毒软件或防毒软件，是用于消除计算机病毒、特洛伊木马和恶意软件等计算机威胁的一类软件。

杀毒软件通常集成监控识别、病毒扫描和清除、自动升级、主动防御等功能。有的杀毒软件还带有数据恢复、防范黑客入侵、网络流量控制等功能，是计算机防御系统（包含杀毒软件，防火墙，特洛伊木马、恶意软件的查杀程序以及入侵预防系统等）的重要组成部分。

1）Windows Defender

在Windows 10操作系统中，自身携带了一套完整的反病毒软件Defender。同时这套反病毒软件也在不断地改进和优化，最终成为Windows Defender安全中心。我们可以通过对安全中心的设置，提高操作系统防范病毒的能力，并且使用非常方便，能够保障操作系统的基本安全。

我们可以通过控制面板直接打开Windows安全中心，也可以搜索打开。Windows 10安全中心操作界面非常简单，如图1-68所示。

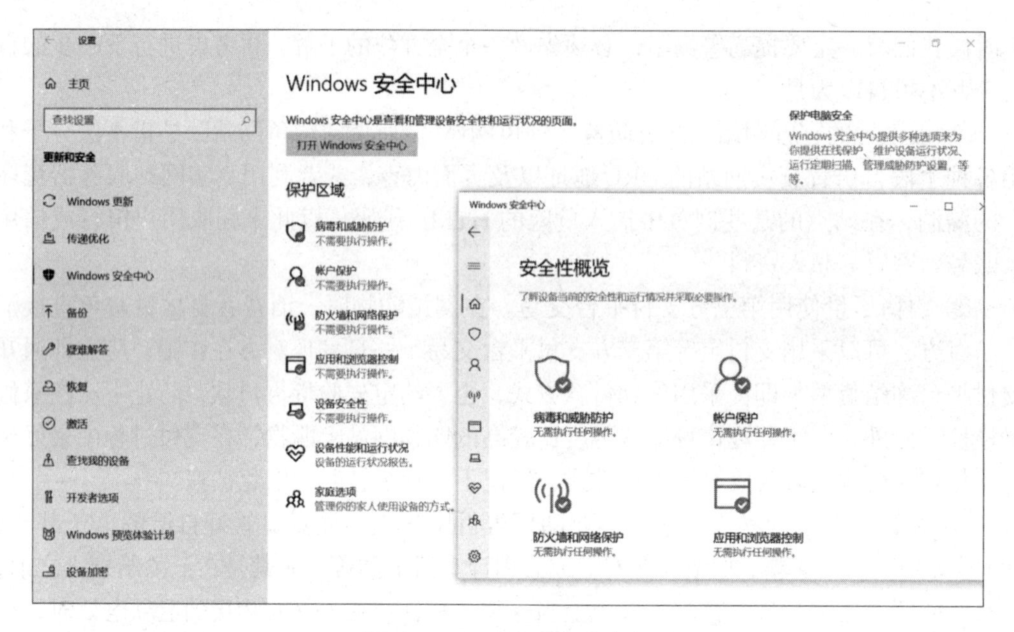

图 1-68　Windows 安全中心

单击左侧列表中的“病毒和威胁防护”选项，进行安全软件的选项设置，如图 1-69 所示。

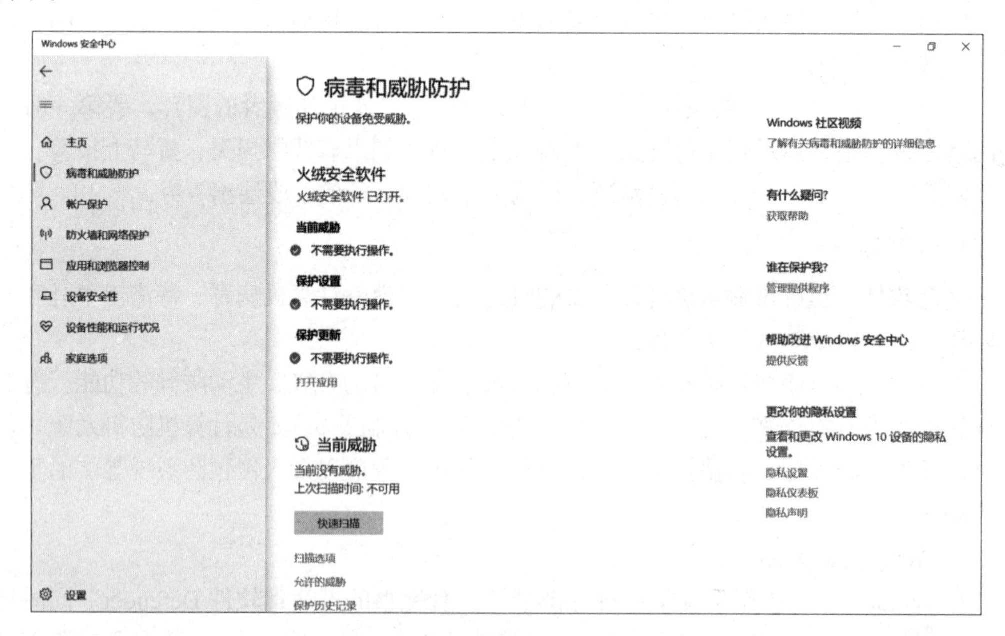

图 1-69　病毒和威胁防护

病毒和威胁防护除了提供实时防护之外，同时也提供病毒扫描的功能，并且有以下 4 种方式，如图 1-70 所示。

（1）快速扫描：只扫描操作系统的关键性文件和系统启动项等内容，扫描速度较快。

（2）完全扫描：扫描计算机中的所有文件，扫描速度比较慢。

（3）自定义扫描：可以自己定义需要扫描的文件，扫描速度取决于定义文件的多少。

（4）Microsoft Defender 脱机版扫描：当计算机受到恶意病毒破坏时，系统无法正常工作，需要选择 Windows Defender 脱机版完成系统的扫描工作。

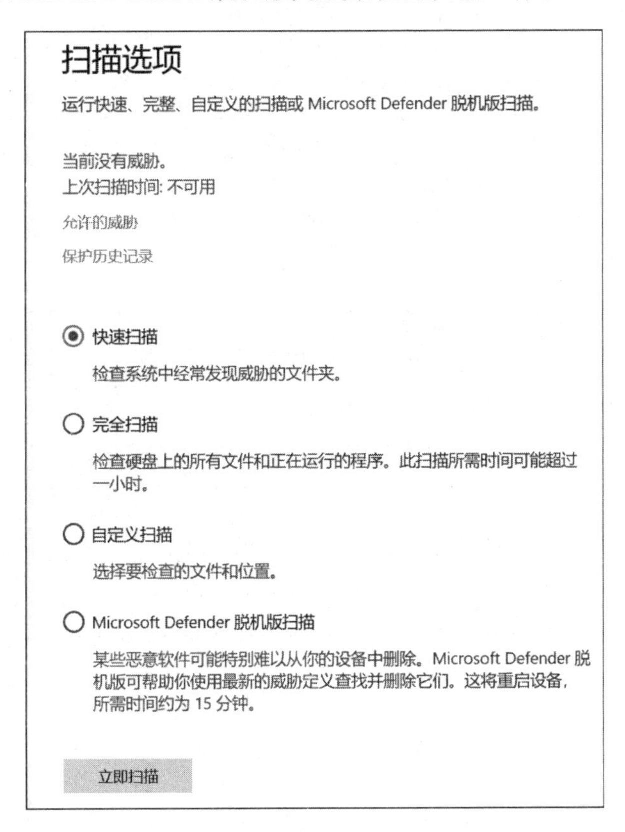

图 1-70　4 种病毒扫描方式

2）第三方杀毒软件

Windows 安全中心附带的杀毒软件能够在一定程度上抵御病毒软件，但是在杀毒等方面，功能还不够强大。并且现在有很多的免费杀毒软件，可提供更强大的保护功能。例如，火绒杀毒软件相对于其他杀毒软件来说，占用系统内存小，软件界面简洁易操作，功能实用。具体安装过程如下。

（1）登录官方网站，下载杀毒软件，如图 1-71 所示。

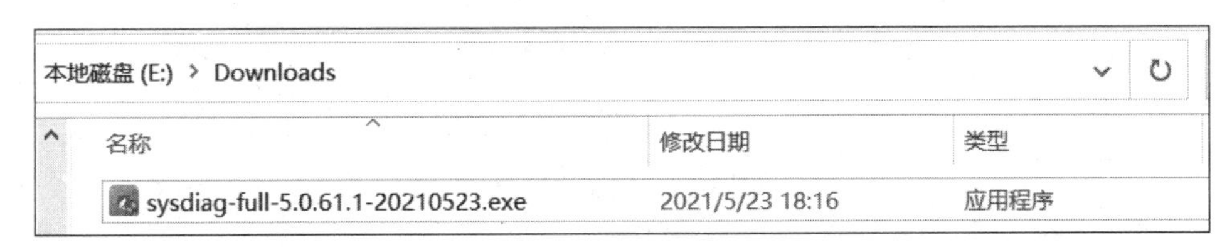

图 1-71　下载杀毒软件

（2）双击或者右击 .exe 文件，并从弹出的快捷菜单中选择“打开”命令，如图 1-72 所示。

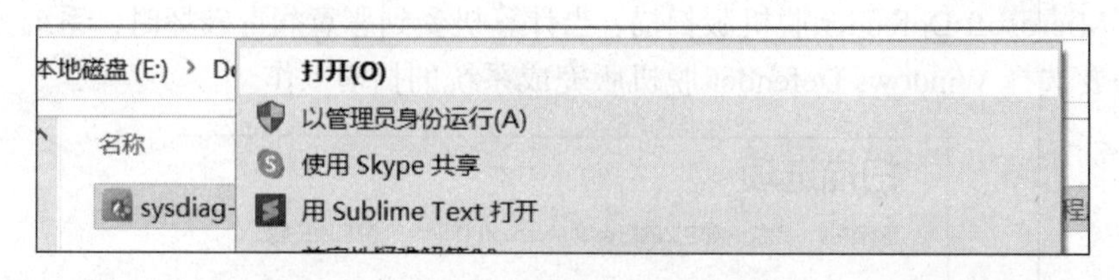

图 1-72　运行安装

（3）单击图中 1-73 的“安装目录”选项。软件默认安装到 C 盘中，也可以更改为 D 盘。

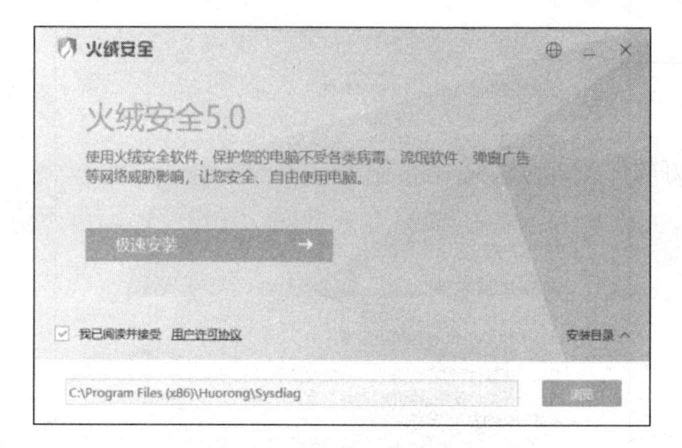

图 1-73　选择安装目录

（4）选择好安装路径后，单击“极速安装”选项，如图 1-74 所示。

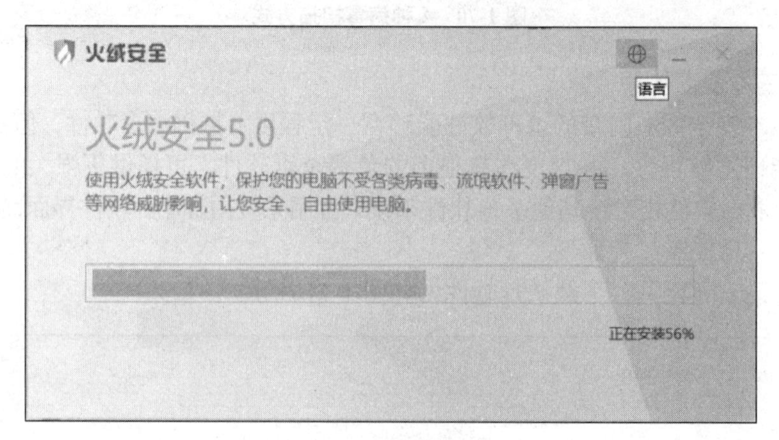

图 1-74　安装进度条

（5）安装好的杀毒软件的主界面如图 1-75 所示。

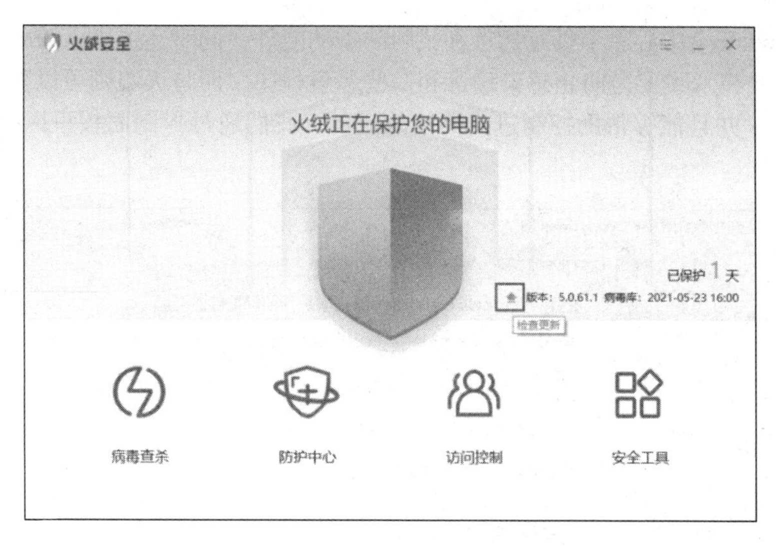

图 1-75　主界面

（6）安装好软件后，单击图 1-75 方框内的图标，进行病毒库的升级即可，如图 1-76 所示。

图 1-76　更新病毒库

安装一个常用的第三方杀毒软件即可，因为杀毒软件需要常驻内存，因此如果杀毒软件安装过多，会导致计算机运行速度极慢，占据大量硬件资源。

3. 防火墙

防火墙技术的功能主要在于及时发现并处理计算机网络运行时可能存在的安全风险、数据传输等问题，其中处理措施包括隔离与保护。同时可对计算机网络安全中的各项操作实施记录与检测，以确保计算机网络运行的安全性，保障用户资料与信息的完整性，为用户提供更好、更安全的计算机网络使用体验。

Windows 安全中心除了具有病毒和威胁防护功能外，同时还提供了防火墙软件。病毒和威胁防护模块主要是防止感染病毒和一些恶意程序。而防火墙则可以防止一些恶意的网络攻击，并且能够帮助控制进出网络的流量，我们通过控制面板可以配置防火墙，如图 1-77 所示。

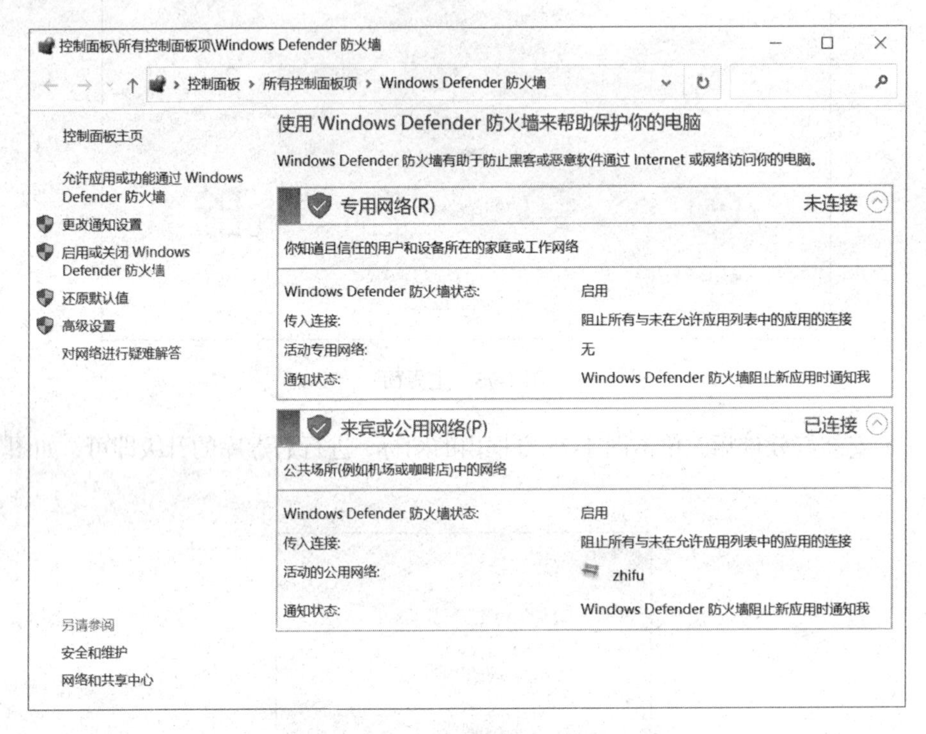

图 1-77　Windows Defender 防火墙

单击左侧“高级设置”，可以完成防火墙的高级设置，如图 1-78 所示。

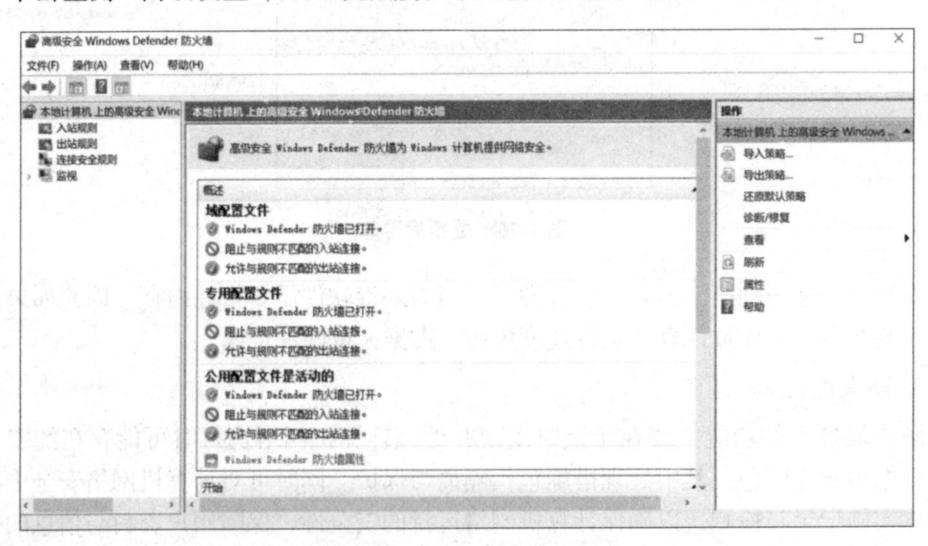

图 1-78　防火墙的高级设置

任务实施

（1）下载并安装火绒安全软件，启动“病毒查杀”中的“快速查杀”，监测计算机病毒。

（2）设置 Windows Defender 防火墙，保护我们的计算机。

第 1 章综合实训 .pdf

第 1 章综合实训 .mp4

第2章　文档处理

【学习目标】

- 掌握 Word 2019 的基本操作。
- 掌握文档格式化与排版操作。
- 掌握 Word 2019 表格操作。
- 掌握图文混排操作。
- 掌握文档的保护与打印。
- 了解邮件合并功能。
- 掌握多人协同编辑文档的方法和技巧。

2.1　Office 2019 概述

1. Office 2019 版本

Microsoft Office 2019 是 Microsoft Office 软件套件的独立本地版本。Office 2019 仅能运行在 Windows 10 操作系统上，完整套装包含 Word、Excel、PowerPoint、Outlook 和 Skype for Business。这是一个“永久”的发布，只要购买过该软件就永久拥有它，不需要每年支付年费。Office 2019 不仅更新并替换了 Word、Excel 等 2016 版本，并包含已部署到 Office 365 用户的许多新功能。

2. Office 2019 组件

（1）在线插入图标。在 PPT 中经常会使用到一些图标，旧版本的 Office 图标都比较简单，而且内容较少，不够美观。因此，微软在 Office 2019 中加入了在线插入图标的功能，并且内容也比较丰富，分类也很齐全。此外，所有的图标都可以对颜色进行修改或者部分修改。

（2）墨迹书写。在 Office 2019 中加入了墨迹书写的功能，使用户可以使用多种自定义的笔刷在幻灯片上书写、画画，而且书写的图案能够转换为图形。

（3）横向翻页。这个功能类似于手机上的阅读软件的翻页，在 Office 2019 中使用翻页功能后，可以像图书一样左右翻页。这个功能主要是针对平板电脑或者轻薄本、超极本等设备推出的，如果笔记本电脑带有触屏功能会非常方便。

（4）新函数。Excel 表格中有很多函数，而 Office 2019 中也加入了更多新函数，如多条件判断函数 IFS、多列合并函数 CONCAT 等。新函数对原有的旧函数进行改进升级，更加方便人们的使用，其实这些函数在 Office 365 就已出现，不过在 Office 2016 中并没有得到应用。新函数对于提高经常使用 Excel 表格办公的人的工作效率非常有帮助。

（5）中文汉仪字库。WPS 有一个非常好的功能，就是云字库，里面有非常多的字体可以选择，当然在 Office 2019 中，微软公司也加入了多款内置字体，方便人们使用，这些字体都属于汉仪字库，书法感较强，对于经常做排版的人来说是一件好事。

（6）标签的切换动画效果。其实标签的切换动画效果应该不算是一个功能，只能说是一个特点。Windows 10 系统中有着大量的窗口过渡动画，为了配合 Windows 10 系统，Office 2019 中也加入了很多过渡动画效果，而这个标签的切换动画效果类似于 Windows 10 窗口的淡入和淡出效果。在 Office 2019 预览版中，该动画没有出现卡顿情况，优化效果不错，而且 Excel 中也加入了很多类似的动画效果。

（7）沉浸式学习。在 Office 2019 的 Word 文档中，“视图”功能下新增了一个沉浸式学习模式，简单来说就是提高阅读舒适度以及方便阅读有障碍的人，如调整文档页面色彩、页面宽幅等。还能使用微软“讲述人”功能，直接将文档的内容读出来。

（8）多显示器显示优化。对于使用计算机办公的人来说，应该不少人会使用两个甚至更多的显示器，因此在 Office 2019 中加入了多显示器显示优化功能。当我们使用两个显示器时，并不一定能够保证这两个显示器的分辨率完全一致，因此在不同显示器上显示文档时会有差异，特别是加入了各种组件的 PPT 文档。如果使用多显示器显示优化功能，将能避免同一文档在不同显示器上的显示效果出错。

2.2　Word 2019 介绍

1. 窗口介绍

Word 2019 是微软公司开发的 Office 2019 办公组件之一，它带有丰富的格式设置工具、强大的编辑功能。其新增功能主要有全新的导航搜索窗口、生动的文档视觉效果应用、更加安全的文档恢复功能、简单便捷的屏幕截图等。利用 Word 2019 既可以轻松、高效地组织和编写文档，还可以轻松地与他人协同工作，轻松实现办公自动化。

Word 2019 的窗口组成包括：自定义快速访问工具栏、标题栏、“文件”按钮、功能选项卡、功能区、显示 / 隐藏功能按钮、工作区、状态栏、视图工具栏及显示比例，如图 2-1 所示。

1）自定义快速访问工具栏

用户经常使用的命令位于该工具栏中，如“保存”“撤销”和“恢复”。单击其末尾的“下拉”按钮▾，会弹出一个下拉列表，在下拉列表中选中或取消选中相应的选项就可以添加或移除自定义快速访问工具栏中相应的命令。

2）标题栏

标题栏显示正在编辑的文档的文件名及程序名，其最右侧依次有“最小化”“还原”

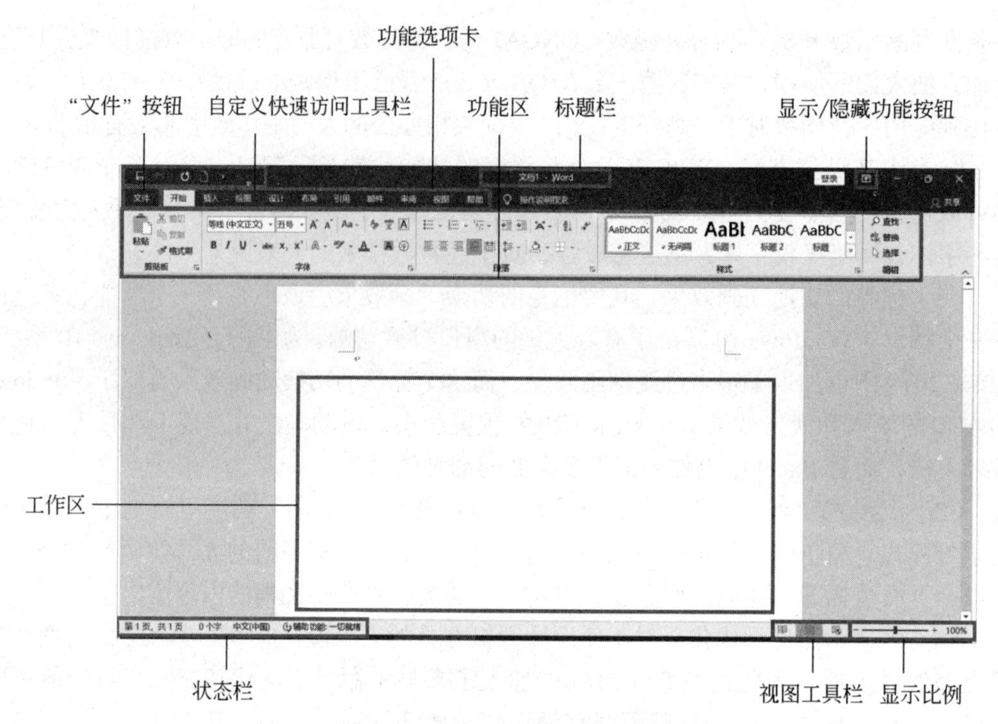

图 2-1　Word 2019 窗口的组成

和“关闭”三个按钮。

3）“文件”按钮

单击“文件”按钮可以对文档本身进行操作，如“新建”“打开”“另存为”“打印”和“关闭”等。

4）功能选项卡

单击选中各功能选项卡可以将其对应的操作显示在下面的功能区中，实现功能区的切换。

5）功能区

各功能区的主要功能如下。

（1）“开始”功能区。“开始”功能区包括剪贴板、字体、段落、样式和编辑 5 个组，主要对 Word 2019 文档进行文字编辑和格式设置，如图 2-2 所示。

图 2-2　“开始”功能区

（2）“插入”功能区。“插入”功能区包括页面、表格、插图、加载项、媒体、链接、批注、页眉和页脚、文本、符号和媒体 11 个组，主要用于在 Word 2019 文档中插入各种元素，如图 2-3 所示。

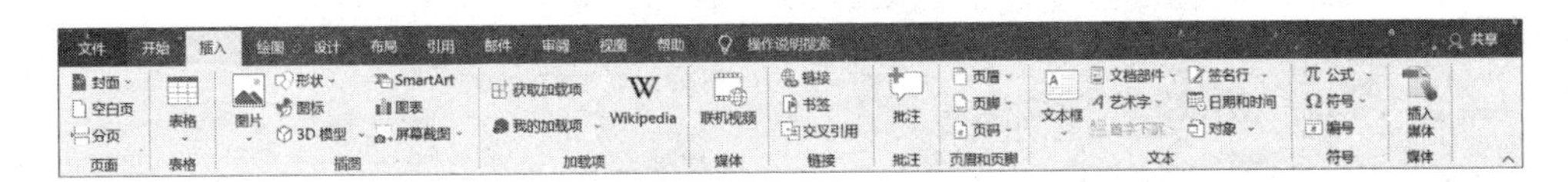

图 2-3 “插入”功能区

（3）“绘图”功能区。“绘图”功能区包括工具、笔、转换和插入 4 个组，主要用于在 Word 2019 中绘制图形、批注文档，如图 2-4 所示。

图 2-4 “绘图”功能区

（4）“设计”功能区。“设计”功能区包括主题、文档格式和页面背景 3 个组，主要用于 Word 2019 文档整体格式设置，如图 2-5 所示。

图 2-5 “设计”功能区

（5）“布局”功能区。“布局”功能区包括页面设置、稿纸、段落和排列 4 个组，主要用于设置 Word 2019 文档页面样式，如图 2-6 所示。

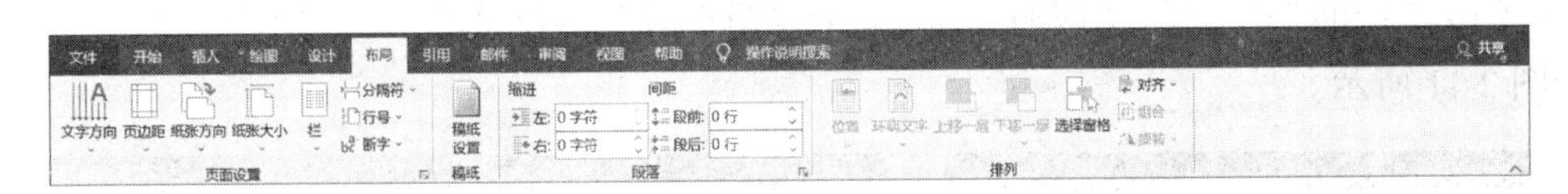

图 2-6 “布局”功能区

（6）“引用”功能区。“引用”功能区包括目录、脚注、信息检索、引文与书目、题注、索引和引文目录 7 个组，用于实现在 Word 2019 文档中插入目录等比较高级的功能，如图 2-7 所示。

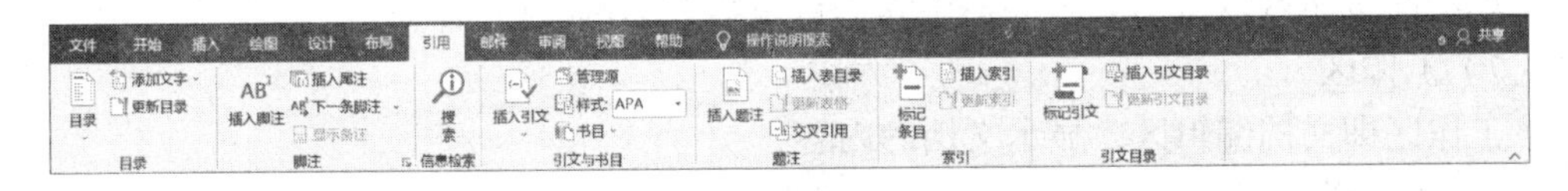

图 2-7 “引用”功能区

（7）“邮件”功能区。“邮件”功能区包括创建、开始邮件合并、编写和插入域、预览结果、完成和 Acrobat 6 个组，专门用于在 Word 2019 文档中进行邮件合并方面的操作，如图 2-8 所示。

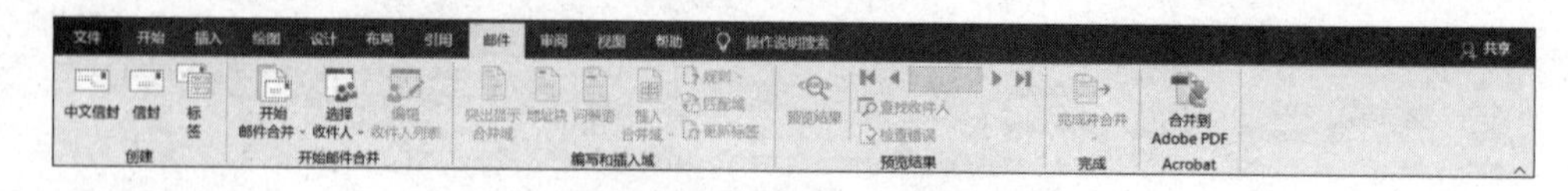

图 2-8 “邮件”功能区

（8）“审阅”功能区。“审阅”功能区包括校对、语音、辅助功能、语言、中文简繁转换、批注、修订、更改、比较、保护和墨迹 11 个组，主要用于对 Word 2019 文档进行校对和修订等操作，适用于多人协作处理 Word 2019 长文档，如图 2-9 所示。

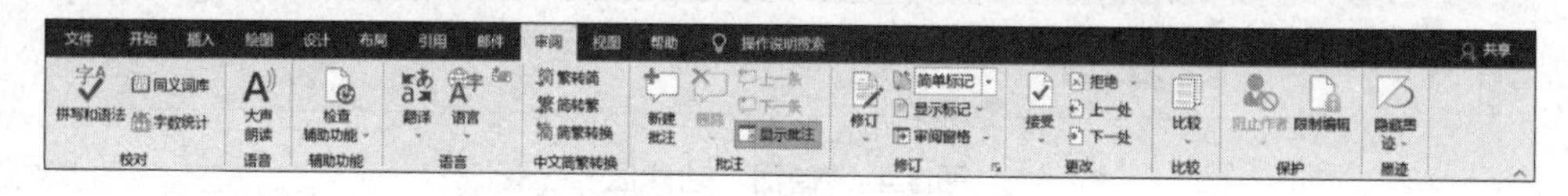

图 2-9 “审阅”功能区

（9）“视图”功能区。“视图”功能区包括视图、沉浸式、页面移动、显示、缩放、窗口、宏和SharePoint 8个组，主要用于帮助用户设置Word 2019操作窗口的视图类型，如图2-10所示。

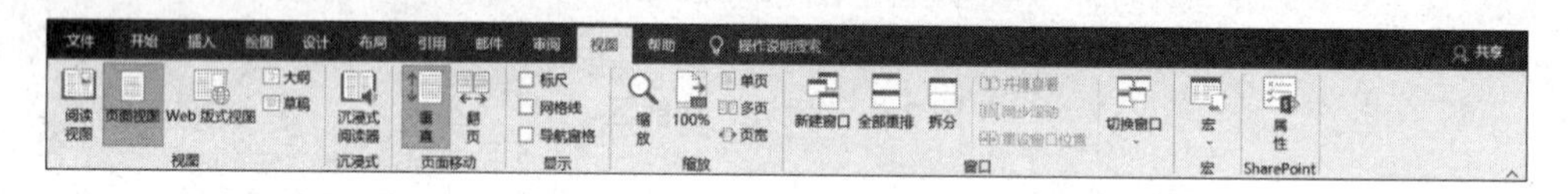

图 2-10 “视图”功能区

（10）“帮助”功能区。“帮助”功能区主要用于帮助用户学习 Word 2019 的基本操作，如图 2-11 所示。

图 2-11 “帮助”功能区

6）显示 / 隐藏功能按钮

单击此按钮可以将功能区最小化或重新显示被隐藏的功能区。

7）工作区

工作区即文档编辑区，显示文档的内容。

8）状态栏

状态栏显示文档的相关信息，通过单击状态栏上的按钮还可以实现快速定位、查看字数、设置语言、修改录入状态等功能。

9）视图工具栏

单击视图工具栏中不同的按钮可以切换文档的视图模式。

10）显示比例

拖动滑块可以调整文档的显示比例。

2. 文档视图

1）视图分类

可以用不同的方法查看 Word 文档，这种查看方式称为视图。Word 2019 中文档视图有五种类型：阅读视图、页面视图、Web 版式视图、大纲视图和草稿视图。

（1）阅读视图。阅读视图以图书的分栏样式显示 Word 2019 文档，“文件”按钮、功能区等窗口元素被隐藏起来。在阅读视图中，用户还可以单击“工具”按钮选择各种阅读工具。

（2）页面视图。页面视图是 Word 文档的默认视图。在页面视图下，页与页之间按版面的方式分隔开，并且可以看到页眉、页脚、图、艺术字的实际位置。编辑页眉和页脚、调整页边距、处理分栏和图形对象时要切换到页面视图模式下进行。

页面视图具有“所见即所得”的效果，即用户看到的是与实际打印效果完全相同的文档。

（3）Web 版式视图。Web 版式视图以网页的形式显示 Word 2019 文档，Web 版式视图适用于发送电子邮件和创建网页。

（4）大纲视图。大纲视图主要用于设置 Word 2019 文档和显示标题的层级结构，并可以方便地折叠和展开各种层级的文档。大纲视图广泛用于 Word 2019 长文档的快速浏览和设置中。

（5）草稿视图。草稿视图取消了页面边距、分栏、页眉页脚和图片等元素，仅显示标题和正文，是最节省计算机系统硬件资源的视图方式。

2）切换视图模式

方法一：单击“视图”功能区“视图”组中各个视图按钮。

方法二：单击窗口右下方视图工具栏中的各个视图按钮，可实现阅读视图、页面视图和 Web 版式视图的切换。

2.3　Word 2019 基本操作

任务知识点

- Word 2019 程序的启动与退出。
- 文档的新建。
- 文档的打开与关闭。
- 文档的多种保存。

任务描述

（1）启动 Word 2019 程序，创建一个空白文档，保存在“素材 \3”文件夹中，文件名为“空白文档 .docx”。

（2）根据“简历模板”，创建一个“简历”文档，仍保存在“素材 \3”文件夹中，文件名为“简历.docx”，关闭所有打开的Word文档。

（3）打开“素材\2”文件夹中的“通知.docx”文档，浏览文档内容，然后将其另存为“新通知.docx”，保存在同一个文件夹下，最后退出Word程序。

知识预备

1. 启动与退出Word 2019程序

1）Word 2019程序的启动

启动Word 2019可以通过以下三种方法。

方法一：双击Word 2019的快捷方式图标。

方法二：依次选择“开始”→“所有程序”→Microsoft Office→Microsoft Word 2019命令。

方法三：打开一个Word文档。

2）Word 2019程序的退出

退出Word 2019程序可以通过以下五种方法。

方法一：依次选择“文件”→“关闭”命令。

方法二：单击Word窗口右上方的“关闭”按钮。

方法三：双击窗口左上角“保存”按钮左边的Office按钮。

方法四：单击Office按钮，在弹出的菜单中选择“关闭”命令。

方法五：按Alt+F4组合键。

2. 创建文档

常用的创建空白文档的方法如下。

方法一：在启动Word 2019的同时创建了一个空白文档。

方法二：单击自定义快速访问工具栏中的“新建空白文档”按钮。

方法三：依次选择“文件”→“新建”→“空白文档”命令。

方法四：按Ctrl+N组合键。

如果要创建带内容的文档，可以单击“文件”按钮，在左侧列表中选择“新建”命令，在右侧区域中通过单击模板，选择“创建”命令或双击各模板，创建含有相应内容的文档。

3. 文档的打开与关闭

1）打开文档

如果要打开磁盘上的某个Word文档，可以使用以下两种方法。

方法一：找到要打开的Word文档并双击，或者右击要打开的Word文档，并从弹出的快捷菜单中选择“打开”命令。

方法二：启动Word 2019程序，依次选择“文件”→“打开”命令，单击“浏览”按钮，弹出“打开”对话框，选择要打开的文档后单击“打开”按钮，或双击要打开的文档。

2）关闭文档

文档使用之后要将文档关闭，常用的关闭文档的方法有以下几种。

方法一：依次选择“文件”→“关闭”命令。

方法二：单击标题栏右侧的“关闭”按钮。

方法三：双击窗口左上角“保存”按钮左边的Office按钮。

方法四：单击Office按钮，在弹出的菜单中选择“关闭”命令。

方法五：按Alt+F4组合键。

4. 保存文档

文档的保存分为四种情况：保存新建文档、保存已经存盘的文档、自动保存文档和保存为PDF格式的文档。

1）保存新建文档

文档编辑完之后要进行存盘，首次将文档存盘的步骤如下。

（1）单击自定义快速访问工具栏中的“保存”按钮，或依次选择“文件”→“保存”命令，也可依次选择“文件”→“另存为”命令，选择“浏览”命令，打开“另存为”对话框。

（2）在对话框上方的“保存位置”下拉列表中选择磁盘分区，在对应的窗口中设置保存位置，也可以单击“新建文件夹”按钮新建文件夹。

（3）在“文件名”文本框中输入文档名。

（4）在“保存类型”下拉列表中选择保存类型。

（5）单击“保存”按钮，完成文档的保存。

2）保存已经存盘的文档

打开已经存盘的文档再次进行了编辑后，既可以将文档直接保存，即仍以原文件名保存在原位置，也可以“另存为”，即重新保存为其他的名字或存放在其他的位置。

（1）直接保存。单击自定义快速访问工具栏的“保存”按钮，或依次选择“文件”→“保存”命令。

（2）另存为。依次选择“文件”→“另存为”命令，单击“浏览”按钮，在打开的“另存为”对话框中进行设置。

3）自动保存文档

除了手动保存文档外，还可设置每隔一段时间Word自动保存文档一次，方法如下。

（1）依次选择“文件”→“选项”命令，打开“Word选项”对话框；

（2）在“Word选项”对话框中，在左侧列表中选择“保存”命令，在右侧对应区域中选中“保存自动恢复信息时间间隔”复选框，并通过右边的微调框设置自动保存时间间隔；

（3）单击“确定”按钮，这样，每隔指定的时间，Word就会自动保存文档一次。

4）保存为PDF格式的文档

依次选择“文件”→“另存为”命令，单击“浏览”按钮，弹出“另存为”对话框，在“保存类型”下拉列表中选择保存类型为PDF。

任务实施

（1）依次选择“开始”→“所有程序”→Microsoft Office→Microsoft Word 2019命

令，启动 Word 2019 程序，同时新建了一个空白文档。

单击文档窗口中的“文件”按钮,在下拉列表中选择“保存”命令,单击“浏览”按钮,弹出“另存为”对话框，在对话框中设置保存位置为“桌面 \ 素材 \ 任务 \2-1”文件夹，在“文件名”文本框中输入文件名“空白文档 .docx”，然后单击“保存”按钮。

（2）单击窗口中的“文件”按钮，在下拉列表中选择“新建”命令，在右侧区域中选择任意一种简历模板，单击右侧的“创建”按钮，或双击简历模板，即可创建一个简历文档。

然后按照（1）中的步骤,将简历文档以“简历 .docx”为文件名保存在“桌面 \ 素材 \ 任务 \2-1”文件夹中。

单击每个文档窗口标题栏中的“关闭”按钮，关闭所有文档。

（3）找到“素材 \ 任务 \2-1”文件夹中的“通知 .docx”文档，双击打开，然后单击“文件”按钮，在下拉列表中选择“另存为”命令，将文档以“新通知 .docx”文件名保存在原文件夹中，最后单击每个文档窗口标题栏中的“关闭”按钮，关闭文档并退出 Word 2019 程序。

2.4　文档录入与编辑

任务知识点

- 文本的录入、选择、复制、移动。
- 选择性粘贴。
- 撤销与恢复。
- 查找与替换。
- 文本的删除。
- 文档校对。

任务描述

（1）新建一个空白文档，在文档中录入以下内容。

TCP/IP 的主要特点如下。

① TCP/IP 不依赖于任何特定的计算机硬件或操作系统，提供开放的协议标准，即使不考虑 Internet，TCP/IP 也获得了广泛的支持。所以 TCP/IP 成为一种联合各种硬件和软件的实用系统。

② TCP/IP 并不依赖于特定的网络传输硬件，所以 TCP/IP 能够集成各种各样的网络。用户能够使用以太网（ethernet）、令牌环网（token ring network）、拨号线路（dial-up line）、x.25 网以及所有的网络传输硬件。

③ 统一的网络地址分配方案，使整个 TCP/IP 设备在网中都具有唯一的地址。

④ 标准化的高层协议。可以提供多种可靠的用户服务。

（2）复制正文开头的文本（TCP/IP），将它作为文章的题目。

（3）将文中以“② TCP/IP 并不依赖于……”开头的段落与以“③ 统一的网络……”开头的段落的位置互换。

（4）撤销段落位置互换。

（5）复制以“② TCP/IP 并不依赖于……”开头的段落，放在以“③ 统一的网络……”开头的段落后面，然后将原位置的以“② TCP/IP 并不依赖于……”开头的段落删除。

（6）将文中所有的“协议”替换为 Protocol。

（7）将文档以“TCP /IP.docx”为文件名保存在“素材 \2-2”文件夹中。

知识预备

1. 文档的输入

当创建空白文档后，在 Word 文档窗口的工作区内有一个闪烁的光标“|”，称为插入点，它指示文档当前的输入位置。Word 文档的工作区具有“即选即输”的功能，即在任意位置单击，插入点就会出现在单击的位置。

1）录入状态

Word 2019 提供了两种录入状态，即插入和改写。录入状态显示在状态栏中。

（1）“插入”状态。在“插入”状态下，当输入新内容时，新内容出现在插入点之后，原来插入点之后的内容依次向后移动。

（2）“改写”状态。在“改写”状态下，当输入新内容时，新内容会按顺序依次覆盖掉原来插入点之后的内容。

（3）切换录入状态有以下两种方法。

方法一：在状态栏的空白处右击，并从弹出的快捷菜单上，单击“改写”菜单为选中状态，此时的录入状态为“改写”。如未选中“改写”命令，则为“插入”状态。

方法二：按 Insert 键。

2）选择输入法

要录入文本，首先应选择合适的输入法，具体有以下两种方法。

方法一：通过 Ctrl+Shift 组合键切换输入法。

方法二：单击输入法指示器，在弹出的列表中选择输入法。

如果要进行中英文切换，可以按 Ctrl+Space 组合键或按 Shift 键。

3）全角 / 半角的切换

英文字母和阿拉伯数字的全半角有很大的不同，全角字符占用两个半角字符的位置。

切换全角和半角有以下两种方法。

方法一：单击输入法指示器上的◗和●按钮。

方法二：按 Shift+Space 组合键。

4）中、英文标点符号切换

在录入过程中，有时要输入中文标点符号，有时还要输入英文标点符号。切换中、英文标点符号有以下两种方法。

方法一：单击输入法指示器上的。，和·，按钮。

方法二：按 Ctrl+. 组合键。

5）特殊符号

在文本录入的过程中，经常要输入一些特殊的符号，如① 、☆等，输入特殊符号可以通过“符号”对话框，也可以通过软键盘。

（1）通过“符号”对话框录入。步骤如下。

① 将插入点定位在文档中要输入特殊符号的位置。

② 单击“插入”功能区“符号”组的“符号”按钮Ω，弹出下拉列表。

③ 在下拉列表中选择“其他符号”命令，弹出“符号”对话框，如图 2-12 所示。

④ 在“符号”对话框中通过单击切换“符号”或“特殊符号”选项卡，找到要插入的符号并双击；或单击要插入的符号后再单击“插入”按钮，将选择的符号插入文档中指定的位置。

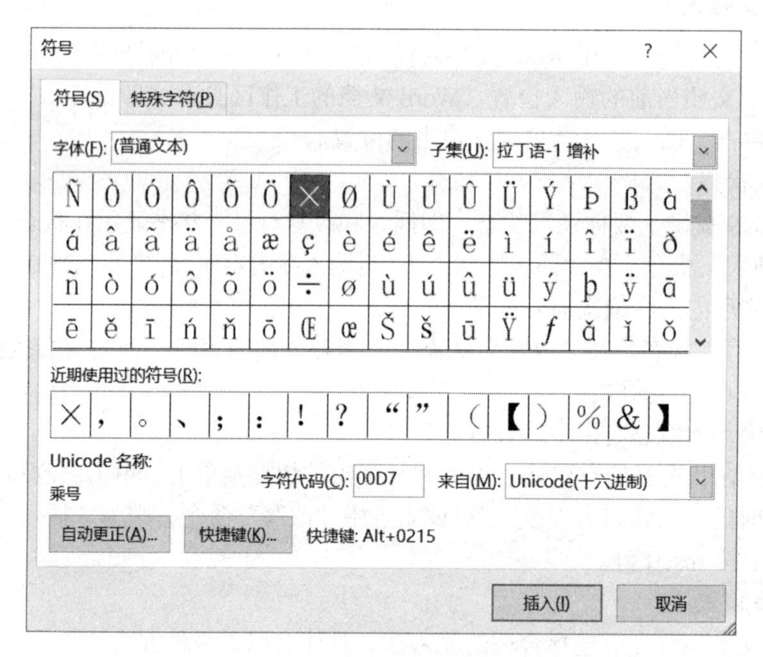

图 2-12 “符号”对话框

（2）使用软键盘录入。以 QQ 拼音输入法为例，使用软键盘输入特殊符号“☆”的步骤如下。

① 将插入点定位在文档中要输入“☆”的位置。

② 右击输入法指示器上的“软键盘”按钮，在弹出的快捷菜单中列出了可选择的软键盘类型，如图 2-13 所示。

③ 在菜单中选择“特殊符号”类型，弹出“特殊符号”软键盘，如图 2-14 所示。

④ 在软键盘中，单击按钮，“☆”便出现在文档中指定的位置。

⑤ 再次单击输入法指示器上的软键盘按钮，或右击输入法指示器中的软键盘按钮，并从弹出的快捷菜单中选择“关闭软键盘”命令，即可将软键盘关闭。

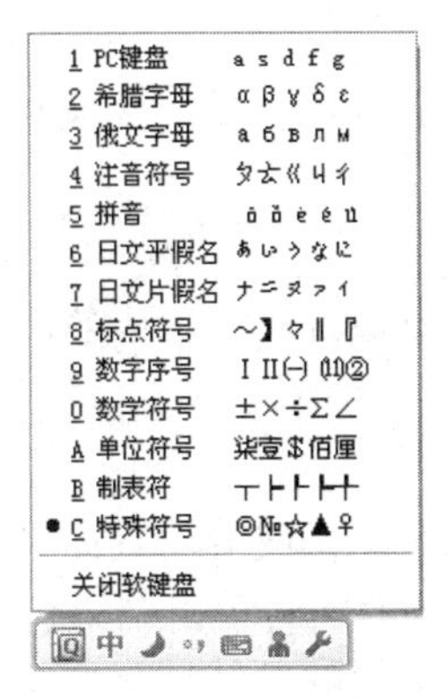

图 2-13 右击“软键盘”弹出的菜单

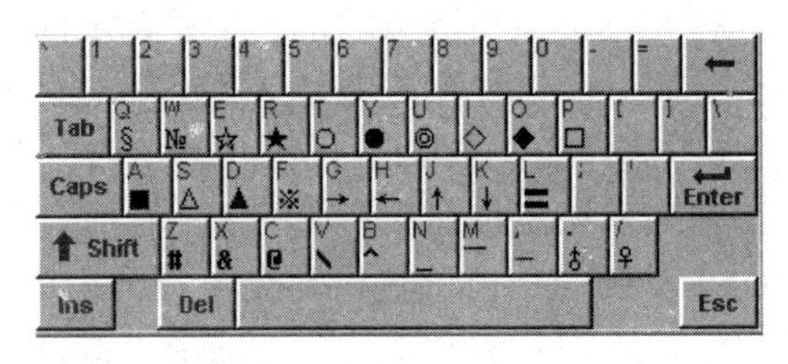

图 2-14 “特殊符号”软键盘

6）段落

段落是文档的基本单位。在 Word 文档中，两次回车符中间的内容（包括段后的回车符），称为一个段落。

在录入文本时，当文字到达一行的最右端时，插入点会自动跳转到下一行的开头。如果还未满一行就要换行，具体有以下两种方法。

方法一：换行不换段，按 Shift+Enter 组合键。

方法二：既换行又换段，按 Enter 键。

7）字符的删除

删除字符有以下三种方法。

方法一：将插入点定位在要删除的字符前，然后按 Delete 键。

方法二：将插入点定位在要删除的字符后，然后按 Backspace 键。

方法三：选择要删除的字符，按 Delete 键或 Backspace 键。

2. 文档的编辑

对文档进行操作之前首先要选择文本，选择文本包括选择一句、一段、一行、多行（连续与不连续）、小文本块、大文本块、多个文本块、矩形文本块、整个文档等。

将光标移至工作区左侧的空白位置，光标的形状会变成向右的空心箭头，这个区域称为选定栏。在选定栏中可以快速选择文本。

1）选择一句

按住 Ctrl 键的同时，单击要选的句子中的任意位置，即可选择一句。

2）选择一段

方法一：将光标移至要选择的段落的左边选定栏的位置并双击。

方法二：在要选择的段落中的任意位置快速单击三次。

3）选择一行

将光标移至要选择的行左边的选定栏位置，单击即可选择对应的行。

4）选择多行

（1）连续的多行。将光标移至要选择的第一行左边的选定栏位置，按下左键向下拖动鼠标，即可选择连续的多行。

（2）不连续的多行。先选择其中的一行，然后按住 Ctrl 键，依次选择其他行，待所有行都选完之后，松开 Ctrl 键。

5）选择小文本块

将光标移至要选择的第一个字符之前，按下左键拖动鼠标到文本块的最后一个字符后松开即可。这种方法适合选定小块的、不跨页的文本。

6）选择大文本块

将插入点定位在文本块的起始位置，然后通过拖动滚动条或滑动鼠标滑轮，使要选择的文本块的结束位置出现在窗口范围内，按住 Shift 键的同时单击结束位置，这样两次单击位置中间的文本就会被选中。这种方法适合选定大块的尤其是跨页的文本块，既快捷又准确。

7）选择多个文本块

先选定其中的一个文本块，然后按住 Ctrl 键，拖动鼠标依次选择其他的文本块，待所有文本块都选完后松开 Ctrl 键即可。

8）选择矩形文本块

按住 Alt 键，拖动鼠标纵向选定矩形文本块，然后松开 Alt 键即可。

9）选择整个文档

方法一：将光标移至文档的选定栏位置并快速单击三次。

方法二：使用 Ctrl+A 组合键。

10）撤销选择

如果要撤销选择的文本，只需在文档的任意位置单击即可。

3. 文本的复制

复制文本是指将文档中某部分文本复制一份，放到其他位置，原来的文本仍在原位置。文本的复制可以通过拖动鼠标，也可以使用剪贴板。

1）拖动鼠标

（1）选择要复制的文本。

（2）按住 Ctrl 键，将光标移至选择的文本上，按下左键拖动鼠标，此时，光标呈向左的空心箭头形状，在其尾部出现虚线方框和一个“+”号，在光标前还出现一条竖直虚线。

（3）拖动文本块到目标位置，即虚线指向的位置，松开左键即可完成文本的复制。

2）使用剪贴板

（1）选择要复制的文本。

（2）单击“开始”功能区“剪贴板”组的“复制”按钮，或按 Ctrl+C 组合键，将选择的文本复制到剪贴板中。

（3）将插入点定位在目标位置。

（4）单击“开始”功能区“剪贴板”组的“粘贴”按钮，或按 Ctrl+V 组合键，将文本从剪贴板复制到目标位置。

4. 文本的移动

移动文本是指将文本移动至另一位置，原来位置的文本消失。文本的移动也可以通过拖动鼠标或使用剪贴板。

1）拖动鼠标

（1）选择要移动的文本。

（2）将光标移至选择的文本上，按下左键拖动鼠标，将文本块拖动至目标位置，然后松开左键即可。

2）使用剪贴板

（1）选定要移动的文本。

（2）单击“开始”功能区“剪贴板”组的“剪切”按钮，或按 Ctrl+X 组合键，将选择的文本移动到剪贴板中。

（3）将插入点定位在目标位置。

（4）单击“开始”功能区“剪贴板”组的“粘贴”按钮，或按 Ctrl+V 组合键，将文本从剪贴板复制到目标位置。

5. 选择性粘贴

如果只想复制文本内容而不要文本格式，可以使用快捷菜单，或使用“选择性粘贴”对话框。

1）使用快捷菜单

（1）选定要复制的文本。

（2）按 Ctrl+C 组合键，将其复制到剪贴板中。

（3）将鼠标移至目标位置处右击，在快捷菜单中单击“粘贴选项”中的“只保留文本”按钮，即可只复制内容而不要格式。

2）使用“选择性粘贴”对话框

（1）选定要复制的文本。

（2）按 Ctrl+C 组合键将其复制到剪贴板中。

（3）将插入点定位到目标位置，单击“开始”功能区“剪贴板”组的“粘贴”按钮，在下拉列表中选择“选择性粘贴”命令，弹出“选择性粘贴”对话框，如图 2-15 所示。

（4）在对话框中的“形式”列表中选择“无格式文本”选项，单击“确定”按钮即可。

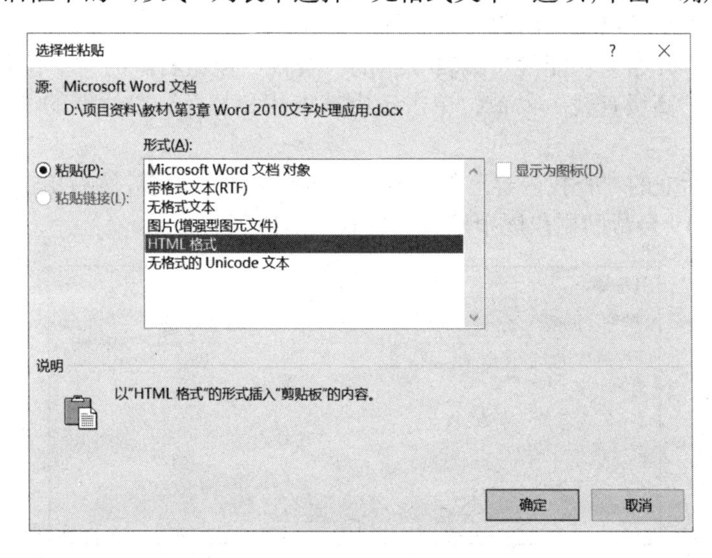

图 2-15　“选择性粘贴”对话框

可以看到，在“选择性粘贴”对话框中除了可以粘贴为“无格式文本”，还可以粘贴为其他形式的文本。

6. 撤销与恢复

1）撤销

在编辑文档时，如果不小心删除了文本，可以撤销之前的操作。具体有以下两种方法。

方法一：单击“自定义快速访问工具栏”中的“撤销”按钮。

方法二：使用 Ctrl+Z 组合键。

2）恢复

如果在上述“撤销”操作后仍要删除之前删除的文本，可以恢复之前的操作。具体有以下两种方法。

方法一：单击“自定义快速访问工具栏”中的“恢复”按钮。

方法二：按 Ctrl+Y 组合键。

7. 文本的删除

删除文本块，有以下三种方法。

方法一：选择要删除的文本，然后按 Delete 键。

方法二：选择要删除的文本，然后按 Backspace 键。

方法三：选择要删除的文本，然后按 Ctrl+X 组合键。

说明：方法三是将删除的文本放进了剪贴板，如果另有他用，可以进行“粘贴”或“选择性粘贴”操作。

8. 查找和替换

在编辑文档时，如果需要查找某个内容或将文档中的某个词替换成其他词，人工查找或修改既费时费力又容易遗漏。Word 2019 提供的“查找与替换”功能可以轻松地解决这个问题。

1）查找

（1）将插入点定位在文档的开头位置。

（2）单击“开始”功能区“编辑”组的“查找”按钮右侧的“下拉”按钮，在下拉列表中选择“高级查找”命令，单击选中“查找和替换”对话框的“查找”选项卡，如图 2-16 所示。

（3）在对话框的“查找内容”文本框中输入要查找的内容，然后单击“查找下一处”按钮，Word 2019 会帮助用户逐个地找到要查找的内容。

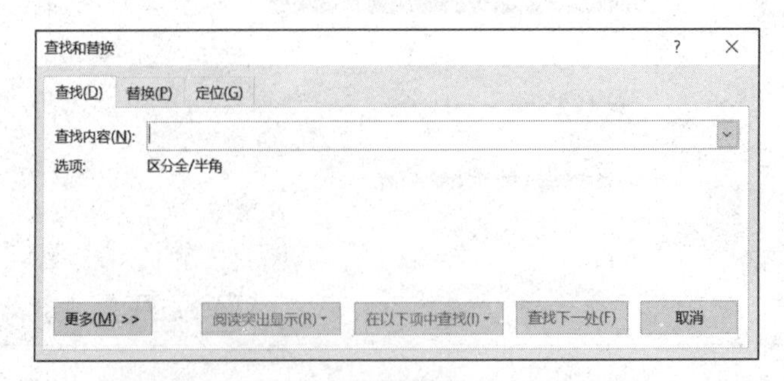

图 2-16 “查找和替换”对话框的“查找”选项卡

2）替换

（1）将插入点定位在文档的开头位置。

（2）单击“开始”功能区“编辑”组的“替换”按钮 替换，单击选中“查找和替换”对话框的“替换”选项卡，如图 2-17 所示。

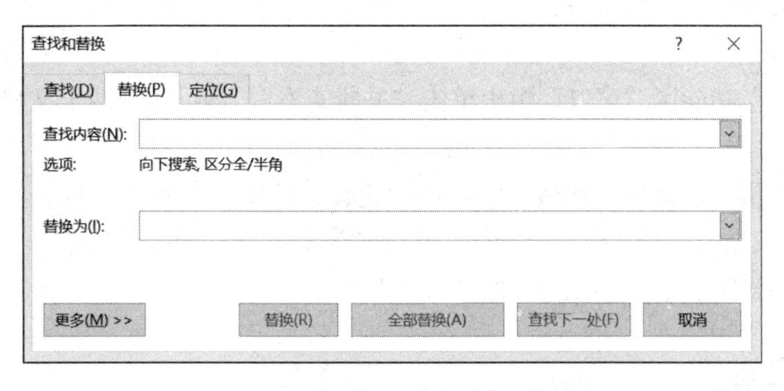

图 2-17　“查找和替换”对话框的“替换”选项卡

（3）在对话框的“查找内容”文本框中输入查找内容，在“替换为”文本框中输入替换内容，然后单击“替换”按钮逐个替换，或单击“全部替换”按钮全部替换。

在替换内容的同时还可将替换之后的内容设置格式，设置完“查找内容”和“替换内容”之后：将插入点定位在“替换内容”文本框中，单击“更多”按钮，展开隐藏区域，如图 2-18 所示。单击“格式”按钮或“特殊格式”按钮，在列表中选择要设置的格式选项并进行相应的设置。

图 2-18　设置“替换内容”的格式

9. 文档校对

1）错别字更正

单击“审阅”功能区“校对”组的“拼音和语法”按钮，弹出“校对”对话框，显示检测到的拼写或语法错误。

2）并排校对

在“视图”功能区“窗口”组中单击“并排查看”，即可实现两个文档并排查看。

3）修订比对

单击“审阅”功能区“比较”组中的“比较”按钮，在下拉列表中选择“比较”命令，在“比较文档”对话框中选择好“原文档”和“修订的文档”，单击“更多”按钮，选择“修订的显示位置”，单击“确定”按钮。

任务实施

（1）创建一个空白文档，在文档中录入“任务描述”中的内容。在录入过程中应注意以下事项。

① 通过按 Enter 键换段；通过按 Ctrl+Space 组合键进行中英文切换。

② 通过按“插入”功能区“符号”组的“编号”按钮插入序号①②③。

（2）选择文本 TCP/IP，按 Ctrl+C 组合键进行复制。

然后将插入点定位在正文第一个字符前面并按 Enter 键，在文章开头出现一个空段。

单击空段，然后按 Ctrl+V 组合键将复制的文本粘贴在空段中。

（3）将光标移至以“② TCP/IP 并不依赖于……”开头的段落左边选定栏的位置，双击选择该段落，然后拖动该段至以“③ 统一的网络……”开头的段落之前，松开左键即可。

（4）按 Ctrl+Z 组合键，撤销段落的移动。

（5）选择以“② TCP/IP 并不依赖于……”开头的段落，然后按住 Ctrl 键，拖动段落至以“③ 统一的网络 ……”开头的段落之前，松开左键，最后松开 Ctrl 键。

再次选择以“② TCP/IP 并不依赖于……”开头的原来的段落，按 Delete 键删除该段落。

（6）按 Ctrl+A 组合键选择整篇文档，然后单击“开始”功能区“编辑”组的“替换”按钮，在弹出的“查找和替换”对话框中，在“查找内容”文本框中输入“协议”，在“替换为”文本框中输入 Protocol，然后单击“全部替换”按钮即可。

（7）单击“自定义快速访问工具栏”中的“保存”按钮，在“另存为”对话框中，选择保存位置为“桌面 \ 素材 \2-2”，文件名为“TCP IP”，单击“保存”按钮将文档保存。

2.5 文档格式化与排版

任务知识点

- 字符格式设置。
- 段落格式设置。
- 项目符号和编号的使用。
- 边框和底纹设置。
- 插入页眉和页脚。
- 插入页码。
- 首字下沉。
- 格式刷。
- 样式。

任务描述

打开“素材\2\大数据.docx”，完成以下操作。

（1）设置所有正文（除了第一段）中的中文字体为“楷体”，西文字体为 Times New Roman，字号为小四号。

（2）设置除了第一段外的所有段落左、右各缩进 1 个字符，首行缩进 2 个字符，行距为 1.5 倍行距。

（3）设置文章的标题“大数据技术”为“标题 3”样式，居中，并带有“文字”绿色底纹。

（4）设置正文第一段“对于……”带有 1.5 磅浅蓝色、双线型边框，浅灰色 0 底纹。

（5）设置正文第三段“随着云时代的来临……”分为两栏，栏宽相等，栏间距为 4 个字符，加分隔线。

（6）设置正文第五段 HadoopMapReduce 中的字体颜色为蓝色、带有“蓝色发光”的文字效果，设置其段前、段后间距各 1 行，并带有项目符号“⌘”。

（7）设置段落“NoSQL 数据库”“内存分析”“集成设备”与段落 HadoopMapReduce 具有相同的格式。

（8）设置文档的页面带有艺术型边框。

知识预备

1. 设置字符格式

字符格式包括字体格式、字符间距和位置、文字效果、更改大小写及全角/半角切换、突出显示、清除格式等。

1）字体格式

字体格式设置包括字体、字形、字号、下画线、下画线颜色、加粗、倾斜等。

设置字体格式有以下三种方法。

方法一：选择文本后，单击“开始”功能区“字体”组中相应的命令按钮，如图 2-19 所示。

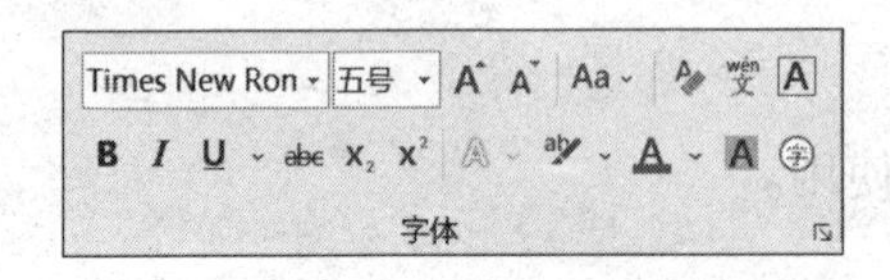

图 2-19　悬浮工具栏

方法二：选择文本后，右击文本，在悬浮工具栏中单击相应的命令按钮，如图 2-20 所示。

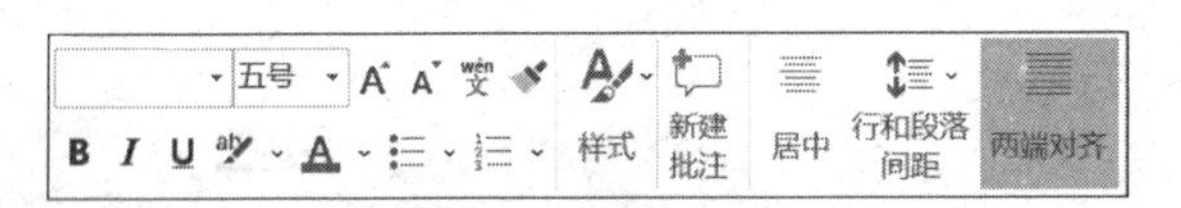

图 2-20　“字体”组命令

方法三：选择文本后，单击“开始”功能区“字体”组的“对话框启动器”按钮，弹出“字体”对话框，在对话框中设置字体格式，如图 2-21 所示。

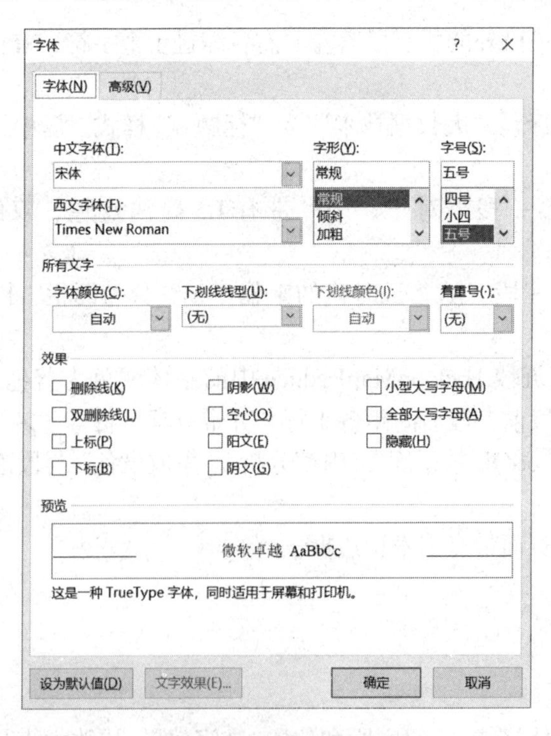

图 2-21　“字体”对话框

2）字符间距和位置

（1）字符间距。字符间距是指相邻字符之间的距离。为了使文档的版面更加协调，有时需要设置字符间距，使文字排列得更紧凑或更疏散。

设置字符间距的步骤如下。

① 选择要设置字符间距的文本。

② 单击“开始”功能区“字体”组的“对话框启动器”按钮，弹出“字体”对话框，切换到“高级”选项卡，如图 2-22 所示。

③ 在对话框的“间距”下拉列表框中选择字符间距选项，在右侧的“磅值”微调框中设置相应的值，最后单击“确定”按钮。

图 2-22　“字体”对话框的“高级”选项卡

（2）字符位置。字符位置是指字符在行中的位置，默认情况下，字符位置是“标准”型，还可以适当地提升或降低，步骤如下。

在“字体”对话框的“高级”选项卡中，在“位置”下拉列表中选择字符位置选项，在右侧的“磅值”微调框中设置相应的值，设置完成后单击“确定”按钮即可。

3）文字效果

在文档排版时，有时需要给某些字符设置一些效果，增加文档的多样性。设置“文字效果”可以使用“开始”功能区“字体”组中“文本效果”按钮，也可以通过“字体”对话框。

（1）使用“开始”功能区“字体”组中的“文本效果”按钮。

① 选择要设置“文字效果”的文本。

② 单击“开始”功能区“字体”组的“文本效果”按钮，在弹出的下拉列表中，选择合适的“文本效果”选项，或选择“轮廓”“阴影”“映像”“发光”命令设置文本效果，如图 2-23 所示。

（2）通过“字体”对话框。

① 选择要设置“文字效果”的文本。

② 单击“开始”功能区“字体”组的“对话框启动器”按钮，弹出“字体”对话框，单击“字体”选项卡中的“文字效果”按钮，弹出“设置文本效果格式”对话框，如图 2-24 所示。

③ 在“设置文本效果格式”对话框中进行文字效果的设置，最后单击“确定”按钮。

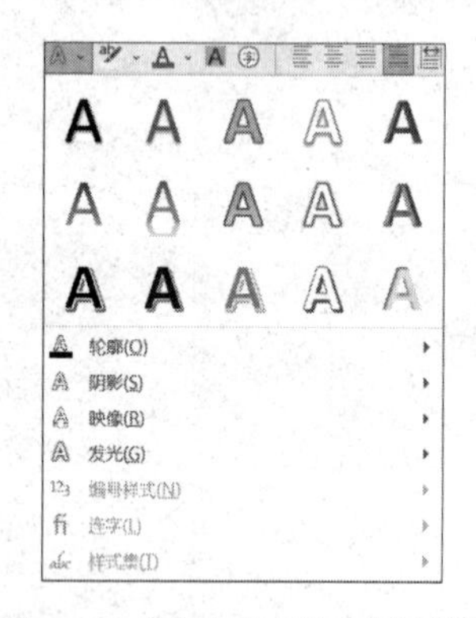

图 2-23 “文本效果”下拉列表

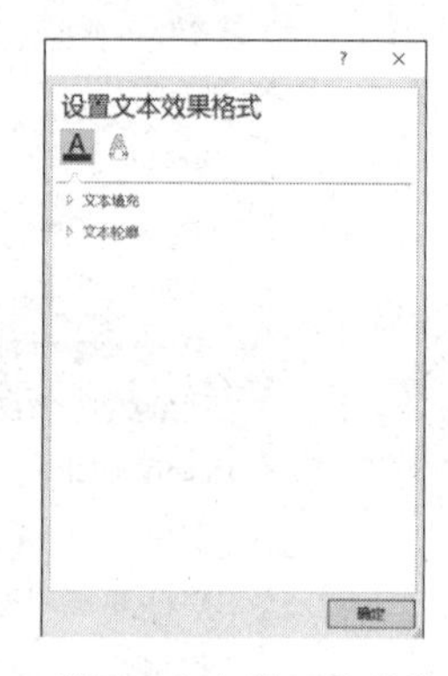

图 2-24 “设置文本效果格式”对话框

4）更改大小写及全角 / 半角切换

如果要设置文档中英文字符的大小写或切换全角 / 半角状态，步骤如下。

（1）选择要更改大小写或进行全角 / 半角切换的字符。

（2）单击“字体”组的“更改大小写”按钮，弹出下拉列表，如图 2-25 所示。

（3）在下拉列表中选择相应的命令完成相应的设置。

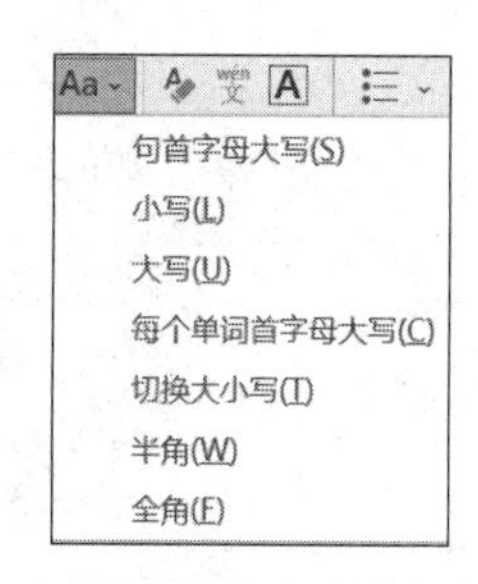

图 2-25 “更改大小写”下拉列表

5）突出显示

Word 2019 提供了“突出显示文本”功能，可以将文档中的重要文本进行标记，使文字看上去像用荧光笔作了标记。

设置文本突出显示的步骤如下。

（1）选择要设置突出显示的文本。

（2）单击“开始”功能区“字体”组中的“文本突出显示颜色”按钮右侧的下拉按钮，弹出下拉列表，如图 2-26 所示。

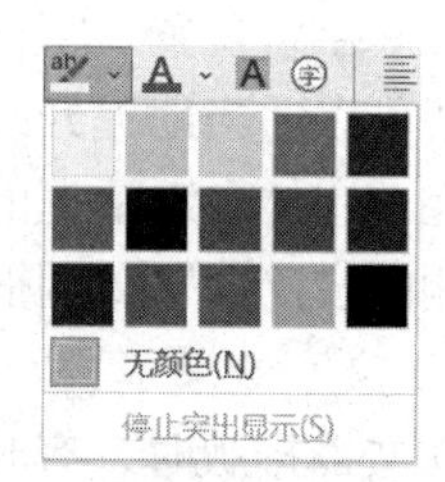

图 2-26 “突出显示文本”下拉列表

（3）在下拉列表中，将光标指向某种颜色，可以在文档中预览效果，如果要应用，单击要选择的颜色即可。

如果要取消文本突出显示，只需选择文本后，打开图 2-26 所示的下拉列表，在下拉列表中选择“无颜色”命令即可。

6）清除格式

将文本设置了各种格式后，如果需要还原为默认格式，需要清除已经设置的格式。Word 2019 提供了“清除格式”功能，通过该功能，用户可以快速清除字符格式。

清除文本格式的步骤如下。

（1）选择要清除格式的文本。

（2）单击“开始”功能区“字体”组中的“清除格式”按钮，即可将所选文本的所有格式清除，恢复默认格式。

2. 设置段落格式

设置不同的段落格式，可以使文档布局合理、结构清晰。段落的格式主要包括对齐方式、缩进、间距与行距、项目符号和编号、边框和底纹、页眉和页脚、页码、首字下沉等。

1）对齐方式

段落对齐方式是指段落在文档中的相对位置，有左对齐、居中、右对齐、两端对齐和分散对齐五种。默认情况下，段落的对齐方式为两端对齐。

设置段落的对齐方式可以使用“开始”功能区“段落”组的按钮或通过“段落”对话框。

（1）使用“开始”功能区“段落”组的命令按钮。

① 选择要设置“对齐方式”的段落，或将插入点定位在要设置“对齐方式”的段落中的任意位置。

② 单击“开始”功能区“段落”组中的各对齐按钮设置所选段落的对齐方式，如图 2-27 所示。

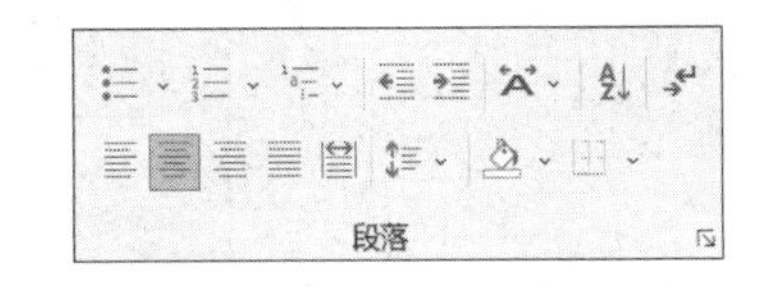

图 2-27 “段落”组按钮

（2）通过“段落”对话框。

① 选择要设置“对齐方式”的段落，或将插入点定位在要设置“对齐方式”的段落中的任意位置。

② 单击“开始”功能区“段落”组的“对话框启动器”按钮，弹出“段落”对话框，如图 2-28 所示。

③ 在对话框的“对齐方式”下拉列表中选择相应的对齐方式选项，单击“确定”按钮，完成所选段落对齐方式的设置。

2）缩进

文档排版时，为了增强层次感以及提高可阅读性，通常要对段落设置合适的缩进。

（1）缩进方式。段落的缩进包括左缩进、右缩进、首行缩进和悬挂缩进。

① 左缩进。左缩进指段落左边界相对文档左边界的缩进距离。

② 右缩进。右缩进是指段落右边界相对文档右边界的缩进距离。

③ 首行缩进。首行缩进是指段落中的第一行相对其他行的缩进距离。

④ 悬挂缩进。悬挂缩进是指段落中除了第一行的其他行相对第一行的缩进距离。

（2）设置段落缩进有以下两种方法。

① 使用“开始”功能区“段落”组中相应的命令按钮。如果仅设置段落的“左缩进”，

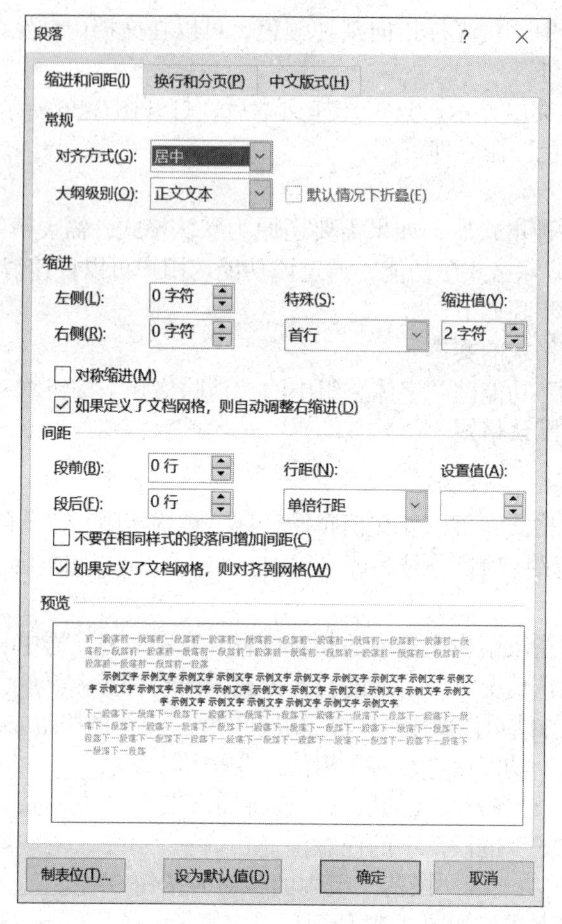

图 2-28 “段落”对话框

还可以通过“开始”功能区“段落”组的相应命令按钮，步骤如下。

- 选择要设置“缩进”的段落，或将插入点定位在要设置“缩进”的段落中的任意位置。
- 单击“开始”功能区“段落”组中的“减少缩进量”按钮和“增加缩进量”按钮可以设置段落的“左缩进”，每单击“减少缩进量”或“增加缩进量”按钮一次，段落的左缩进就会减少或增加一个字符。

② 通过“段落”对话框缩进。

- 选择要设置“缩进”的段落，或将插入点定位在要设置“缩进”的段落中的任意位置。
- 弹出“段落”对话框，单击选中“缩进和间距”选项卡。
- 在“缩进”区域的“左侧”和“右侧”的微调框中分别设置“左缩进”和“右缩进”的值，在“特殊格式”列表框中选择“首行缩进”或“悬挂缩进”，并在微调框设置相应的值，如图 2-28 所示。

3）间距与行距

为了使文档看起来疏密有致，通常需要设置段落的间距和行距。段间距是指相邻两个段落之间的距离，行距是指同一段落中行与行之间的距离。

设置段落间距与行距的步骤如下。

（1）选择要设置“间距与行距”的段落，或将插入点定位在要设置“间距与行距”的段落中的任意位置。

（2）弹出“段落”对话框，单击选中“缩进和间距”选项卡，在“间距”栏中设置相应的值。

此外，通过单击“段落”组中的“行和段落间距”按钮，在弹出的下拉列表中也可以选择行距的大小或设置段前与段后间距。

4）项目符号和编号

（1）项目符号。排版时，为了使文档中的段落便于阅读和理解，可以在段落前加上特殊的符号或数字，称为“项目符号和编号”。

① 设置项目符号的步骤如下。

- 选择要设置“项目符号”的段落，或将插入点定位在要设置“项目符号”的段落中的任意位置。
- 单击“开始”功能区“段落”组的“项目符号”按钮右侧的“下拉”按钮，弹出下拉列表，如图 2-29 所示。
- 在下拉列表中选择要设置的项目符号。

② 定义新项目符号。如果需要，还可以定义新的项目符号，步骤如下。

- 单击“开始”功能区“段落”组“项目符号”按钮右侧的“下拉”按钮，在弹出的下拉列表中选择“定义新项目符号”命令，弹出“定义新项目符号”对话框，如图 2-30 所示。

图 2-29　项目符号列表

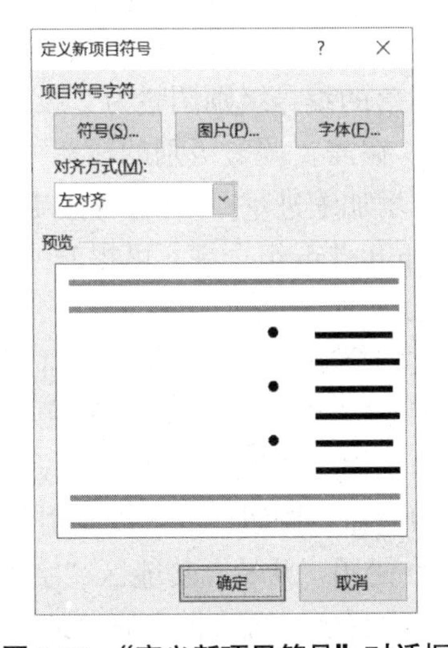

图 2-30　“定义新项目符号”对话框

- 单击对话框中的“符号”按钮或“图片”按钮，在弹出的“符号”对话框或“插入图片”对话框中选择符号或图片，分别如图 2-31 和图 2-32 所示，然后单击“确定”按钮，返回“定义新项目符号”对话框。
- 在“定义新项目符号”对话框中单击“确定”按钮，完成新项目符号的定义。

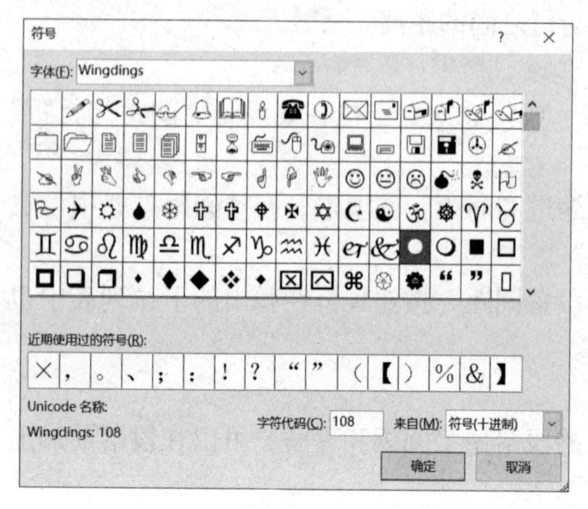

图 2-31 “符号”对话框

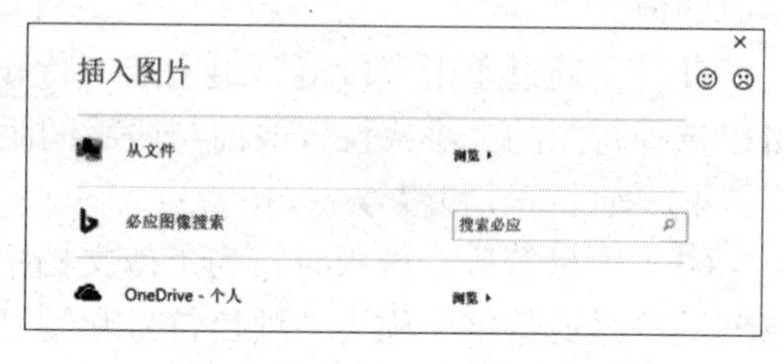

图 2-32 “插入图片”对话框

（2）项目编号。设置项目编号和定义“新项目编号格式”的步骤与项目符号基本相同，这里不再赘述。

（3）多级列表。对于含有多个层次的段落，为了清晰地体现层次结构，可添加多级列表。

添加多级列表的步骤如下。

① 选定需要“添加多级列表”的段落，然后单击“段落”组中的“多级列表”按钮，在弹出的下拉列表中选择需要的列表样式，这时，所有段落的编号级别为 1 级，需要进一步调整。

② 将插入点定位在应是 2 级列表编号的段落中，然后单击“多级列表”按钮，在弹出的下拉列表中选择“更改列表级别”命令，在弹出的级联列表中单击“2 级”选项，将该段落的编号级别调整为 2 级。

③ 在需要调整级别的段落中，将插入点定位在编号和文本之间，单击“段落”组中的“增加缩进量”按钮，或按 Tab 键，可降低一个列表级别；单击“减少缩进量”按钮，或按 Shift+Tab 组合键，可提升一个列表级别。

5）边框和底纹

文档排版时，将一些文本、段落等内容设置边框和底纹可以起到突出和强调的作用。边框和底纹包括文字的边框和底纹、段落的边框和底纹以及页面边框。

（1）文字的边框和底纹。设置文字的边框和底纹可以使用“开始”功能区“字体”组的相应命令按钮，也可以使用“边框和底纹”对话框。

① 使用“开始”功能区“字体”组中的相应命令按钮。

- 选择要设置边框和底纹的字符。
- 单击“开始”功能区“字体”组的“文字边框”按钮A，设置所选字符带黑色细边框；单击“开始”功能区“字体”组的“文字底纹”按钮A，设置所选字符带灰色底纹。

注意： 使用“开始”功能区“字体”组中的命令按钮，只可以给文字添加黑色细边框和灰色底纹，如果要给文字添加其他的边框和底纹，则要通过“边框和底纹”对话框。

② 使用“边框和底纹”对话框。

- 选择要设置边框和底纹的字符。
- 单击“开始”功能区“段落”组的“边框”按钮右侧的“下拉”按钮，弹出下拉列表。
- 在下拉列表中选择“边框和底纹”命令，弹出“边框和底纹”对话框，如图 2-33 所示。
- 单击选中“边框”选项卡，在“应用于”列表中选择“文字”。
- 在“设置”列表区选择边框的样式，如果没有指定边框的样式，这里就不需要选择，默认即可。
- 在“样式”列表中选择边框的线型，在“颜色”列表中选择边框线的颜色，在“宽度”列表中选择边框线的线宽。
- 在右侧“预览”区，单击左侧和底端的四个按钮，调整文字的上、下、左、右边框。
- 单击选中“底纹”选项卡，在“应用于”列表中选择“文字”，如图 2-34 所示。
- 在“填充”列表中选择要设置的底纹颜色，在“样式”列表中选择底纹的样式。
- 最后单击“确定”按钮，将设置的边框和底纹应用于所选的“文字”。

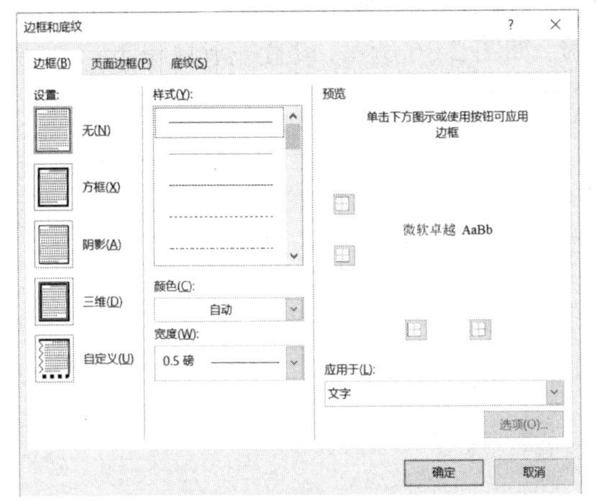

图 2-33　“边框和底纹”对话框

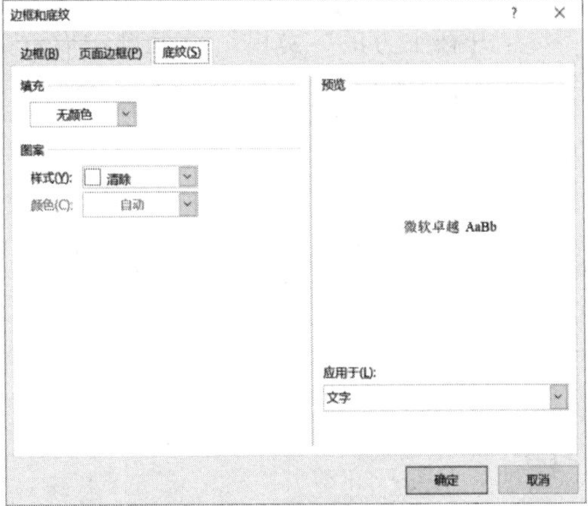

图 2-34　“底纹”选项卡

（2）段落的边框和底纹。设置段落的边框和底纹也可以使用“开始”功能区“段落”组的相应命令按钮或通过“边框和底纹”对话框。

① 使用“开始”功能区“段落”组的相应命令按钮设置边框和底纹的步骤如下。

- 选择要设置“边框和底纹”的段落，或将插入点定位在要设置“边框和底纹”的段落中的任意位置。
- 单击“开始”功能区“段落”组的“底纹”按钮右侧的按钮，在弹出的颜色板中选择要设置的底纹颜色；单击“开始”功能区“段落”组“边框”按钮右侧的按钮，在下拉列表中选择要设置的边框。

② 通过“边框和底纹”对话框。通过“边框和底纹”对话框设置段落边框和底纹的方法与设置文字边框和底纹的方法相似，唯一的不同之处在于，设置段落的边框和底纹时，在“应用于”列表中应选择“段落”。

（3）页面边框。页面也可以添加边框，页面边框只能通过“边框和底纹”对话框设置。

页面边框可以是普通边框，如同文字和段落的边框，也可以是艺术型边框。

① 给页面添加普通边框。

- 单击“设计”功能区“页面背景”组的“页面边框”按钮，弹出“边框和底纹”对话框，单击选中“页面边框”选项卡，如图 2-35 所示。
- 在对话框的“设置”列表区选择边框的样式，如果没有指定边框的样式，这里就不需要选择，默认即可。
- 在“样式”列表中选择边框的线型，在“颜色”列表中选择边框线的颜色，在“宽度”列表中选择边框线的线宽。
- 在对话框右侧的“预览”区，单击左侧和底端的四个按钮，分别调整段落的上、下、左、右边框。
- 最后单击“确定”按钮，完成“页面”的边框设置。

② 给页面添加艺术型边框。

- 单击选中“边框和底纹”对话框的“页面边框”选项卡。
- 单击“艺术型”下拉式列表框右边的箭头，从下拉列表中选择艺术型边框类型，并在上方的“宽度”微调框中设置宽度，如图 2-36 所示，设置完成后单击“确定”按钮即可。

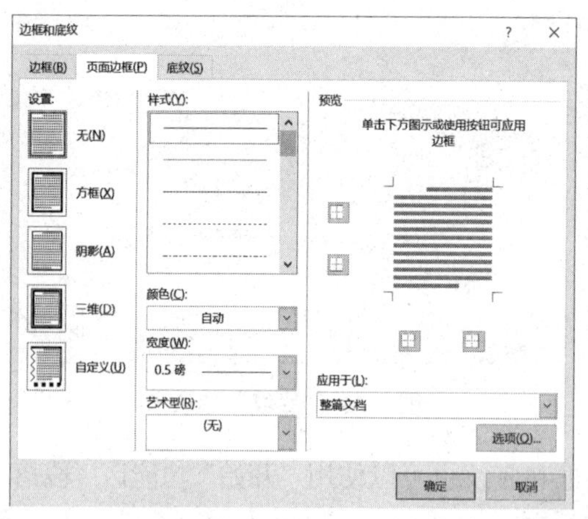

图 2-35 “页面边框”选项卡

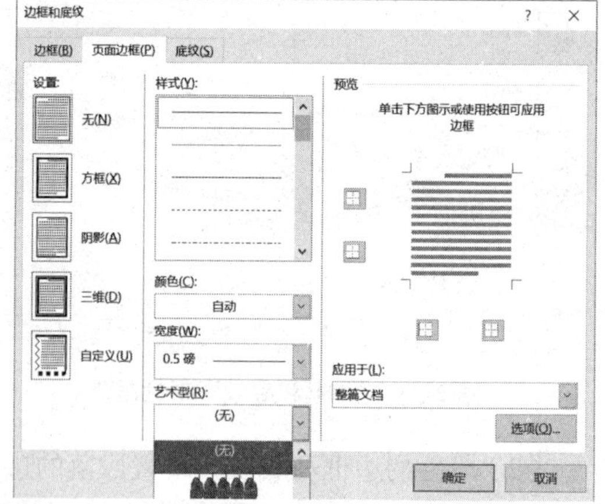

图 2-36 “艺术型”页面边框设置

6）页眉和页脚

页眉和页脚是指在文档的每个页面的顶端和底端出现的文字或图片等信息，通常用来显示文档的附加信息，如页码、日期、作者名称、章节名称等。

页眉和页脚只有在页面视图下才能看到，因此，在设置页眉和页脚之前必须将文档切换到页面视图模式。

（1）设置页眉和页脚的步骤如下。

① 单击“插入”功能区“页眉和页脚”组中的“页眉”按钮 页眉，在弹出的下拉列表中选择一种页眉样式，相应样式的页眉将出现在页面顶端，如果选择“空白（三栏）”样式，页眉如图 2-37 所示。

② 单击页眉编辑区的占位符，如图 2-37 中的“[在此处键入]”，然后输入页眉内容。

③ 单击“页眉和页脚工具→页眉和页脚”功能区“导航”组中的“转至页脚”按钮，如图 2-38 所示，插入点出现在页脚区域。

④ 在页脚处编辑页脚。

⑤ 编辑完页眉和页脚后，双击页面工作区，退出页眉和页脚的编辑。

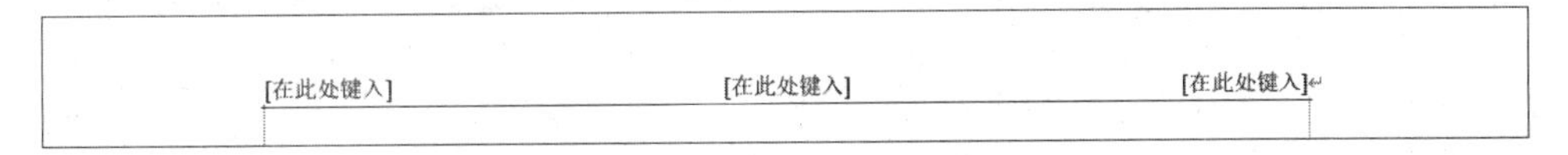

图 2-37　空白（三栏）样式页眉

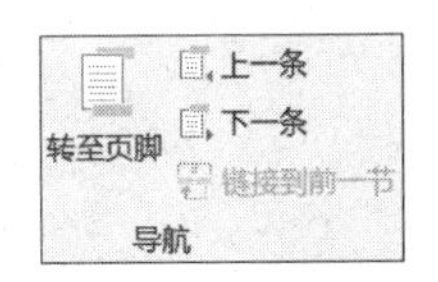

图 2-38　“页眉和页脚工具→页眉和页脚”功能区“导航”组

另外，还可以单击“插入”功能区“页眉和页脚”组中的 页眉 按钮，在弹出的下拉列表中选择“编辑页眉”或“编辑页脚”命令，进入页眉或页脚编辑状态，设置页眉或页脚。此时，功能区中也会增加并显示“页眉和页脚工具→页眉和页脚”功能区，如图 2-39 所示。

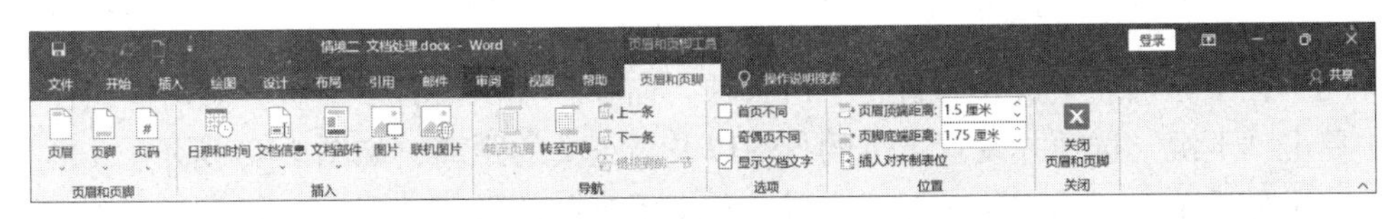

图 2-39　“页眉和页脚工具→页眉页脚”功能区

（2）编辑页眉和页脚。如果要修改页眉或页脚，只需双击页眉或页脚区域，即进入页眉或页脚的编辑状态，可以修改页眉或页脚。

7）页码

有时，一篇文档含有很多页，为了便于阅读和查找，需要给文档添加页码。在使用 Word 提供的页眉和页脚样式中，部分样式提供了添加页码的功能，即插入某些样式的页眉和页脚后，会自动添加页码。如果使用的样式没有自动添加页码，就需要手动添加页码。

手动添加页码的步骤如下。

（1）单击“插入”功能区“页眉和页脚”组中的“页码”按钮 页码，弹出下拉列表，如图 2-40 所示。

（2）在下拉列表中将光标指向页码位置选项，弹出级联菜单，在级联菜单中选择合适的页码样式，相应样式的页码即出现在指定的位置。

此外，如果在下拉列表中选择“设置页码格式”命令，将会弹出“页码格式”对话框。可以在“页码格式”对话框中设置页码的编号格式、起始页码等参数，如图 2-41 所示。

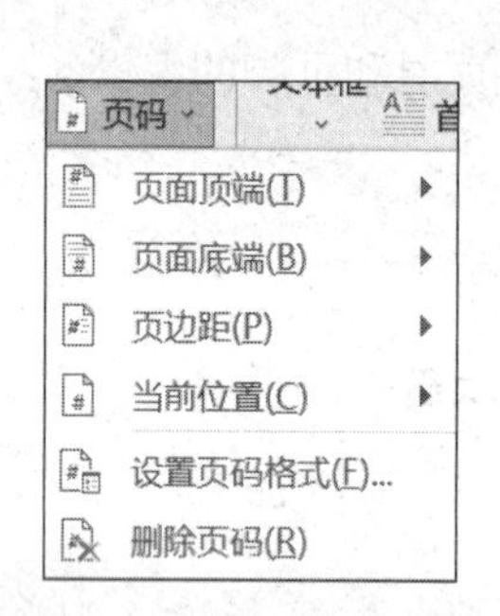

图 2-40　“页码”下拉列表

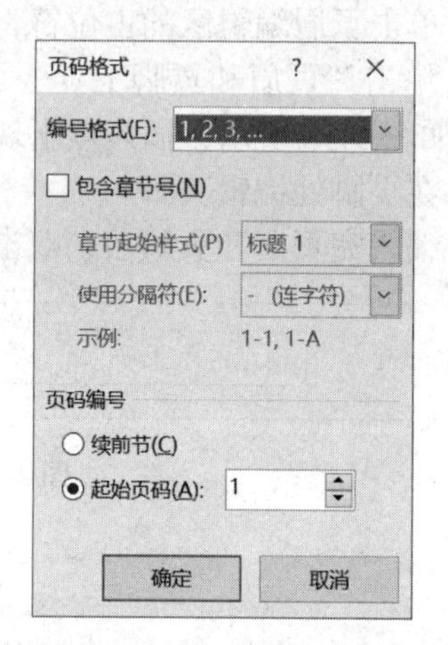

图 2-41　“页码格式”对话框

8）首字下沉

排版时，可以将段落的第一个字设置下沉的效果，即首字下沉。

设置“首字下沉”的步骤如下。

（1）选择要设置“首字下沉”的段落，或将插入点定位在要设置“首字下沉”的段落中的任意位置。

（2）单击“插入”功能区“文本”组的“首字下沉”按钮，弹出下拉列表，如图 2-42 所示。

（3）在下拉列表中选择“首字下沉选项”命令，弹出“首字下沉”对话框，在对话框中单击“下沉”选项并设置下沉的行数以及与正文的距离，如图 2-43 所示。

（4）最后单击“确定”按钮，完成“首字下沉”的设置。

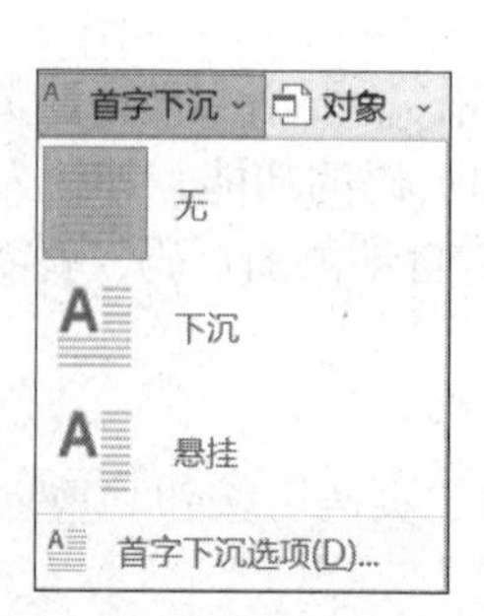

图 2-42　“首字下沉”下拉列表

图 2-43　“首字下沉”对话框

3. 格式刷

格式刷是一种快速应用格式的工具，能够将一个对象的格式复制到另一个对象上，从而避免重复设置格式的麻烦。当需要对文档中的文本或段落设置相同的格式时，便可通过格式刷复制格式。

使用格式刷的步骤如下。

（1）选中需要复制的格式所属的文本。

（2）单击“剪贴板”组中的“格式刷”按钮，此时光标旁出现一个“刷子”。

（3）按下左键拖动鼠标，选择需要设置格式的文本，然后松开左键，拖动选择的文本即可应用之前所选文本的格式，光标恢复原状。

说明：当需要连续多次使用格式刷时，可以双击“格式刷”按钮锁定格式刷；当不再使用格式刷时，可以再次单击“格式刷”按钮或按Esc键，解除对格式刷的锁定。

4. 样式

所谓样式，就是由多个排版命令组合而成的集合，包括Word内置的样式和用户定义的样式。一篇文档中往往包含多种样式，每种样式都包含多种排版格式，如字体、段落、制表位和边距格式等。相同格式的设定最好使用样式来实现，因为样式与标题、目录有着密切的联系。

1）应用样式

（1）在文档中选择要应用样式的段落或文本。

（2）单击“开始”功能区“样式”组的“其他”按钮，如图2-44所示。

（3）在弹出的“快速样式”列表中，将光标指向某个样式选项，在文档中可以预览该样式的效果，如果要应用样式，只需单击要应用的样式选项即可。

图2-44　“开始”功能区“样式”组

2）自定义样式

如果Word提供的内置样式都无法满足用户的要求，用户可以自定义样式。自定义样式的步骤如下。

（1）单击“开始”功能区“样式”组的“对话框启动器”按钮，弹出“样式”对话框，如图2-45所示。

（2）在“样式”对话框中单击“新建样式”按钮，弹出“根据格式化创建新样式”对话框，如图2-46所示。

（3）在对话框的“名称”文本框中输入新建样式的名称；在“样式类型”下拉列表中选择样式类型；在“样式基准”下拉列表中选择Word 2019中的某一种内置样式，作为新建样式的基准样式；在“后续段落样式”下拉列表中选择新建样式的后续样式。

（4）在“格式”区域设置新建样式中的字体、字号、颜色、段落间距、对齐方式等段落格式和字符格式，还可以单击“格式”按钮，进行格式的设置；如果希望该样式应用于所有文档，则需要选中“基于该模板的新文档”单选框；最后单击“确定”按钮。

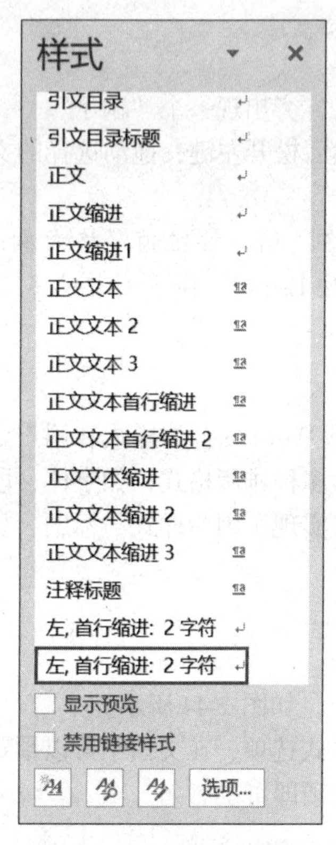

图 2-45 “样式”对话框

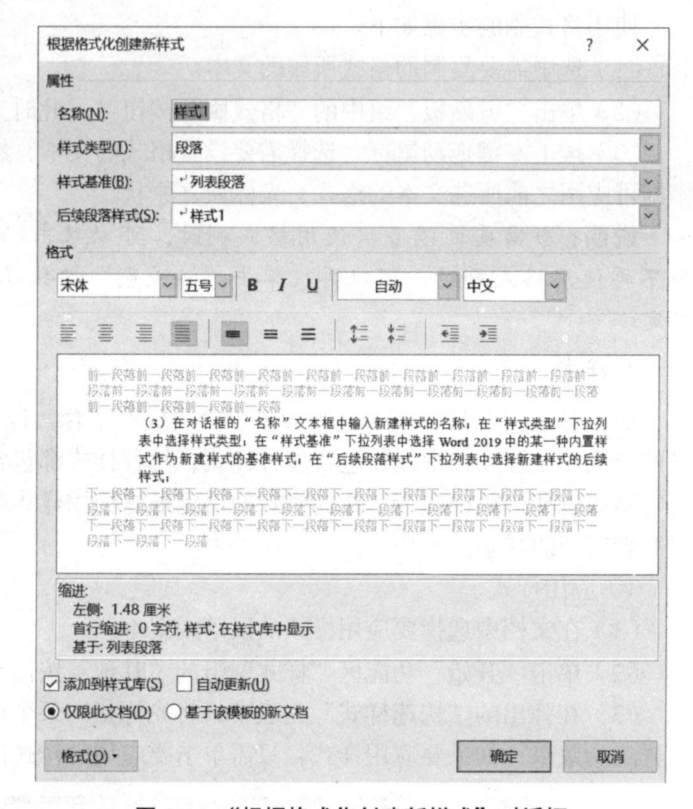

图 2-46 “根据格式化创建新样式”对话框

3）编辑样式

（1）修改样式。在使用系统内置样式时，如果不符合自己排版的要求，可以对样式进行修改，但不能删除。

修改样式的步骤如下。

① 将光标指向要修改的样式，在样式右侧会出现一个“下拉”按钮，单击该下拉按钮，在下拉列表中选择“修改样式”命令，弹出“修改样式”对话框，如图 2-47 所示。

② 在“修改样式”对话框中进行样式的修改，最后单击“确定”按钮。

（2）删除样式。系统内置的样式只能修改，不能删除，用户自定义的样式则既可以修改，也可以删除。

删除样式的步骤如下。

将光标指向要修改的样式，在样式右侧出现一个“下拉”按钮，单击该下拉按钮，在下拉列表中选择“删除”命令即可。

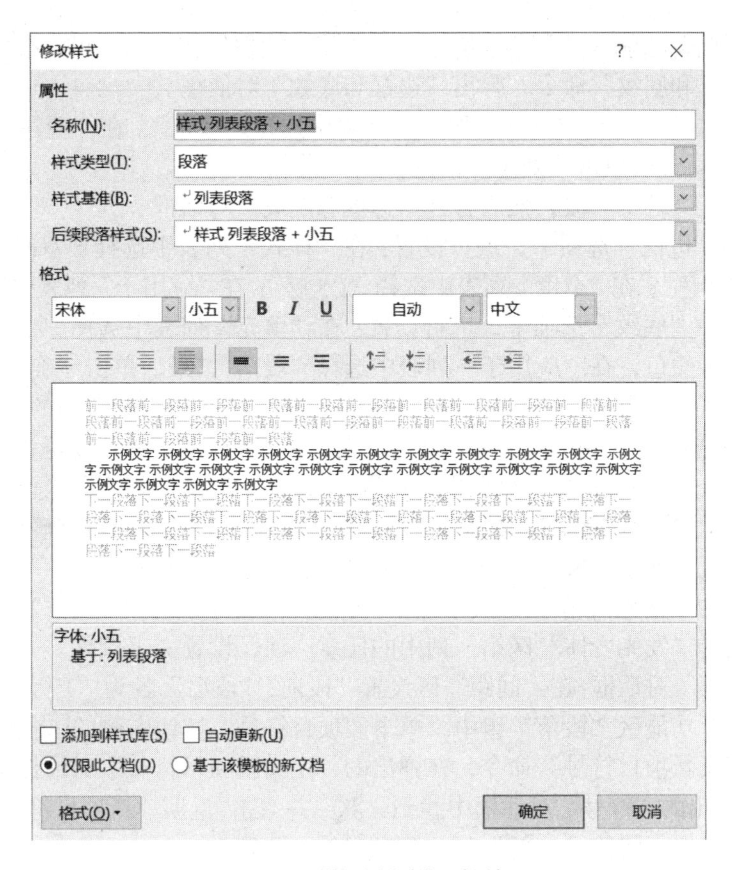

图 2-47 “修改样式”对话框

任务实施

（1）选中除了第一段外的所有段落，单击“开始”功能区“字体”组中的按钮，弹出“字体”对话框，在对话框中设置“中文字体”为“楷体”，西文字体为 Times New Roman，“字号”为小四，单击“确定”按钮。

（2）选中除了第一段外的所有段落，单击“开始”功能区“段落”组中的按钮，弹出“段落”对话框。在对话框的“缩进”区中，设置“左侧”“右侧”各 1 个字符；在“特殊格式”列表中选择“首行缩进”；在“磅值”中设置为“2 字符”；在“间距”区的“行距”列表中选择“1.5 倍行距”。单击“确定”按钮。

（3）选中第一段“大数据技术”，然后单击“开始”功能区“样式”组的按钮，弹出“样式”对话框。

在对话框中单击右下角的“选项 ...”按钮，弹出“样式窗格选项”对话框，在“选择要显示的样式”列表中选择“所有样式”，单击“确定”按钮，返回“样式”对话框中。

在“样式”对话框中，选择“标题 3”样式，将样式直接应用到段落中，然后关闭样式对话框。

单击“开始”功能区“段落”组的“居中对齐”按钮，设置标题“居中”。

单击“开始”功能区“段落”组中最后一个“边框”按钮右边的▾按钮，在下拉列表中选择“边框和底纹”命令，弹出“边框和底纹”对话框。

切换到“底纹”选项卡，在“填充”列表中选择“绿色”，在“应用于”下拉列表中选择“文字”，最后单击“确定”按钮。

（4）选中正文的第一段，然后打开“边框和底纹”对话框。

单击选中“边框”选项卡，进行设置：在“样式”列表中选择“双线”；在“颜色”列表中选择“蓝色”；在“宽度”列表中选择“1.5 磅”；在“应用于”列表中选择“段落”。

再单击选中“底纹”选项卡，进行设置：在“填充”列表中选择“主题颜色”中第一列的最后一种颜色，在“应用于”列表中选择“段落”，最后单击“确定”按钮。

（5）选中正文的第三段，单击“页面布局”功能区“页面设置”组的“分栏”按钮，在下拉列表中选择“更多分栏选项”，弹出“分栏”对话框，进行设置：在“预设”区中选择“两栏”，或在“栏数”微调框中设置为 2；在“宽度和间距”区设置“间距”为“4 字符”；选中“栏宽相等”复选框和“分隔线”复选框，然后单击“确定”按钮。

（6）选中正文的第五段，在“开始”功能区的“字体”组中单击“字体颜色”按钮，设置字体颜色为“蓝色”；单击“文字效果”按钮，在下拉列表中选择“发光”，并在其级联菜单中选择“发光变体”区第一列中的任意一项，设置文字效果。

打开“段落”对话框，在“间距”区设置“段前”“段后”各为“1 行”，关闭对话框。

在“开始”功能区“段落”组中，单击“项目符号”按钮右侧的▾按钮，在下拉列表中选择“定义新项目符号”命令，在弹出的“定义新项目符号”对话框中，单击“符号”按钮，在弹出的“符号”对话框中找到“✂”并双击，返回“新项目符号”对话框中，单击“确定”按钮，将符号“✂”添加到项目符号列表中。

再次单击“开始”功能区“段落”组中“项目符号”按钮右侧的▾按钮，在下拉列表中选择符号“✂”即可。

（7）选中正文的第五段，然后双击“开始”功能区“剪贴板”组的“格式刷”按钮，然后依次选中段落“NoSQL 数据库”“内存分析”“集成设备”，使它们的格式与第五段相同，然后按 Esc 键退出格式刷。

（8）弹出“边框和底纹”对话框，单击选中“页面边框”选项卡，在“样式”区域“艺术型”下拉列表中选择任意一种艺术型边框，单击“确定”按钮。

2.6 图文混排

任务知识点

- 插入和编辑图片。
- 插入和编辑艺术字。
- 绘制图形。
- 插入和编辑文本框。
- 插入 SmartArt 图形。
- 插入公式。

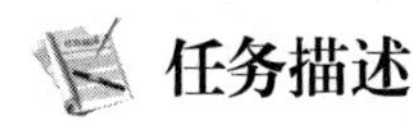

任务描述

打开“素材 \2\ 微笑与修养 .docx”，按以下要求操作。

（1）将标题“微笑与修养”设置为艺术字：样式为“渐变填充 - 水绿色”,字体为“华文新魏”，小初号字，居中，文字环绕方式为“嵌入型”。

（2）将正文设置为宋体、小四号字，首行缩进 2 字符。

（3）在正文第二段后的空段中插入图片“微笑 .JPG”，设置图片高度为 5 厘米，宽度为 4 厘米，居中。

（4）在文档的最后插入自选图形，即“基本形状”中的“笑脸”。

（5）再插入一个横排文本框，内容为“修养”，字体为楷体、四号，环绕方式为“四周型”，渐变填充预设颜色为“浅色渐变—个性色 3”，方向为“线性对角 - 左上到右下”。

（6）将自选图形“笑脸”和文本框用“右箭头”连接，然后将三个对象组合成一个整体。

知识预备

1. 插入和编辑图片

1）插入图片

在文档中恰当地插入一些图片和图形，可以使文档更加生动有趣、丰富多彩。

Word 文档中可以插入的对象有图片、剪贴画、自选图形、艺术字、文本框等，可以通过“插入”功能区“插图”组和“文本”组中的各按钮插入相应的对象，如图 2-48 所示。

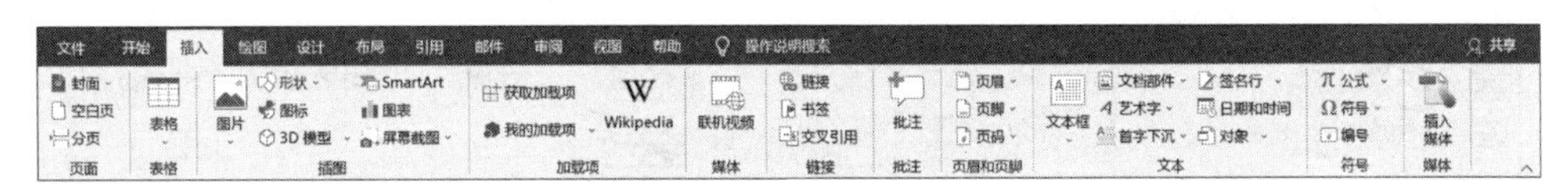

图 2-48　“插入”功能区

当在文档中插入以上对象时，将会在功能区增加“图片工具→图片格式”功能区，如图 2-49 所示。

图 2-49　“图片工具→图片格式”功能区

在文档中插入图片，可以提高文档的美观性和生动形象性。图片的来源可以是“此设备”或者是“联机图片”，可以通过单击图 2-48 中的“图片”按钮选择图片来源。

2）设置图片格式

插入剪贴画和图片之后，可以对其进行格式设置，常用的图片格式设置有调整图片大小、设置图片环绕方式、裁剪图片等。

（1）调整图片大小。具体方法如下。

① 粗略调整。粗略地调整图片大小可以通过拖动鼠标实现，步骤如下。

- 单击选择要调整的图片。
- 在图片四周出现八个尺寸控制点，将光标指向四个角的控制点并按下左键拖动鼠标，可以同时改变图片的高度和宽度；将光标指向四条边中间的控制点并按下左键拖动鼠标，只可改变图片的高度或宽度。

② 精确调整。要精确设置图片大小，方法如下。

方法一：选择需要调整的图片，在“图片工具→图片格式”功能区“大小”组中的“高度”和“宽度”文本框中，输入图片的高度和宽度，如图 2-49 所示。

方法二：选择需要调整的图片，单击“图片工具→图片格式”功能区“大小”组中的“对话框启动器”按钮 ，打开“布局”对话框，在“大小”选项卡中设置图片大小。

（2）设置图片环绕方式。图片的环绕方式有嵌入型、四周型、紧密型等，设置图片的环绕方式可以实现图文混排，步骤如下。

① 选择图片。

② 单击“图片工具→图片格式”功能区“排列”组的“环绕文字”按钮 ，在弹出的下拉列表中选择一种环绕方式，如图 2-50 所示；或选择下拉列表中的“其他布局选项”命令，弹出“布局”对话框，如图 2-51 所示。

③ 单击选中“文字环绕”选项卡，设置环绕方式，最后单击“确定”按钮。

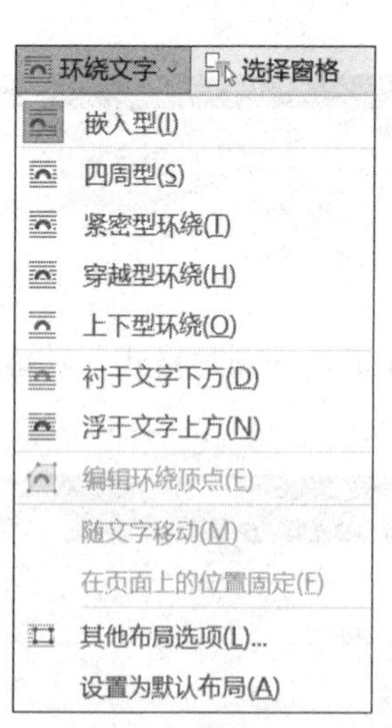

图 2-50 “环绕文字”下拉列表

图 2-51 “布局”对话框

说明： 图文混排时，图片的环绕方式不能设置为嵌入型，其他环绕方式均可。

（3）裁剪图片。具体方法如下。

① 四条边裁剪。通常，图片裁剪仅针对其四条边，步骤如下。

- 选择图片。

- 单击“图片工具→图片格式”功能区“大小”组中的“裁剪”按钮，或单击“裁剪”按钮下方的下拉按钮，选择“裁剪”命令，在图片的四周出现控制点，将光标移到控制点上，按下左键向内拖动鼠标至合适位置后，松开左键即可。

② 按形状裁剪。在 Word 2019 中还可以将图片裁剪成不同的形状，步骤如下。

- 单击“裁剪”按钮下方的下拉按钮，在弹出的下拉列表中选择“裁剪为形状”命令，弹出级联菜单，如图 2-52 所示。
- 单击级联菜单中的各形状按钮，图片就被裁剪为指定的形状。

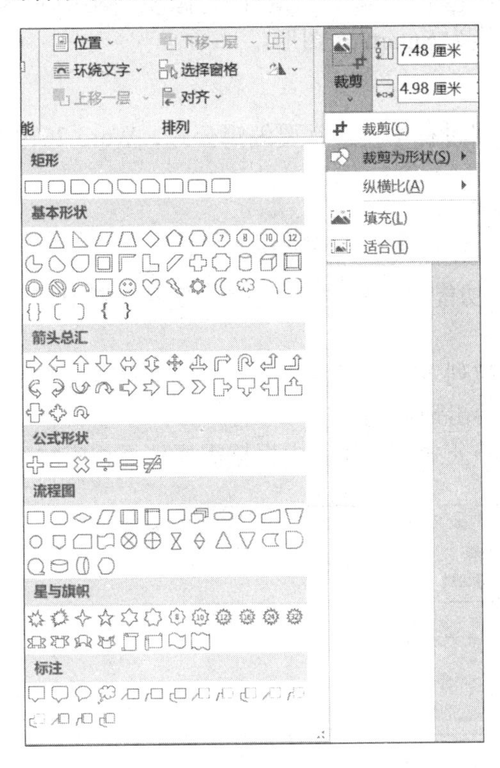

图 2-52　“裁剪为形状”列表

2. 插入和编辑艺术字

在文档中插入艺术字可以美化文档。插入艺术字可单击图 2-48 中的“艺术字”按钮，在下拉列表中选择合适的艺术字的样式，编辑区将出现“请在此放置您的文字”提示框，单击提示框内部，然后输入文字即可。

3. 绘制图形

文档中除了可以插入图片，还可以自己绘制图形。单击图 2-48 中的“形状”按钮，在下拉列表中选择相应的形状，然后将光标移至要放置图形的位置，按下左键拖动鼠标来绘制图形。

4. 插入和编辑文本框

文本框是一种特殊的文本对象，既可以当作图形对象处理，也可以当作文本对象处理。文本框有横排文本框和竖排文本框两种。

插入文本框可单击图 2-48 中的“文本框”按钮，在下拉列表中选择文本框样式，快速绘制出带格式的文本框；或在下拉列表中选择“绘制横排文本框”或“绘制竖排文本框”命令，手动绘制文本框。

5. 插入 SmartArt 图形

在编辑文档的过程中，经常需要在文档中插入生产流程、公司组织结构图以及其他表明相互关系的流程图。Word 2019 提供了通过插入 SmartArt 图快速地绘制此类图形的功能。SmartArt 图形类型包括“列表”“流程”“循环”“层次结构”“关系”等，还可以将插入文档中的图片转换为 SmartArt 图形。

6. 插入公式

在学术类文档的编辑过程中，经常要编辑公式，Word 2019 提供了非常强大的公式编辑功能。

编辑公式的步骤如下。

（1）将插入点定位在要插入公式的位置。

（2）单击“插入”功能区“符号”组中“公式”按钮π左边的下拉按钮，如图 2-53 所示。

（3）从“公式”下拉列表中选择合适的公式类型，或在下拉列表中选择“插入新公式”命令，功能区中即会出现功能区。

（4）在“公式工具→公式”功能区中根据需要选择相应的选项编辑公式。

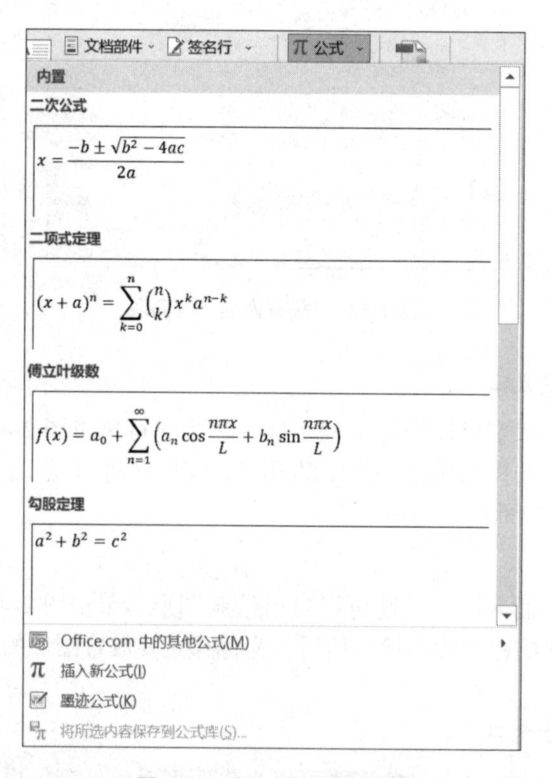

图 2-53 “公式”下拉列表

任务实施

（1）选中标题文字“微笑与修养”（不包括段后的回车符），单击“插入”功能区“文本”组的“艺术字”按钮，在列表中选中第二行、第二列的选项，即可将“微笑与修养”转换成艺术字。

此时，艺术字标题处于选中状态，单击“开始”功能区“字体”组的相应按钮，设置其字体为“华文新魏”，字号为“小初”；单击“绘图工具 / 格式”功能区“排列”组的“自动换行”按钮，在下拉列表中选择“嵌入型”。

选中标题所在的段落，设置段落对齐方式为“居中”。

（2）选中除了标题外的所有段落，在“开始”功能区的“字体”组中设置字体为“宋体”和“小四号”；在“段落”组中单击“对话框启动器”按钮，弹出“段落”对话框，在对话框中设置“首行缩进”2 个字符。

（3）将插入点定位在第二段后的空段中，单击“插入”功能区“插图”组的“图片”按钮，弹出“插入图片”对话框；在对话框中找到“素材 /3”文件夹下的图片“微笑 .JPG”并双击，将图片插入文档中。

选中图片，单击“开始”功能区“段落”组的“居中”按钮，设置图片居中对齐。

右击图片，并从弹出的快捷菜单中选择“大小和位置”命令，弹出“布局”对话框，单击选中“大小”选项卡，取消选中“缩放”区的“锁定纵横比”复选框，然后设置高度为 5 厘米，宽度为 4 厘米，最后单击“确定”按钮。

（4）单击“插入”功能区“插图”组的“形状”按钮，在下拉列表中选择“基本形状”组的“笑脸”形状，此时光标变成“十字”状，在文档的最后按下左键拖动鼠标，绘制“笑脸”。

（5）单击“插入”功能区“文本”组的“文本框”按钮，在下拉列表中选择“绘制文本框”命令，光标呈“十”字状，在“笑脸”的右边，按下左键拖动鼠标绘制文本框，在文本框中输入文字“修养”，并设置字体为楷体、四号。

选中文本框对象，单击“绘图工具 / 格式”功能区的“自动换行”按钮，在下拉列表中选择“四周型环绕”命令；单击“绘图工具 / 格式”功能区的“形状样式”组的“形状填充”按钮，在下拉列表中选择“渐变”命令，在其级联菜单中选择“其他渐变”命令，弹出“设置形状格式”对话框；在对话框的左侧列表中选择“填充”选项，在右侧中选择“渐变填充”选项，在其下方的“预设渐变”列表中单击“浅色渐变—个性色 3”选项，在“方向”下拉列表中单击第一个“线性对角 - 左上到右下”选项，最后单击“关闭”按钮。

（6）单击“插入”功能区“插图”组的“形状”按钮，在下拉列表中依次选择“箭头总汇”→“右箭头”命令，在“笑脸”和文本框中间绘制“右箭头”。

单击“笑脸”自选图形，然后按住 Shift 键，依次单击右箭头、文本框，将三个对象同时选中，然后单击“绘图工具 / 格式”功能区“排列”组的“组合”按钮，在下拉列表中选择“组合”命令，将三个对象组合成一个整体。

2.7 表格的创建与编辑

任务知识点

- 创建表格。
- 表格和单元格的选择、插入和删除。
- 表格和单元格的合并和拆分。
- 单元格行高和列宽的调整。

任务描述

打开“素材 \2\ 表格 .docx”，按以下要求操作。

（1）在文档的最后空出一段，创建如表 2-1 所示。

表 2-1 学生成绩表格

学号	英语	计算机	C 语言	数据结构	数据库
990301	87	87	78	89	87
990302	68	98	98	87	87
990303	90	76	98	55	59
990305	97	76	77	56	76
990401	58	87	88	87	87
990402	89	89	65	79	70

（2）在表格的第 4 行后面增加一行，输入内容：990304 87 98 90 79 96。

（3）在表格的左边增加一列，在该列的第一行内输入“班级”，将该列第二至六行的单元格合并，输入“三班”；将该列最后两行的单元格合并，输入“四班”。

（4）设置表格第一至三列的列宽为 1.5 厘米，第四、第五、第七列的列宽为 2.2 厘米，第六列的列宽为 2.5 厘米。

（5）将文档中前五行的文本转换成 5 行 7 列的表格，将第一列中第二、第三行的单元格合并，输入“一班”，将第四、第五行的单元格合并，输入“二班”，并设置每列的列宽与下面表格中对应列的列宽相同。

（6）将两个表格合并成一个新的表格。

（7）删除新表格中的第六行。

（8）设置表格的第一行的行高为 1.2 厘米，字体为四号，加粗，蓝色。

知识预备

1. 创建表格

表格是一种直观地表达数据的方式，比文字更有说服力。Word 2019 具有强大的表格编辑功能，用户可以轻松地创建各种既美观又专业的表格。

Word 2019 提供了四种创建表格的方法，具体如下。

1）使用“虚拟表格”区域

使用“虚拟表格”区域可以快速创建表格，步骤如下。

（1）将插入点定位在要插入表格的位置，单击“插入”功能区的“表格”按钮，弹出下拉列表，如图 2-54 所示。

（2）在下拉列表中有一个 10 列 8 行的虚拟表格，在虚拟表格区域移动光标可设置表格的行数和列数，光标前的区域将呈选中状态，显示为橙色。

（3）确定表格的行和列后，单击即可在文档中插入指定行数和列数的表格。

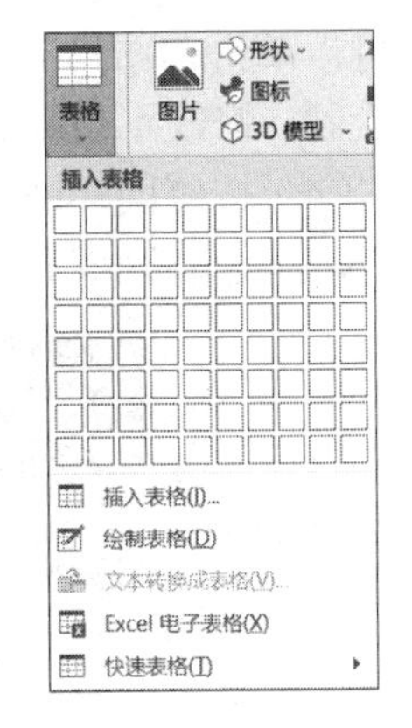

图 2-54 “表格”下拉列表

2）使用“插入表格”对话框

当要创建的表格超过 10 列 8 行时，就无法通过“虚拟表格”功能插入表格，可以通过“插入表格”对话框，步骤如下。

（1）将插入点定位在需要插入表格的位置，单击“插入”功能区的“表格”按钮，在下拉列表中选择“插入表格”命令，弹出“插入表格”对话框，如图 2-55 所示。

（2）在对话框中，通过“行数”和“列数”微调框设置表格的行数和列数，然后单击“确定”按钮。

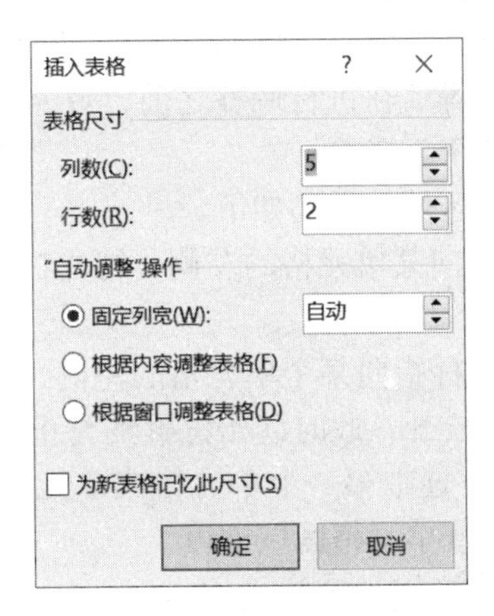

图 2-55 “插入表格”对话框

3）绘制表格

如果要创建的表格行和列不是均匀分布的，还可以手动绘制表格，步骤如下。

（1）单击“插入”功能区的“表格”按钮，在下拉列表中选择“绘制表格”命令，此时，光标呈笔状。

（2）在需要创建表格的位置，按下左键并拖动鼠标，文档编辑区中将出现一个虚线框，待虚线框达到合适大小后释放左键，便绘制出表格的外框；

（3）在表格绘制状态，Word 2019 系统会自动出现“表格工具→表设计 / 布局”选项卡，单击选中“表设计”选项卡，在“边框”组中，可以设置框线的类型、粗细和颜色，还可以单击“布局”选项卡“绘图”组中的“绘制表格”按钮和“橡皮擦”按钮来绘制、修改不规则表格，如图 2-56 所示。

（4）按照同样的方法，在框内绘制出横线、竖线或斜线。

（5）绘制完成后，再次单击“绘制表格”按钮或按 Esc 键，退出绘制表格状态。

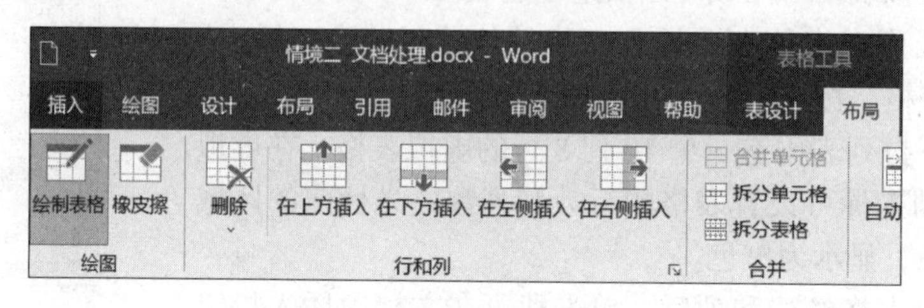

图 2-56 表格绘制工具按钮

4）使用“快速表格”命令

Word 2019 中还可以创建带有样式的表格，步骤如下。

（1）将光标插入点定位在需要插入表格的位置。

（2）单击“插入”功能区的“表格”按钮，在下拉列表中选择“快速表格”命令，在其级联菜单中单击合适的样式，即可在文档中创建带样式的表格。

2. 编辑表格

1）单元格、行、列、表格的选择

表格创建好后，通常要经过适当的调整，如插入行和列、删除行和列、合并单元格、拆分单元格、调整行高和列宽等。在进行调整之前，首先要选择对象，包括选择单元格与单元格区域、行和列以及整个表格等。

（1）选择单元格与单元格区域的方法如下。

① 一个单元格。将光标指向某单元格的左侧，待光标呈黑色粗箭头状时，单击即可选择该单元格。

② 连续单元格区域。将光标指向某个单元格的左侧，当光标呈黑色箭头状时按下左键并拖动鼠标到终止位置后松开，此时起始位置到终止位置之间的单元格被选中。

③ 不连续的单元格区域。选中第一个单元格或单元格区域后，按住 Ctrl 键，然后依次选择其他不连续的单元格或单元格区域即可。

（2）选择行的方法如下。

① 单行。将光标移至要选择的行左侧选定栏的位置，单击即可选中对应的行。

② 多个连续的行。将光标移至第一行左侧选定栏的位置，按下左键向下拖动鼠标到指定的行，松开左键即可选择多个连续的行。

③ 多个不连续的行。选中其中任意一个行区域后，按住 Ctrl 键，然后依次选择其他不连续的行即可。

（3）选择列的方法如下。

① 单列。将光标指针移至要选择的列的上方，待光标呈黑色箭头状时，单击即可。

② 多个连续的列。将光标指针移至要选择的第一列的上方，待光标呈状时，按下左键向右拖动鼠标到最后一列即可。

③ 多个不连续的列。选择其中任意一个列区域后，按住 Ctrl 键，然后依次选择其

他不连续的列即可。

（4）选择整个表格。将光标指针指向表格时，表格的左上角会出现 ⊞ 标志，右下角会出现 □ 标志，单击它们中的任意一个，都可选中整个表格。

2）单元格、行、列的插入与删除

在编辑表格时，可根据实际情况进行单元格、行、列的插入和删除。

（1）单元格、行、列的插入。

① 将插入点定位在某个单元格内。

② 单击“表格工具→布局”功能区“行和列”组中的各命令按钮即可实现行、列的插入。

③ 单击“行和列”组的“对话框启动器”按钮，弹出“插入单元格”对话框，如图 2-57 所示。

④ 在对话框中可以设置插入单元格后的单元格移动方向，还可以选择“插入整行”或“插入整列”选项，分别插入行或列。

（2）单元格、行、列的删除。将插入点定位在某个单元格内，选择“表格工具→布局”功能区“行和列”组中的“删除”按钮，在弹出的下拉列表中选择相应的命令，如图 2-58 所示。

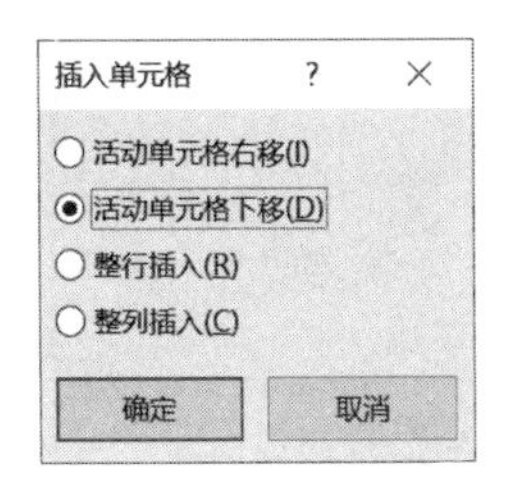

图 2-57 “插入单元格”对话框

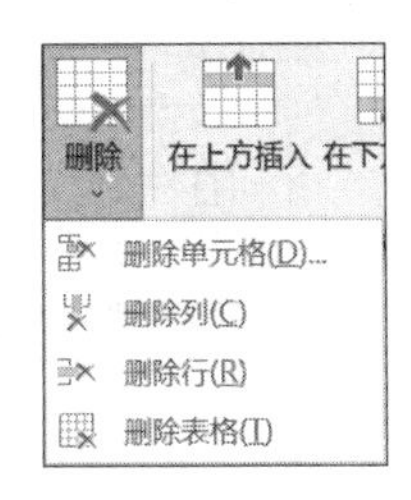

图 2-58 “删除”下拉列表

3）单元格和表格的合并与拆分

在编辑表格时，可以对单元格和表格进行合并与拆分，这些操作都可以通过“表格工具→布局”功能区“合并”组中的相应按钮进行设置。

（1）单元格的合并与拆分。

① 合并单元格。选择需要合并的单元格区域，然后单击“合并单元格”按钮，即可将单元格区域合并成一个单元格。

② 拆分单元格。选择需要拆分的某一个单元格，然后单击“拆分单元格”按钮，在弹出的“拆分单元格”对话框中设置要拆分的行、列数，最后单击“确定”按钮。

（2）表格的合并与拆分。

① 合并表格。首先将两个表格的文字环绕方式设置为“无”，然后将两个表格之间的段落标记删除即可。

② 拆分表格。将插入点定位在要拆分成第二个表格的第一行的任意单元格中，单击“拆分表格”按钮，就可以将一个表格拆分成两个。

说明：表格只能按行拆分，不能按列拆分。

4）行高和列宽的调整

为了适应表格中的数据，在编辑表格时，经常要对表格的行高和列宽进行调整。调整表格的行高和列宽有以下三种方法。

方法一：将光标插入点定位到某个单元格内。单击选中“表格工具→布局”选项卡，在“单元格大小”组中通过“高度”微调框调整单元格所在行的行高，通过“宽度”微调框调整单元格所在列的列宽。

方法二：选中择需要调整行高的行或需要调整列宽的列，然后右击行号或列表，并从弹出的快捷菜单中选择“表格属性”命令，弹出“表格属性”对话框，如图 2-59 所示。在“表格属性”对话框的“行”和“列”选项卡中分别设置行高和列宽，然后单击“确定”按钮。

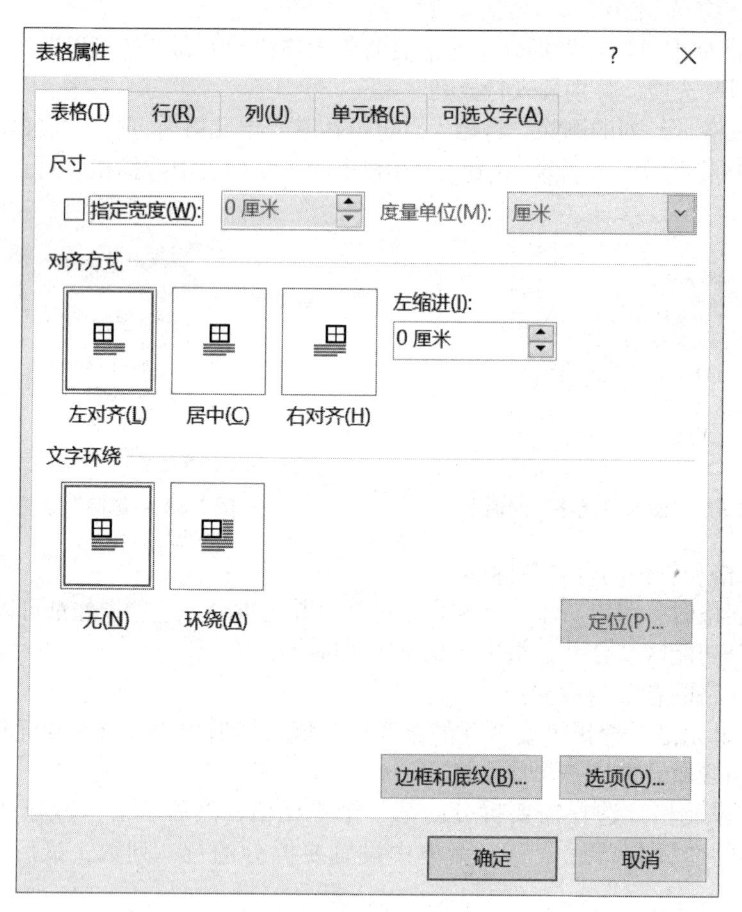

图 2-59 “表格属性”对话框

方法三：将光标指向行或列的边框线上，光标的形状呈÷或⟛状时，按下左键拖动鼠标，表格中将出现虚线，待虚线到达合适位置时松开左键即可。

此外，在“单元格大小”组中，如果单击“分布行”按钮或“分布列”按钮，还可将表格中所有行或列平均分布。

任务实施

（1）打开“素材 \2\ 表格 .docx”，将插入点定位在文档的最后空出一段的位置，单击“插入”功能区“表格”组的“表格”按钮，弹出下拉列表。

在下拉列表中的“虚拟表格”区域，拖动鼠标，当显示橘色的区域是“7×7”表格时单击，在插入点即出现一个 7 行 7 列的表格。

通过单击各个单元格或按 Tab 键切换单元格，在各单元格中输入内容。

（2）将光标移至表格第四行左侧选定栏的位置，单击选择表格的第 4 行，然后单击“表格工具 / 布局”功能区“行和列”组的“在下方插入”按钮，在所选行的下方增加一行，输入“990304　　87　98　90　79　96”。

（3）将光标移至表格第一列的上方，待光标变成向下的粗箭头时，单击选择第一列。

单击“表格工具 / 布局”功能区“行和列”组的“在左侧插入”按钮，在所选列的左侧增加一列，在该列的第一行单元格内输入“班级”。

将光标移至第一列第二行单元格的左下角，当光标变成倾斜的粗箭头时，按下左键向下拖动鼠标，选择第一列中第二至六行的单元格。

单击“表格工具 / 布局”功能区“合并”组的“合并单元格”按钮，将五个单元格合并成一个单元格，输入“三班”。

按照同样的方法将第一列的最后两个单元格合并，输入“四班”。

（4）将光标移至表格第一列的上方，待光标变成向下的粗箭头时，按下左键向右拖动鼠标选择第一至三列。

单击“表格工具 / 布局”功能区“表”组的“属性”按钮，弹出“表格属性”对话框，单击选中“列”选项卡，选中“指定宽度”复选框，在右侧的微调框中设置宽度为 1.5 厘米。

通过单击“前一列”或“后一列”按钮，分别设置其他的列为指定的列宽，所有列宽都设置完毕后，单击“确定”按钮，关闭对话框。

（5）选择文档中的前五行文本，单击“插入”功能区“表格”组的“表格”按钮，在下拉列表中选择“文本转换为表格”命令，弹出“将文字转换为表格”对话框；在对话框的“文字分隔位置”区域中选择“其他字符”选项，在文本框中输入“#”，“表格尺寸”区域中的“列数”自动变为 7，单击“确定”按钮，所选的文本转换成 5 行 7 列的表格。

选择第一列第二、第三行的单元格，单击“表格工具 / 布局”功能区“合并”组的“合并单元格”按钮，将其合并成一个单元格，在单元格中输入“一班”；按照同样的方法将第一列中最后两个单元格合并，输入“二班”。

按照前面讲述的方法，设置表格各列为指定的列宽。

（6）将插入点定位在两个表格之间的空段中，按 Delete 键删除空段，即可将两个表格合并成一个新的表格。

（7）选择新表格中的第六行，单击“表格工具 / 布局”功能区“行和列”组的“删除”按钮，在下拉列表中选择“删除行”命令，删除所选的行。

（8）选择新表格的第一行，在“表格工具 / 布局”功能区的“单元格大小”组中设置行高为 1.2 厘米，在“开始”功能区“字体”组中设置字体格式为四号、加粗、蓝色。

2.8　表格的格式设置

任务知识点

- 表格大小的设置。
- 单元格对齐方式的设置。
- 标题行重复。
- 表格边框与底纹设置。
- 套用表格样式。
- 文本与表格的相互转换。

任务描述

打开“素材 \2\ 成绩表 .docx”，完成以下操作。

（1）给表格添加标题，即“成绩表”。

（2）在第一行第一列的单元格中绘制斜线表头，行标题为“科目”，列标题为“学号”。

（3）设置表格居中。

（4）除第一行第一列单元格外，设置其他单元格水平和垂直均居中对齐。

（5）设置表格的边框为外框 1.5 磅红色双线，内框 1 磅红色细实线。

（6）设置表格的第一行和第一列带有底纹、绿色、15% 样式。

知识预备知识预备

1. 格式化表格

1）表格大小的设置

在 Word 中，可以对表格进行整体缩小或放大，步骤如下。

（1）选择整个表格。

（2）将光标移到右下角的调整按钮 □ 上，如图 2-60 所示，此时，光标呈对角线双向箭头状，按下左键拖动鼠标即可调整大小。

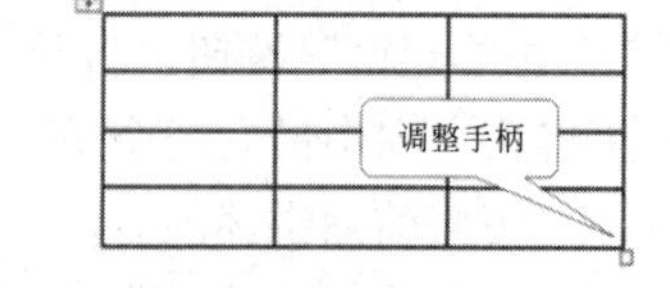

图 2-60　调整按钮

2）单元格对齐方式的设置

为了使表格中的数据更加整齐美观，单元格中数据的对齐方式的设置是必不可少的。

表格中单元格内容的对齐方式有两种：水平对齐方式和垂直对齐方式。水平对齐方式包括左对齐、居中对齐和右对齐；垂直对齐方式包括顶端对齐、居中和底端对齐。

设置单元格对齐方式有以下两种方法。

方法一：选择要设置对齐方式的单元格或单元格区域，单击选中“表格工具→布局”选项卡，然后单击“对齐方式”组中的各对齐方式按钮，设置相应的对齐方式，如图 2-61 所示。

方法二：选择要设置对齐方式的单元格或单元格区域，右击选择的区域，并从弹出的快捷菜单中选择“表格属性”命令，弹出“表格属性”对话框，在“表格”标签设置相应的对齐方式。

3）标题行重复

当表格的行数较多且占用多个页面时，为了方便浏览数据，通常在每一页的表格中都显示标题行，称为标题行重复。

设置标题行重复的步骤如下。

（1）选择表格的标题行。

（2）单击“表格工具→布局”功能区“数据”组的“重复标题行”按钮即可，如图 2-62 所示。

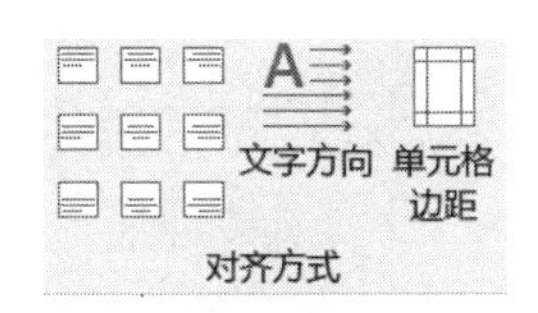

图 2-61　单元格对齐方式

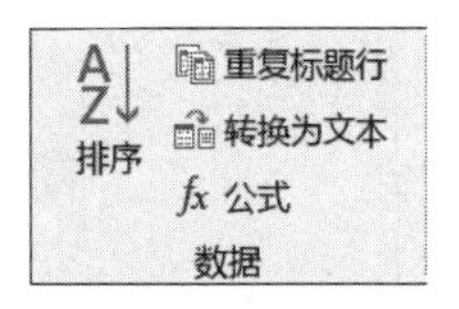

图 2-62　“重复标题行”按钮

4）边框与底纹设置

为了使表格更加美观，还可以设置表格的边框或底纹。

边框和底纹的设置可以通过功能区中的“边框”和“底纹”按钮设置，也可以通过“边框和底纹”对话框设置。

（1）通过功能区中的“边框”和“底纹”按钮进行设置。

“边框”按钮和“底纹”按钮分别位于“表格工具→表设计”功能区“边框”和“表格样式”组中，如图 2-63 所示。

① 选择要添加“边框和底纹”的单元格或单元格区域。

② 单击“边框”按钮设置边框；单击“底纹”按钮，在弹出的下拉列表中选择边框样式和底纹颜色。

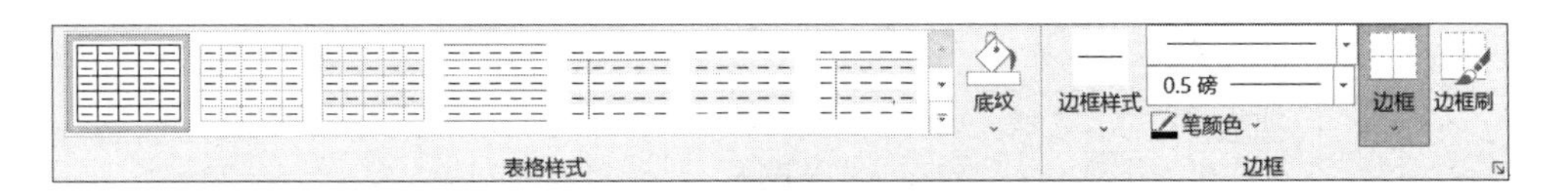

图 2-63　“边框和底纹”按钮

（2）通过“边框和底纹”对话框进行设置。

① 选择要添加“边框和底纹”的单元格或单元格区域。

② 单击功能区中“边框”按钮，在弹出的下拉列表中选择“边框和底纹”命令，弹出“边框和底纹”对话框，如图 2-64 所示。

③ 在“边框和底纹”对话框的“边框”选项卡中，设置边框的样式、颜色和宽度等。

④ 在“边框和底纹”对话框的“底纹”选项卡中，设置底纹的颜色及样式，最后单击“确定”按钮。

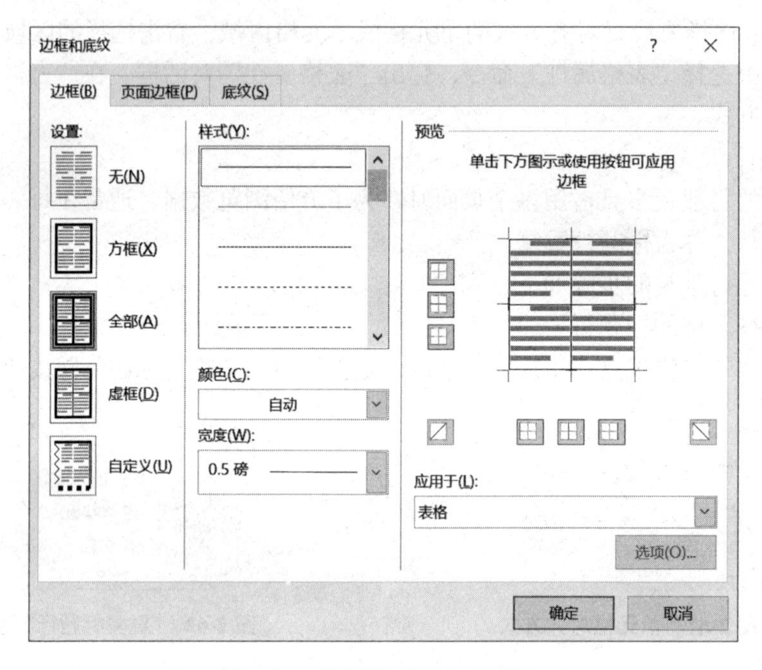

图 2-64 “边框和底纹”对话框

5）套用表格样式

Word 2019 提供了丰富的表格样式，利用这些样式可以快速地设置表格的格式。

套用表格样式的步骤如下。

（1）将插入点定位在表格内，或选择整个表格。

（2）将光标指向“表格工具→表设计”功能区“表格样式”组中的样式按钮，如图 2-65 所示，文档中就会呈现表格应用该样式后的效果。如果要应用样式，单击该样式即可。

另外，也可以通过单击表格样式表右边的“其他”下拉按钮，浏览并应用选择其他的样式。

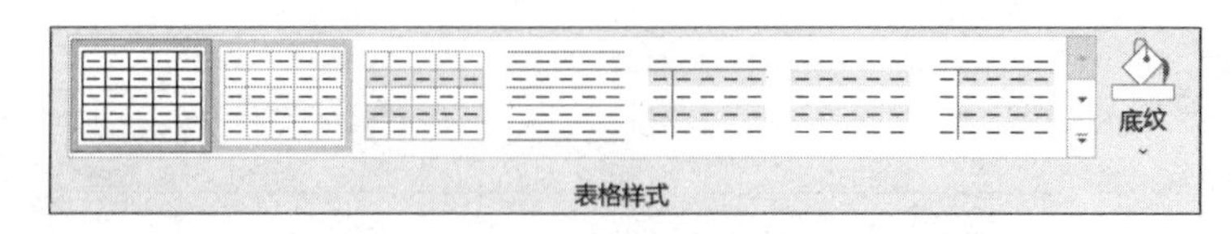

图 2-65 “表格样式”组

2. 文本与表格的相互转换

在 Word 2019 中，表格和文本可以相互转换。

1）表格转换为文本

（1）选择要转换为文本的表格区域。

（2）单击“表格工具→布局”功能区“数据”组的“转换为文本”按钮，弹出“表格转换为文本”对话框，如图 2-66 所示。

（3）在对话框中选择或输入“文字分隔符”后，单击“确定”按钮。

2）文本转换成表格

（1）选择要转换成表格的文本。

（2）单击“插入”功能区“表格”按钮，在弹出的下列表中选择“文本转换为表格”命令，弹出“将文本转换成表格”对话框，如图 2-67 所示。

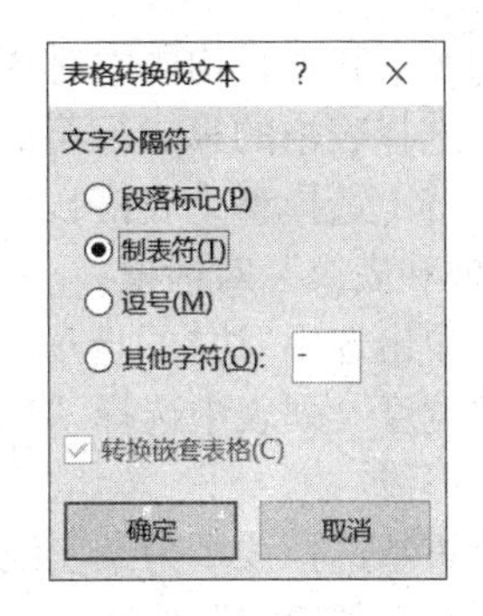

图 2-66 “表格转换为文本”对话框

（3）在对话框中设置“文字分隔位置”选项，如果文字分隔位置设置准确，列数必然也是正确的。

（4）最后单击“确定”按钮，即可将选择的文本转换成表格。

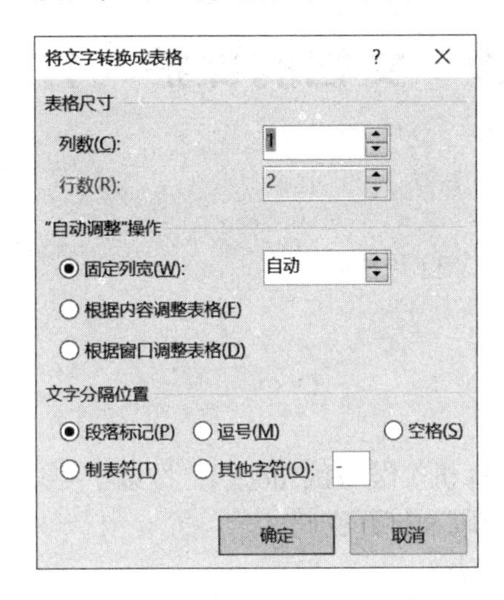

图 2-67 “将文字转换成表格”对话框

任务实施

（1）将插入点定位在第一行第一列单元格内所有字符前面，按 Enter 键，在表格前出现一个空行，在空行中输入标题“成绩表”。

（2）将插入点定位在第一行第一列单元格内，单击“开始”功能区“段落”组的最后一个按钮右侧的下拉按钮，在下拉列表中选择“斜下框线”命令，在单元格内部即出现一条斜线，将单元格分为两部分；通过按空格键和 Enter 键，在斜线的右上方输入“科目”，在左下方输入“学号”。

（3）将光标移至表格区域，单击表格左上方的全选按钮，选择整个表格，然后单击“开始”功能区“段落”组的“居中”对齐按钮，将整个表格水平居中。

（4）选择第一行中除了第一个单元格外的其他单元格区域，单击“表格工具 / 布局”功能区“对齐方式”组的“对平和垂直都居中”按钮，将选择的单元格区域中的内容设置为水平和垂直均居中对齐。

选择表格的第二行至最后一行，按照同样的方法将其设置为水平和垂直均居中。

（5）选择整个表格，右击，并从弹出的快捷菜单中选择“边框和底纹”命令，弹出“边框和底纹”对话框。

单击选中“边框”选项卡，在“样式”列表中选择“双线”，在“颜色”列表中选择“红色”，在“宽度”列表中选择“1.5 磅”，在“预览”区中单击内框线图标，去掉水平和垂直两条内框线。

重新选择线型为细实线、红色、1 磅，在预览区中单击内框线图标，画上两条内框线，最后单击“确定”按钮。

（6）选择表格的第一行和第一列，单击“边框”按钮，选择“边框和底纹”命令，弹出“边框和底纹”对话框，单击选中“底纹”选项卡，在“填充”列表中选择“绿色”，在“图案”的“样式”列表中选择“15%”，单击“确定”按钮。

2.9 文档的保护与打印

任务知识点

- 设置文档的修改密码、打开密码。
- 打印设置。

任务描述

打开“素材 \3\ 全国计算机等级考试 .docx”，按以下要求操作。

（1）给文档设置修改密码和打开密码 。

（2）掌握打印文档的方法。

知识预备

1. 文档的保护

1）设置修改密码

对于比较重要的文档，如果允许用户打开查看内容，但不允许修改，可对其设置修改密码。具体操作步骤如下。

（1）打开需要设置修改密码的文档，依次选择“文件”→“另存为”命令，在弹出的对话框中单击“工具”按钮，然后在下拉列表中选择“常规选项”命令，如图 2-68 所示，弹出“常规选项”对话框。

（2）在“修改文件时的密码”文本框中输入密码，然后单击“确定”按钮，如图 2-69 所示。

（3）弹出“确认密码”对话框，在文本框中再次输入密码，然后单击“确定”按钮。

（4）返回“另存为”对话框，单击“保存”按钮保存设置。

通过上述设置后，再次打开该文档时会弹出“密码”对话框，此时需要在“密码”文本框中输入正确的密码，然后单击“确定”按钮才能将文档打开并编辑。如果不知道密码，只能单击“只读”按钮，以只读方式打开。

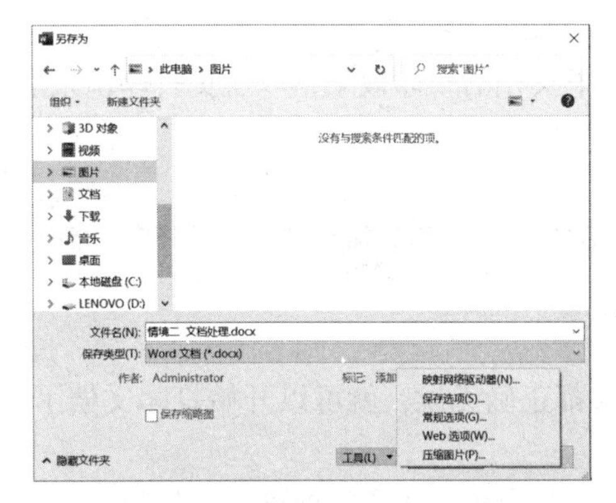

图 2-68　“另存为”对话框“常规选项”

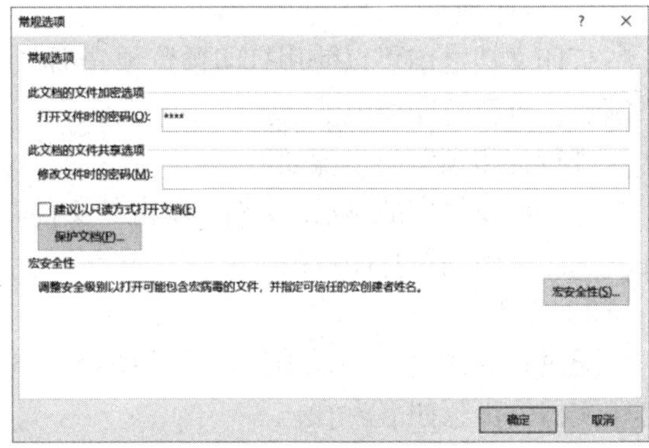

图 2-69　“常规选项”对话框

2）设置打开密码

对于非常重要的文档，为了防止其他用户查看，可对其设置打开密码。具体操作步骤如下。

（1）打开需要设置打开密码的文档，单击“文件”按钮，然后选择左侧窗格的“信息”命令，在中间窗格中单击“保护文档”按钮，在下拉列表中选择“用密码进行加密”命令，如图 2-70 所示。

（2）弹出“加密文档”对话框，如图 2-71 所示，在“密码”文本框中输入密码，然后单击“确定”按钮。弹出“确认密码”对话框，在“重新输入密码”文本框中再次输入密码，然后单击“确定”按钮。

通过上述操作后，再次打开该文档时，会弹出“密码”对话框，要求输入密码。此时，需要输入正确的密码才能将其打开。

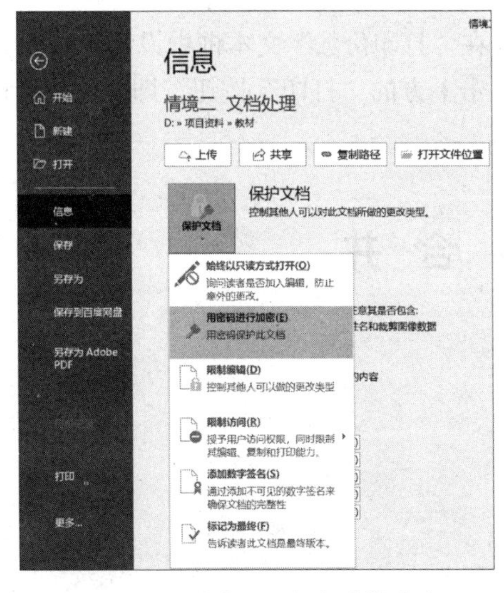

图 2-70　“用密码进行加密”命令

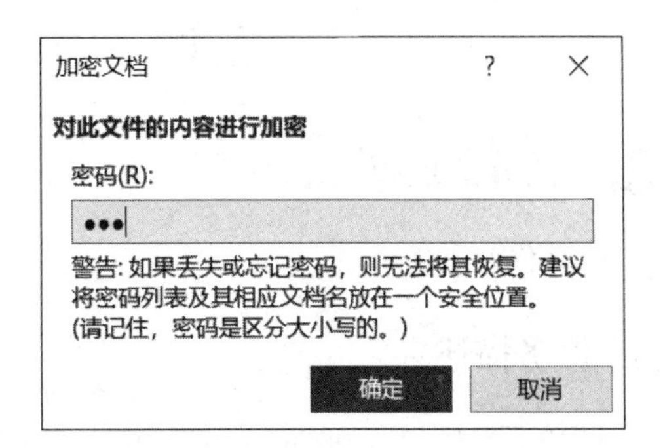

图 2-71　“加密文档”对话框

说明： 如果要取消对文档的加密，则先用密码打开该文档，然后在上述设置界面中，把文本框中的密码删除即可。

2. 打印设置

1）打印预览

打印文档之前可以使用打印预览预先浏览一下文档的打印效果，以避免打印出来后不满意，重新打印而浪费纸张。

进行打印预览的步骤如下。

打开需要打印的 Word 文档，单击“文件”按钮，在左侧区域中选择“打印”命令，在右侧区域中预览打印效果。

2）打印

通过打印预览，如果确认文档的内容和格式都正确无误，就可以开始打印文档了。打印文档的步骤如下。

单击“文件”按钮，在左侧区域中选择“打印”命令，在中间窗格的“份数”微调框中设置打印份数，在“页数”文本框上方的下拉列表中可设置打印范围，相关参数设置完成后单击“打印”按钮，打印机便会自动打印该文档。

任务实施

（1）单击“文件”按钮，选择“另存为”命令，选择保存位置，在弹出的对话框中单击“工具”按钮，然后在下拉列表中选择“常规选项”命令，弹出“常规选项”对话框。在“修改文件时的密码”文本框中输入密码 123,然后单击“确定”按钮。弹出“确认密码”对话框，在文本框中再次输入密码，然后单击“确定”按钮。

单击“文件”按钮，然后选择击左侧窗格的“信息”命令，在中间窗格中单击“保护文档”按钮，在下拉列表中选择“用密码进行加密”命令，弹出“加密文档”对话框，在“密码”文本框中输入密码 abc，然后单击“确定”按钮。弹出“确认密码”对话框，在“重新输入密码”文本框中再次输入密码，然后单击“确定”按钮。

（2）单击“文件”按钮,选择“打印”命令,在“打印份数”文本框中设置份数为 2，在“设置”区“页数”文本框中输入 1，然后单击上方的“打印”按钮，即可将指定的页码打印指定的份数。

2.10 邮 件 合 并

任务知识点

• 邮件合并。

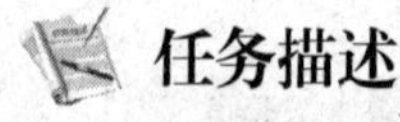

任务描述

打开“素材 \2\ 录取通知书素材”，完成以下操作。

（1）在 Word 中制作一个主文档模板。

（2）利用邮件合并功能实现将 Excel 中的数据导入 Word 中。

（3）打印预览。

知识预备

1. 邮件合并的概念

“邮件合并”这个名称其实最初是在批量处理“邮件文档”时提出的。具体地说，就是在邮件文档（主文档）的固定内容中，合并与发送信息相关的一组通信资料（数据源，如Excel表、Access数据表等），从而批量生成需要的邮件文档，因此大大提高工作的效率，“邮件合并”也因此而得名。

显然，“邮件合并”功能除了可以批量处理信函、信封等与邮件相关的文档外，一样可以轻松地批量制作标签、工资条、成绩单等。

2. 什么时候使用“邮件合并”

在实际工作中经常会遇到这种情况：需要处理的文件主要内容基本相同，只是具体数据有变化，如学生的录取通知书、成绩报告单、获奖证书等。此时，如果是一份一份编辑打印，虽然每份文件只需修改个别数据，但也很麻烦。有没有好的解决办法呢？答案是肯定的，利用 Word 2019 的邮件合并功能，我们可以直接从数据库中获取数据，将其合并到信函内容中，从而减少了重复性的劳动，提高了工作效率。

以上情况通常都具备两个规律。

（1）我们需要制作的数量比较大。

（2）这些文档内容分为固定不变的内容和变化的内容。比如，信封上的寄信人地址、邮政编码、信函中的落款等，都是固定不变的内容；而收信人的地址邮编等就属于变化的内容。其中，变化的部分由数据表中含有标题行的数据记录表表示。

什么是含有标题行的数据记录表呢？通常是指这样的数据表：它由字段列和记录行构成，字段列规定该列存储的信息，每条记录行存储着一个对象的相应信息，如图 2-72 所示，其中包含的字段为“姓名”“性别”“专业名”等，接下来的每条记录存储着每名学生的相应信息。

	A	B	C	D	E
1	姓名	性别	出生日期	专业名	所在系
2	杨　颖	女	1997/7/20	计算机应用技术	信息与艺术设计系
3	方露露	女	1998/1/15	计算机应用技术	信息与艺术设计系
4	俞奇军	男	1998/2/20	计算机应用技术	信息与艺术设计系
5	胡国强	男	1997/11/7	计算机应用技术	信息与艺术设计系
6	薛　冰	男	1996/7/29	计算机应用技术	信息与艺术设计系
7	岑盈飞	女	1999/3/10	计算机网络技术	信息与艺术设计系
8	董含静	女	1998/9/25	计算机网络技术	信息与艺术设计系
9	陈　伟	男	1997/8/7	计算机网络技术	信息与艺术设计系
10	陈新江	男	1998/7/20	计算机网络技术	信息与艺术设计系

图 2-72　含有标题行的数据记录表

3. 邮件合并的三个基本过程

上面讨论了邮件合并的使用情况，现在我们了解一下邮件合并的基本过程。理解了这三个基本过程，就抓住了邮件合并的“纲”，以后就可以有条不紊地运用邮件合并功能解决实际任务了。

1）建立主文档

“主文档”就是前面提到的固定不变的主体内容，如信封中的落款、信函中的对每个收信人都不变的内容等。使用邮件合并功能之前要先建立主文档，这是一个很好的习惯。一方面，可以考查预计中的工作是否适合使用邮件合并功能；另一方面，主文档的建立为数据源的建立或选择提供了标准和思路。

2）准备好数据源

数据源就是前面提到的含有标题行的数据记录表，其中包含着相关的字段和记录内容。数据源表格可以是 Word、Excel、Access 或 Outlook 中的联系人记录表。

在实际工作中，数据源通常已存在。比如，你要制作大量客户信封，多数情况下，客户信息可能早已被客户经理做成了 Excel 表格，其中含有制作信封需要的“姓名”“地址”“邮编”等字段。在这种情况下，你可直接使用，而不必重新制作。也就是说，在准备自己建立之前要先考查一下，是否有现成的可用。

如果没有现成的数据源，则要根据主文档对数据源的要求进行建立，使用 Word、Excel、Access 都可以，实际工作时，常常使用 Excel 制作。

3）把数据源合并到主文档中

前面两件事情都做好之后，就可以将数据源中的相应字段合并到主文档的固定内容之中了，表格中的记录行数决定着主文件生成的份数。整个合并操作过程将利用“邮件合并向导”进行，非常轻松容易。

任务实施

（1）打开 Word，将文件保存并命名为“录取通知书模板”。将纸张方向设置为横向，在“设计”选项卡中，将页面边框设置为“艺术型 \ 星形”，其他采用默认值。插入“素材 \2\ 录取通知书 \logo.jpg”图片，选中图片后将其设置为水平居中。

（2）插入艺术字“录取通知书”，字体为“华文行楷”，红色填充，黑色边框，并将其调整到水平居中、合适大小，如图 2-73 所示。

图 2-73　在 Word 中制作模板

（3）输入如图 2-74 所示的文字。在“同学”和“专业”前利用“#”作占位符，并设置为蓝色、加粗。全文字体为微软雅黑，称呼和正文的字号为二号，落款为小三。为了强调，将报到的时间字体设置为华文新魏、加粗，如图 2-74 所示。

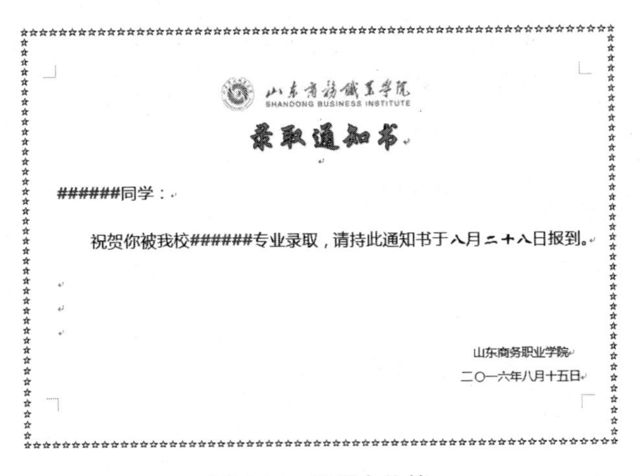

图 2-74　设置占位符

（4）单击选中“邮件”选项卡，依次选择“选择收件人”→“使用现有列表”命令，如图 2-75 所示。

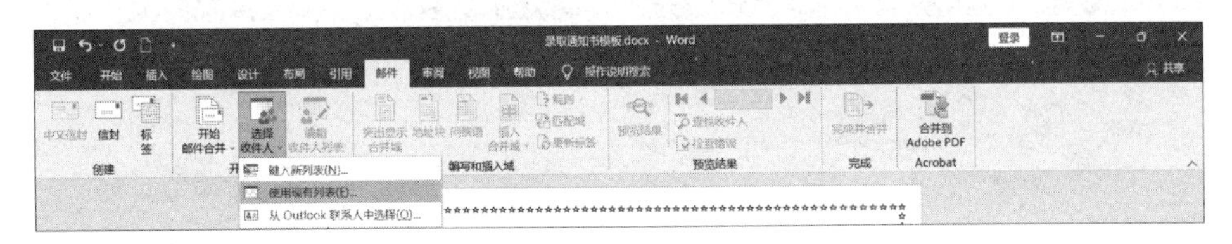

图 2-75　单击选中“邮件”选项卡

（5）弹出“选取数据源”对话框，找到“学生情况表”，打开“学生情况表.xls”，如图 2-76 所示。

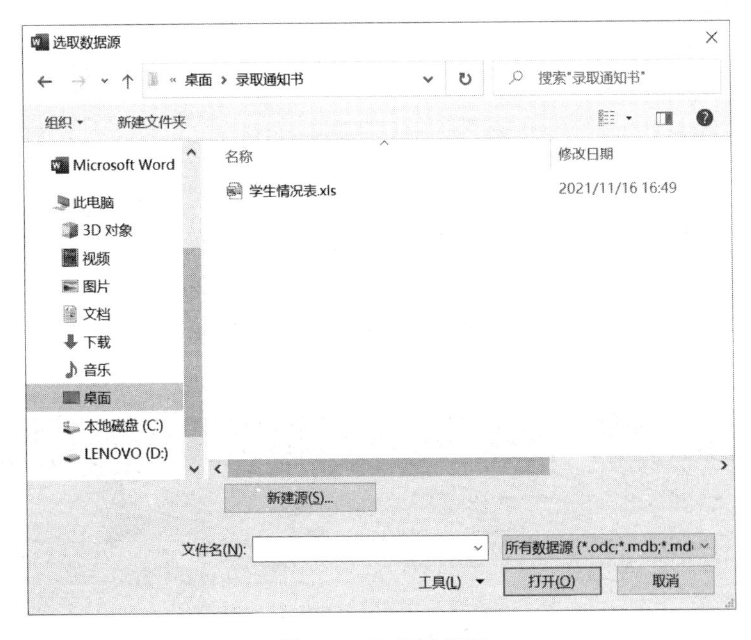

图 2-76　打开数据源

（6）因为数据在“学生信息”表中，所以选择“学生信息”表，单击“确定”按钮。如果第一行是标题，注意选中“数据首行包含列标题”，如图 2-77 所示。

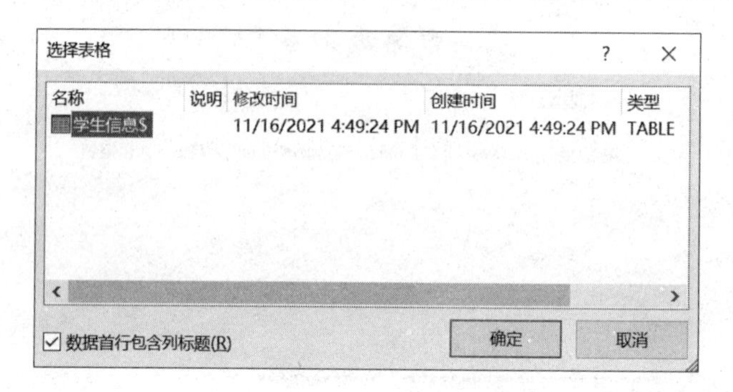

图 2-77　找到工作表

（7）现在开始编辑各个变量，如图 2-78 所示。

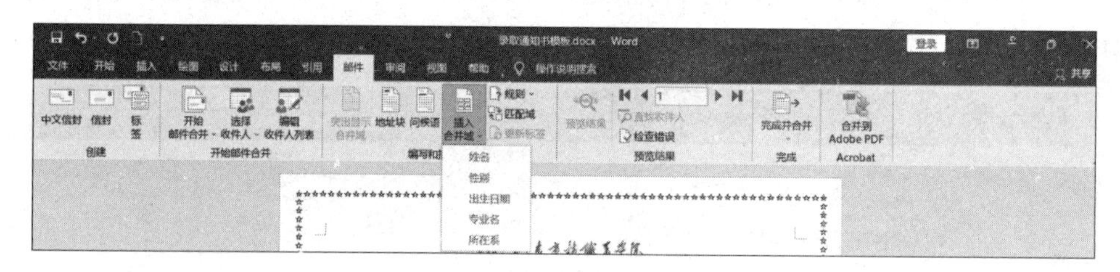

图 2-78　插入合并域

将光标定位在“同学”前面，单击选中“邮件”选项卡，依次选择“插入合并域”→“姓名”命令。然后按照相同的方法插入“专业名”，如图 2-79 所示。

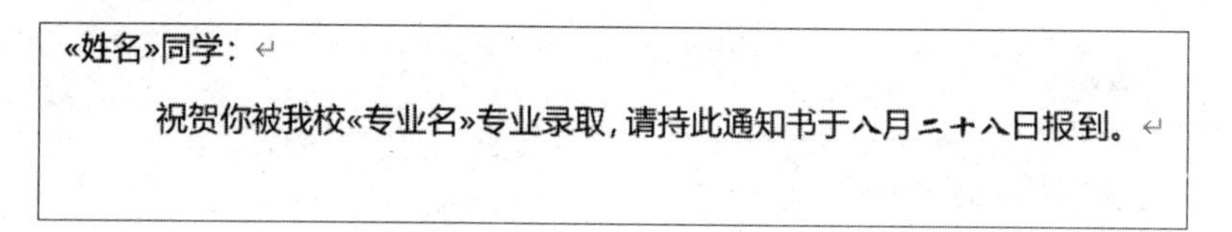
«姓名»同学：

祝贺你被我校«专业名»专业录取，请持此通知书于八月二十八日报到。

图 2-79　插入姓名和专业

（8）最后就是完成邮件合并。依次选择“完成并合并”→“编辑单个文档”命令，就会自动生成一个新的文档，每一页为一条记录，如图 2-80 所示。可以选择要生成的新文档中包含记录的区间，方法与打印文档相同，如图 2-81 所示。接下来就可以预览效果，如图 2-82 所示。

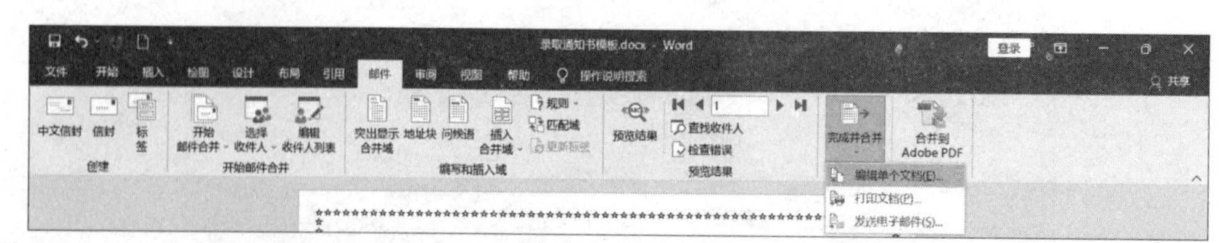

图 2-80　选择合并方式

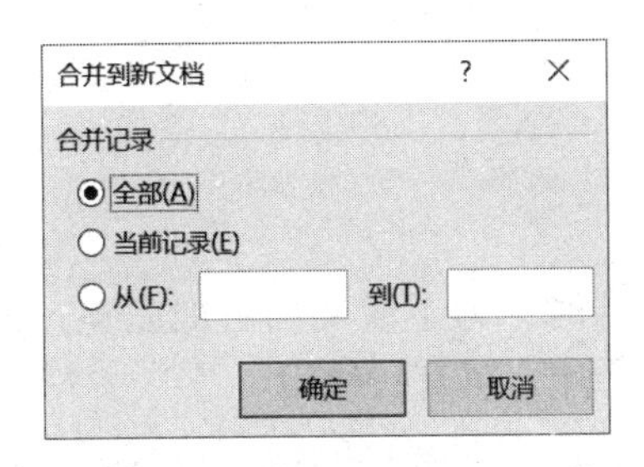

图 2-81 选择合并记录的条数

图 2-82 完成合并

（9）最后，可以直接打印，也可以进一步编辑。

2.11 长文档的处理

任务知识点

- 添加封面。
- 设置主题。
- 设置页边距、纸张方向、纸张大小。
- 分节、分页和分栏设置。
- 插入目录。
- 插入脚注与尾注。
- 插入批注。

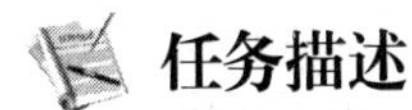

任务描述

每位同学临近毕业时，都要去企业参加实习，最后要呈交一份实习总结。作为长文档的代表，实习报告的格式比较麻烦，但套路相对固定。下面打开“素材\2\顶岗实习报告内容原稿.docx”，按照“素材\2\顶岗实习报告排版格式要求.docx”完成相关操作。

知识预备

1. 设计封面

在编辑论文或报告等文档时，为了使文档更加完整，可在文档中插入封面。Word 2019 提供了一个封面样式库，用户可直接使用。

（1）打开文档，将插入点定位在文档的任意位置，切换到“插入”选项卡，单击“页面”组中的“封面”按钮，如图 2-83 所示，在弹出的下拉列表中选择需要的封面样式。

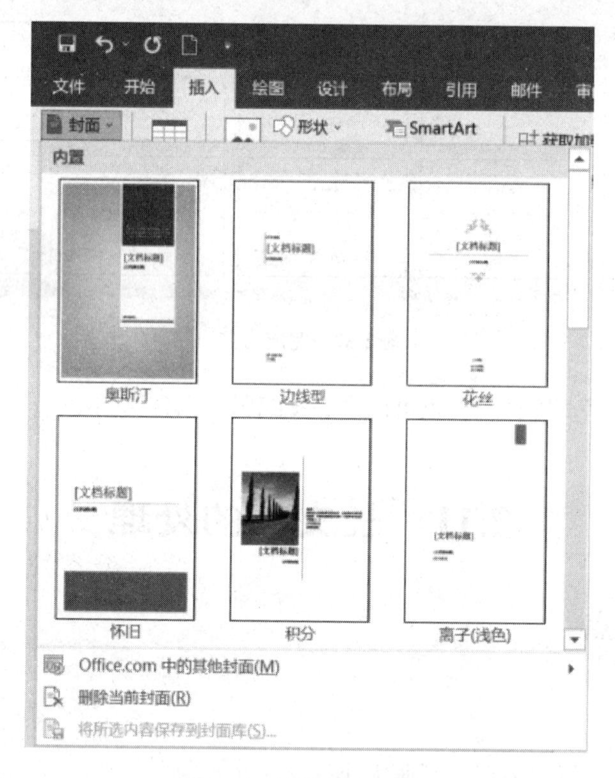

图 2-83 “封面”样式库

（2）所选样式的封面将自动插入文档首页，此时用户只需在提示输入信息的相应位置输入相关内容即可。

2. 设置主题

通过使用主题，用户可以快速改变 Word 2019 文档的整体外观，主要包括字体、字体颜色和图形对象的效果。如果在 Word 2019 中打开 Word 97 文档或 Word 2003 文档，则无法使用主题，而必须将其另存为 Word 2019 文档才可以使用主题。

单击选中“设计”选项卡，并在“文档格式”组中单击“主题”下拉按钮，在打开的“主题”下拉列表中选择合适的主题，如图 2-84 所示。当光标指向某一种主题时，会在 Word 文档中显示应用该主题后的预览效果。

说明： 如果希望将主题恢复到 Word 模板默认的主题，可以在“主题”下拉列表中选择“重设为模板中的主题”命令。

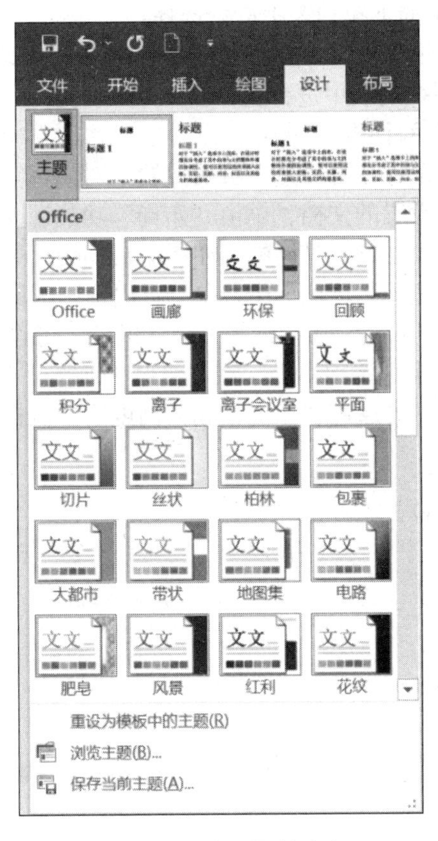

图 2-84 “主题”样式库

3. 设置页面布局

将 Word 文档制作好后，用户可根据实际需要对页面格式进行设置，主要包括设置页边距、纸张方向和纸张大小等。设置页面的格式可以使用“布局”功能区“页面设置”组的各命令按钮，也可以通过“页面设置”对话框。

1）使用“布局”功能区“页面设置”组的各命令按钮

如果要对文档的页面进行简单设置，可以单击“布局”功能区“页面设置”组中相应的命令按钮进行相应的设置，如图 2-85 所示。

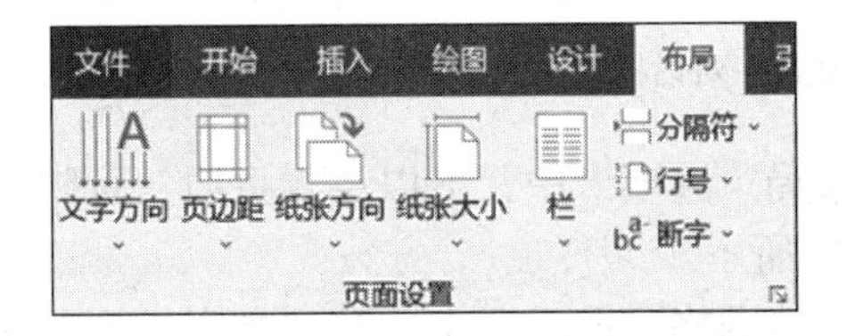

图 2-85 “页面设置”组

（1）页边距。页边距是指文档内容与页面边沿之间的距离，用于控制页面中文档内容的宽度和长度。单击“页边距”按钮，可在弹出的下拉列表中选择页边距大小。

（2）纸张方向。默认情况下，纸张方向为“纵向”。如果要更改其方向，可单击“纸张方向”按钮，在弹出的下拉列表中进行选择。

（3）纸张大小。默认情况下，纸张大小为 A4。如果要更改其大小，可单击“纸张大小”按钮，在弹出的下拉列表中进行选择。

2）通过“页面设置”对话框

如果要进行更详细的设置，可通过“页面设置”对话框实现，步骤如下。

（1）打开要进行页面设置的文档，单击“布局”功能区“页面设置”组中“对话框启动器”按钮，弹出“页面设置”对话框，如图 2-86 所示。

（2）在对话框的“页边距”选项卡中，在“页边距”区域中，可以设置上、下、左、右页边距以及设置装订线的位置；在“纸张方向”区域，可设置纸张的方向。

（3）在对话框的“纸张”选项卡中，在“纸张大小”下拉列表中可选择纸张大小。如果希望自定义纸张大小，可通过“宽度”和“高度”微调框分别设置纸张的宽度和高度，如图 2-87 所示。

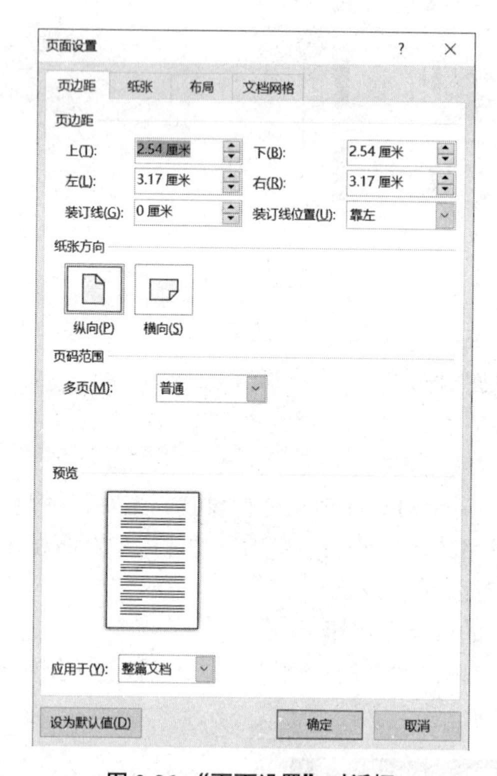

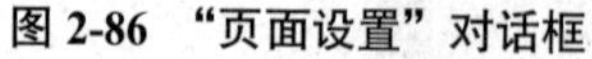
图 2-86 “页面设置”对话框

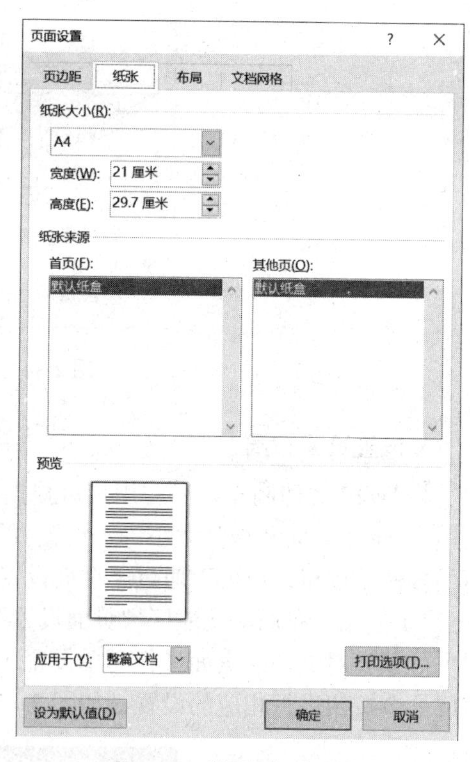

图 2-87 “纸张”选项卡

（4）在对话框的“布局”选项卡中，可以设置页眉、页脚的相关参数以及页面的垂直对齐方式等，如图 2-88 所示。

（5）在对话框的“文档网格”选项卡中，在“文字排列”区域中，可以设置文字的排列方向；在“网格”区域中选择某个选项后，在下面的微调框中可设置每页的行数、每行的字符数等，如图 2-89 所示。

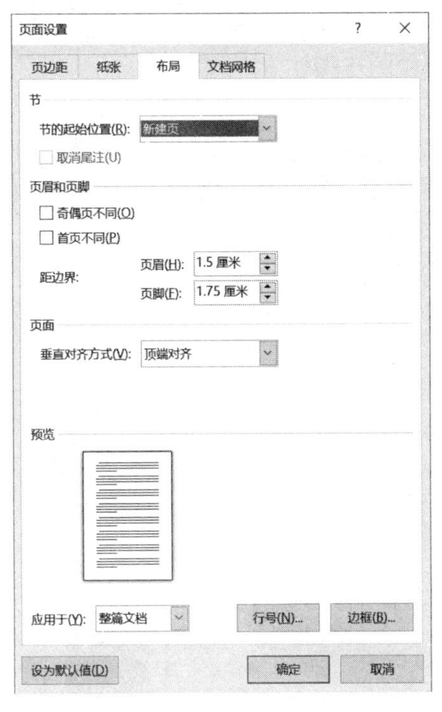

图 2-88　“布局”选项卡

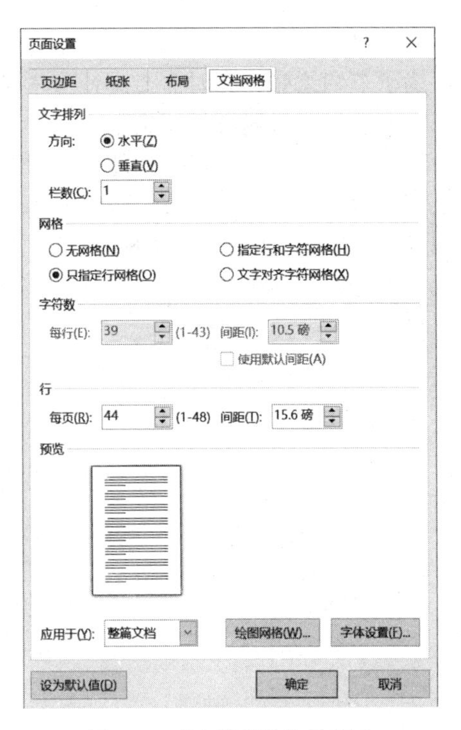

图 2-89　“文档网格”选项卡

4. 分节、分页和分栏设置

1）分页符与分节符的区别

分页符只是分页，但内容还属于同一节。分节符是分节，分离后的两节可以在同一页，也可以不在同一页。

两者最大的区别在于页眉页脚与页面设置，具体如下。

（1）文档编排中，某几页需要横排，或者需要不同的纸张、页边距等，那么将这几页单独设为一节，与前后内容不同节。

（2）文档编排中，首页、目录等的页眉页脚、页码与正文部分要求不同，那么将首页、目录等作为单独的节。

（3）如果前后内容的页面编排方式与页眉和页脚都一样，只是需要新的一页开始新的一章，那么一般用分页符即可，当然也可以用分节符（下一页）。

2）插入分页符

（1）将光标定位至需要插入分页符的位置。切换至“布局”选项卡，在“页面设置”组内单击“分隔符”下拉按钮，即可弹出分隔符菜单列表，单击“分页符”按钮，如图 2-90 所示。

（2）在光标位置处插入了分页符，并将其后的文本作为新页的起始标记。

3）添加分节符

（1）将光标定位至需要插入分节符的位置。切换至“布局”选项卡，在“页面设置”组内单击“分隔符”下拉按钮，即可弹出分隔符菜单列表，选择“下一页”命令，如图 2-90 所示。

（2）插入点光标后的文档将被放置在新的节中。

4）分栏设置

为了节约纸张，有时需要进行分栏排版。分栏的步骤如下。

（1）选择要设置分栏的文本。

（2）单击“页面布局”功能区“页面设置”组中的“分栏”按钮，在弹出的下拉列表中选择分栏方式；也可以选择列表中的“更多分栏”命令，弹出“分栏”对话框，详细设置参数，如图 2-91 所示。

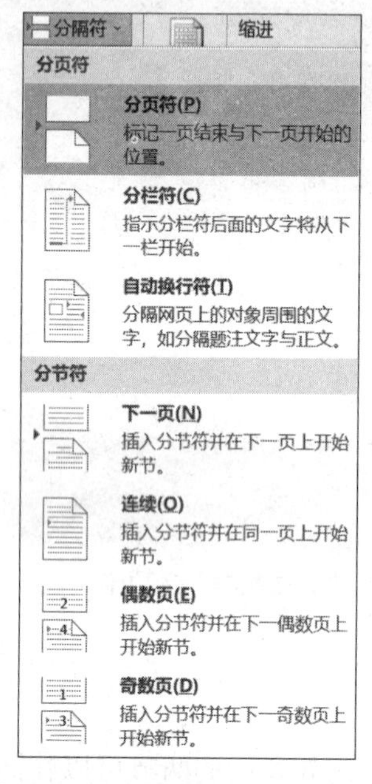

图 2-90 “页面边框”选项卡

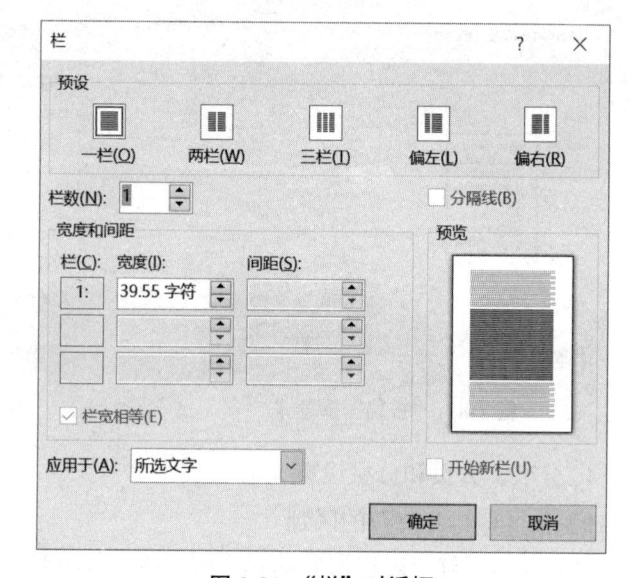

图 2-91 “栏”对话框

说明：如果要对整篇文档进行分栏排版，只需将插入点定位在文档的任意位置，然后直接执行上述操作步骤（2）即可。

5. 插入目录

1）插入目录

（1）打开 Word 文档，单击文档中的标题，选择“开始”选项卡“样式”组中相应的标题格式，如图 2-92 所示。

图 2-92 “样式”组

（2）将文档中所有的一类、二类标题全部选择。

（3）将插入点定位在文档起始处，切换到“引用”选项卡，然后单击“目录”组中的“目录”按钮，在弹出的下拉列表中选择需要的“自动目录”样式，或者选择“自定义目录”命令，打开“目录”对话框，自己定义目录样式，如图 2-93 所示。

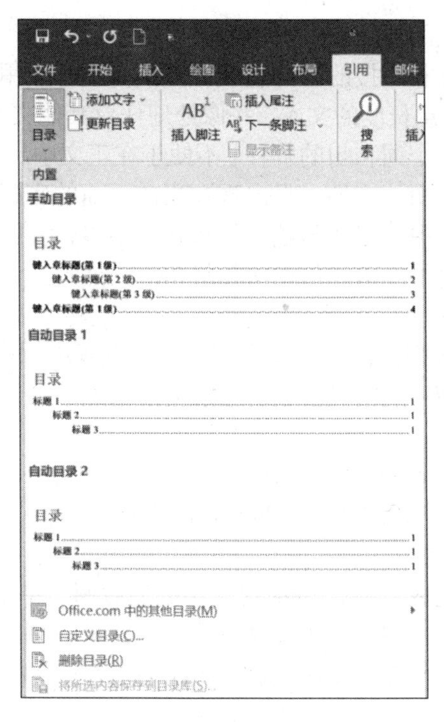

图 2-93 “目录”列表

2）更新目录

插入目录后，如果文档中的标题有改动（如更改了标题内容、添加了新标题等），或者标题对应的页码发生变化，可对目录进行更新操作。

（1）将光标插入点定位在目录列表中，切换到“引用”选项卡，然后单击“目录”组中的“更新目录”按钮。

（2）在弹出的“更新目录”对话框中根据实际情况进行选择，然后单击“确定”按钮即可，如图 2-94 所示。或者单击“目录”列表，单击上方的“更新目录”按钮，如图 2-95 所示，也可以打开“更新目录”对话框，实现目录的更新。

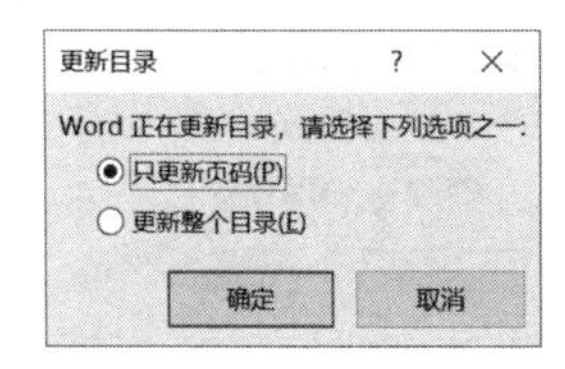

图 2-94 “更新目录”对话框

图 2-95 “更新目录”按钮

3）删除目录

插入目录后，如果要将其删除，可将插入点定位在目录列表中，切换到“引用”选项卡，然后单击“目录”组中的“目录”按钮，在弹出的下拉列表中选择“删除目录”命令，即可删除该目录。

6. 插入脚注与尾注

在排版论文时，我们希望所有的引文出处都列在论文最后，并且按编号自动更新，这就需要用到脚注和尾注的功能。

脚注或尾注由两个互相链接的部分组成，分别为注释引用标记和与其对应的注释文本，在注释中能够使用任意长度的文本，并像处理任意其他文本一样设置注释文本格式。

脚注是对正文中某一个词和句的解释，不便于在正文中出现，怕影响正文的连续性，而在页脚出现。脚注是引用的一种，只出现在当前页面的底部，作为文档某处内容的注释，而不会出现在其他页中。尾注与题注的形式差不多，一般用于注明这句话或者段落出自何处，在全文尾部给予说明，与正文资料相距很远。

1）插入脚注 / 尾注

将光标置于需要插入脚注位置，单击“引用”选项卡“脚注”组中的“插入脚注”按钮或“插入尾注”按钮，输入脚注或尾注内容。

2）删除脚注 / 尾注

找到正文中的脚注 / 尾注标号，选中标号，按 Backspace 键或 Delete 键，就可以将脚注 / 尾注删除，删除后下方的注释说明也将同步删除。

3）快速转换脚注与尾注

有时，需要将脚注变成尾注，显示到文档的最后面。单击“引用”选项卡“脚注”组的脚注对话框启动按钮，弹出“脚注和尾注”对话框，如图 2-96 所示，单击“转换”按钮，弹出“转换注释”对话框，选中“脚注全部转换尾注”，单击“确定”按钮，如图 2-97 所示，再关闭对话框。

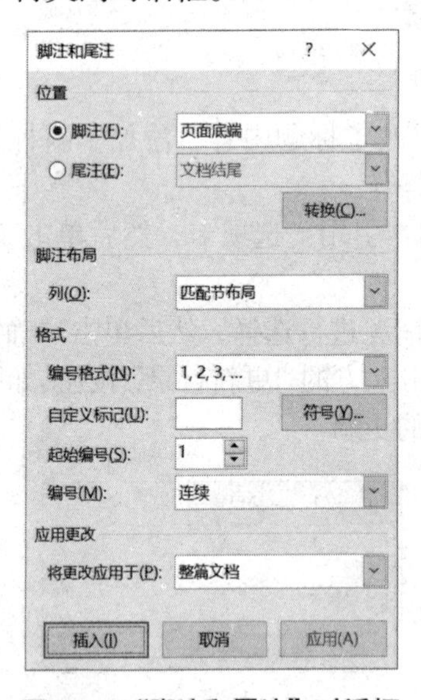

图 2-96 “脚注和尾注”对话框

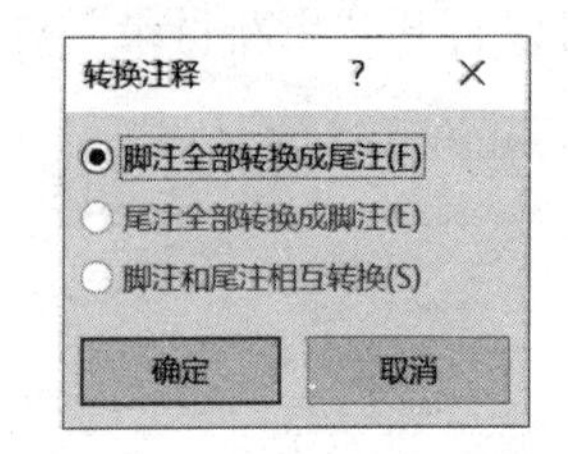

图 2-97 “注释转换”对话框

4）改变脚注 / 尾注的位置

脚注和尾注的位置可以调整，脚注可以选择放置于页面底端或者文字下方，尾注可以选择放置于文档结尾或节的结尾。

单击“引用”选项卡中脚注对话框启动按钮，打开“脚注和尾注”对话框，如图 2-96 所示，选中“位置”部分的“脚注”，单击“脚注”后下拉菜单，选择“文字下方”或“页面底端”，单击“应用”按钮，将设置应用到文档中，还可以设置将更改应用于整篇文档或本节。

5）改变脚注 / 尾注的编号形式

脚注与尾注的编号形式可以是“1, 2, 3”，也可以是“a,b,c”。单击“引用”选项卡中的脚注对话框启动按钮，弹出“脚注和尾注”对话框，如图 2-96 所示，选择“格式”组中的“编号格式”“自定义编号”“起始编号”“编号”等选项，单击“应用”按钮，将设置应用到文档中。

7. 插入批注

1）插入批注

批注是文档审阅者与作者的沟通渠道，审阅者可将自己的见解以批注的形式插入文档中，供作者查看或参考。

选中需要添加批注的文本，切换到“审阅”选项卡，然后单击“批注”组中的“新建批注”按钮，窗口右侧将建立一个标记区，标记区中会为选中的文本添加批注框，此时可在批注框中输入批注内容，如图 2-98 所示。

2）删除批注

删除批注有以下两种方法。

方法一：右击批注框，并从弹出的快捷菜单中选择“删除批注”命令。

方法二：右击批注人姓名前的图标，并从弹出的快捷菜单中选择“删除”命令。

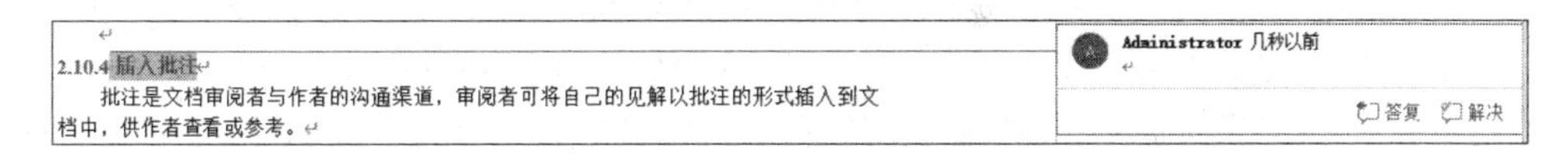

图 2-98　批注框

第 2 章综合实训 .pdf

第 2 章综合实训（1）.mp4

第 2 章综合实训（2）.mp4

第 3 章　电子表格处理

【学习目标】

- 熟悉 Excel 2019 操作界面。
- 掌握 Excel 2019 的基本操作。
- 掌握单元格格式设置。
- 掌握 Excel 2019 的函数和公式使用。
- 了解 Excel 2019 的打印和设置。
- 熟悉 Excel 2019 的图表使用。

Excel 是美国微软公司研制的办公自动化软件 Office 中的重要成员，经过多次改进和升级，最经典的版本为 Excel 2019。它能够方便地制作出各种电子表格，使用公式和函数对数据进行复杂的运算；用各种图表来表示数据，直观明了。利用超级链接功能，用户可以快速打开局域网或 Internet 上的文件，与世界上任何位置的互联网用户共享工作簿文件。

Excel 提供了许多张非常大的空白工作表，每张工作表由 256 列和 65536 行组成，行和列交叉处组成单元格，别小看单元格，虽然在屏幕上看不大，但每一单元格可容纳 32000 个字符。这样大的工作表可以满足大多数数据处理的业务需要；将数据从纸上存入 Excel 工作表后，对数据的处理和管理已发生了质的变化，使数据从静态变成动态，能充分利用计算机，自动、快速地进行处理。

在 Excel 中不必进行编程就能对工作表中的数据进行检索、分类、排序、筛选等操作，利用系统提供的函数可完成对各种数据的分析和数据管理。启动 Excel 之后，屏幕上显示由横竖线组成的空白表格，可以直接填入数据，就可形成现实生活中的各种表格。Excel 的逻辑功能如图 3-1 所示。

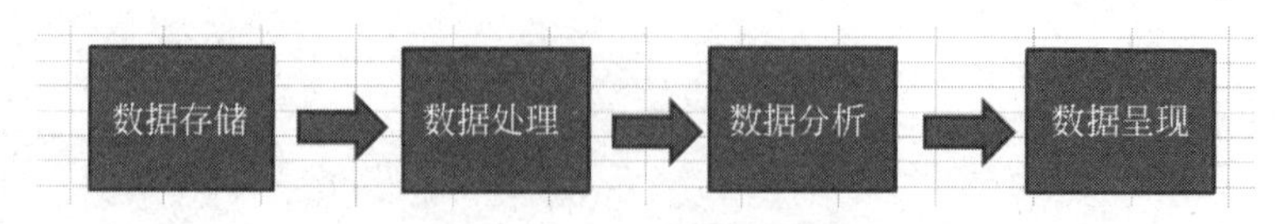

图 3-1　Excel 的逻辑功能

Excel 的一般用途如下。

1. 会计专用

可以在众多财务会计表（如现金流量表、收入表或损益表等）中使用 Excel 强大的计算功能。

2. 预算

可以在 Excel 中创建任何类型的预算，如市场预算计划、活动预算或退休预算。

3. 账单和销售

Excel 还可以用于管理账单和销售数据，可以轻松创建所需表单，如销售发票、装箱单或采购订单。

4. 报表

可以在 Excel 中创建各种可反映数据分析或汇总数据的报表，如用于评估项目绩效、显示计划结果与实际结果之间的差异的报表或可用于预测数据的报表。

5. 计划

Excel 是用于创建专业计划或有用计划程序（如每周课程计划、市场研究计划、年底税收计划，或者有助于你安排每周膳食、聚会或假期的计划工具）的理想工具。

6. 跟踪

可以使用 Excel 跟踪时间表或列表（如用于跟踪工作的时间表或用于跟踪设备的库存列表）中的数据。

7. 使用日历

由于 Excel 工作区类似于网格，因此它非常适用于创建任何类型的日历，如用于跟踪学年内活动的教学日程表或用于跟踪公司活动和里程碑的财政年度日历。

3.1　Excel 2019 介绍

任务知识点

- 工作簿与工作表之间的关系。
- 新建、保存、关闭、打开工作簿。
- 重命名、复制、移动、删除工作表。
- 隐藏工作簿和工作表。

任务描述

打开“素材\3\销售.xlsx”，按以下要求操作。

（1）将工作簿中隐藏的“销售记录”工作表重新显示。

（2）对“销售记录”工作表进行保护，密码为 123。

（3）将工作表 Sheet1 重命名为“销售表”。

（4）复制“销售表”工作表到当前工作簿的 Sheet2 工作表之后。

（5）在“销售记录”工作表之后插入一个新工作表，名为 Sheet3。

（6）查看工作表的内容，删除本工作簿中的空白工作表。

（7）新建一个工作簿，将本工作簿中的“销售表”工作表移动到新工作簿中，并将新工作簿以“销售表.xlsx”为文件名保存到“素材\3”文件夹下。

知识储备

1. 工作表与工作簿

工作簿就像一本书或者一本账册，工作表就像其中的一张或一篇；工作簿中包含一个或多个工作表，工作表依托于工作簿存在。工作簿和工作表的关系就像书本和页面的关系，每个工作簿中可以包含多张工作表，工作簿所能包含的最大工作表数受内存的限制，如图 3-2 所示。在 Excel 程序界面的下方可以看到工作表标签，默认的名称为 Sheet1、Sheet2、Sheet3。每个工作表中的内容相对独立，通过单击工作表标签可以在不同的工作表之间进行切换。

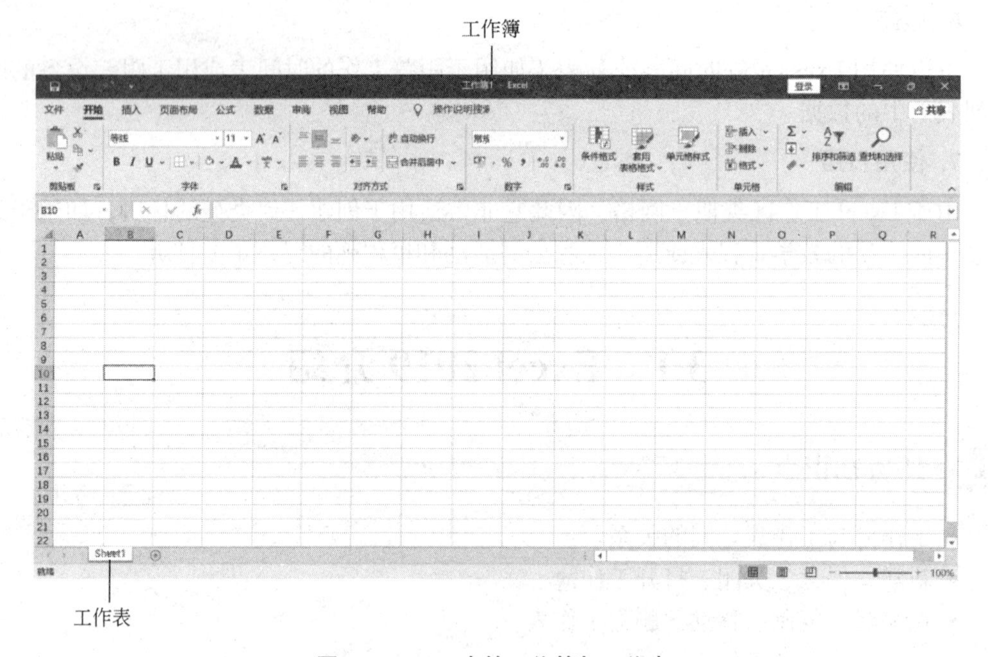

图 3-2　Excel 中的工作簿与工作表

2. 工作表的基本操作

Excel 2019 创建的文件成为工作簿，其扩展名为 .xlsx。

1）新建工作簿

方法一：启动 Excel 2019 时，系统会自动新建一个名为“工作簿 1”的空白工作簿。

方法二：单击选中“文件”选项卡，在打开的界面中单击“新建”选项，在窗口右侧的“新建”部分单击“空白工作簿”选项，如图 3-3 所示。

方法三：按 Ctrl+N 组合键。

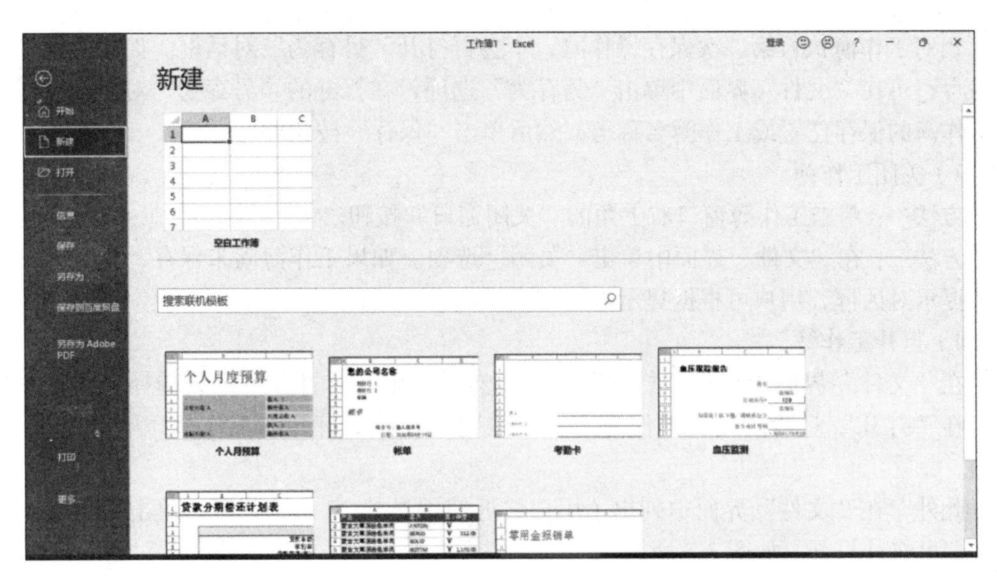

图 3-3 新建工作簿

2）保存新工作簿

当对工作簿进行了编辑操作后，为防止数据丢失，需将其保存。

方法一：可单击“快速访问工具栏”上的“保存”按钮。

方法二：单击选中“文件”选项卡，在打开的界面中单击“保存”选项，中间“另存为”部分选择“浏览”命令，弹出“另存为”对话框，在其中选择工作簿的保存位置，输入工作簿名称，然后单击“保存”按钮，如图 3-4 所示。

方法三：按 Ctrl+S 组合键。

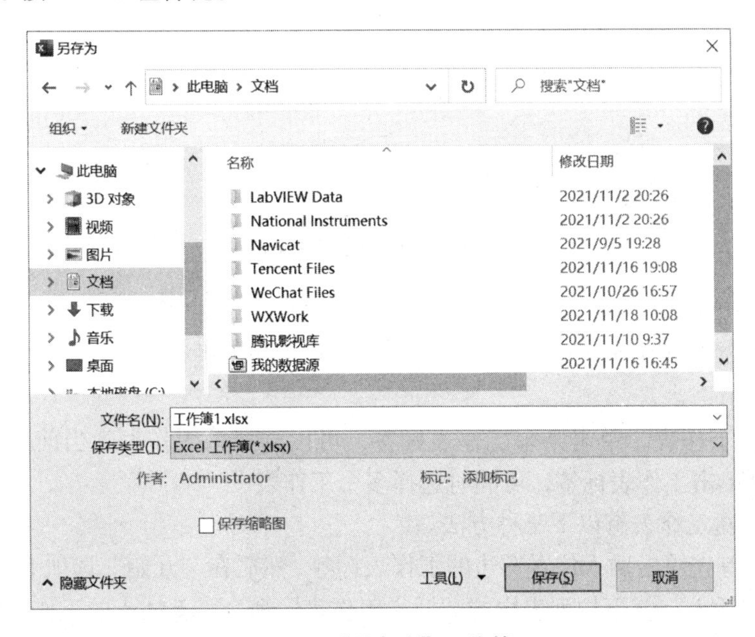

图 3-4 “另存为”工作簿

当对工作簿执行第二次保存操作时，不会再打开“另存为”对话框。如果要将工作簿另存，可在“文件”界面中单击“另存为”选项，在打开的“另存为”对话框重新设置工作簿的保存位置或工作簿名称等，然后单击“保存”按钮即可。

3）关闭工作簿

方法一：单击工作簿窗口右上角的“关闭窗口”按钮。

方法二：在“文件”界面中单击“关闭”选项。如果工作簿尚未保存，此时会打开一个提示对话框，用户可根据提示进行相应操作。

4）打开工作簿

在“文件”界面中单击“打开”选项，然后在中间“打开”部分选择“浏览”命令，在“打开”对话框找到工作簿的放置位置，选择要打开的工作簿，单击“打开”按钮。

此外，在“文件”界面中列出了用户最近使用过的 25 个工作簿，单击某个工作簿名称即可将其打开，如图 3-5 所示。

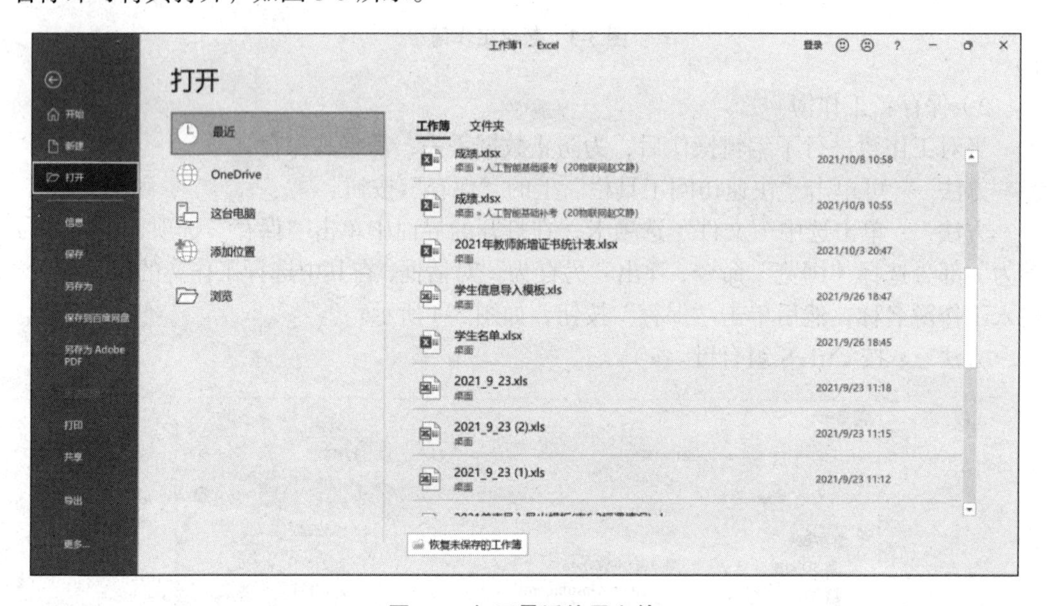

图 3-5　打开最近使用文件

5）工作表的管理

一个工作簿包含多个工作表，根据需要可以对工作表进行添加、删除、复制、切换和重命名等操作。

（1）选择工作表。单击某个工作表标签，可以选择该工作表为当前工作表。按住 Ctrl 键，分别单击工作表标签，可同时选择多个工作表。

（2）添加新工作表有以下三种方法。

方法一：首先单击插入位置右边的工作表标签，然后在“开始”选项卡的“单元格”组中，选择“插入”下拉列表中的“插入工作表”命令，新插入的工作表将出现在当前工作表之前，如图 3-6 所示。

方法二：右击插入位置右边的工作表标签，并从弹出的快捷菜单中选择“插入”命令，如图 3-7 所示，将出现“插入”对话框，选定工作表后单击“确定”按钮。

方法三：单击工作表右侧的“插入工作表”按钮⊕，或使用 Shift+F11 组合键，如图 3-8 所示。

说明：如果要添加多张工作表，则同时选定与待添加工作表相同数目的工作表标签，然后执行上述操作。

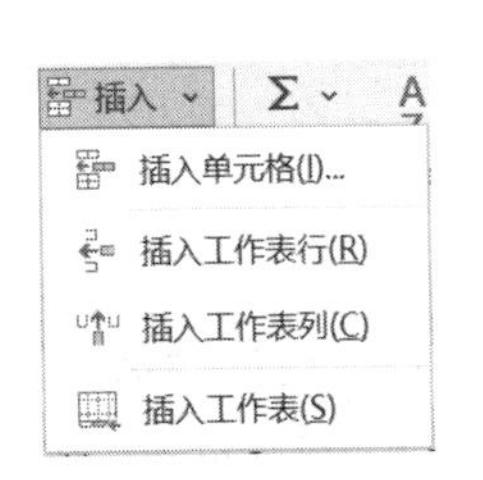

图 3-6 “插入”按钮下拉列表

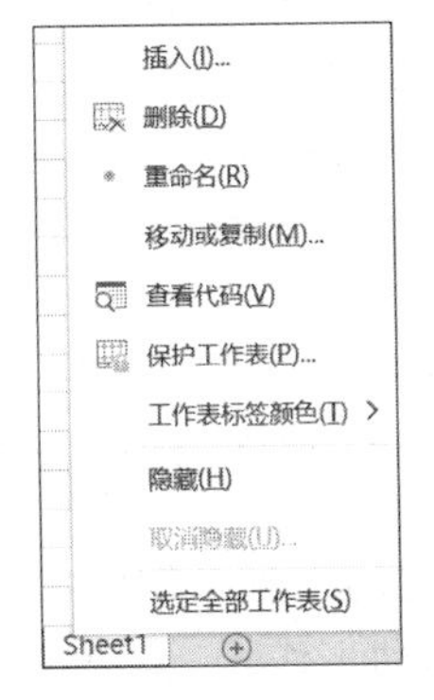

图 3-7 右击工作表标签快捷菜单

图 3-8 “插入工作表”按钮

（3）删除工作表有以下两种方法。

方法一：选择要删除的工作表，在“开始”选项卡的“单元格”组中，选择“删除”按钮下的“删除工作表”命令，如图 3-9 所示。

方法二：右击要删除的工作表，并从弹出的快捷菜单中选择“删除”命令，如图 3-7 所示。

图 3-9 “删除”按钮下拉列表

（4）重命名工作表有以下三种方法。

方法一：双击相应的工作表标签，输入新名称，覆盖原有名称即可。

方法二：右击将改名的工作表标签，并从弹出的快捷菜单中选择“重命名”命令，如图 3-7 所示，输入新的工作表名称即可。

方法三：选择要删除的工作表，在“开始”选项卡的“单元格”选项组中，从“格式”按钮的下拉列表中选择“重命名工作表”命令。

（5）移动或复制工作表。既可以在一个工作簿中移动或复制工作表，也可以在不同工作簿之间移动或复制工作表。

① 在同一个工作簿中移动或复制工作表有以下三种方法。

方法一：如果要在当前工作簿中移动工作表，可以沿工作表标签栏拖动选定的工作表标签；如果要在当前工作簿中复制工作表，则需要在拖动工作表标签到目标位置的同时按住 Ctrl 键。

方法二：选定原工作表，在“开始”选项卡的“单元格”组中，从“格式”按钮的下拉列表中选择“移动或复制工作表”命令，弹出“移动或复制工作表”对话框，如图 3-10 所示。

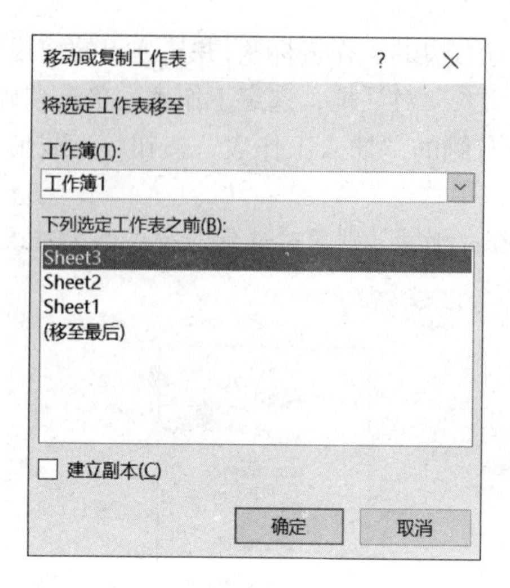

图 3-10　移动或复制工作表

在对话框的“下列选定工作表之前”列表框中，单击需要在其前面插入移动或复制工作表的工作表(如果要复制而非移动工作表,还需要选中“建立副本”复选框)。单击“确定”按钮，关闭对话框。

方法三：右击工作表标签，并从弹出的快捷菜单中选择“移动或复制”命令，后续操作与方法二相同。

② 不同工作簿之间移动或复制工作表。如果要将工作表移动或复制到已有的工作簿中，则需要先打开用于接收工作表的工作簿。

方法一：在“视图”选项卡的“窗口”选项组中，单击“全部重排”按钮，弹出“重排窗口”对话框，如图 3-11 所示，然后选择“垂直并排”选项，选择“工作簿 1”中要移动的工作表标签，按下左键拖动鼠标到“工作簿 2”中，松开左键即可。如果要复制工作表，则在拖动工作表标签到目标位置的同时按住 Ctrl 键。

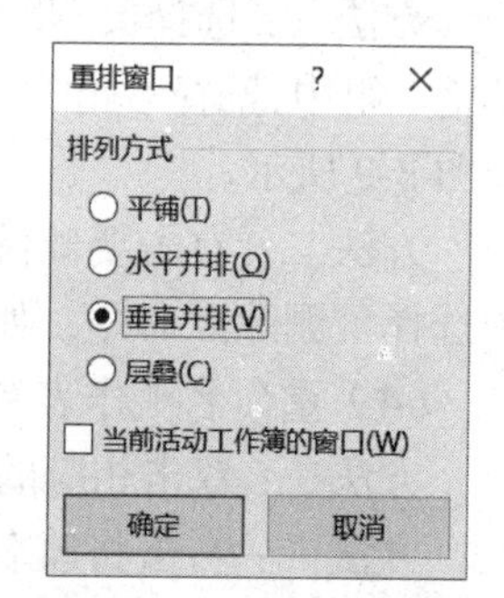

图 3-11　“重排窗口”对话框

方法二：切换到包含需要移动或复制工作表的工作簿中，再选定工作表。在“开始”选项卡的“单元格”组中，从“格式”按钮的下拉列表中选择“移动或复制工作表”命令。在“工作簿”下拉列表框中选择用于接收工作表的工作簿，在“下列选定工作表之前”列表框中，单击需要在其前面插入移动或复制工作表的工作表(如果要复制而非移动工作表，则需要选中“建立副本”复选框)。单击“确定”按钮，关闭对话框。

(6)隐藏工作簿和取消隐藏。

① 隐藏工作簿。打开需要隐藏的工作簿,在“视图”选项卡的“窗口”组中单击“隐藏”按钮。

② 取消隐藏。如果想显示已隐藏的工作簿，可在另一工作簿的“窗口”选项组中单击“取消隐藏”按钮，弹出“取消隐藏”对话框，在列表框中选中需要显示的被

隐藏工作簿的名称，按“确定”按钮即可重新显示该工作簿，如图 3-12 所示。

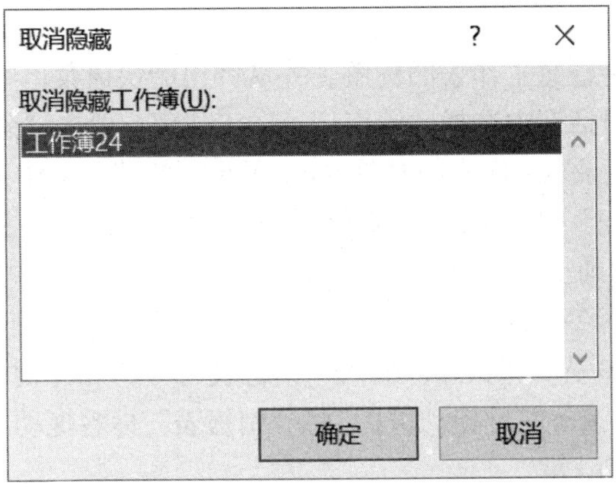

图 3-12　取消隐藏工作簿

（7）隐藏工作表和取消隐藏。

① 隐藏工作表有以下两种方法。

方法一：选定需要隐藏的一个或多个工作表，在“开始”选项卡的“单元格”组中，从“格式”按钮的下拉列表中依次选择“隐藏和取消隐藏”→“隐藏工作表”命令。

方法二：选定需要隐藏的一个或多个工作表，右击工作表标签，并从弹出的快捷菜单中选择“隐藏”命令，如图 3-7 所示。可同时隐藏多个工作表，但不能将所有工作表同时隐藏，至少要有一个工作表处于显示状态。

② 取消隐藏有以下两种方法。

方法一：在“开始”选项卡的“单元格”组中，从“格式”按钮的下拉列表中依次选择“隐藏和取消隐藏”→“取消隐藏工作表”命令，弹出“取消隐藏”对话框，如图 3-13 所示，在列表框中选中需要显示的被隐藏工作表的名称，按“确定”按钮即可重新显示该工作表。

方法二：右击工作表标签，并从弹出的快捷菜单中选择“取消隐藏”命令。

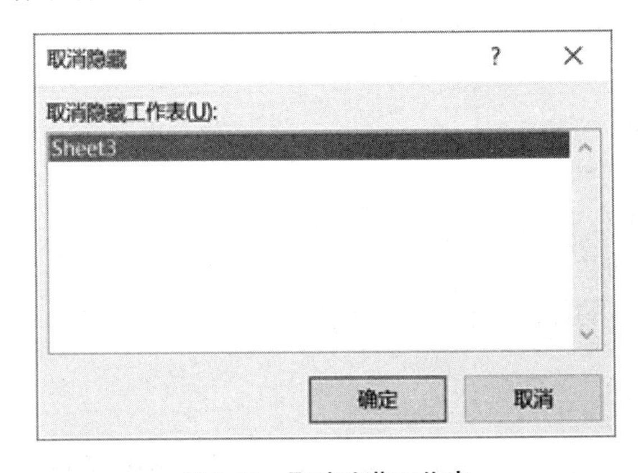

图 3-13　取消隐藏工作表

任务实施

（1）右击工作簿中任意工作表的标签，并从弹出的快捷菜单中选择“取消隐藏”命令，弹出对话框，在对话框中选择“销售记录”工作表，单击“确定”按钮。

（2）右击“销售记录”工作表的标签，并从弹出的快捷菜单中选择“保护工作表”命令，弹出“保护工作表”对话框，在对话框中输入密码123，单击“确认”按钮，再次输入密码123，单击“确定”按钮。

（3）双击Sheet1标签，或右击Sheet1标签，并从弹出的快捷菜单中选择“重命名”命令，此时Sheet1标签呈反选状态，输入“销售表”，按Enter键确认即可。

（4）按住Ctrl键，按下左键拖动鼠标，将“销售表”标签拖动至工作表Sheet2之后，先松开左键，再松开Ctrl键。

（5）右击Sheet2工作表标签，并从弹出的快捷菜单中选择“插入”命令，在弹出的对话框中选择“工作表”选项，单击“确定”按钮。

（6）单击各工作表的标签，如果工作表为空，则右击其标签，并从弹出的快捷菜单中选择“删除”命令，删除空白工作表。

（7）右击“销售表”工作表标签，并从弹出的快捷菜单中选择“移动或复制工作表”命令，弹出“移动或复制工作表”对话框，在“工作簿”列表框中选择“新工作簿”选项，然后单击“确定”按钮，即可将工作表“销售记录”移动到新工作簿“工作簿1”中；单击“工作簿1”窗口中“快速访问工具栏”中的“保存”按钮，在打开的“另存为”对话框中，设置保存位置为“素材\3”文件夹，文件名为“销售记录.xlsx”，然后单击“保存”按钮。

3.2　Excel 2019 基本操作

任务知识点

- 文本、数字、日期和时间型数据的输入。
- 自动填充数据。
- 自定义序列填充。
- 数据修改。
- 数据清除与删除。
- 数据复制与移动。
- 行、列、单元格的插入、删除与隐藏。

任务描述

在A1单元格输入“亚洲”，利用填充饼拖拽出来“非洲”“欧洲”“大洋洲”“北美洲”“南

美洲”“南极洲”。

知识预备

1. 数据的输入

创建一个工作表，首先要向单元格中输入数据。Excel 2019 能够接受的数据类型可以分为文本（或称字符、文字）、数字（值）、日期和时间、公式与函数等。

在数据的输入过程中，系统自行判断所输入的数据是哪一种类型并进行适当的处理。在输入数据时，必须按照 Excel 2019 的规则进行。

1）向单元格输入或编辑的方式

方法一：单击需要输入数据的单元格，然后直接输入数据。输入的内容将直接显示在单元格内和编辑栏中。

方法二：单击单元格，然后单击编辑栏，可在编辑栏中输入或编辑当前单元格的数据。

方法三：双击单元格，单元格内出现插入光标，移动光标到所需位置，即可进行数据的输入或编辑修改。

说明：如果要同时在多个单元格中输入相同的数据，可先选定相应的单元格，然后输入数据，按 Ctrl+Enter 组合键，即可向这些单元格同时输入相同的数据。

2）文本（字符或文字）型数据及输入

在 Excel 2019 中，文本可以是字母、汉字、数字、空格和其他字符，也可以是它们的组合。在默认状态下，所有文字型数据在单元格中均左对齐。输入文字时，文字出现在活动单元格和编辑栏中。输入时注意以下几点。

（1）在当前单元格中，一般文字如（字母、汉字等）直接输入即可。

（2）如果把数字作为文本输入（如身份证号码、电话号码、=3+5、2/3 等），应先输入一个半角字符的单引号“'”，再输入相应的字符。例如，输入“'01085526366”“'=3+5”“'2/3”。

3）数字（值）型数据及输入

在 Excel 2019 中，数字型数据除了数字 0~9 外，还包括 +（正号）、–（负号）、( )（小括号）、,（千分位号）、.（小数点）、/、$、%、E、e 等特殊字符。

数字型数据默认右对齐，数字与非数字的组合均作为文本型数据处理。输入数字型数据时，应注意以下几点。

（1）输入分数时，应在分数前输入 0（零）及一个空格。例如，分数 2/3 应输入 0 2/3，如果直接输入 2/3 或 02/3，则系统将把它视作日期，认为是 2 月 3 日。

（2）输入负数时，应在负数前输入负号，或将其置于括号中。例如，–8 应输入“–8”或“(8)”。

（3）在数字间可以用千分位号“,”隔开，如输入“12,002”。

（4）单元格中的数字格式决定 Excel 2019 在工作表中显示数字的方式。如果在“常规”格式的单元格中输入数字，Excel 2019 将根据具体情况套用不同的数字格式。

（5）如果单元格使用默认的“常规”数字格式，Excel 2019 会将数字显示为整数、小数，或者当数字长度超出单元格宽度时以科学计数法表示。采用“常规”格式的数字长度为 11 位，其中包括小数点和类似“E”和“+”这样的字符。如果要输入并显示多于 11 位的数字，可以使用内置的科学记数格式（即指数格式）或自定义的数字格式。

说明：无论显示数字的位数如何，Excel 2019 都只保留 15 位的数字精度。如果数字长度超出了 15 位，则 Excel 2019 会将多余的数字位转换为 0（零）。

4）日期和时间型数据及输入

Excel 2019 将日期和时间视为数字处理。工作表中的时间或日期的显示方式取决于所在单元格中的数字格式。在输入了 Excel 2019 可以识别的日期或时间型数据后，单元格格式显示为某种内置的日期或时间格式。

在默认状态下，日期和时间型数据在单元格中右对齐。如果 Excel 2019 不能识别输入的日期或时间格式，输入的内容将被视作文本，并在单元格中左对齐。

在控制面板的“区域和时间选项”中的“日期”选项卡和“时间”选项卡中的设置，将决定当前日期和时间的默认格式，以及默认的日期和时间符号。输入时注意以下几点。

（1）一般情况下，日期分隔符使用“/”或“-”。例如，2010/2/16、2010-2-16、16/Feb/2010 或 16-Feb-2010 都表示 2010 年 2 月 16 日。

（2）如果只输入月和日，Excel 2019 就取计算机内部时钟的年份作为默认值。

（3）时间分隔符一般使用冒号“:”。例如，输入 7:0:1 或 7:00:01 都表示 7 点零 1 秒。可以只输入时和分，也可以只输入小时数和冒号，还可以输入小时数大于 24 的时间数据。如果要基于 12 小时制输入时间，则在时间（不包括只有小时数和冒号的时间数据）后输入一个空格，然后输入 AM 或 PM，用来表示上午或下午，否则，Excel 2019 将基于 24 小时制计算时间。例如，如果输入 3:00 而不是 3:00PM，将被视为 3:00AM。

（4）如果要输入当天的日期，则按 Ctrl+“；”组合键。如果要输入当前的时间，则按 Ctrl+Shift+“：”组合键。

（5）如果在单元格中既输入日期又输入时间，则中间必须用空格隔开。

5）自动填充数据

Excel 2019 有自动填充功能，可以自动填充一些有规律的数据。例如，可以填充相同数据，数据的等比数列、等差数列和日期时间序列等，还可以输入自定义序列。

（1）快速填充数据工具——填充柄。填充柄是 Excel 中提供快速填充单元格内容的工具。填充柄有序列填充、复制的功能。如果希望在一行或一列相邻的单元格中输入相同的或有规律的数据，可首先在第 1 个单元格中输入示例数据，然后上、下或左、右拖动填充柄（位于选定单元格或单元格区域右下角的小黑方块），Excel 2019 自动填充数据具体操作如下。

① 在单元格中输入示例数据，然后将光标移到单元格右下角的填充柄上，此时光

标变为实心的十字形，如图 3-14（a）所示。

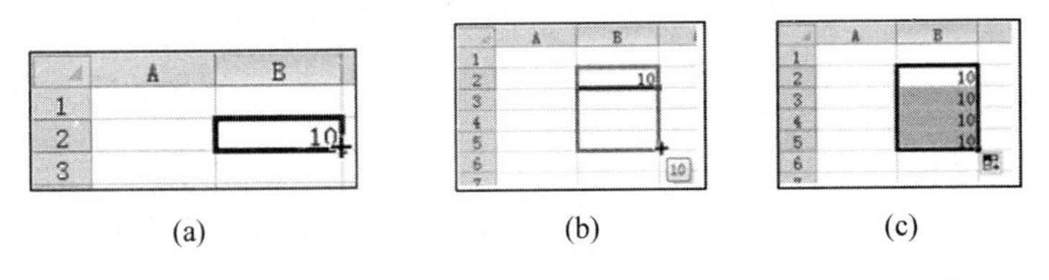

(a)　　(b)　　(c)

图 3-14　填充柄的使用

② 按下左键拖动单元格右下角的填充柄到目标单元格，如图 3-14（b）所示。释放左键，结果如图 3-14（c）所示。

执行完填充操作后，会在填充区域的右下角出现一个"自动填充选项"按钮，单击它将打开一个填充选项列表，如图 3-15 所示，从中选择不同选项，即可修改默认的自动填充效果。

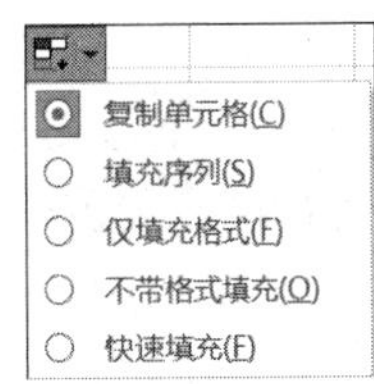

图 3-15　自动填充选项

- 初值为纯数字型数据或文字型数据时，拖动填充柄在相应单元格中填充相同数据（即复制填充）。如果拖动填充柄的同时按住 Ctrl 键，可使数字型数据自动增 1。
- 初值为文字型数据和数字型数据的混合体，填充时文字不变，数字递增。如初值为 A1，则填充值为 A2、A3、A4 等。
- 初值为 Excel 预设序列中的数据，则按预设序列填充。
- 初值为日期时间型数据及具有增减可能的文字型数据，则自动增 1。如果拖动填充柄的同时按住 Ctrl 键，则在相应单元格中填充相同数据。
- 输入任意等差、等比数列。

先选定待填充数据区的起始单元格，输入序列的初始值，再选定相邻的另一单元格，输入序列的第二个数值。这两个单元格中数值的差额将决定该序列的增长步长。选定包含初始值和第二个数值的单元格，拖动填充柄经过待填充区域。如果要按升序排列，则从上向下或从左到右填充。如果要按降序排列，则从下向上或从右到左填充。如果要指定序列类型，则先按住右键，再拖动填充柄，在到达填充区域的最后单元格时松开右键，并从弹出的快捷菜单中选择相应的命令。

（2）"序列"对话框。初始数据不同，自动填充选项列表的内容也不尽相同。对于一些有规律的数据，如等差、等比序列以及日期数据序列等，我们可以利用"序列"对话框进行填充。

① 在单元格中输入初始数据，然后选定要从该单元格开始填充的单元格区域。

② 单击"开始"选项卡上"编辑"组中的"填充"按钮，在展开的填充列表中选择"序列"命令，如图 3-16 所示。

③ 在弹出的"序列"对话框中选中所需选项，如"等比序列"单选按钮，然后设置"步长值"（相邻数据间延伸的幅度），最后单击"确定"按钮，如图 3-17 所示。

Excel 2019 自动填充数据的用处很多，如计算一列的数据和以及编号、编码等。

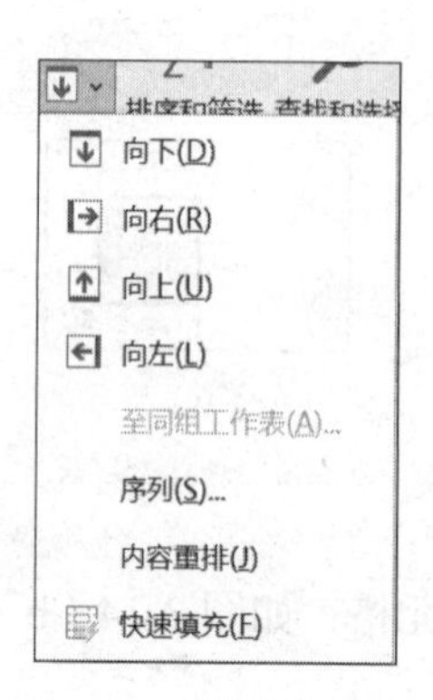

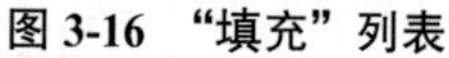

图 3-16 “填充”列表

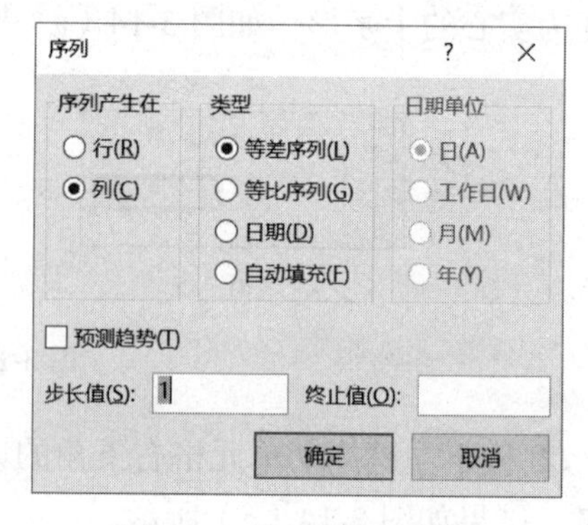

图 3-17 “序列”对话框

（3）自定义填充序列。Excel 2019 单元格填充是很方便的操作。然而，对于一些没有规律而需要经常输入的数据，就需要自定义新的填充序列了。

在单元格依次输入一个序列的每个项目，如甲、乙、丙、丁、戊、己、庚、辛、壬、癸。然后选择该序列所在的单元格区域。

① 单击“文件”按钮，在左侧选择“选项”命令，弹出“Excel 选项”对话框。

② 在对话框的左侧选择“高级”命令，将右侧区域的滚动条拖至最下方，如图 3-18 所示。

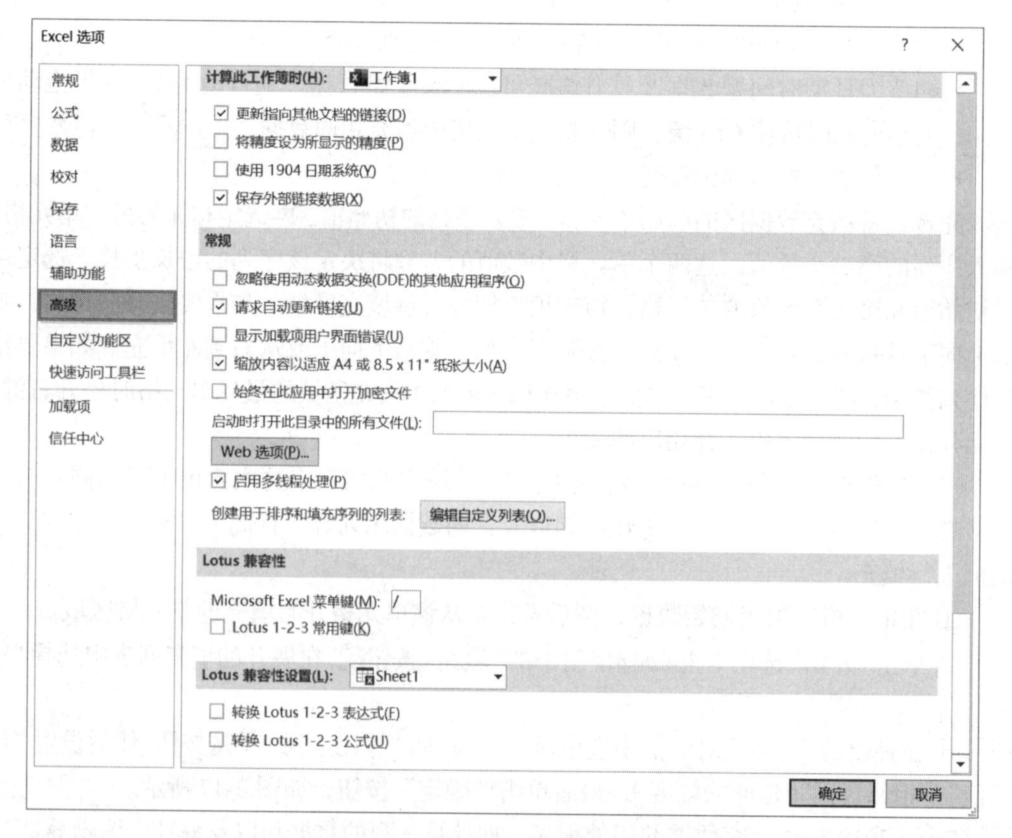

图 3-18 “高级”选项

③ 单击“编辑自定义列表”按钮，弹出“自定义序列”对话框，如图 3-19 所示。在对话框的左侧“自定义序列”列表中的序列，即为 Excel 自定义序列。

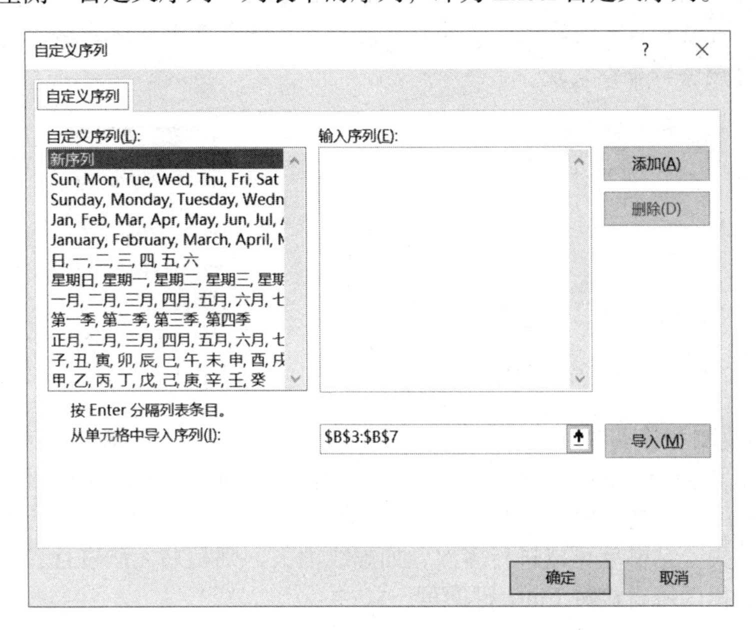

图 3-19 “自定义序列”对话框

2. 数据的编辑操作

单元格中的数据输入后可以修改、清除与删除以及复制和移动。

1）数据修改

在 Excel 2019 中，修改数据有以下两种方法。

方法一：在编辑栏中修改。即先选中要修改的单元格，然后在编辑栏中进行相应的修改，按左边的按钮 ✓ 确认修改。此种方法适合内容较多时或者公式的修改。

方法二：直接在单元格中修改。此时需双击单元格，然后进入单元格修改。此种方法适合内容较少时的修改。

说明：如果要以新数据替代原来的数据，则单击单元格，然后输入新的数据即可。

2）数据清除与删除

在 Excel 2019 中，数据删除有两个概念，分别为数据清除和数据删除。

（1）数据清除。数据清除的对象是数据，单元格本身不受影响。在选中单元格或单元格区域后，单击“开始”选项卡“编辑”组中的“清除”按钮，其级联菜单中的命令有“全部清除”“清除格式”“清除内容”“清除批注”“清除超链接”，如图 3-20 所示。选择“清除格式”“清除内容”“清除批注”“清除超链接”命令将分别只取消单元格的格式、内容、批注或超链接；选择“全部清除”命令则会将单元格的格式、内容、批注、超链接全部取消。数据清除后单元格本身仍保留在原位置不变。

选定单元格或单元格区域后按 Delete 键，相当于选择“清除内容”命令。

（2）数据删除。数据删除的对象是单元格，删除后，选中的单元格连同里面的数据都从工作表中消失。在选中要删除的单元格或单元格区域后，在“开始”选项卡“单元格”组中选择“删除”按钮的下拉列表中的“删除单元格”命令即可，如图3-21所示。

说明：清除内容或删除单元格也可以在选中单元格或单元格区域后，右击，使用“清除内容”或“删除”命令实现。

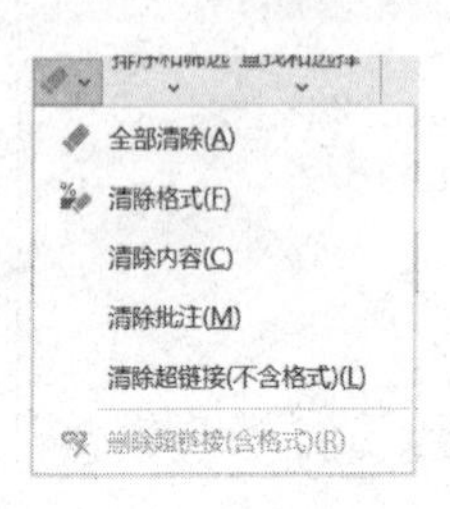

图3-20 “清除”命令列表

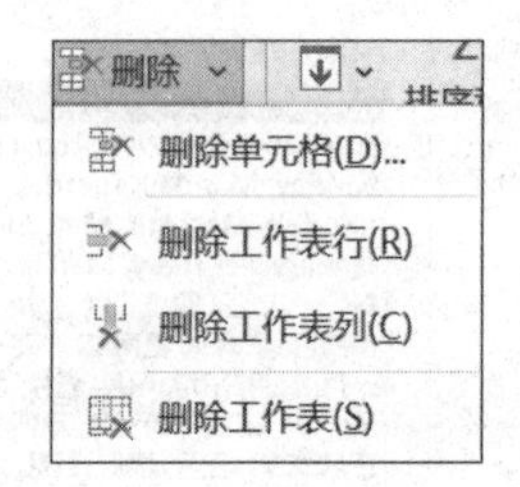

图3-21 “删除”命令列表

3）数据复制和移动

（1）数据复制。Excel数据的复制可以利用剪贴板，也可以用拖动鼠标进行操作。

方法一：用“复制”命令复制数据后，数据源区域周围会出现闪烁的虚线。只要闪烁的虚线不消失，粘贴就可以进行多次，如虚线消失，则粘贴无法进行。如果只需粘贴一次，则在目标区域直接按Enter键即可。

方法二：选择数据源区域后，光标移动到选定框边框，光标变成，按住Ctrl键后，按下左键拖动鼠标，到目标区域释放左键即可。

此外，当数据为纯字符或纯数值且不是自动填充序列的一员时，拖动鼠标的方法也可以实现数据复制。

（2）数据移动。数据移动与复制类似，可以使用剪贴板的先“剪切”再“粘贴”的方式，也可以拖动鼠标拖动，但不按住Ctrl键。

（3）选择性粘贴。一个单元格含有内容、格式、批注等多种特性，可以使用“选择性粘贴”复制它的部分特性。

方法一：先将数据复制到剪贴板上，再选择待粘贴目标区域中的第一个单元格，在“开始”选项卡的“剪贴板”组中，选择“粘贴”按钮下拉菜单中的相应命令，或者“选择性粘贴”命令。选择相应选项后，单击“确定”按钮即可完成选择性粘贴。

方法二：先将数据复制到剪贴板上，右击待粘贴目标区域中的第一个单元格，并从弹出的快捷菜单中选择“选择性粘贴”命令，再选择相应选项。

3. 行、列和单元格的基本操作

1）插入操作

（1）插入整行。如果要在某行上方插入一行，则选定该行或其中的任意单元格，在“开始”选项卡的“单元格”组中，单击下拉按钮，在其下拉列表中选择“插入工作表行”命令。

（2）插入整列。如果要在某列左侧插入一列，则选定该列或其中的任意单元格，在“开始”选项卡的“单元格”组中，单击下拉按钮，在其下拉列表中选择“插入工作表列”命令。

（3）插入单元格有以下两种方法。

① 选择要插入新空白单元格的单元格或单元格区域，所选择的单元格数量应与要插入的单元格数量相同。

② 在“开始”选项卡的“单元格”组中，单击下拉按钮，在其下拉列表中选择“插入单元格”命令，或按 Ctrl+Shift+= 组合键，在弹出的“插入”对话框中，选择要移动周围单元格的方向，单击“确定”按钮后，即可插入与选择数目相同的单元格，如图 3-22 所示。

2）删除操作

（1）删除行或列。先选定要删除的行或列，在“开始”选项卡的“单元格”组中，单击下拉按钮，在其下拉列表中选择“删除工作表行”或“删除工作表列”命令，下边的行或右边的列将自动移动并填补删除后的空缺。

（2）删除单元格。先选定要删除的单元格，在“开始”选项卡的“单元格”组中，单击“删除”下拉按钮，在其下拉列表中选择“删除单元格”命令，弹出“删除文档”对话框，如图 3-23 所示。根据需要选择相应的选项，然后单击“确定”按钮，周围的单元格将移动并填补删除后的空缺。

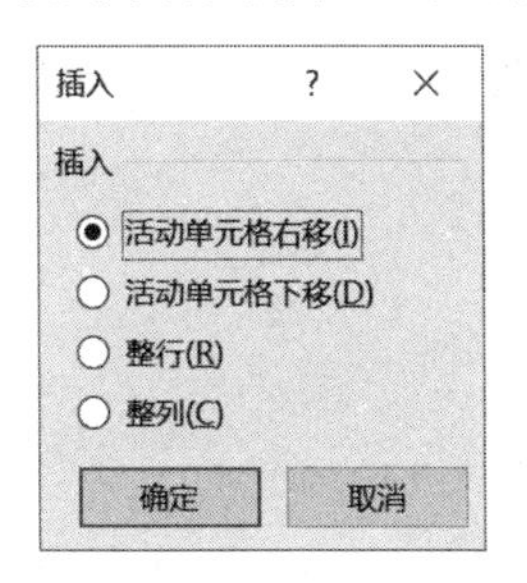

图 3-22 “插入”对话框

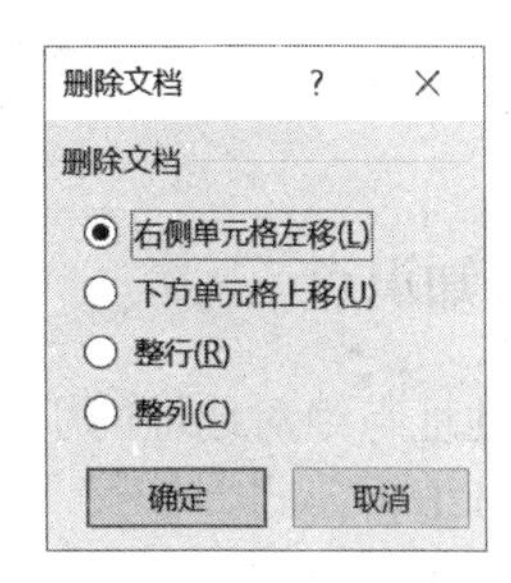

图 3-23 “删除文档”对话框

3）行、列的隐藏

隐藏行或列的方法有以下三种。

方法一：右击需要隐藏的行号（列标），并从弹出的快捷菜单中选择“隐藏”命令，如图 3-24 所示。

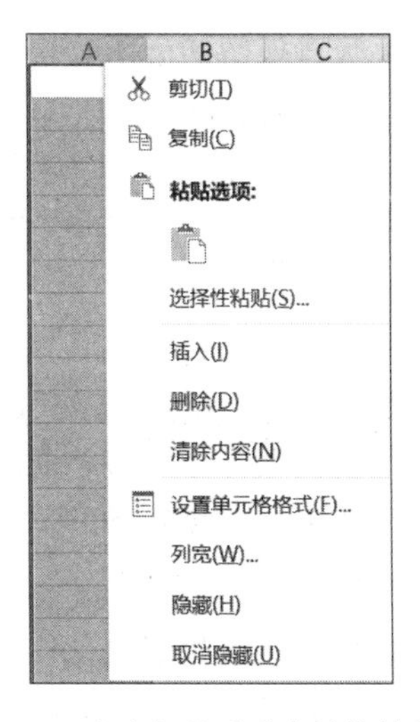

图 3-24 右击行号后弹出的快捷菜单

方法二：选定需要隐藏的行或列，在“开始”选项卡的“单元格”组中，单击“格式”下拉按钮，在其下拉列表中选择“隐藏和取消隐藏”级联菜单中的相应选项。

方法三：将光标指向要隐藏的行号下边界或列标右边界，向上或向左拖动鼠标，直到行高或列宽为 0。

任务实施

（1）单击“文件”按钮，在左侧选择“选项”命令，弹出“Excel 选项”对话框。

（2）在对话框的左侧选择“高级”命令，将右侧区域的滚动条拖至最下方。

（3）单击“编辑自定义列表”按钮，弹出“自定义序列”对话框。在对话框的左侧“自定义序列”列表中的序列中输入“亚洲”“非洲”“欧洲”“大洋洲”“北美洲”“南美洲”“南极洲”，即为 Excel 自定义序列。

（4）在 A1 单元格输入“亚洲”，拖动填充柄，即得到想要的结果。

3.3　公式与函数

任务知识点

- 相对地址与绝对地址的引用。
- 创建和编辑公式。
- 移动和复制公式。
- 函数的使用。

任务描述

打开“素材 \3\ 认识公式与函数 .xlsx”，按以下要求进行操作。

（1）使用函数求出总分。

（2）使用函数求出平均分 (小数点保留两位)。

（3）使用函数做排名，并做一个升序排列。

（4）使用函数求出最大值。

（5）使用函数求出最小值。

知识预备

Excel 强大的计算功能主要依赖于公式和函数，利用公式和函数可以对表格中的数据进行各种计算和处理操作，从而提高制作复杂表格时的工作效率及计算准确率。而且当数据有变动时，公式计算的结果还会立即更新。

1. 地址的引用

引用的作用是通过标识工作表中的单元格或单元格区域，来指明公式中所使用的数据的位置。在 Excel 使用过程中，关于单元格的“绝对引用”和“相对引用”是非常基本也是非常重要的概念。在使用函数公式过程中，如果不注意使用正确的引用方式，可能导致返回预期之外的错误值。

相对参照地址：假设你要前往某地，但不知道该怎么走，于是就向路人打听。结果得知从你现在的位置往前走，碰到第一个红绿灯后右转，再直走约 100 米就到了，这就是相对引用地址的概念。相对参照地址的表示法为 B1、C4。

绝对参照地址：另外有人干脆将实际地址告诉你，假设为“北京路 60 号”，这就是绝对参照地址的概念。由于地址具有唯一性，所以不论你在什么地方，根据这个绝对参照地址，所找到的永远是同一个地点。绝对参照地址的表示法须在单元格地址前面加上“$”符号，如 $B$1、$C$4。

将两者的特性套用在公式上，相对参照地址会随着公式的位置而改变，而绝对参照地址则不管公式在什么地方，它永远指向同一个单元格。

1）相对引用

引用单元格区域时，应先输入单元格区域起始位置的单元格地址，然后输入引用运算符，再输入单元格区域结束位置的单元格地址，如图 3-25 所示。

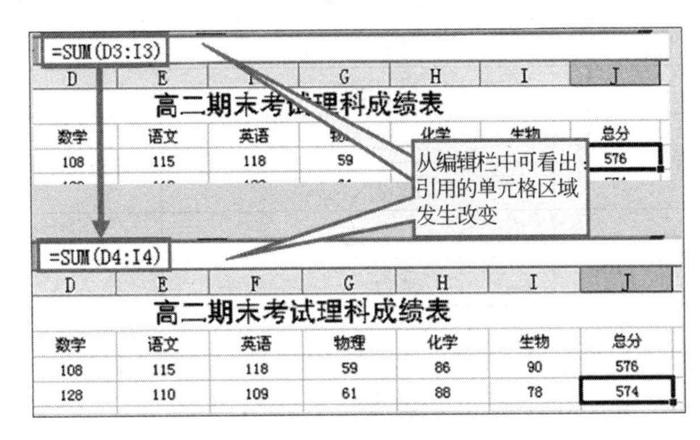

图 3-25　相对引用

2）绝对引用

绝对引用指引用单元格的精确地址，与包含公式的单元格位置无关，其引用形式为在列标和行号的前面都加上“$”符号。不管将公式复制或移动到什么位置，引用的单元格地址的行和列都不会改变，如图 3-26 所示。

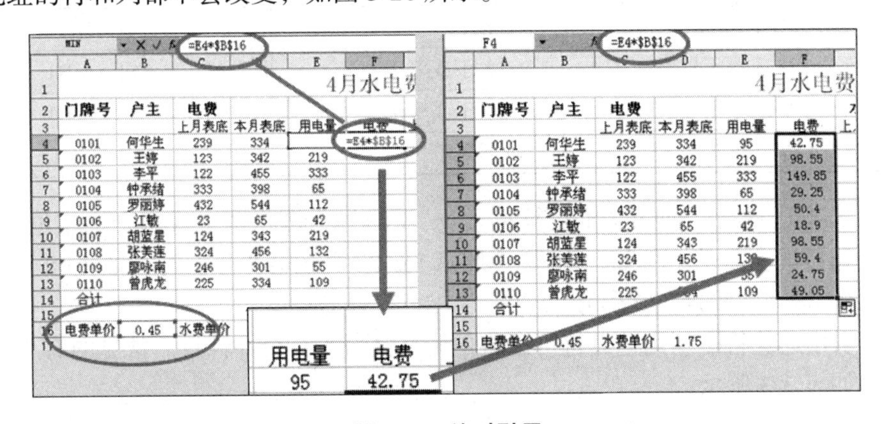

图 3-26　绝对引用

2. 公式的使用

1）运算符

公式是工作表中用于对单元格数据进行各种运算的等式，它必须以等号“=”开头。一个完整的公式通常由运算符和操作数组成。运算符可以是算术运算符、比较运算符、文本运算符和引用运算符；操作数可以是常量、单元格地址和函数等，如图 3-27 所示。

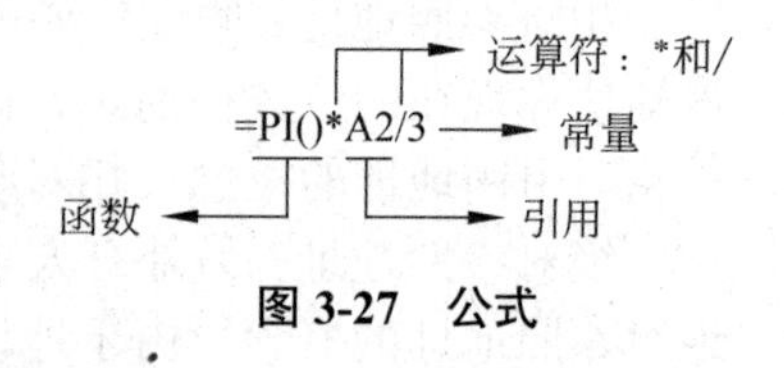

图 3-27　公式

运算符是用来对公式中的元素进行运算而规定的特殊符号。Excel 中包含四类运算符：算术运算符、关系运算符、文本运算符和引用运算符。

（1）算术运算符。算术运算符的作用是完成基本的数学运算，并产生数字结果。常见的有 + 、 – 、*、/、%、^，如表 3-1 所示。

表 3-1　算术运算符

算术运算符	含　义	实　例
+（加号）	加法	A1+A2
–（减号）	减法或负数	A1-A2
*（星号）	乘法	A1*2
/（正斜杠）	除法	A1/3
%（百分号）	百分比	50%
^（脱字号）	乘方	2^3

（2）比较运算符（也叫关系运算符）。比较运算符的作用是可以比较两个值，结果为一个逻辑值，不是“TRUE（真）”，就是“FALSE（假）”。常见的有 >、<、=、>=、<=、<>，如表 3-2 所示。

表 3-2　比较运算符

比较运算符	含　义	实　例
>（大于号）	大于	A1>B1
<（小于号）	小于	A1<B1
=（等于号）	等于	A1=B1
>=（大于或等于号）	大于或等于	A1>=B1
<=（小于或等于号）	小于或等于	A1<=B1
<>（不等于号）	不等于	A1<>B1

（3）文本运算符。使用文本运算符“&”（与号）可将两个或多个文本值串起来，产生一个连续的文本值。例如，输入 =" 北京 "&"08 奥运会 " 会生成“北京 08 奥运会”。（注意，文本输入时须加英文引号。）

（4）引用运算符。引用运算符可以将单元格区域进行合并计算。常见的有“：”“,”和空格，如表 3-3 所示。

表 3-3 引用运算符

引用运算符	含 义	实 例
:（冒号）	区域运算符，用于引用单元格区域	B5:D15
,（逗号）	联合运算符，用于引用多个单元格区域	B5:D15,F5:I15
（空格）	交叉运算符，用于引用两个单元格区域的交叉部分	B7:D7 C6:C8

2）公式中的优先级

公式中的运算符运算优先级从高到低为：引用运算符、算术运算符、文本运算符、关系运算符。

对于优先级相同的运算符，则从左到右进行计算。如果要修改计算的顺序，则应把公式中需要首先计算的部分括在圆括号“()”内。

3）创建和编辑公式

（1）创建公式。对于简单的公式，我们可以直接在单元格中输入：首先单击需输入公式的单元格，接着输入“=”（等号），然后输入公式内容，最后单击编辑栏上的“输入”按钮或按 Enter 键结束，如图 3-28 所示。

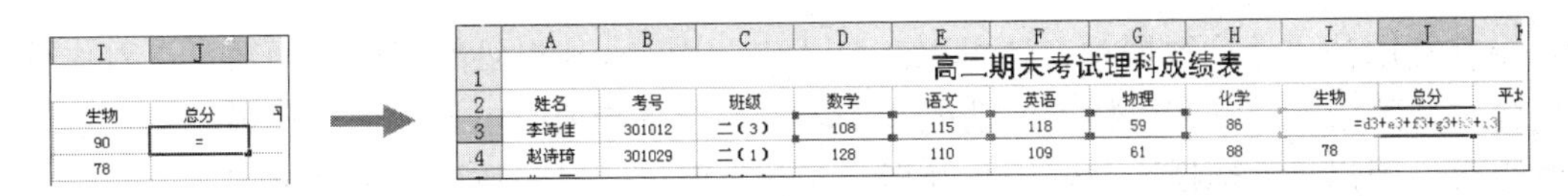

图 3-28 创建公式

（2）编辑公式。如果要在编辑栏中输入公式，可单击要输入公式的单元格，然后单击编辑栏，依次在编辑栏中输入等号“=”、操作数和运算符，输入完毕，按 Enter 键或单击编辑栏上的按钮。

如果要修改公式，可单击含有公式的单元格，然后在编辑栏中进行修改，修改完毕后按 Enter 键即可。

4）移动和复制公式

（1）移动公式。要移动公式，最简单的方法就是：选中包含公式的单元格，将光标移到单元格的边框线上，当光标变成十字箭头形状时，按下左键拖动鼠标到目标单元格后释放左键即可，如图 3-29 所示。

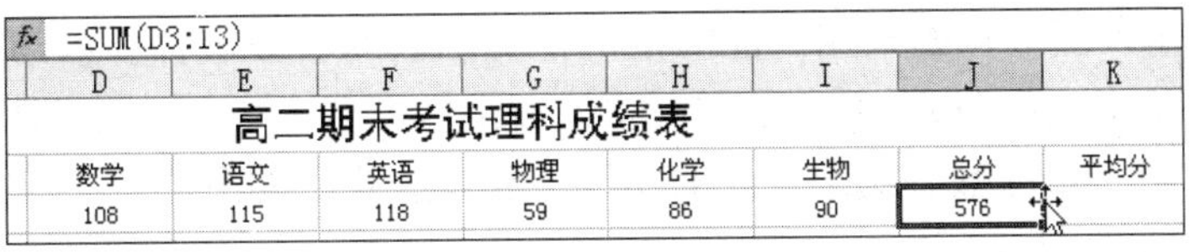

图 3-29 移动公式

（2）复制公式。在 Excel 中，复制公式可以使用填充柄，也可以使用复制、粘贴命令。在复制公式的过程中，一般情况下，系统会自动地改变公式中引用的单元格地址。

当我们想将某个单元格中的公式复制到同列（行）中相邻的单元格时，可以通过拖动填充柄来快速完成。方法是：按下左方向键（也可以是上、下或右方向键，根据实际情况而定）拖动要复制公式的单元格右下角的填充柄，到目标位置后释放左键即可，如图 3-30 所示。

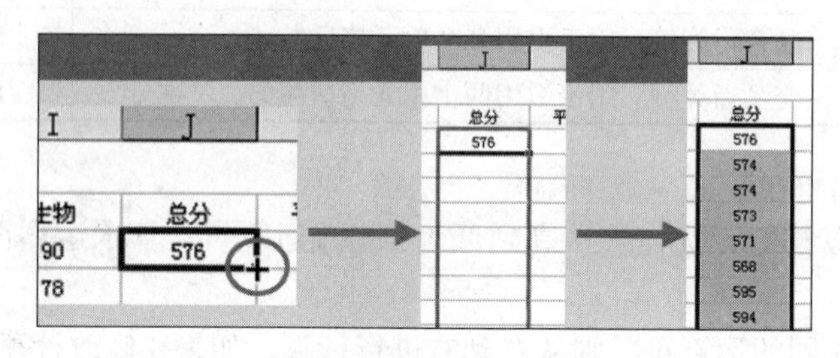

图 3-30　利用填充柄复制公式

在单元格中除了可以输入数值型数据外，还可以输入单元格地址，这样我们就可以计算几个单元格中数据的运算结果。如果在公式中输入单元格地址，在计算时，以该单元格当前地址的值为佳。

3. 函数的使用

在使用公式计算数据时，还可以在公式中调用 Excel 提供的函数。函数可以看作预先建立好的公式，它完成特定的功能，如求和、求平均值、求最大值、求最小值、统计数量等。用户只需选择适合的函数并指定参数，即可通过函数计算出结果。

1）函数的组成

函数由函数名和参数组成。

函数名：代表了函数的用途。例如，SUM 代表求和，AVERAGE 代表求平均，MAX 代表求最大值，RANK 代表排名等。

参数：可以是数字、文本、逻辑值、数组、错误值或单元格引用，也可以是常量、公式或其他函数。例如，“SUM(A1:E1)”中的“SUM”是函数名；“A1:E1”是参数。

2）函数分类

Excel 2019 中的函数可分为数据库函数、日期与时间函数、工程函数、财务函数、信息函数、逻辑函数、查询和引用函数、数学和三角函数、统计函数、文本函数和用户自定义函数等十几类。

3）如何使用函数

（1）手动输入函数。如果用户能够准确记住函数的名称及各参数的意义和使用方法，在使用函数时，便可以在相应的单元格或编辑栏中直接输入函数。例如，统计“化学”成绩大于 90 分的人数，结果放在 H16 单元格中，步骤如下。

① 选择 H16 单元格。

② 在 H16 单元格内直接输入“=COUNTIF(H4:H15，">90")”，然后按 Enter 键即可，如图 3-31 所示。

（2）使用“插入函数”对话框。如果对函数不太熟悉，可以通过“插入函数”对话框插入函数。例如，通过“插入函数”对话框插入函数 COUNTIF，计算如图 3-31 所示的数据表中的“数学”成绩大于 80 的学生人数，结果放在 D16 单元格中。步骤如下。

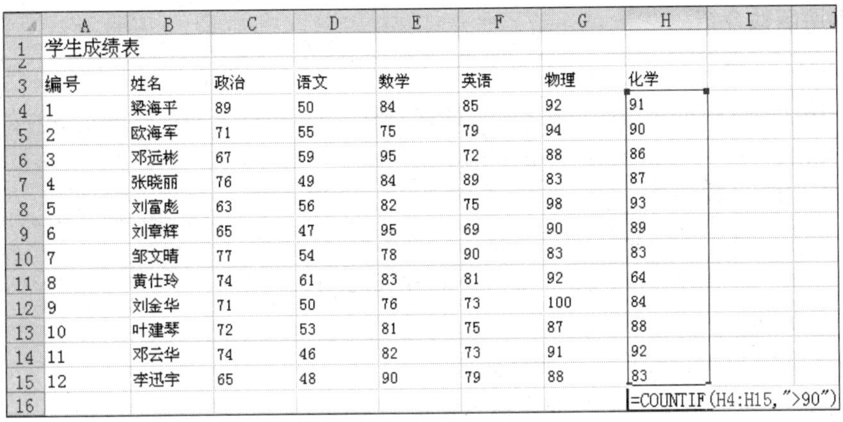

	A	B	C	D	E	F	G	H	I
1	学生成绩表								
2									
3	编号	姓名	政治	语文	数学	英语	物理	化学	
4	1	梁海平	89	50	84	85	92	91	
5	2	欧海军	71	55	75	79	94	90	
6	3	邓远彬	67	59	95	72	88	86	
7	4	张晓丽	76	49	84	89	83	87	
8	5	刘富彪	63	56	82	75	98	93	
9	6	刘章辉	65	47	95	69	90	89	
10	7	邹文晴	77	54	78	90	83	83	
11	8	黄仕玲	74	61	83	81	92	64	
12	9	刘金华	71	50	76	73	100	84	
13	10	叶建琴	72	53	81	75	87	88	
14	11	邓云华	74	46	82	73	91	92	
15	12	李迅宇	65	48	90	79	88	83	
16								=COUNTIF(H4:H15,">90")	

图 3-31　手动输入函数

① 选择 D16 单元格。

② 单击“公式”功能区“函数库”组的 *fx* 按钮，弹出“插入函数”对话框。

③ 在对话框的“或选择类别”下拉列表框中选择“统计”，在“选择函数”列表框中选择 COUNTIF 函数，如图 3-32 所示。

④ 单击“确定”按钮，弹出“函数参数”对话框，在对话框的 Range 文本框中设置“E4:E15”，在 Criteria 选项区域内输入“">80"”，如图 3-33 所示。

⑤ 最后单击“确定”按钮，完成函数的插入。

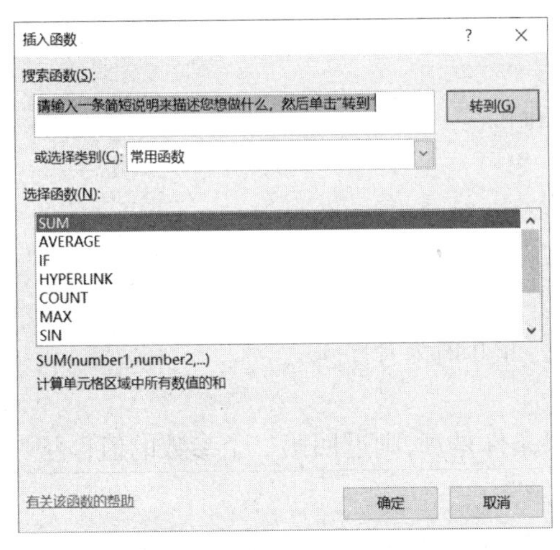

图 3-32　“插入函数”对话框

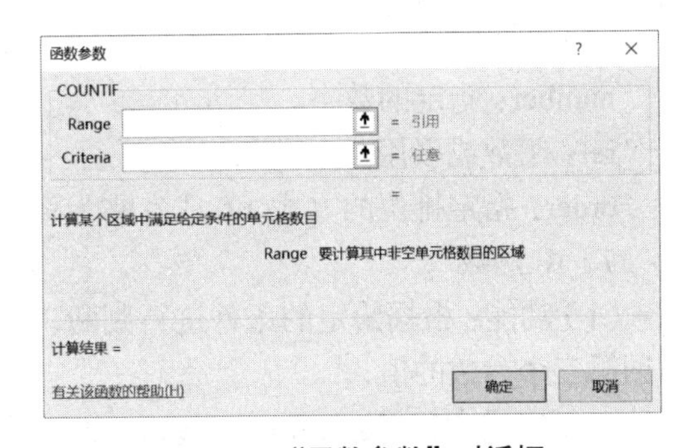

图 3-33　“函数参数”对话框

（3）单击编辑栏中的“插入函数”按钮。除了上述两种方法外，还可以通过单击编辑栏中的 *fx* 按钮，通过“插入函数”对话框插入函数。步骤如下。

① 选择需要插入函数的单元格。

② 单击编辑栏中的 *fx* 按钮，如图 3-34 所示。在弹出的“插入函数”对话框中选择合适的函数并设置参数。

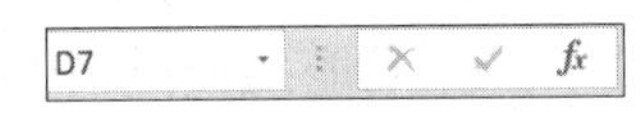

图 3-34　编辑栏

4. 常用函数介绍

1）SUM 函数

（1）功能：返回单元格区域中所有数值的和。

（2）格式：SUM（number1，number2，…）

2）SUMIF 函数

（1）功能：返回满足条件的单元格区域中所有数值的和。

（2）格式：SUMIF（range，criteria，sum_range）

（3）参数如下。

range：表示要进行计算的单元格区域。

criteria：表示以数字、文本或表达式定义的条件。

sum_range：表示用于求和计算的实际单元格。

3）AVERAGE 函数

（1）功能：返回单元格区域中所有数值的平均值。

（2）格式：AVERAGE（number1，number2，…）

4）MAX 函数

（1）功能：返回单元格区域中所有数值的最大值。

（2）格式：MAX（number1，number2，…）

5）MIN 函数

（1）功能：返回单元格区域中所有数值的最小值。

（2）格式：MIN（number1，number2，…）

6）RANK 函数

（1）功能：返回指定数字在一列数字中的排位。

（2）格式：RANK(number，ref，order)

（3）参数如下。

number：指定的数字。

ref：组数或引用。

order：指定排位的方式（0 或省略为降序，非 0 值为升序）。

7）IF 函数

（1）功能：根据给定的条件进行判断，如果条件是真，则返回第二个参数的值；否则，返回第三个参数的值。

（2）格式：IF（logical-test，value-if-true，value-if-false）

8）COUNT、COUNTA 函数

（1）功能：计算参数中包含数字（非空）的单元格个数。

（2）格式：COUNT/COUNTA(value1，value2，…)

9）COUNTIF 函数

（1）功能：计算某个区域中满足给定条件的单元格数目。

（2）格式：COUNTIF（range，criteria）

任务实施

（1）双击 E2 单元格，输入 =SUM(B2:D2)，按 Enter 键，求出结果，拖动填充柄至 E35 单元格。

（2）双击 F2 单元格，输入 =AVERAGE(B2:D2)，按 Enter 键，求出结果。右击，设置单元格格式，在“数字”选项卡下选择数值，小数点后保留两位小数。

（3）双击 G2 单元格，输入 =RANK(E2，$E$2:$E$35)，按 Enter 键，求出结果，拖动填充柄至 G35 单元格。

（4）双击 B36 单元格，输入 =MAX(B2:B35)，按 Enter 键，求出结果，拖动填充柄至 D36 单元格。

（5）双击 B37 单元格，输入 =MIN(B2:B35)，按 Enter 键，求出结果，拖动填充柄至 D37 单元格。

3.4　格式化工作表

任务知识点

- 设置文字对齐方式。
- 设置单元格边框。
- 设置数字格式。
- 设置单元格行高和列宽。
- 条件格式。
- 单元格样式。
- 表格格式。

任务描述

打开“素材\3\数字格式.xlsx”，利用数字格式将图 3-35 中原格式的数据转换为转变后的格式数据。

类型	原格式	转变后的格式
数值	-25636	-25,636.00
货币	10000	¥10,000.00
会计专用	1555	¥　1,555.00
日期	39914	2009/4/11
时间	0.6980536	16:45:12
百分比	0.11	11.00%
分数	0.1	1/10
科学计数	1200000000	1.20E+09
文本	2422	2422
特殊	25638	贰万伍仟陆佰叁拾捌

图 3-35　数字格式转换

知识预备

1. 单元格格式设置

在 Excel 中，组成 Excel 的最基本元素为单元格，如何设置单元格，决定了未来如何采集数据以及如何做运算。

在打开的 Excel 2019 工作表中，单击“开始”功能区“字体”组的按钮，打开“设置单元格格式”对话框。

（1）在“对齐”选项卡中设置文字对齐方式。单元格的对齐方式包括左对齐、居中、右对齐、顶端对齐、垂直居中、底端对齐等多种方式，用户可以在“开始”功能区或“设置单元格格式”对话框中进行设置。

① 打开工作簿窗口，选中需要设置对齐方式的单元格。右击被选中的单元格，并从弹出的快捷菜单中选择“设置单元格格式”命令。

② 在弹出的“设置单元格格式”对话框中，切换到“对齐”选项卡。在“文本对齐方式”区域可以分别设置“水平对齐”和“垂直对齐”方式。

其中，“水平对齐”方式包括“常规”“靠左（缩进）”“居中”“靠右（缩进）”“填充”“两端对齐”“跨列居中”和“分散对齐”8 种方式；“垂直对齐”方式包括“靠上”“居中”“靠下”“两端对齐”和“分散对齐”5 种方式。

③ 选择合适的对齐方式，并单击“确定”按钮即可，如图 3-36 所示。

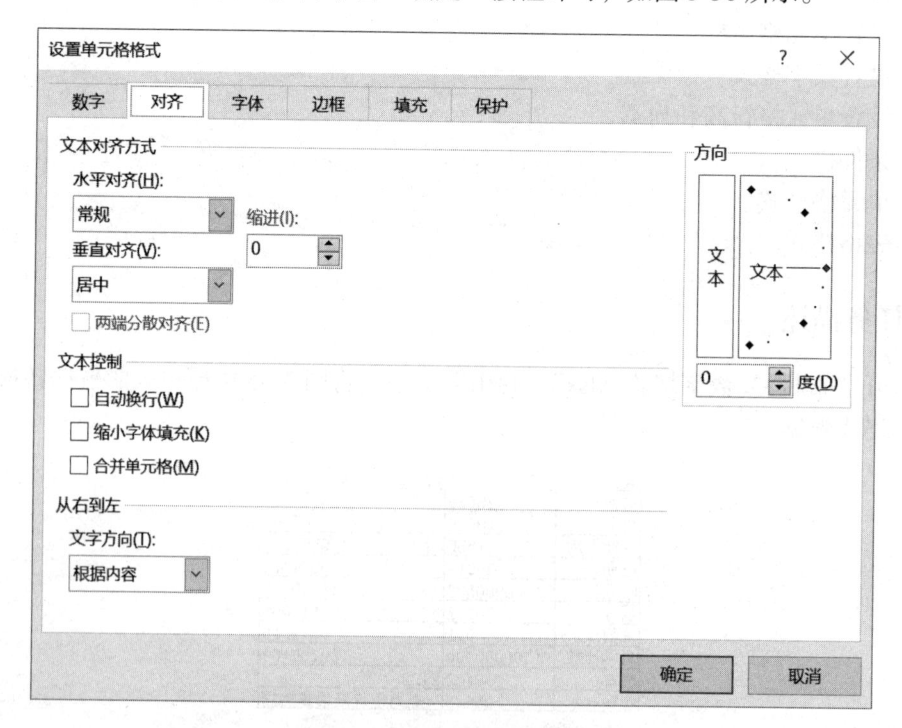

图 3-36　设置单元格的对齐方式

（2）在“边框”选项卡中设置单元格边框。用户可以为选中的单元格区域设置各种类型的边框，具体有以下两种方法。

方法一：单击“开始”功能区的“字体”组中的田按钮，在弹出的下拉列表中选择适合的边框类型。

方法二：右击需要设置的单元格，并从弹出的快捷菜单中选择“设置单元格格式”命令，弹出“设置单元格格式”对话框。在“边框”选项卡中，选择需要的边框样式，单击“确定”按钮，如图 3-37 所示。

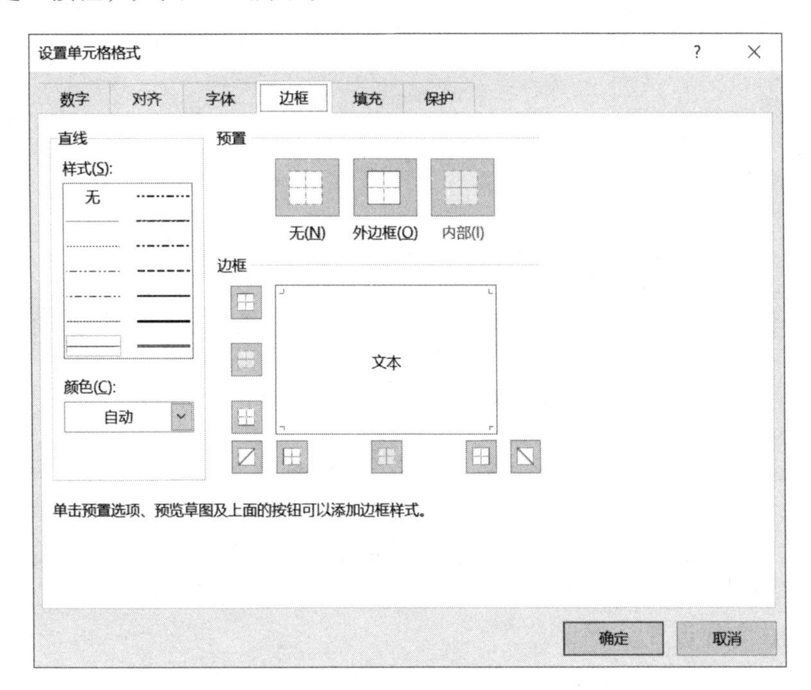

图 3-37 设置单元格的边框

2. 单元格数字格式

在 Excel 表中，数据有各种各样的样式，我们可以通过设定单元格的数字格式，从而得到我们需要的结果。

右击需要设置对齐方式的单元格，并从弹出的快捷菜单中选择“设置单元格格式”命令。在弹出的“设置单元格格式”对话框中，切换到“数字”选项卡，如图 3-38 所示。

1）数值格式

数值格式设置包括设置数据的千位分隔样式、小数位数，具体有以下两种方法。

方法一：选择需要设定数值格式的单元格或单元格区域。单击“格式”工具栏中的“千位分隔样式”按钮，可以改变数值为千位格式。单击“增加小数位数”按钮，可以增加小数位数；单击“减少小数位数”按钮，可以减少小数位数。每单击一次，可以增加或减少一位小数，如果需要增加或减少若干位小数，可连续单击按钮。

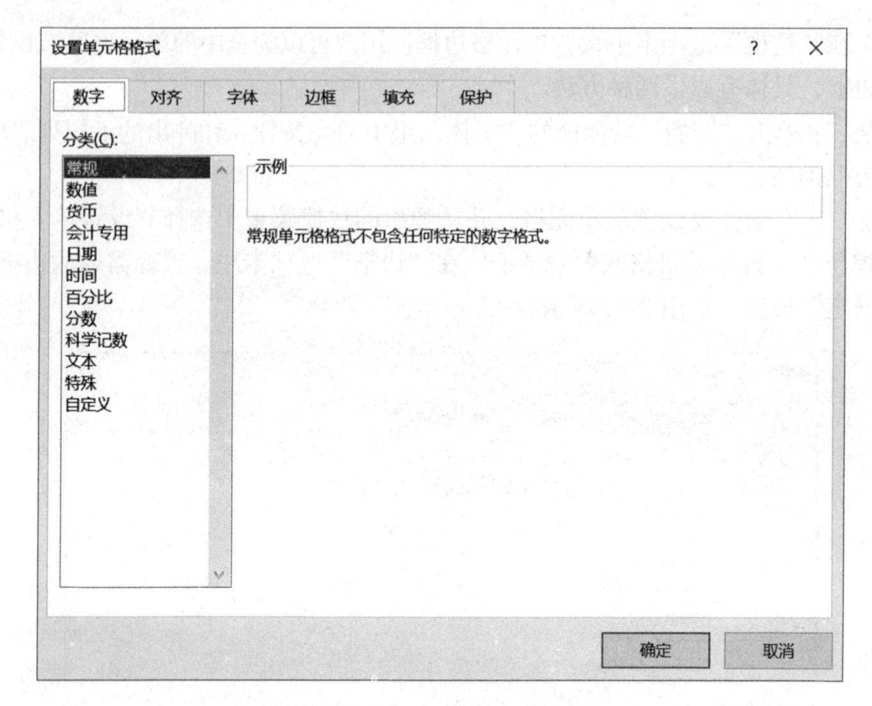

图 3-38　单元格数字格式设置

方法二：选择需要设定数值格式的单元格或单元格区域。选择“格式”菜单中的“单元格”命令，出现“单元格格式”对话框。在“单元格格式”对话框中，单击选中“数字”选项卡。在“分类”列表框中，选择“数值”类型。在“小数位数”输入框中输入需要的小数位数，如果选中“使用千位分隔符”复选框，则设置数值为千位格式。单击“确定”按钮，完成设置。

也可以右击被选中的单元格，并从弹出的快捷菜单中选择“设置单元格格式”命令，出现“单元格格式”对话框，在对话框中完成同样的操作。

2）百分比格式

如果需要以百分比格式显示单元格的值，则单击“格式”工具栏中的“百分比样式”按钮，或在“单元格格式”对话框的“数字”选项卡中，选择“分类”选项中的“百分比”格式。百分比格式将单元格值乘以 100 并添加百分号，还可以设置小数点位置。

3）分数格式

如果需要将小数以分数格式显示，则在“单元格格式”对话框的“数字”选项卡中，选择“分类”选项中的“分数”格式。分数格式以分数显示数值中的小数，数值的整数部分和分数之间用一个空格间隔，还可以设置分母的位数和分母的值。

4）文本格式

默认方式下，文本在单元格内靠左对齐，数值在单元格内靠右对齐。当输入文本数字时，应先输入单引号，再输入数字。如果需要将单元格中已经存在的数值型数据设置为文本格式，可以采用以下方法。

（1）选择需要设定数据格式的单元格或单元格区域。

（2）选择“格式”菜单中的“单元格”命令，出现“单元格格式”对话框。

（3）在“单元格格式”对话框中，单击选中“数字”选项卡。

（4）在“分类”列表框中，选择“文本”类型。

（5）单击“确定”按钮，将选中的数字单元格设置为文本格式。如果要将数字当作文本输入，应先将单元格或单元格区域设定为文本格式，或先输入单引号“!”，再输入数字。

5）自定义数字格式

Excel 虽然已经提供了很多数字格式，但是并不能满足所有的工作需求。而它提供的“自定义数字格式”最大限度地弥补了这个缺陷。

（1）自定义数字格式中的代码符号及含义作用。

① 自定义数字格式中的“G/ 通用格式”代表以常规的数字显示，相当于“分类”列表中的“常规”选项。

② 自定义数字格式中的“#”代表数字占位符。只显示有意义的零而不显示无意义的零。小数点后数字位数如大于“#”的数量，则按“#”的位数四舍五入。

③ 自定义数字格式中“0”代表数字占位符。如果单元格的内容大于占位符，则显示实际数字；如果小于点位符的数量，则用 0 补足。

④ 自定义数字格式中的“@”代表文本占位符，如果只使用单个 @，作用是引用原始文本，要在输入数字数据之后自动添加文本，使用自定义格式为：“文本内容”@；要在输入数字数据之前自动添加文本，使用自定义格式为：@“文本内容”。@ 符号的位置决定了 Excel 输入的数字数据相对于添加文本的位置。

⑤ 自定义数字格式中的“*”代表重复下一次字符，直到充满列宽。

⑥ 自定义数字格式中的“,”代表千位分隔符。

⑦ 自定义数字格式中的“\”代表用这种格式显示下一个字符。

⑧ 自定义数字格式中的“？”代表数字占位符。在小数点两边为无意义的零添加空格，以便当按固定宽度时，小数点可对齐。

⑨ 时间和日期代码。

YYYY 或 YY：按四位（1900~9999）或两位（00~99）显示年。

MM 或 M：以两位（01~12）或一位（1~12）来表示月。

DD 或 D：以两位（01~31）或一位（1~31）来表示天。

提示：如果把代码设置为“YYYY-MM-DD”，则 2018 年 1 月 10 日显示为“2018-01-10”；如果把代码设置为“YY-M-D”，则 2018 年 10 月 10 日显示为“18-1-10”。

（2）自定义数字格式的组成规则如下。

自定义数字格式可以分为四种类型的数值：正数、负数、零值、文本。

自定义数字格式代码结构如下。

正数：_ * #，##0_；

负数：_ * -#，##0_；

零值：_ * "-"_；

文本：_ @_。

以上四个区段构成了自定义数字格式代码的完整结构，每个区段均以“;”(在英文半角状态下输入的分号)隔开，每个区段代码对不同类型的数据内容产生作用，如图3-39所示。

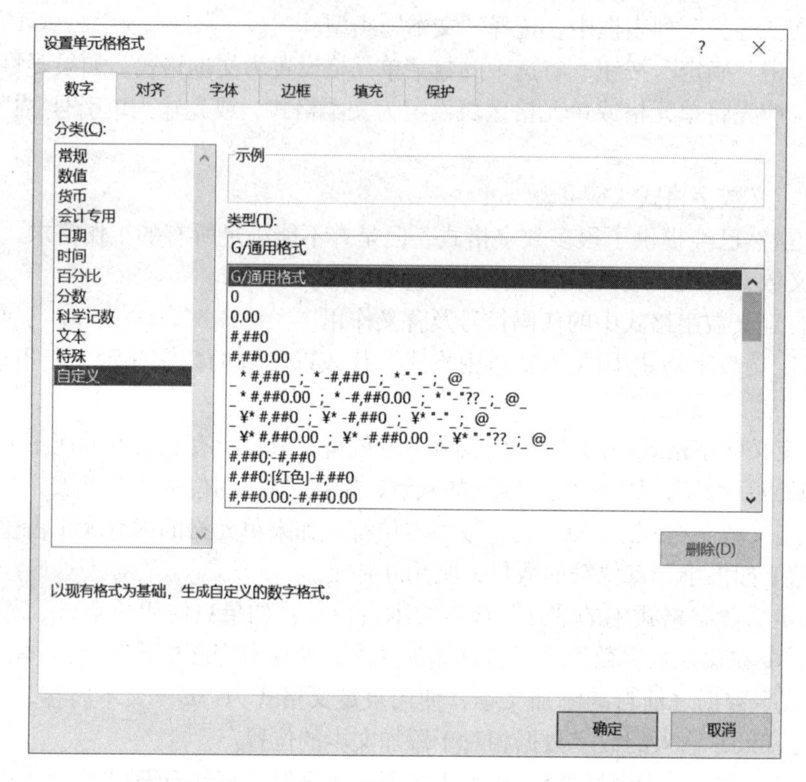

图 3-39 自定义数字格式：正数、负数、零值、文本

除了以正负作为分隔依据外，也可以分区段设置所需要的条件。

格式一：大于条件值；小于条件值；等于条件值；文本。

格式二：条件值 1；条件值 2；不满足条件值 12；文本。

以上两种格式都是可以的。

当然，在实际应用中，不必都按照四个区段结构来编写格式代码，少于四个区段都是被允许的。当自定义格式代码只有一个时，格式代码作用于所有类型；当只有两个时，第一区段作用于正数和零值，第二区段作用于负数；当只有三个区段时，第一区段作用于正数，第二区段作用于负数，第三区段作用于零值。

但当自定义格式中包含条件时，代码区段不能少于两个。当代码区段有两个时，第一区段满足条件值 1，第二区段作用于其他；当代码区段有三个时，第一个区段满足条件值 1，第二个区段满足条件值 2，第三个区段作用于其他。

3. 设置行高和列宽

在编辑表格时，经常要根据单元格中字体的高度或内容的长度调整行高或列宽。行高和列宽可以精确地设置，也可以设置为自动调整，还可以进行粗略的调整。

1）精确设置行高或列宽

（1）选择要设置行高的行或要设置列宽的列。

（2）单击“开始”功能区“单元格”组的“格式”按钮，弹出下拉列表。

（3）在下拉列表中，选择“列宽”或“行高”命令，将会弹出“列宽”或“行高”对话框，分别如图 3-40 和图 3-41 所示。在对话框中输入需要设置的值，单击“确定”按钮即可。

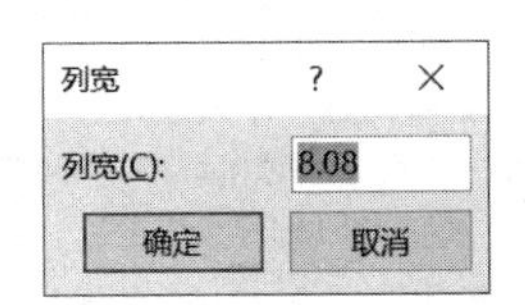

图 3-40　“列宽”对话框

图 3-41　“行高”对话框

2）自动调整行高或列宽

在编辑表格时，还可以设置根据单元格中字体的高度或内容的长度自动调整行高或列宽。

（1）只设置一行或一列。如果只设置某一行为自动调整行高，或只设置某一列为自动调整列宽，步骤如下。

① 将光标移至要调整行高的行号的下边框线位置，或要调整列宽的列标的右边框线位置，例如，如果要调整第 3 行或 B 列的列宽，光标的位置如图 3-42 所示。

② 当光标呈形状或形状时，双击即可。

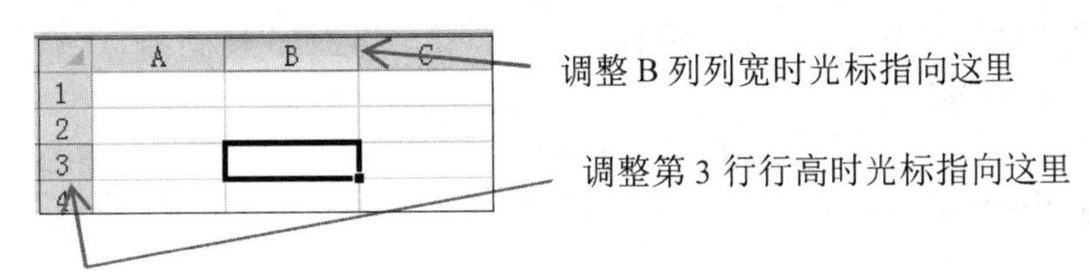

图 3-42　光标位置示意图

（2）同时调整连续的多行或多列。如果要同时调整多行或多列为自动调整行高或列宽，步骤如下。

① 选择连续的行或列。

② 将光标移至行号之间的分隔线或列标之间的分隔线位置，当光标呈形状或形状时双击即可。

3）粗略调整行高或列宽

粗略调整行高和列宽的方法与调整为最适合的行高和列宽的方法相似。不同之处在于，当光标呈形状或形状时，不是双击，而是按下左键拖动鼠标，调整至合适的行高或列宽后释放左键。

4）使用“选择性粘贴”调整列宽

在编辑表格时，如果想设置某一列的列宽与另一列的列宽相同，还可以“复制”列宽，步骤如下。

（1）选择要使用列宽的列。

（2）按 Ctrl+C 组合键进行复制。

（3）选择要复制列宽的列。

（4）单击“开始”功能区“剪贴板”组“粘贴”按钮下方的粘贴下拉按钮，在下拉列表中选择“选择性粘贴”命令，如图 3-43 所示，弹出“选择性粘贴”对话框。

（5）在对话框中，选中“列宽”单选按钮，如图 3-44 所示，单击“确定”按钮即可。

说明：不能使用“选择性粘贴”调整行高。

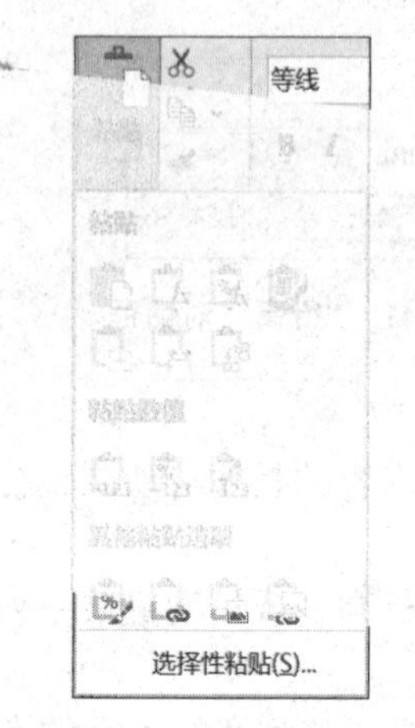

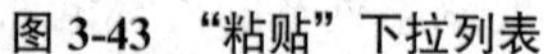

图 3-43 “粘贴”下拉列表

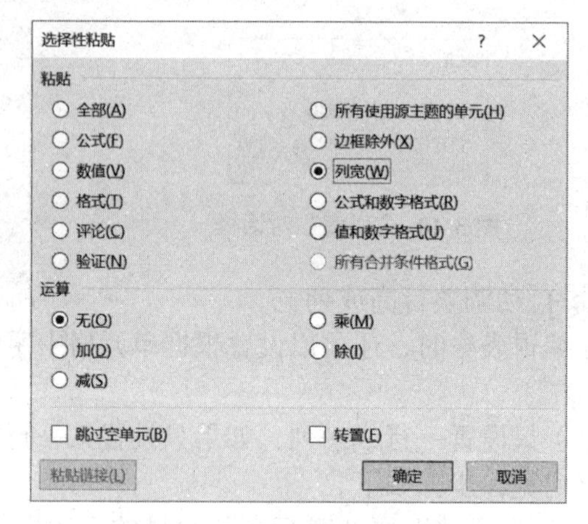

图 3-44 “选择性粘贴”对话框

4. 条件格式

条件格式是指在单元格区域上设置“条件”和“格式”，使满足“条件”的单元格自动应用设置的“格式”。

1）“条件”和“格式”设置在同一单元格

在使用 Excel 制作表格时，经常用到条件格式。多数情况下，“条件”和“格式”设置在相同的单元格。

例如，要求在图 3-45 所示的表格中，设置条件格式：将“大于 90”的分数填充为黄色。步骤如下。

（1）选择要设置条件格式的第一个单元格 B2。

（2）单击“开始”功能区“样式”组的按钮，弹出下拉列表。

	A	B	C	D	E	F	G
1	姓名	政治	语文	数学	英语	物理	化学
2	梁海平	89	50	84	85	92	91
3	欧海军	71	55	75	79	94	90
4	邓远彬	67	59	95	72	88	86
5	张晓丽	76	49	84	89	83	87
6	刘富彪	63	56	82	75	98	93
7	刘章辉	65	47	95	69	90	89
8	邹文晴	77	54	78	90	83	83
9	黄仕玲	74	61	83	81	92	64
10	刘金华	71	50	76	73	100	84
11	叶建琴	72	53	81	75	87	88
12	邓云华	74	46	82	73	91	92
13	李迅宇	65	48	90	79	88	83

图 3-45 工作表示例一

（3）将光标移至下拉列表中的“突出显示单元格规则”选项，弹出级联菜单，如图 3-46 所示。

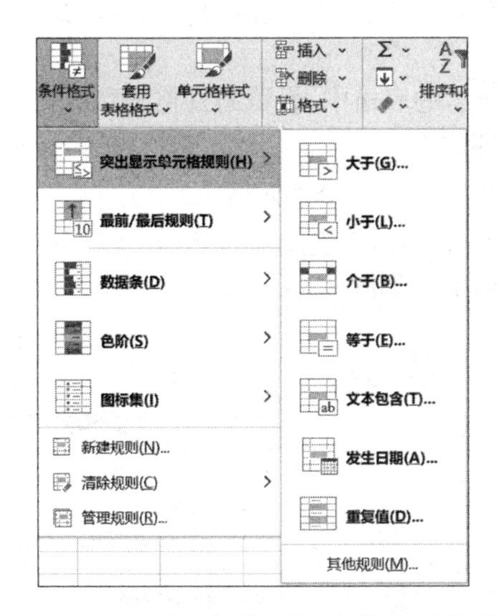

图 3-46　“突出显示单元格规则”级联菜单

（4）在级联菜单中选择“大于”命令，弹出“大于”对话框。

（5）在“大于”对话框中左边的文本框中输入 90，在右侧的下拉列表中选择“自定义格式”，弹出“设置单元格格式”对话框，在对话框中设置“填充黄色”，然后单击“确定”按钮，返回“大于”对话框，如图 3-47 所示。

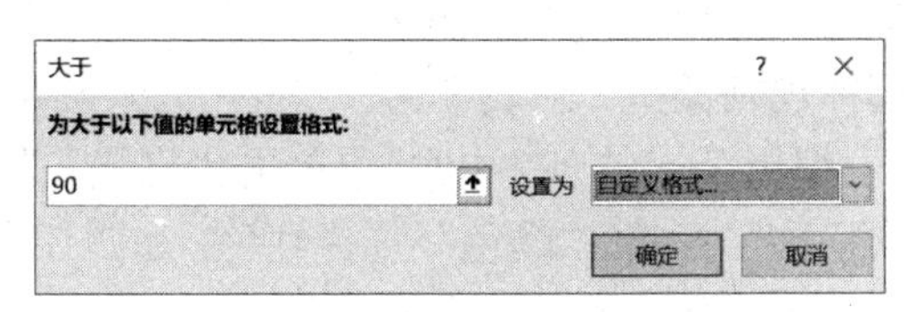

图 3-47　“大于”对话框

（6）单击“确定”按钮，完成 B2 单元格的条件格式设置，然后用格式刷将所有成绩区域都设置成与 B2 单元格相同的格式，效果如图 3-48 所示。

	A	B	C	D	E	F	G
1	姓名	政治	语文	数学	英语	物理	化学
2	梁海平	89	50	84	85	92	91
3	欧海军	71	55	75	79	94	90
4	邓远彬	67	59	95	72	88	86
5	张晓丽	76	49	84	89	83	87
6	刘富彪	63	56	82	75	98	93
7	刘章辉	65	47	95	69	90	89
8	邹文晴	77	54	78	90	83	83
9	黄仕玲	74	61	83	81	92	64
10	刘金华	71	50	76	73	100	84
11	叶建琴	72	53	81	75	87	88
12	邓云华	74	46	82	73	91	92
13	李迅宇	65	48	90	79	88	83

图 3-48　“条件格式”示例一效果图

2）“条件”和“格式”设置在不同单元格

在设置条件格式时，有时“条件”和“格式”设置在不同的单元格，这样在设置条件时就需要用到公式。

例如,要求在图 3-49 所示的表格中,设置条件格式: 将“总分”低于 200 的同学的“姓名”设置为红色字体。步骤如下。

(1)选择要设置条件格式的第一个单元格 A2。

(2)单击“开始”功能区“样式”组的按钮,在下拉列表中选择“新建规则”命令,弹出“新建格式规则”对话框,如图 3-50 所示。

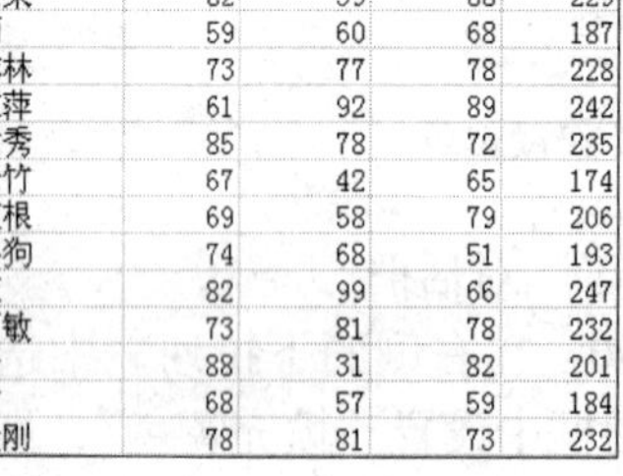

	A	B	C	D	E
1	姓名	语文	数学	英语	总分
2	王海明	89	79	61	229
3	李月玫	72	82	85	239
4	张伟	65	51	67	183
5	金亦坚	79	63	69	211
6	陈水君	51	42	74	167
7	何进	66	93	82	241
8	朱宇强	78	60	73	211
9	张长荣	82	59	88	229
10	沈丽	59	60	68	187
11	冯志林	73	77	78	228
12	周文萍	61	92	89	242
13	徐君秀	85	78	72	235
14	陈云竹	67	42	65	174
15	高宝根	69	58	79	206
16	陈小狗	74	68	51	193
17	陈弦	82	99	66	247
18	毛阿敏	73	81	78	232
19	张云	88	31	82	201
20	白雪	68	57	59	184
21	王大刚	78	81	73	232

图 3-49 工作表示例二

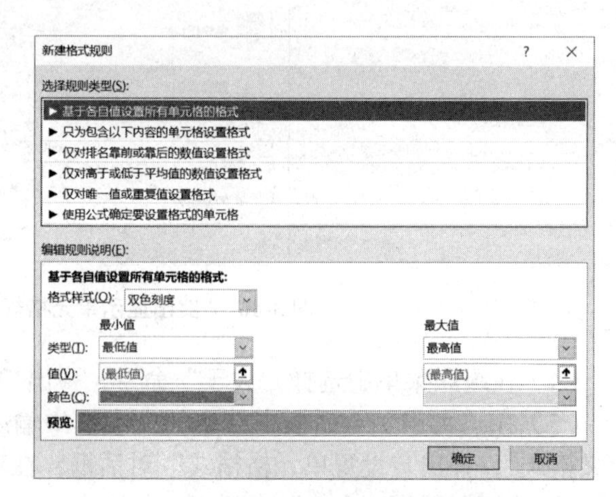

图 3-50 “新建格式规则”对话框

(3)在对话框的“选择规则类型”列表中选择“使用公式确定要设置格式的单元格”选项,在下方的文本框中编辑公式“=E2<200”,单击“格式”按钮。弹出“设置单元格格式”对话框,选择“字体”标签,“颜色”选择红色,如图 3-51 所示,然后单击“确定”按钮,完成 A2 单元格条件格式的设置。

(4)使用“格式刷”将单元格区域 A3:A21 设置成与 A2 单元格相同的格式,效果如图 3-52 所示。

图 3-51 编辑“条件”公式

	A	B	C	D	E
1	姓名	语文	数学	英语	总分
2	王海明	89	79	61	229
3	李月玫	72	82	85	239
4	张伟	65	51	67	183
5	金亦坚	79	63	69	211
6	陈水君	51	42	74	167
7	何进	66	93	82	241
8	朱宇强的	78	60	73	211
9	张长荣	82	59	88	229
10	沈丽	59	60	68	187
11	冯志林	73	77	78	228
12	周文萍	61	92	89	242
13	徐君秀	85	78	72	235
14	陈云竹	67	42	65	174
15	高宝根	69	58	79	206
16	陈小狗	74	68	51	193
17	陈弦	82	99	66	247
18	毛阿敏	73	81	78	232
19	张云	88	31	82	201
20	白雪	68	57	59	184
21	王大刚	78	81	73	232

图 3-52 “条件格式”示例二效果图

3）编辑条件格式

（1）删除条件格式。步骤如下。

① 选择要删除“条件格式”的单元格或单元格区域。

② 单击“开始”功能区“样式”组的按钮，在下拉列表中选择“清除规则”命令，然后在其级联菜单中选择“清除所选单元格的规则”或“清除整个工作表的规则”命令，即可删除指定的条件格式。

（2）修改条件格式。步骤如下。

① 选择要删除“条件格式”的单元格或单元格区域。

② 单击“开始”功能区“样式”组的按钮，在下拉列表中选择“管理规则”命令，弹出“条件格式规则管理器”对话框，如图 3-53 所示。

③ 在对话框中，单击“编辑规则”按钮，修改规则。

④ 修改完成后单击“确定”按钮，返回“条件格式规则管理器”对话框，单击“确定”按钮，完成条件格式的修改。

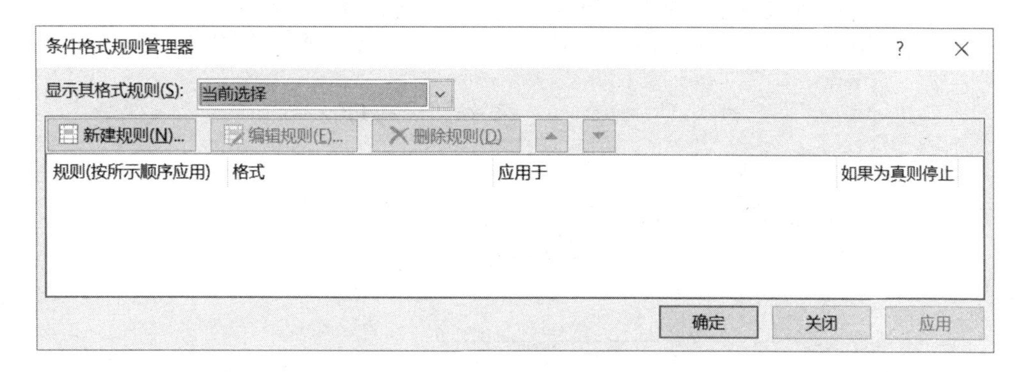

图 3-53 “条件格式规则管理器”对话框

5. 单元格样式

如果想快速格式化表格，可以直接应用“单元格样式”进行单元格格式的设置，步骤如下。

（1）选择要应用“单元格样式”的单元格区域。

（2）单击“开始”功能区“样式”组的按钮，弹出下拉列表，如图 3-54 所示。

（3）在下拉列表中将光标指向某个样式，可以预览效果，如果要应用样式，单击该样式即可；还可以选择“新建单元格样式”命令，自定义样式并应用。

6. 表格格式

Excel 2019 提供了多种专业性的报表格式供用户选择，可直接套用到选择的单元格区域。通过“套用表格格式”，可以对表格起到快速美化的效果。

套用表格格式的步骤如下。

（1）选择要应用“套用表格格式”的单元格区域。

（2）单击“开始”功能区“样式”组的按钮，弹出下拉列表，如图 3-55 所示。

（3）在列表中选择一个合适的格式，弹出“创建表”对话框，如图 3-56 所示。

（4）如果要修改套用表格格式的单元格区域，重新选择单元格区域即可，单元格区域确定后，单击“确定”按钮，选定的单元格区域将套用指定的表格样式。

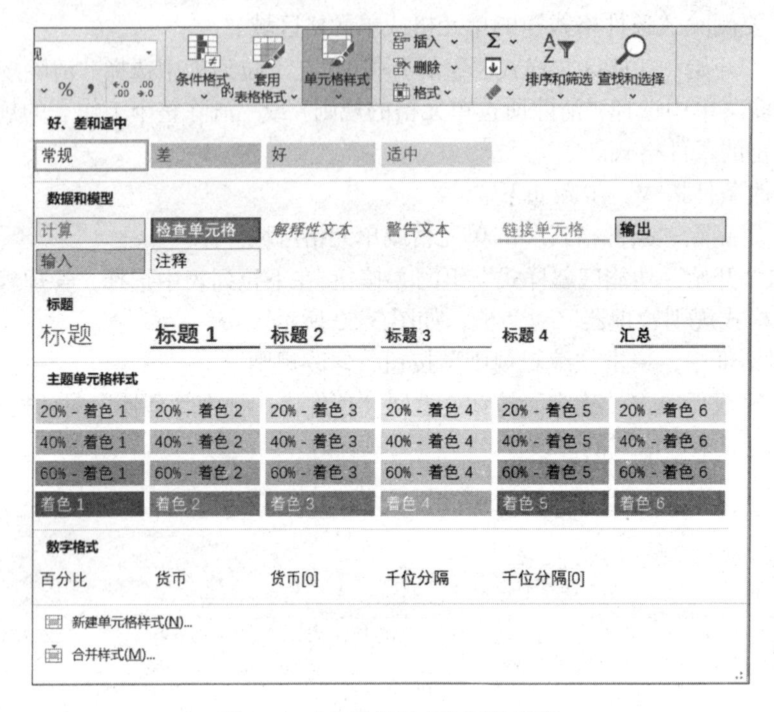

图 3-54 “单元格样式”下拉列表

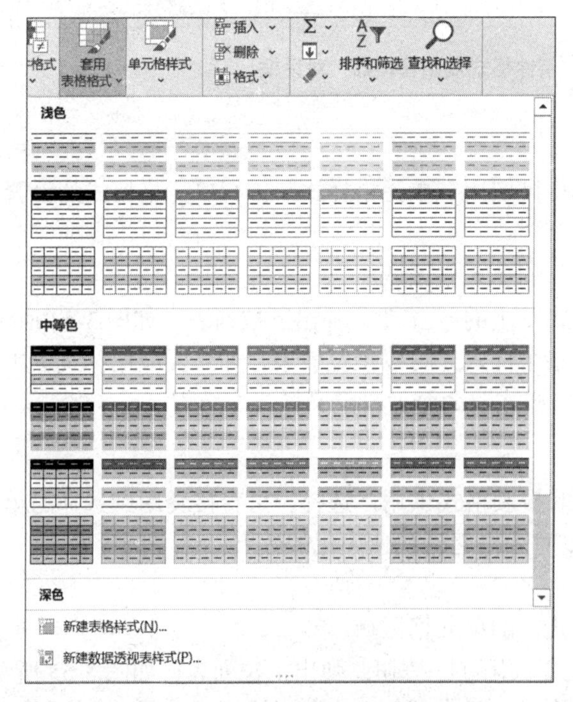

图 3-55 “套用表格格式”下拉列表

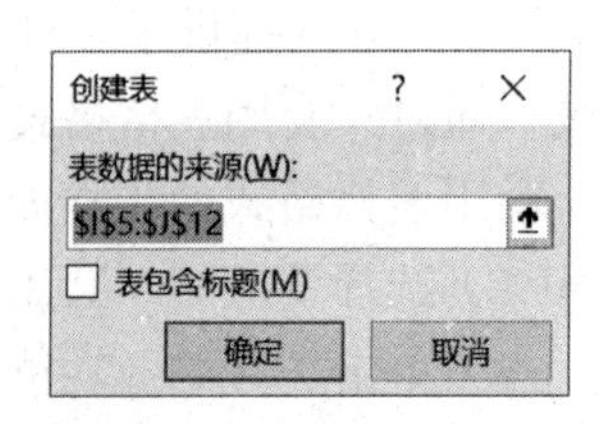

图 3-56 “创建表”对话框

任务实施

（1）在 C1 单元格输入数值 –25636。右击单元格，单击选中“单元格格式”对话框的“数字”选项卡，选择“数值”。小数点位数选择 2。选中“使用千位分隔符”。然后单击“确定”按钮。数值变成 –25,636.00。

（2）在 C2 单元格输入数值 10000。右击单元格，单击选中“单元格格式”对话框的“数字”选项卡，选择“货币”。小数点位数选择 2。货币符号选择 ¥。然后单击“确定”按钮。数值变成 ¥10,000.00。

（3）在 C3 单元格输入数值 1555。右击单元格，单击选中“单元格格式”对话框的“数字”选项卡，选择“货币”。小数点位数选择 2，货币符号选择 ¥，然后单击“确定”按钮。数值变成 ¥1,555.00（¥ 符号在单元格最左侧）。

（4）在 C4 单元格输入数值 39914。右击单元格，单击选中“单元格格式”对话框的“数字”选项卡，选择“日期”。类型选择 *2001/3/14。区域设置选择“中文（中国）”。然后单击“确定”按钮。数值变成 2009/4/11（Excel 采用 1900 纪元法，即数值 1 为 1900/1/1。所以 39914 代表距离 1900/1/1 过去了 39913 天，即为公元的 2009/4/11 这一天）。

（5）在 C5 单元格输入数值 0.698054。右击单元格，单击选中“单元格格式”对话框的“数字”选项卡，选择“时间”。类型选择 *13:30:55。区域设置选择“中文（中国）”。然后单击“确定”按钮。数值变成 16:45:12（Excel 采用 1900 纪元法，即数值 1 为 1900/1/1。1 天代表 24 小时。0.698054 按比例计算结果为 16:45:12）。

（6）在 C6 单元格输入数值 0.11。右击单元格，单击选中“单元格格式”对话框的“数字”选项卡，选择“百分比”。小数位数选择 2 位。然后单击“确定”按钮。数值变成 11%。

（7）在 C7 单元格输入数值 0.1。右击单元格，单击选中“单元格格式”对话框的“数字”选项卡，选择“分数”。类型选择“分母为两位数”，然后单击“确定”按钮，数值变成 1/10。

（8）在 C8 单元格输入数值 1200000000。右击单元格，单击选中“单元格格式”对话框的“数字”选项卡，选择“科学计数”。小数位数选择 2。然后单击“确定”按钮。数值变成 1.20E+09。

（9）在 C9 单元格输入数值 2422。右击单元格，单击选中“单元格格式”对话框的“数字”选项卡，选择“文本”。然后单击“确定”按钮。数值变成 2422 且数字靠近单元格右侧（有时候我们在 Excel 中输入的数值并没有含有比大小值的含义，只是单纯的数字，如电话号码、银行卡号码、身份证号码等）。而在 Excel 中，超过 15 位是不显示的，所以需要把此类数值转换为文本格式，方便储存。

（10）在 C10 单元格输入数值 25638。右击单元格，单击选中“单元格格式”对话框的“数字”选项卡，选择“特殊”。类型选择“中文大写数字”。然后单击“确定”按钮。数值变成贰伍陆叁捌。

3.5 数 据 处 理

任务知识点

- 数据清单。
- 数据的排序。
- 数据的筛选。
- 分类汇总。
- 数据有效性。
- 数据透视表和数据透视图。

任务描述

（1）打开“素材 \3\ 学生成绩统计表 .xlsx”，按以下要求操作。

① 按学生总分从高到低排序，如果总分相同，数学成绩高的同学排在前面。

② 在 J 列递增输入名次。

③ 复制 A2:I14 区域至工作表 Sheet2 中进行筛选，筛选出总分最高的三位同学。

（2）打开“素材 \3\ 分类汇总和数据有效性 .xlsx”，按以下要求操作。

① 分地区统计金额的总计。

② 分地区与产品分类统计金额的总计。

③ 将分类汇总后 2 级目录得到的结果复制到 Sheet3 中。

知识预备

1. 数据清单和管理数据

1）数据清单

具有二维表特性的电子表格在 Excel 中被称为数据清单。数据清单类似于数据库表，可以像数据库表一样使用，其中，行表示记录，列表示字段。

数据清单具有以下特点。

（1）数据清单的第一行必须为文本类型，为列标题，也称字段名。

（2）第一行的下面是连续的数据区域，每一列包含相同类型的数据。

（3）除第一行之外的其他各行是描述一个人或事物的相关信息的，称为一条记录。

2）管理数据

数据清单既可以按照一般工作表的方法进行编辑，也可以通过“记录单”命令进行数据的增加、删除、修改、查找和浏览。

（1）添加“记录单”命令按钮到“自定义快速访问工具栏”中。默认情况下，Excel 2019 不显示“记录单”命令按钮，如果需要，用户可以自己向“自定义快速访问工具栏”添加“记录单”命令按钮，步骤如下。

① 选择“文件”按钮下拉列表中的“选项”命令，弹出“Excel 选项”对话框。

② 在对话框的左侧选择“快速访问工具栏”命令，在右侧区域的“从下列位置选择命令”下拉列表中选择“不在功能区中的命令”，然后拖动下方列表框的滚动条，选择“记录单”。

③ 单击“添加”按钮，将其添加到右侧的“自定义快速访问工具栏”列表中，如图 3-57 所示。

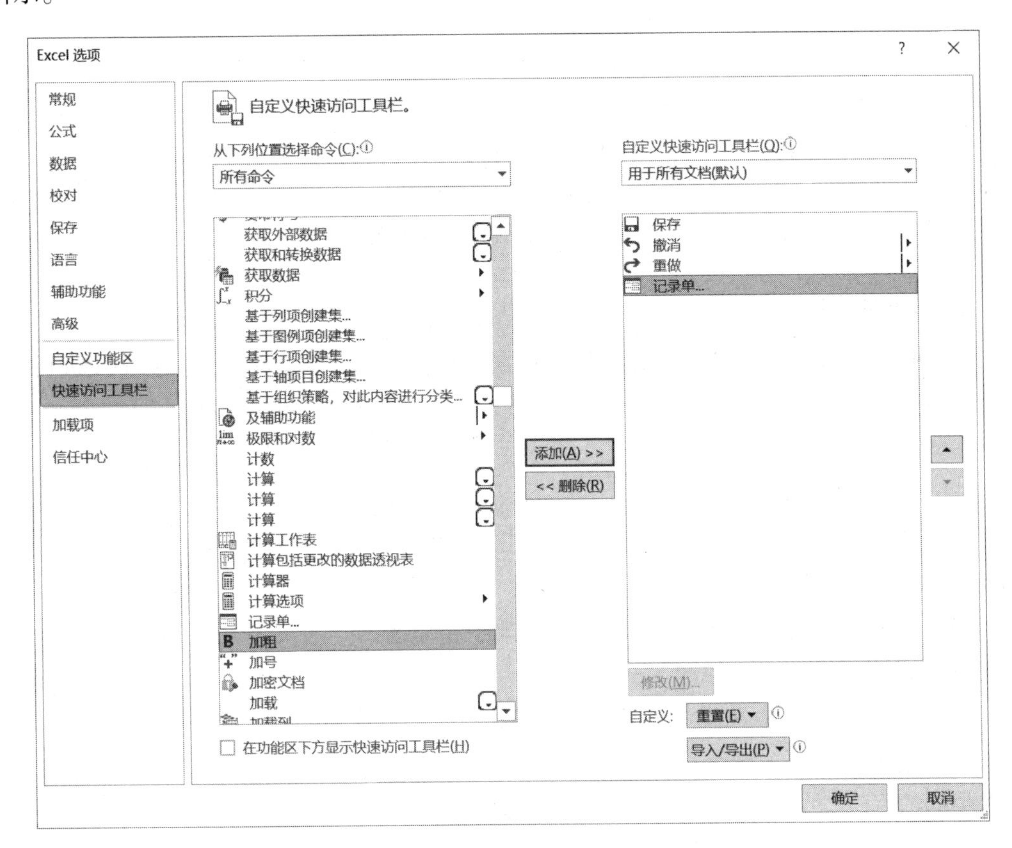

图 3-57　“Excel 选项”对话框

④ 最后单击“确定”按钮，就可以将“记录单”命令按钮添加到“自定义快速访问工具栏”中。

（2）使用“记录单”命令按钮进行数据的添加、删除、浏览及查询。使用“记录单”命令按钮可以进行数据的查询、添加及删除，步骤如下。

① 将活动单元格定位在数据表的任意单元格位置。

② 单击“自定义快速访问工具栏”中的“记录单”命令按钮，弹出“记录单”对话框，如图 3-58 所示。

③ 单击“新建”“删除”“上一条”和“下一条”“条件”命令按钮就可以进行数据的添加、删除、浏览及查询。

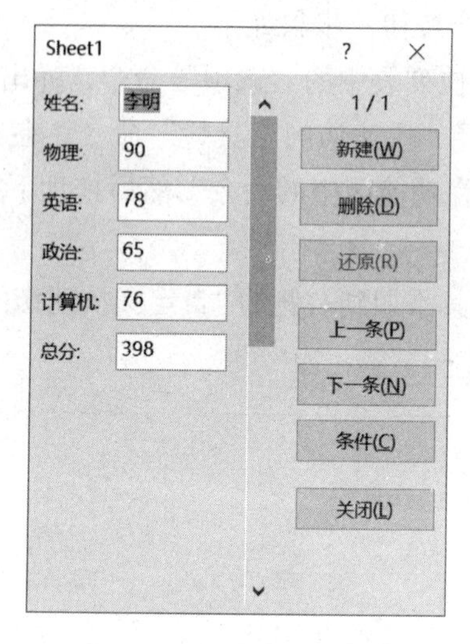

图 3-58 “记录单”对话框

2. 数据的排序

Excel 2019 提供了多种对工作表中的数据进行排序的方法，排序是根据字段进行的，如果只根据一个字段排序，该字段称为主要关键字；如果排序的字段还有第二个、第三个……均称为次要关键字。

1）单个关键字排序

（1）将活动单元格定位在数据表中“主要关键字”列的任意单元格位置。

（2）单击“开始”功能区“编辑”组“排序和筛选”按钮，弹出下拉列表，如图 3-59 所示。

（3）在下拉列表中选择“升序”或“降序”命令，即可按照指定的主要关键字“升序”或“降序”排列数据表中的数据。

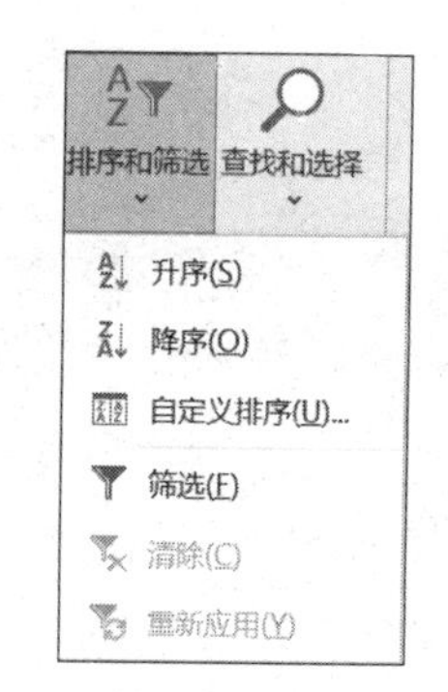

图 3-59 “排序和筛选”下拉列表

2）多个关键字排序

排序时，如果主要关键字相同，还可以再指定其他的排序字段，称为多个关键字排序。多个关键字排序的步骤如下。

（1）将活动单元格定位在数据表中任意单元格位置。

（2）单击“开始”功能区“编辑”组“排序和筛选”按钮，在下拉列表中选择“自定义排序”命令，弹出“排序”对话框，如图 3-60 所示。

（3）在对话框中设置排序的主要关键字及次序，单击对话框左上角的“添加条件”

按钮或“删除条件”按钮可以增加或删除排序字段。

（4）排序字段设置完成后，单击“确定”按钮，即可将数据按照指定的多个字段进行排序。

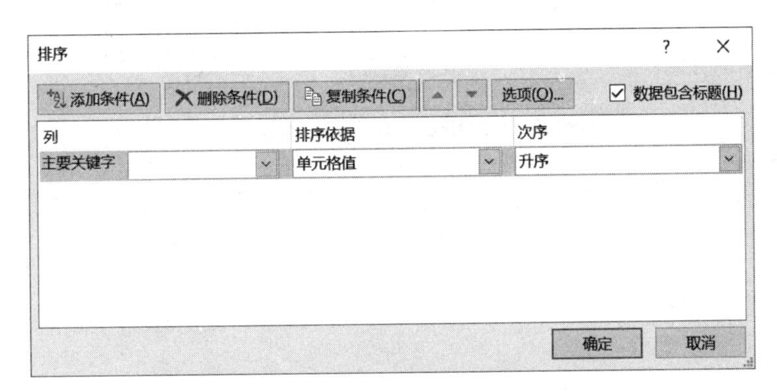

图 3-60 “排序”对话框

3. 数据的筛选

在 Excel 数据清单中，可以通过“筛选”功能将某些记录暂时隐藏起来，只显示满足某些条件的数据，以方便用户查看数据。

筛选分为自动筛选和高级筛选。

1）自动筛选

自动筛选是根据数据表中某个或多个字段的值或填充颜色进行筛选。当多个字段设置了筛选条件时，表示显示同时满足这些条件的记录。

Excel 2019 中，自动筛选可以“按数字筛选”，也可以“按颜色筛选”。

（1）按数字筛选。步骤如下。

① 将活动单元格定位在数据清单中的任意单元格位置。

② 单击“开始”功能区“编辑”组“排序和筛选”按钮，在下拉列表中选择“筛选”命令，此时，数据清单中每个字段名右侧都会出现一个下拉按钮，如图 3-61 所示。

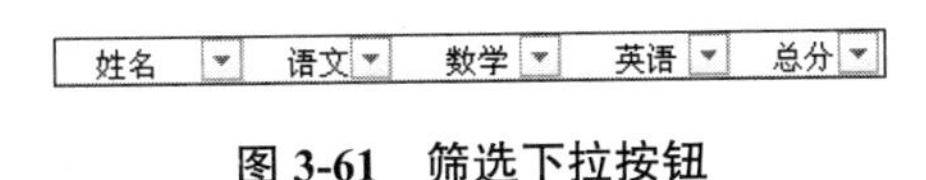

图 3-61 筛选下拉按钮

③ 单击要设置筛选条件的字段右侧的下拉按钮，在下拉列表中可以选择“数字筛选”命令，如图 3-62 所示，在级联菜单中设置筛选条件或自定义自动筛选条件，也可以删除已经设置的筛选条件。

（2）按颜色筛选。如果数据清单中单元格填充了颜色，Excel 2019 还可以按照颜色进行筛选。只需在“排序和筛选”下拉列表中选择“按颜色筛选”命令，在其级联菜单中选择要筛选的颜色即可，如图 3-63 所示。

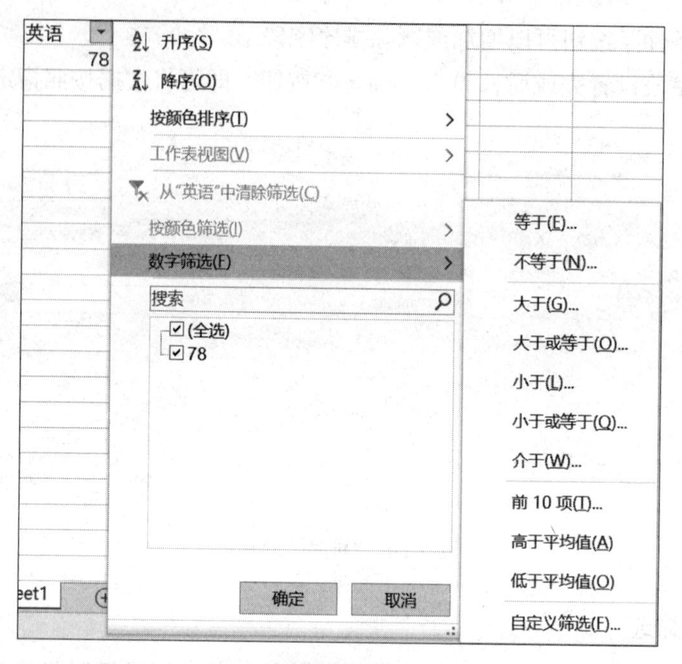

图 3-62 “按数字筛选”级联菜单

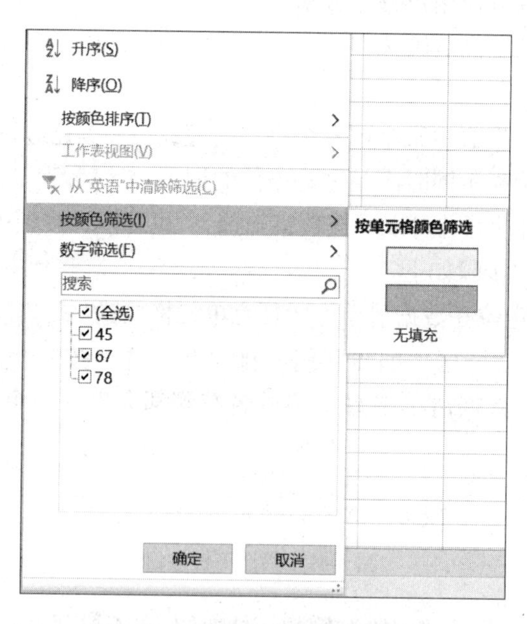

图 3-63 “按颜色筛选”级联菜单

（3）编辑筛选条件。设置自动筛选后，设置了筛选条件的字段名右侧的下拉按钮会变成形状，单击该按钮，可在下拉列表中选择相应的命令，修改该字段的筛选条件或删除该字段的筛选条件。

如果要取消自动筛选，步骤如下。

① 将活动单元格定位在数据表的任意单元格位置。

② 单击“开始”功能区“编辑”组“排序和筛选”按钮，弹出下拉列表，此时下拉列表中的“筛选”命令处于选中状态，如图 3-64 所示。

③ 在下拉列表中再次单击“筛选”命令，即可取消选中自动筛选，同时数据清单中每个字段右侧的下拉按钮也将消失。

说明：设置自动筛选的自定义条件时，可以使用通配符？和 *。其中，？代表任意一个字符，* 代表任意个数的字符。

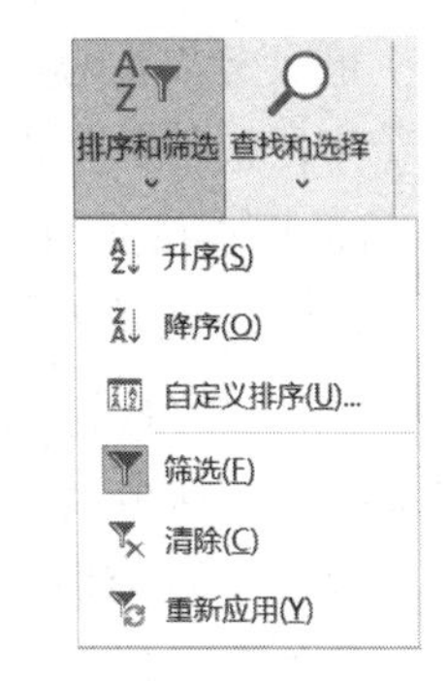

图 3-64 “排序和筛选”下拉列表

2）高级筛选

高级筛选是依据多个字段进行的复杂筛选，筛选的条件或条件区域放在数据区域之外，条件区域与数据区域至少要留一个空行或空列。高级筛选可以将符合条件的数据复制或抽取到另一个工作表或当前工作表的其他空白位置上。

要正确使用高级筛选，必须遵循以下原则。

（1）高级筛选时，必须在工作表中建立一个条件区域，输入各条件的字段名和条件值。条件区由一个字段名行和若干条件行组成，可以放置在工作表的任何空白位置，但必须与数据区最少隔开一行或一列，以防止条件区的内容受到数据表插入或删除记录行的影响。

（2）条件区的第二行开始是条件行，用于存放条件，如果条件位于同一行的不同列中，则表示条件为“与”逻辑关系，即满足其中所有条件才算符合条件；如果条件位于不同行单元格中，则表示条件为“或”逻辑关系，即满足其中任何一个条件就算符合条件。

4. 分类汇总

（1）认识分类汇总。“分类汇总”，顾名思义即先将数据分类，然后按照类别进行汇总。通过分类汇总，可以快速生成数据报表。

（2）如何进行分类汇总。Excel 中进行分类汇总之前一定要先完成排序操作，没有排序的分类汇总没有意义。这是因为排序的目的是把分类项集中起来，如果不进行排序，直接进行分类汇总，结果看上去很凌乱。

① 选中要编辑的单元格区域。

② 单击“数据”选项卡下的“排序”按钮。

③ 弹出“排序”对话框，在“主要关键词”选定“产品类别”（因为要求分类字段为“产品类别”），单击“确定”按钮。

④ 单击“数据”选项卡下的“分类汇总”按钮，弹出“分类汇总”对话框。

⑤“分类字段”选择“产品类别”，汇总方式选择“求和”，“选定汇总项”选择“金额”，汇总结果显示在数据下方，如图 3-65 所示。

⑥ 单击“确定”按钮后，按要求分类汇总完成。

（3）嵌套分类汇总。嵌套分类汇总是指在已创建的分类汇总的数据表基础上，再次按照某个字段进行分类汇总，即两个分类字段。设置嵌套分类汇总的步骤如下。

① 将数据表按照两个分类字段进行主要关键字和次要关键字的排序。

② 按照单一分类汇总的方法，按照第一个分类字段进行第一次分类汇总。

③ 在第一次分类汇总的基础上，再按照第二个分类字段进行第二次分类汇总，这里应注意，第二次分类汇总时，要取消选中“替换当前分类汇总”复选框。

（4）复制选定结果。在进行完 Excel 数据分类汇总后，如果只想提取某一级的汇总结果，进行如下操作。

① 单击“级别 2”，按 Ctrl+G 组合键，弹出“定位”对话框，单击“定位条件”按钮，如图 3-66 所示。

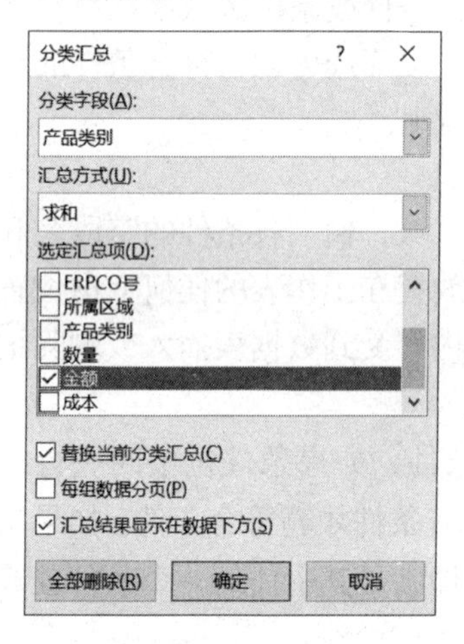

图 3-65　分类汇总

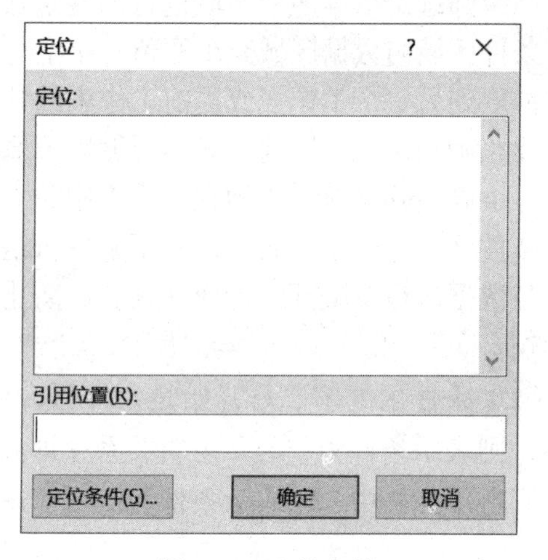

图 3-66　定位条件

② 在“定位条件”对话框中选择“可见单元格”，单击“确定”按钮。

③ 此时数据区域中可见部分已被选定，按 Ctrl+C 组合键进行数据复制。

④ 在新表中直接按 Ctrl+V 组合键进行粘贴即可。此时的数据只有 1、2 两个级别，将总计行删除，同时删除分类汇总，即可得到想要的结果数据，如图 3-67 所示。

	A	B	C	D	E	F	G	H	I
1	订购日期	发票号	工单号	ERPCO号	所属区域	产品类别	数量	金额	成本
2					常熟 汇总			6, 675, 968. 73	
3					昆山 汇总			3, 633, 383. 98	
4					南京 汇总			1, 227, 918. 83	
5					苏州 汇总			6, 415, 978. 31	
6					无锡 汇总			6, 628, 991. 86	

图 3-67　新粘贴的数据结果

5. 数据有效性

数据有效性是对单元格或单元格区域输入的数据从内容到数量上的限制。对于符合条件的数据，允许输入；对于不符合条件的数据，则禁止输入。这样就可以依靠系统检查数据的正确有效性，避免录入错误的数据。

1）设置整数数据有效性

（1）选中自己想设置数据有效性的任意一列。

（2）在“数据”选项卡下单击“数据验证”按钮，在下拉列表中选择“数据验证”命令，如图 3-68 所示，弹出“数据验证”对话框。

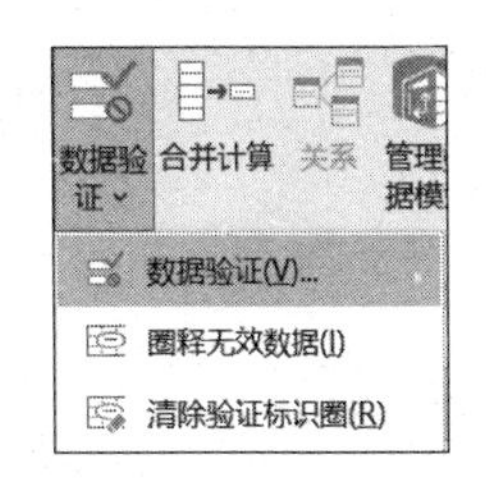

图 3-68　“数据验证”列表

（3）在弹出的对话框内设置有效数据，如“数据”选择“介于”；“最小值”的文本框中填入 1000；“最大值”的文本框中填入 2000，如图 3-69 所示，单击“确定”按钮。

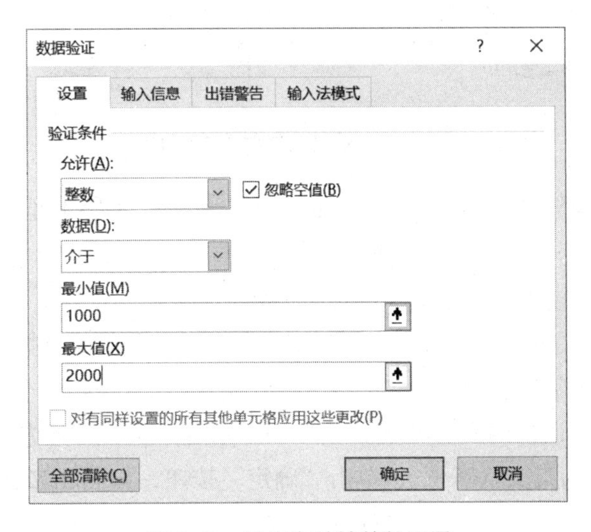

图 3-69　数据有效性整数设置

（4）在所选中的数列中输入任意整数值，如数据在 1000~2000 内，允许输入；否则不允许输入，提示如图 3-70 所示。

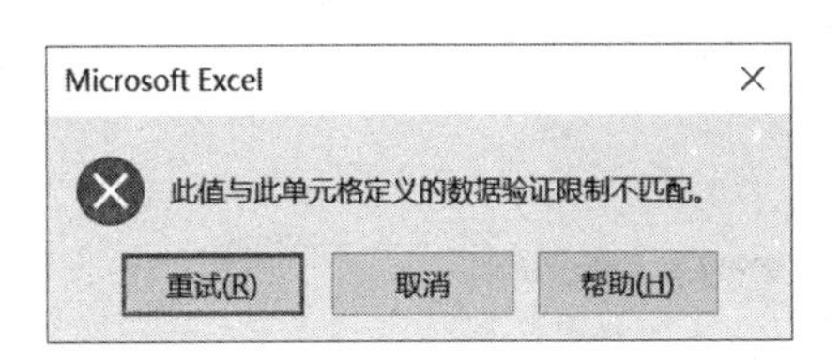

图 3-70　输入非法值提示

2）设置文本长度数据有效性

（1）选中自己想设置数据有效性的任意一列。

（2）在“数据”选项卡下单击“数据验证”按钮，在下拉列表中选择“数据验证”命令，弹出“数据验证”对话框。

（3）对话框的“允许”部分选择“文本长度”，“数据”选择“等于”，“长度”文本框中填入 4。单击“确定”按钮，如图 3-71 所示。

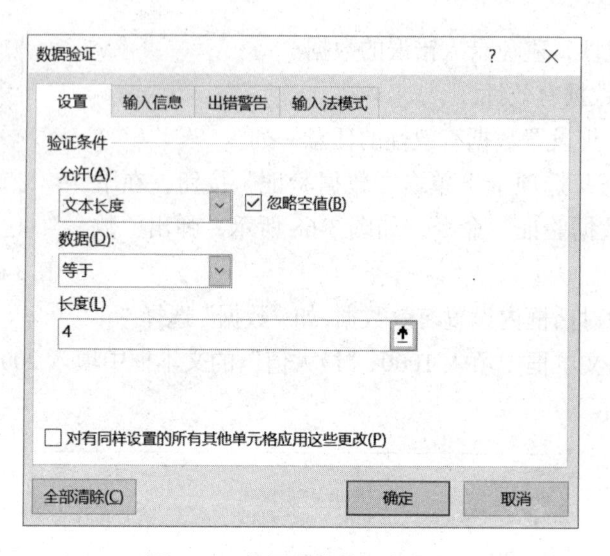

图 3-71　数据有效性文本长度

（4）在所选中的数列中输入任意整数值，如文本长度不等于 4，则不允许输入。

3）设置序列数据有效性

（1）选中自己想设置数据有效性的任意一列。

（2）在“数据”选项卡下单击“数据验证”按钮,在下拉列表中选择“数据验证”命令，弹出“数据验证”对话框，在“允许”菜单中选择“序列”。

（3）在弹出的对话框内设置有效数据，如“来源”选择“彩盒；宠物用品；服装；警告标”（其中分号为英文状态下），单击“确定”按钮，如图 3-72 所示。

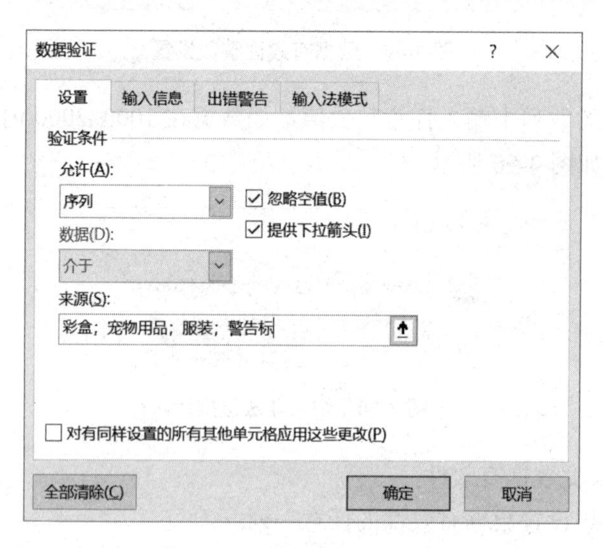

图 3-72　设置序列数据有效性

（4）在所选中的数列的任意一个位置，右侧都会出现一个▾按钮，该列只能选择现金、支票、转账的其中一种，没有其他选项，也不允许输入任何值。

6. 数据透视表和数据透视图

数据透视表功能能够依次完成筛选、排序和分类汇总等操作，并生成汇总表格。可以对数据进行查询、汇总、动态查看、突出显示等操作，还具有行和列的交互查看和提供多功能报表等功能。

1）创建数据透视表

一列数据是一个字段；一行数据是一条记录。

（1）打开输入好的数据表格。

（2）单击“插入”选项卡下“表格”组中的“数据透视表”的按钮，弹出“来自表格或区域的数据透视表”对话框。

（3）在对话框的“选择表格或区域”和“选择放置数据透视表的位置”分别设置分析数据区域和数据表放置的区域，可以直接在单元格中画出来，如图3-73所示。

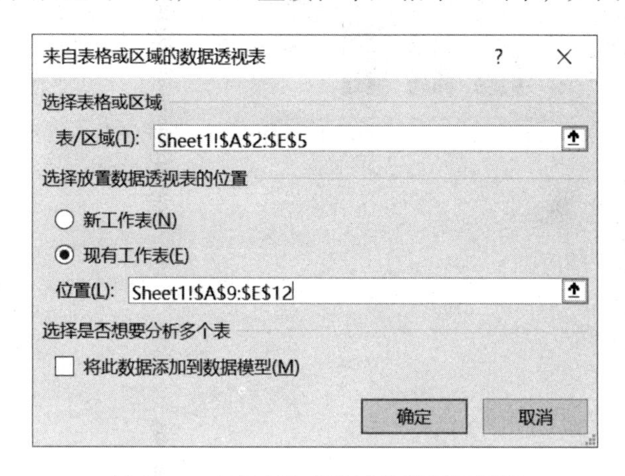

图3-73　来自表格或区域的数据透视表

（4）选择好区域，单击“确定”按钮，工作区右边出现了“数据透视表字段”，在这里填上要设计数据透视表的列、行、数值。

（5）在设置“数据透视表字段”同时，左边出现了制作好的数据透视表，如图3-74所示。

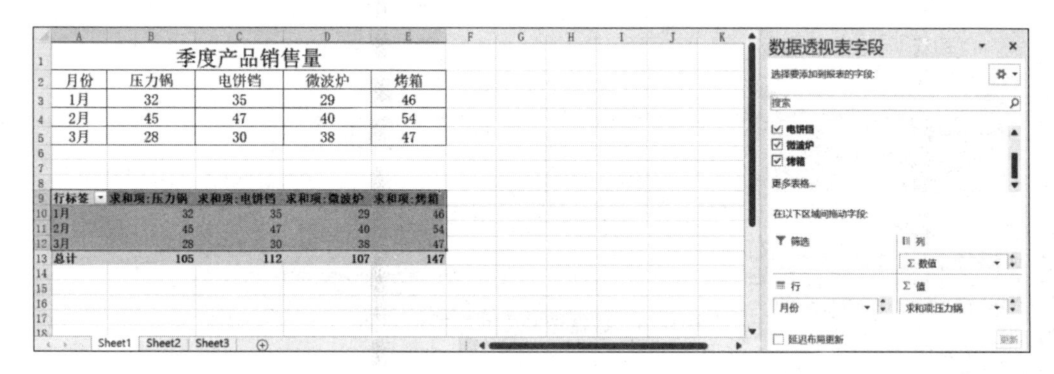

图3-74　“数据透视表字段”

2）创建数据透视图

（1）单击“数据透视表工具”选项卡下“工具”组的“数据透视图”按钮。

（2）弹出“插入图表”对话框，选择合适的样式，单击“确定”按钮，如图 3-75 所示，数据透视图就做好了，如图 3-76 所示。

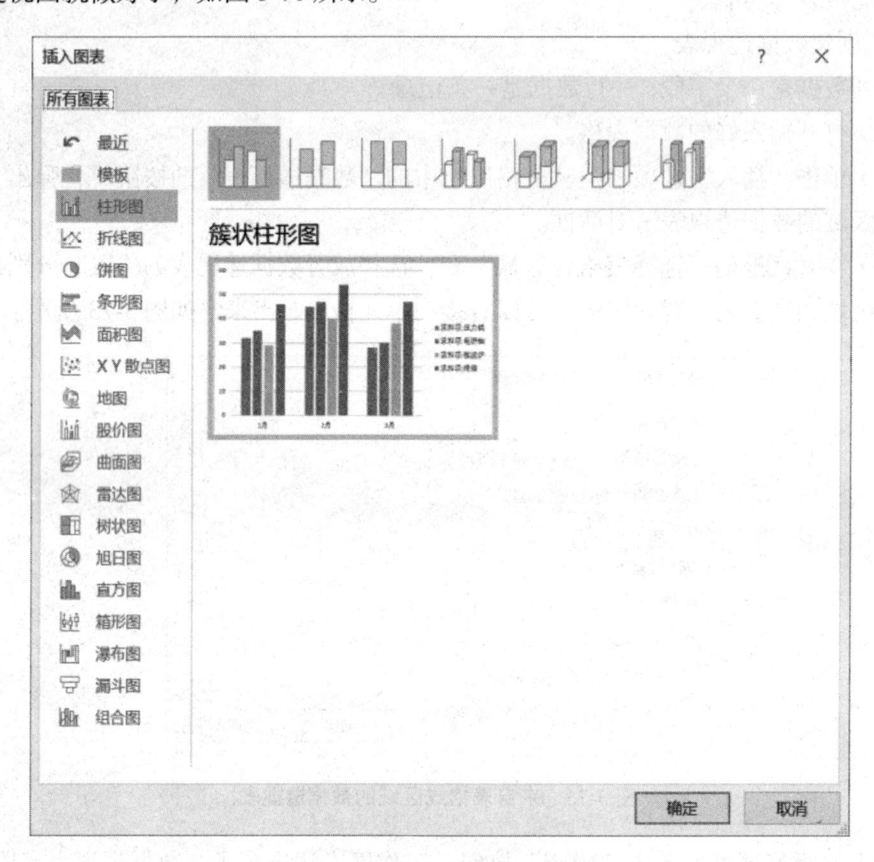

图 3-75 “插入图表”对话框

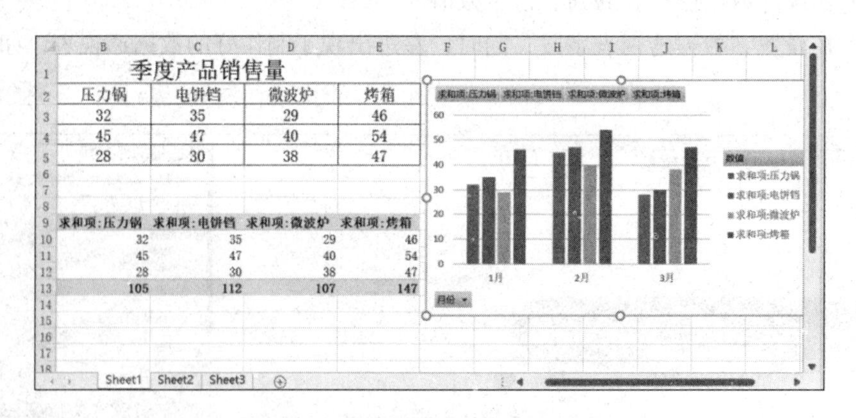

季度产品销售量

压力锅	电饼铛	微波炉	烤箱
32	35	29	46
45	47	40	54
28	30	38	47

求和项:压力锅	求和项:电饼铛	求和项:微波炉	求和项:烤箱
32	35	29	46
45	47	40	54
28	30	38	47
105	112	107	147

图 3-76 数据透视表和数据透视图

任务实施

1. 素材 \3\ 学生成绩统计表 .xlsx

（1）单击 A2：J14 单元格区域的任意单元格，然后单击“开始”功能区“编辑”组的“排序和筛选”按钮，在下拉列表中选择“自定义排序”命令，弹出“排序”对话框；在对话框中设置“主要关键字”为“总分”，“次序”为“降序”；然后单击左上角的“添加”按钮，添加一个次要关键字，设置“次要关键字”为“数学”，次序为“降序”，最后单击“确定”按钮即可。

（2）在 J3 单元格中输入 1，然后拖动 J3 单元格的填充柄填充至 J14 单元格后松开即可。

（3）选择 A2：I14 单元格区域，按 Ctrl+C 组合键，切换到 Sheet2 工作表，单击 A1 单元格，按 Ctrl+C 组合键进行粘贴；单击“开始”功能区“编辑”组的“排序和筛选”按钮，在下拉列表中选择“筛选”命令，此时，每个字段的右侧会出现一个下拉按钮，单击“总分”字段右侧的下拉按钮，在下拉列表中依次选择“数字筛选”→“10 个最大的值”命令，弹出“自动筛选前 10 个”对话框；在对话框中，选择“最小”，在后面的文本框中输入 4，然后单击“确定”按钮即可。

（4）按照上述方法将 A2：I14 单元格区域复制到 Sheet3 工作表中，然后单击“数据”功能区“分级显示”组的“分类汇总”按钮，弹出“分类汇总”对话框。在对话框中设置“分类字段”为“性别”，“汇总方式”为“平均值”，“汇总项”为“语文”“数学”和“英语”，然后单击“确定”按钮即可。

2. 素材 \3\ 分类汇总和数据有效性 .xlsx

（1）打开“分类汇总和数据有效性”工作簿，单击 E 列任意一个单元格，单击“开始”选项卡下的“排序与筛选”按钮，选择“降序”和“升序”均可。单击“数据”选项下的“分类汇总”按钮，分类字段选择“所属区域”，汇总方式选择“求和”，选定汇总项选择“金额”。然后单击“确定”按钮。

（2）单击“数据”选项卡下的“分类汇总”按钮，选择“全部删除”。单击 E 列任意一个单元格，单击“开始”选项卡下的“排序与筛选”按钮，选择“降序”和“升序”均可。然后单击 F 列任意一个单元格，单击“开始”选项卡下的“排序与筛选”按钮，选择“降序”和“升序”均可。单击“数据”选项卡下的“分类汇总”按钮，“分类字段”选择“所属区域”，“汇总方式”选择“求和”，“选定汇总项”选中“数量”“金额”“成本”。然后单击“确定”按钮。再次单击“数据”选项卡下的“分类汇总”功能，“分类字段”选择“产品类别”，“汇总方式”选择“求和”，“选定汇总项”选中“数量”“金额”“成本”。然后单击“确定”按钮。（注意：取消选中“替换当前分类汇总”。）

（3）打开 3 级目录，选中全部数据，按 Ctrl+G 组合键，在弹出的“定位”对话框中单击“定位条件”按钮，选择定位条件，选择“可见单元格”，单击“确定”按钮。

按 Ctrl+C 组合键对数据进行复制。切换到 Sheet3，按 Ctrl+V 组合键进行粘贴。

3.6　图表的使用

任务知识点

- 图表类型。
- 创建图表。
- 更改图表类型。
- 更改图表的形式。
- 更改图表大小。
- 更改图表数据。
- 设置图表各元素的格式。

任务描述

打开“素材\3\产品销售图.xlsx”,创建示例图所示的图表。要求对图表做以下编辑。

（1）将图表放置在 A8：G24 单元格区域中。

（2）在图表的上方添加标题，为“季度产品销售图”。

（3）为图表的纵坐标添加竖排标题，标题名称为“销售量”。

（4）将图例从图表中去掉。

（5）设置纵坐标轴刻度起始位为 10。

（6）在图表下方添加数据表，并显示图例项标示。

（7）将图表的标题文字设置为黑体、24 磅。

（8）图表应用内置样式 8。

（9）设置图表区背景为橙色；设置绘图区填充色为渐变填充：预设渐变为“顶部聚光灯 － 个性色 1”，方向为“线性对角 － 右上到左下”。

（10）将模拟运算表的垂直和分级显示边框去掉，将边框线设置为深蓝的实线。

知识预备

1. 创建图表

图表就是用图形表示数据表中的部分或全部数据，形象而且直观。

图表是基于工作表中的数据建立的，因此，一旦为工作表中的数据建立了图表后，图表和建立图表的数据就建立了一种动态链接关系，即：

- 当工作表中的数据发生变化时，图表中对应项的数据系列自动变化；

• 当改变图表中的数据系列时，与系列对应的工作表数据也会发生相应的变化。

1）图表

（1）图表类型。Excel 2019 提供了 11 种图表类型，包括柱形图、折线图、饼图、条形图、面积图、XY 散点图、气泡图、股价图、曲面图、圆环图和雷达图。

① 柱形图。柱形图经常用于表示以行和列排列的数据，对于显示随时间的变化很有用。

② 折线图。折线图可以显示一段时间内连续的数据，特别适合显示趋势。

③ 饼图。饼图适合于显示个体与整体的比例关系。

④ 条形图。条形图对于比较两个或多个项之间的差异很有用。

⑤ 面积图。面积图是以阴影或颜色填充折线下方区域的折线图，适用于要突出部分时间系列的情况，特别适合于显示随时间改变的量。

⑥ XY 散点图。XY 散点图适合于表示表格中数值之间的关系，常用于统计与科学数据的显示。特别适合用于比较两个可能互相关联的变量。

⑦ 气泡图。与散点图相似，但气泡图不常用且通常不易理解。气泡图是一种特殊的 XY 散点图，可显示 3 个变量的关系。

⑧ 股价图。股价图常用于显示股票市场的波动，可使用它显示特定股票的最高价 / 最低价与收盘价。

⑨ 曲面图。曲面图适合于显示两组数据的最优组合，但难以阅读。

⑩ 圆环图。与饼图一样，圆环图显示整体中各部分的关系。但与饼图不同的是，它能够绘制超过一列或一行的数据。圆环图不易阅读。

⑪ 雷达图。雷达图可用于对比表格中多个数据系列的总计，雷达图可显示 4~6 个变量的关系。

（2）图表元素。在 Excel 中，图表是由多个部分组成的，这些组成部分被称为图表元素。

一个完整的图表大致由图表标题、图表区、绘图区、图例、数据系列、数据标签、坐标轴、网格线等元素构成，如图 3-77 所示。

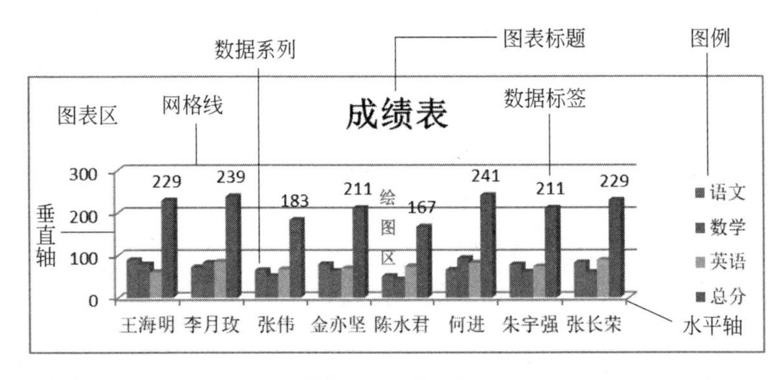

图 3-77　图表元素

① 图表标题。图表标题显示在绘图区上方，用来介绍图表的作用。

② 图表区。相当于一个画板，图表区中主要分为图表标题、图例、绘图区三大组成部分。

③ 绘图区。绘图区是图表的核心，其中又包括数据系列、坐标轴、网格线、坐标轴标题和数据标签等。对于三维效果的图表，还包括图表背景墙和图表基底。

④ 图例。图例显示各个系列代表的内容。由图例项和图例项标示组成，默认显示在绘图区的右侧。

⑤ 数据系列。数据系列对应工作表中的一行或者一列数据。一个图表中可以包含一个或多个数据系列，每个数据系列都有唯一的颜色或图表形状，并与图例相对应。

⑥ 数据标签。数据标签是在数据系列的数据点上显示的、与数据系列对应的实际值。

⑦ 坐标轴。坐标轴按位置不同可分为主坐标轴和次坐标轴，默认显示的是绘图区左边的主 Y 轴和下边的主 X 轴。

⑧ 网格线。网格线用于显示各数据点的具体位置，同样有主次之分。

除了上面的图表元素外，在图表中还可以包含数据表。数据表通常显示在绘图区的下方。但由于数据表的占用区域比较大，为了节省空间，通常情况下不在图表中显示数据表。

（3）图表的形式。图表有两种形式，即嵌入式图表和图表工作表（独立式图表）。

① 嵌入式图表。嵌入式图表与工作表的数据在一起，或者与其他的嵌入式图表在一起。当希望图表作为工作表的一部分，与数据或其他图表在一起时，嵌入式图表是最好的选择。

② 图表工作表。图表工作表是特定的工作表，只包含单独的图表。当希望图表显示最大尺寸，而且不会妨碍数据或其他图表时，可以使用图表工作表。

2）创建图表

可以使用“图表”组中的命令按钮、通过“插入图表”对话框以及按 F11 键创建图表，其中，前两种方法创建的是嵌入式图表，第三种方法创建的是图表工作表。

方法一：使用“图表”组中的命令按钮。

使用“图表”组中的命令按钮创建图表的步骤如下。

（1）选择创建图表的数据。

（2）选择“插入”功能区“图表”组中合适的图表类型，如图 3-78 所示。

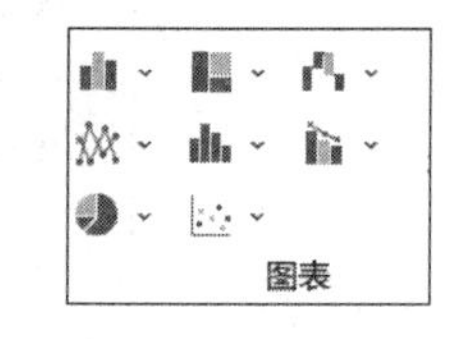

图 3-78 图表类型

方法二：通过“插入图表”对话框。

通过“插入图表”对话框创建图表的步骤如下。

（1）选择创建图表的数据。

（2）单击“插入”功能区“图表”组的“推荐的图表”按钮，弹出“插入图表”对话框，如图 3-79 所示。

（3）在对话框中选择图表类型及其子类型，单击“确定”按钮。

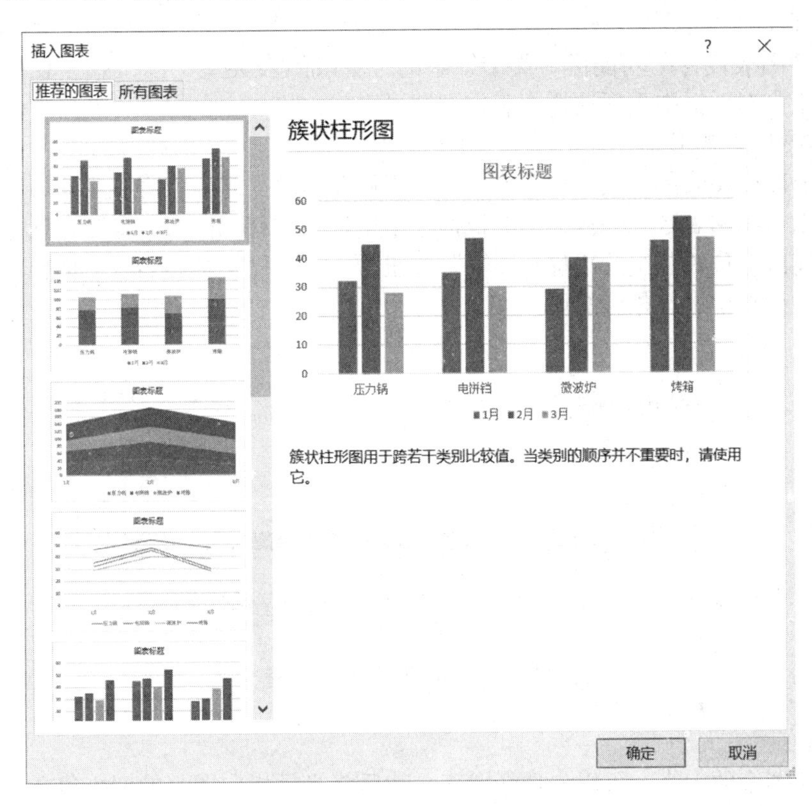

图 3-79 “插入图表”对话框

方法三：按 F11 键创建图表。

选择创建图表的数据后直接按 F11 键，可以快速创建一个以 Chart1 命名的图表工作表，图表工作表默认的图表类型为簇状柱形图。

创建图表的数据区域可以是连续的，也可以是不连续的。如果数据区域是数据表中不连续的几列，这些列的开始行和末行应该是相同的；如果数据区域是数据表中不连续的几行，这些行的开始列和末列也应该是相同的。

2. 编辑图表

图表创建后，当单击图表时，在 Excel 功能区会出现扩展选项卡“图表工具”，包含两个子选项卡，分别为“图表设计”和“格式”，如图 3-80 所示。

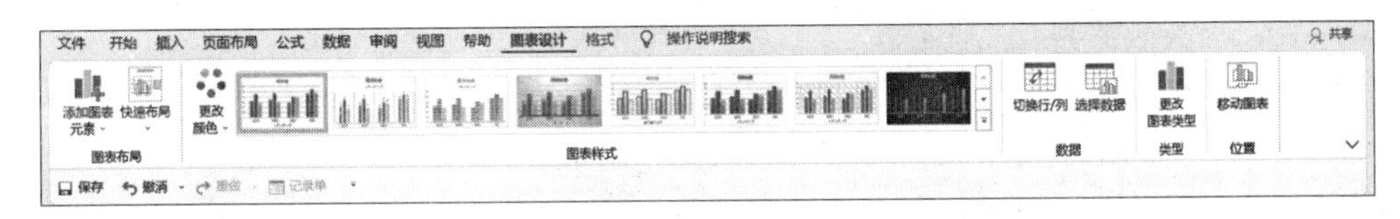

图 3-80 “图表工具”选项卡

在最初创建的图表中，通常只有横纵坐标轴、数据系列和图例项，还有很多图表元素未显示。如果需要，可以将其添加到图表中，还可以对图表中元素进行修改。在编辑图表之前，首先应单击选中图表。

1）更改图表类型

单击“图表设计”功能区“类型”组的“更改图表类型”按钮，在弹出的“更改图表类型”对话框中重新选择图表类型即可。

2）改变图表的形式

如果要改变图表的形式，即将嵌入式图表修改为独立式，或将独立式图表修改为嵌入式。可以右击图表区，并从弹出的快捷菜单中选择“移动图表”命令，或单击“图表设计”功能区“位置”组的“移动图表”按钮，弹出“移动图表”对话框，如图3-81所示，在对话框中进行相应的设置。

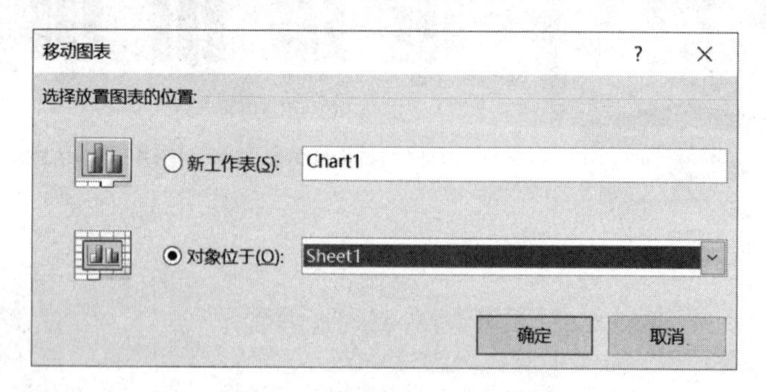

图3-81 “移动图表”对话框

3）改变图表大小

要改变图表的大小，可以先选择图表，然后将光标指向图表的四个角之一，当光标变成双箭头时，按下左键拖动鼠标即可。

除了上述方法外，还可以在“格式”功能区“大小”组中设置图表的高度和宽度。

4）编辑数据系列

（1）修改图表数据源方法如下。

方法一：右击图表任意位置，并从弹出的快捷菜单中选择“选择数据”命令，或单击“图表设计”功能区“数据”组的“选择数据”按钮，弹出“选择数据源”对话框并重新选择数据源，如图3-82所示。

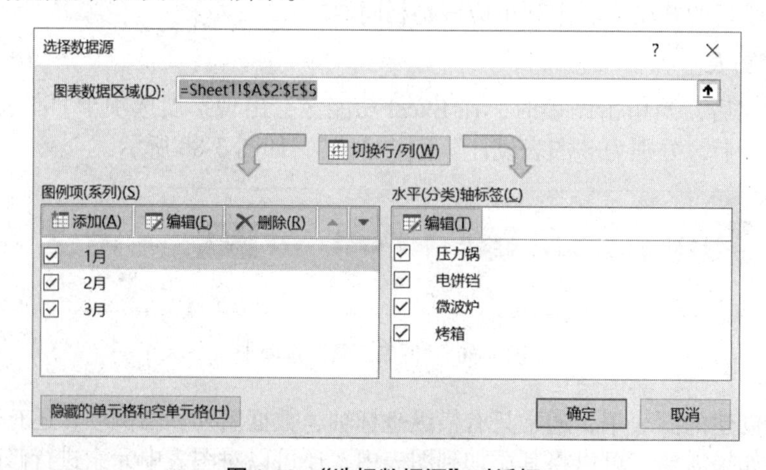

图3-82 “选择数据源”对话框

方法二：单击选中图表的绘图区，可看到图表的数据源区域周围显示为蓝色边框，如图 3-83 所示。将光标指向蓝色边框的四个角上，当光标变成双向箭头时，按下左键拖动鼠标，即可改变图表的数据源。

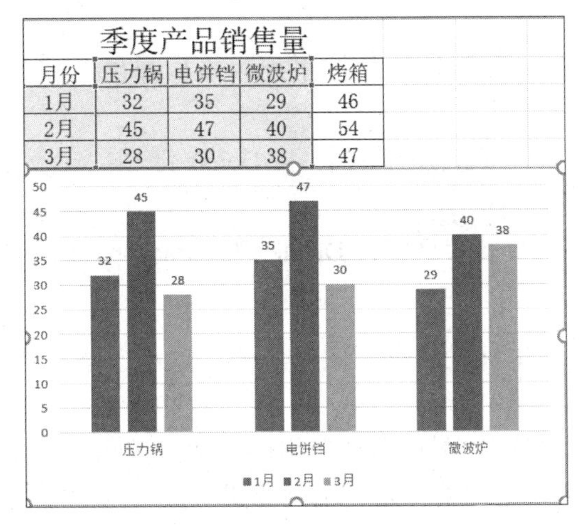

图 3-83　选择绘图区

（2）修改数据系列。修改某个数据系列的步骤如下。

① 单击“图表设计”功能区“数据”组的“选择数据”按钮，弹出“选择数据源”对话框。

② 在对话框中的“图例项（系列）”列表中选择要修改的系列，然后单击“编辑”按钮，弹出“编辑数据系列”对话框，如图 3-84 所示。

③ 在对话框中修改数据系列的名称以及系列值所引用的对应单元格区域，然后单击“确定”按钮，返回“选择数据源”对话框，再单击“确定”按钮，完成数据系列的修改。

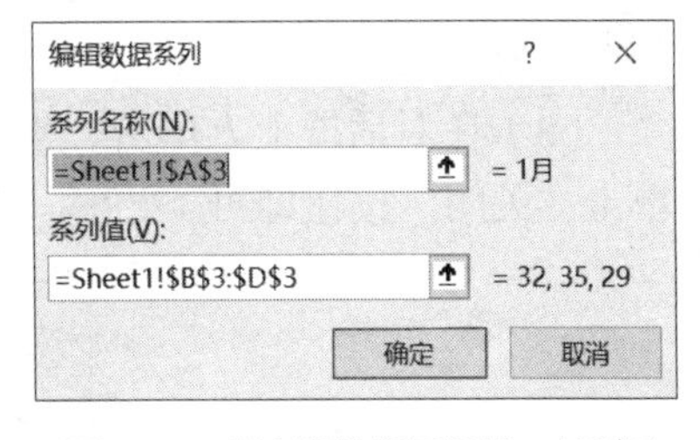

图 3-84　“编辑数据系列”对话框

在“选择数据源”对话框中，还可以通过修改图表中水平（分类）轴标签、单击“图例项（系列）”列表框中的“上移”按钮或“下移”按钮调整数据系列的相互位置，以及通过单击“切换行 / 列”按钮交换数据系列和分类轴的位置等。

（3）添加数据系列。如果需要向图表中添加新的内容，除了修改数据源外，还可采取以下方法。

① 打开“选择数据源”对话框。

② 单击对话框中“图例项（系列）”列表中的“添加”按钮，弹出“编辑数据系列”对话框。

③ 在对话框中设置“系列名称”及其对应的“系列值”，然后单击“确定”按钮，返回“选择数据源”对话框，再单击“确定”按钮，完成数据系列的添加。

除了上述方法外，还可以快速添加数据系列，步骤如下。

① 在工作表中选择要添加到图表的数据，并按 Ctrl+C 组合键进行复制；

② 选定图表，按 Ctrl+V 组合键将数据粘贴到图表中即可。

（4）删除数据系列。具体有以下三种方法。

方法一：在“选择数据源”对话框的“图例项（系列）”列表中选择要删除的系列，单击“删除”按钮。

方法二：右击图表中要删除的数据系列，并从弹出的快捷菜单中选择“删除”命令。

方法三：在图表中选择要删除的系列，按 Delete 键。

5）删除图表

如果要删除图表，选择图表后，按 Delete 键或 Backspace 键即可删除图表。

3. 格式化图表

1）设置图表标题、坐标轴标题、图例位置、显示或隐藏数据标签、坐标轴及网格线

在“图表设计”功能区“图标布局”组中，通过单击“添加图表元素”按钮，可以分别设置图表标题、坐标轴标题、图例位置及显示或隐藏数据标签、坐标轴和网格线。

2）设置坐标轴刻度

（1）单击“格式”功能区“当前所选内容”组的“图表元素”按钮，在列表中选择“垂直轴”。

（2）单击下方的“设置所选内容格式”按钮，右边弹出“设置坐标轴格式”对话框，如图 3-85 所示。

（3）在对话框上方单击“坐标轴选项”按钮，在下方区域中进行相应的设置，然后单击“关闭”按钮即可。

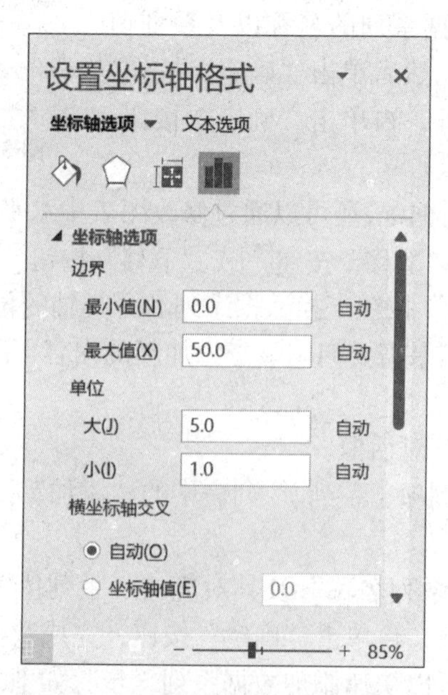

图 3-85 “设置坐标轴格式”对话框

3）设置图表中文字的格式

单击要设置文字格式的图表元素，如图表标题、图例等，单击“开始”功能区“字体”组中的各命令按钮进行相应的格式设置即可。

如果单击整个图表，则表示要对图表中所有的文字格式进行设置。

4）设置图表区和绘图区的格式

双击图表区或绘图区，弹出“设置图表区格式”对话框或“设置绘图区格式”对话框，在对话框中进行相应的设置即可。

任务实施

打开“产品销售图”工作簿，在Sheet工作表中选择A2:E5区域，单击“插入”功能区“图表”组的“柱形图”按钮，在下拉列表中选择“二维柱形图”的第一个图表类型，即可插入一个柱形图，然后进行如下编辑。

（1）选择图表，单击“剪贴板”组中的“剪切”按钮，然后选择A8单元格，单击“粘贴”按钮，图表的起始位置A8已经确定。通过右下角的尺寸控点调整图表的大小，使图表放置在A8:G24区域中。

（2）单击图表，单击“图表设计”功能区“图表布局”组中的“添加图表元素”按钮，在下拉列表中依次选择“图表标题”→“图表上方”命令，此时在图表的上方添加了一个“图表标题”文本框，将其修改为“季度产品销售图”即可。

（3）单击图表，单击“图表设计”功能区“图表布局”组中的“添加图表元素”按钮，在下拉列表中选择“主要纵坐标标题”命令，在图表的纵坐标数值的左侧出现“坐标轴标题”的文本框，此时的文字方向为横向，然后在右边的“设置坐标轴标题格式”对话框中选择“文本框”标签，在“文字方向”的下拉列表中选择“竖排”，纵坐标轴的文字方向变为竖排，将其修改为“销售量”即可。

（4）选择图表，单击“图表设计”功能区“图表布局”组中的“添加图表元素”按钮，在下拉列表中依次选择“图例”依次“无”命令。

（5）单击纵轴刻度将其选定，然后双击，弹出“设置坐标轴格式”对话框，在“坐标轴选项”标签中，设置“最小值”为“固定”和“10”，然后单击“关闭”按钮即可。

（6）选择图表，单击“图表设计”功能区“图表布局”组中的“添加图表元素”按钮，在下拉列表中依次选择“数据表”→“显示图例项标示”命令。

（7）单击图表标题，在“开始”功能区“字体”组中，选择“字体”下拉列表中的“黑体”“字号”下拉列表中的24即可。

（8）选择图表，切换至“图表设计”功能区，单击“图表样式”组中的快翻按钮，在展开的“图表样式”库中选择“样式8”即可。

（9）双击图表区域，弹出“设置图表区格式”对话框，在“填充”处选择“纯色填充”，设置“颜色”为“橙色”；单击绘图区区域，对话框变为“设置绘图区格式”，在“填充”处选择“渐变填充”，“预设颜色”中选择“顶部聚光灯 － 个性色1”，“类型”为“线性”，“方向”为“线型对角 - 右上到左下”。

（10）双击图表模拟运算表，弹出“设置模拟运算表格式”对话框，在“表选项”标签中，取消选中垂直和分级显示的复选框；在“填充与线条”标签中的“边框”选项中，选择“实线，深蓝色”。

3.7 打　　印

任务知识点

- 设置页边距。
- 设置纸张大小和纸张方向。
- 设置打印比例。
- 设置分页符。
- 打印设置。

任务描述

打开“素材\3\交通流量表.xlsx”，按以下要求操作。

（1）设置纸张大小为A4，打印方向为纵向。

（2）设置水平、垂直均居中，上、下页边距为3厘米。

（3）设置页眉为“交通流量”，并将其设置为居中、粗斜体，设置页脚为当前日期，右对齐。

（4）设置打印网格线。

知识预备

工作表编辑完成后，经常需要打印。如果计算机连接了打印机，就可以将工作表直接打印出来。在打印之前，通常还需对页面进行一些设置，如设置页边距、分页、纸张大小和方向、打印比例、页眉和页脚等。设置完成后，应使用“打印预览”功能预览一下打印效果，如果有不满意的地方，在打印前对工作表继续调整，以便实现最佳的打印效果。

1. 页面设置

1）设置页边距

页边距是指工作表数据区域与页面边界的距离，设置页边距的步骤如下。

（1）单击“页面布局”功能区“页面设置”组“页边距”按钮，弹出下拉列表，如图3-86所示。

（2）在下拉列表中选择页边距选项或选择“自定义页边距”命令，弹出“页面设置”对话框，如图3-87所示。在对话框的“页边距”选项卡中，设置上、下、左、右边距。

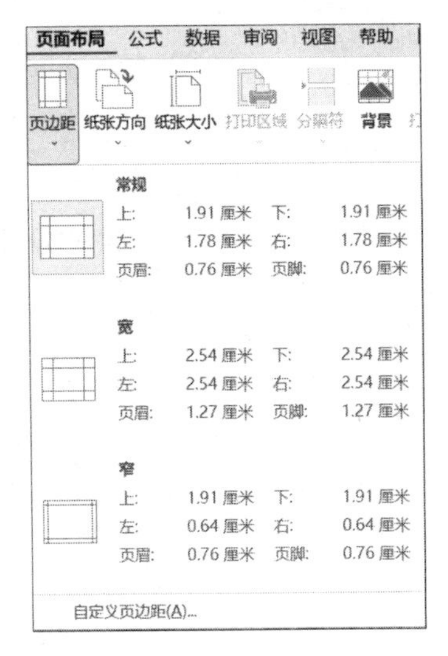

图 3-86　设置页边距

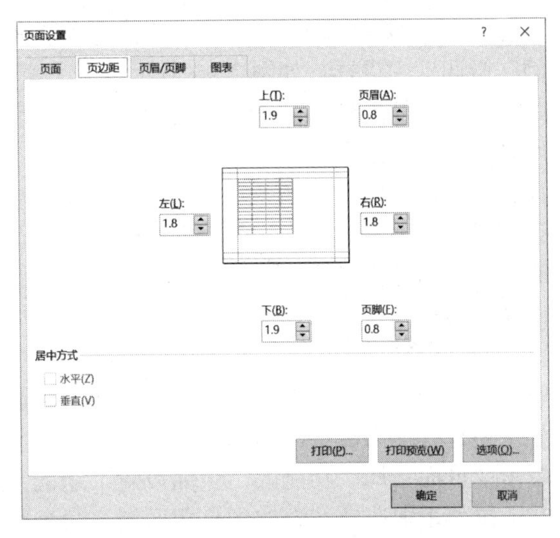

图 3-87　“页面设置”对话框中的“页边距”选项卡

2）设置纸张的大小及方向

Excel 工作表的默认纸张大小为 A4，可以根据实际情况进行调整：单击“页面布局”功能区“页面设置”组的“纸张大小”按钮，在弹出的菜单中选择所需的纸张。

纸张的方向有“横向”和“纵向”两种，单击“页面布局”功能区“页面设置”组的“纸张方向”按钮，可以设置纸张方向，如图 3-88 所示。

除此之外，通过“页面设置”对话框的“页面”选项卡，也可以设置纸张大小和方向，如图 3-89 所示。

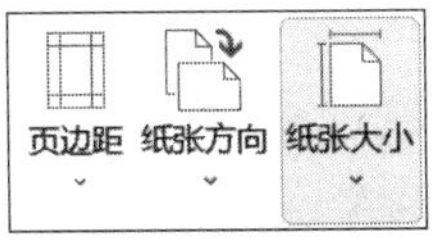

图 3-88　“纸张方向”和“纸张大小”按钮

图 3-89　“页面设置”对话框中的“页面”选项卡

（1）设置打印比例。如果用户希望在一张纸上打印出更多的内容，可以调整打印比例，具体有以下两种方法。

方法一：在如图 3-89 所示的对话框中，选中“缩放”区的“缩放比例”单选按钮，在其微调框中进行设置。

方法二：在“页面布局”功能区“调整为合适大小”组中的“缩放比例”微调框中设置，如图 3-90 所示。

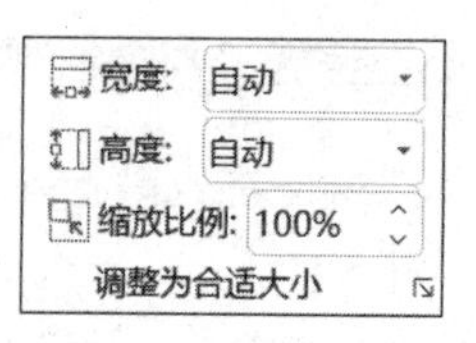

图 3-90 设置缩放比例

（2）设置打印区域。Excel 2019 提供了设置打印区域的功能，允许用户只打印指定数据表区域。

设置打印区域的步骤如下。

① 选定打印区域。

② 单击“页面布局”功能区“页面设置”组的“打印区域”按钮，弹出下拉列表，如图 3-91 所示。

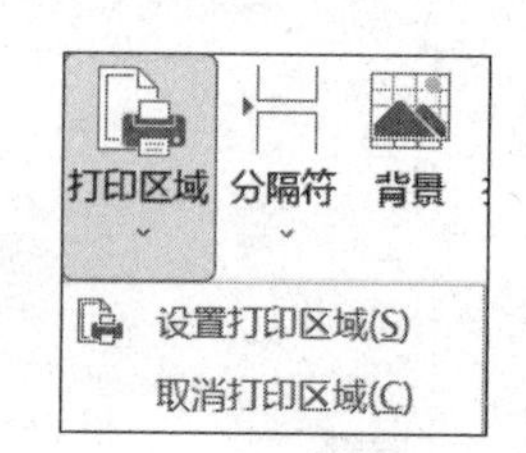

图 3-91 “打印区域”下拉列表

③ 在下拉列表中选择“设置打印区域”命令，这时，在所选区域四周将会自动添加虚的边框线，打印区域设置完成。

如果还有其他需要打印的内容，可以继续选择要打印的区域，然后单击“页面布局”功能区“页面设置”组的“打印区域”按钮，在下拉列表中选择“添加到打印区域”命令即可。

如果要取消打印区域，可以在“打印区域”下拉列表中选择“取消打印区域”命令即可。

（3）设置行和列的标题。当打印一个较长的工作表时，常常需要在每一页上打印行或列标题，操作步骤如下。

① 单击“页面布局”功能区“页面设置”组的“打印标题”按钮，单击选中“页面设置”对话框的“工作表”选项卡，如图 3-92 所示。

图 3-92 设置打印行和列的标题

② 将光标定位在“顶端标题行”或“左端标题列”文本框中，然后在工作表中单击行标题所在的行号或列标题所在的列标，或直接输入行号或列标，单击“确定”按钮即可。

除了设置行和列的标题，在图 3-92 中还可以设置打印区域、打印行号列标、网格线及打印顺序等。

2. 分页符的操作

在打印时，有时候需要在某个行或列处强行分页，Excel 2019 提供了分页功能。

1）插入水平分页符

选择要插入水平分页符位置下方的第一行，然后单击“页面布局”功能区“页面设置”组的“分隔符”按钮，弹出下拉列表，如图 3-93 所示。在下拉列表中，选择“插入分页符”命令，即可在选定行的上方插入水平分页符。

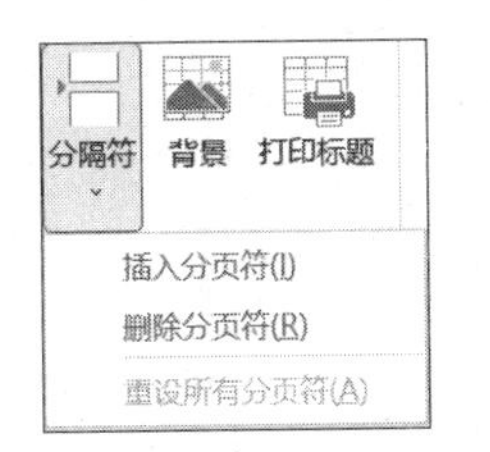

图 3-93 “分隔符”下拉列表

2）插入垂直分页符

选择要插入垂直分页符位置右侧的第一列，打开如图 3-93 所示的下拉列表，在列表中选择“插入分页符”命令，即可在选定列的左侧插入垂直分页符。

3）同时插入水平和垂直分页符

如果要同时插入水平和垂直分页符，应选择水平分页符位置下方的第一行和垂直分页符位置右侧的第一列的交叉单元格，然后在“分隔符”下拉列表中选择“插入分页符”命令，如图 3-94 所示。

	A	B	C	D	E	F	G	H
1	姓名	物理	数学	英语	政治	计算机	总分	
2	李明	90	89	78	65	76	398	
3	王涛	77	78	97	64	88	404	
4	高海波	56	89	83	75	63	366	
5	李晓明	83	82	93	96	90	444	
6	李慧	87	67	75	66	84	379	
7	王小刚	60	69	62	50	45	286	
8	单蕾	88	92	90	89	90	449	
9								
10								

图 3-94 同时插入水平和垂直分页符

4）删除分隔符

选择水平分页符下方第一行中的任意单元格或垂直分页符右侧第一列中的任意单元格，在“分隔符”下拉列表中选择“删除分页符”命令，即可删除一个水平分页符或垂直分页符；选择“重设所有分页符”命令，可删除所有分页符。

5）移动分页符

只有在分页预览视图下才能调整分页符位置，单击“视图”功能区“工作簿视图”组中的“分页预览”按钮，即可进入分页预览视图，如图 3-95 所示。

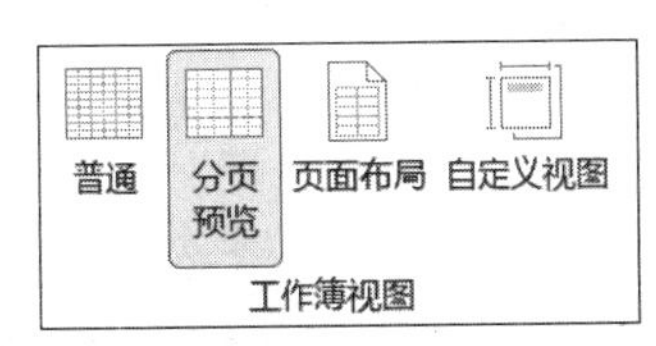

图 3-95 分页预览视图

在分页预览视图中，手动分页符以实线表示，自动分页符以虚线表示。

拖动分页符，即可调整分页符的位置；将分页符拖到数据区之外，即可删除分页符。

3. 打印设置

所有设置都完成后，就可以打印工作表了。打印工作表的步骤如下。

（1）单击“文件”按钮，在下拉列表中选择“打印”命令，展开“打印面板”，如图 3-96

所示。

（2）在打印面板的中间区域，可以对打印机、打印范围和页数、打印方向、纸张大小、页边距等进行设置，打印面板的右侧是预览区，显示了当前工作表的第一页的预览效果，可以单击预览图左下角的按钮预览其他页面，还可以单击预览图右下角的“缩放到页面”按钮进行预览的放大或缩小。

（3）预览无误后，单击“打印”按钮即可打印工作表。

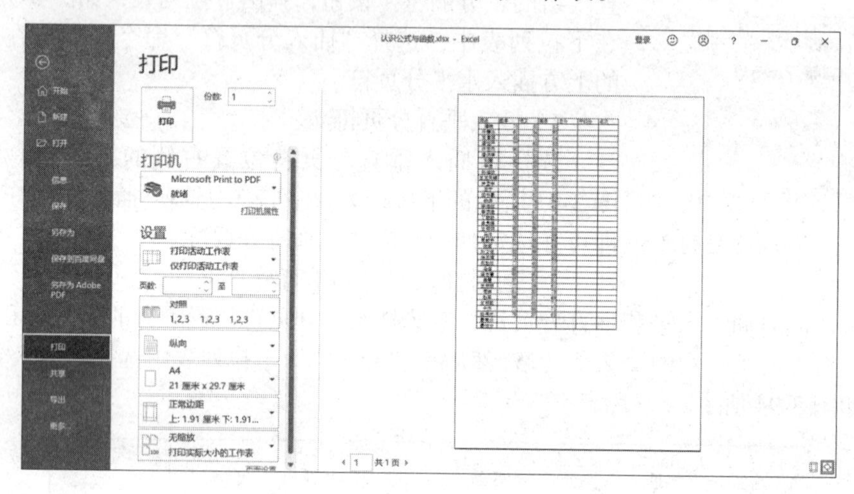

图 3-96　打印面板

任务实施

单击“文件”按钮，在左侧选择“打印”命令，打开“打印”区域，单击打印区域左侧下方的“页面设置”选项，弹出“页面设置”对话框。

（1）在“页面”选项卡中，设置打印方向为“纵向”，纸张大小为 A4。

（2）在“页边距”选项卡中，设置上、下边距为 3 厘米，并选中“居中方式”区域中的“水平”和“垂直”复选框。

（3）在“页眉 / 页脚”选项卡中，单击“自定义页眉”按钮，弹出“页眉”对话框，在对话框的“中”区域中设置页眉为“交通流量”，然后单击“字体”按钮，在“字体”对话框中选择“加粗并倾斜”，单击“确定”按钮，完成“页眉”的设置。

（4）单击“自定义页脚”按钮，单击“右”区域将插入点定位在“右”区域中，然后单击“插入日期”按钮，将当前日期插入页脚中，单击“确定”按钮。

（5）在“工作表”选项卡中，选中“打印”区域中的“网格线”选项。

第 3 章综合实训 .pdf

第 3 章综合实训（1）.mp4

第 3 章综合实训（2）.mp4

第 4 章　演示文稿制作

【学习目标】

- 掌握 PowerPoint 2019 的操作界面。
- 掌握 PowerPoint 2019 的基本操作。
- 掌握 PowerPoint 2019 的外观设置。
- 熟悉 PowerPoint 2019 的切换和动画效果。
- 熟悉 PowerPoint 2019 的共享和发布。

Microsoft Office PowerPoint 是微软公司的演示文稿软件。用户可以在投影仪或者计算机上进行演示，也可以将演示文稿打印出来，制作成胶片，以便应用到更广泛的领域。利用 Microsoft Office PowerPoint 不仅可以创建演示文稿，还可以在面对面会议、远程会议或网络直播中展示演示文稿。Microsoft Office PowerPoint 软件做出来的文件叫作演示文稿，其后缀名为 .ppt、.pptx；或者也可以保存为 PDF、图片格式等。2010 及以上版本，可保存为视频格式，进行连续自动演示。演示文稿中的每一页就叫作幻灯片，每张幻灯片都是演示文稿中既相互独立又相互联系的内容。

PowerPoint 2019 与之前版本的主要区别就在于图形界面有差别，还有 PowerPoint 2019 新增了一些人性化的小功能。

1. 在线插入图标

在使用 PPT 时经常会使用到一些图标，2010 版的图标都非常简单，而且还非常少；而在 2019 版中提供在线插入图标的功能，内容比较丰富，分类齐全，而且每个图标的颜色可以进行修改或部分修改。

2. 切换动画效果

PowerPoint 2019 中加入了很多过渡动画效果。

3. 墨迹书写

在 PowerPoint 2019 中加入了墨迹书写功能，可以在幻灯片上使用自定义笔刷随意书写，画出来的图案可以直接转换为图形，在后期使用。

4. 字库

在 PowerPoint 2019 中加入了多款内置字体。

5. 多显示器显示优化

在 PowerPoint 2019 中加入了多显示器显示优化功能。

6. 沉浸式学习

PowerPoint 2019 文档中，视图功能下新增了一个沉浸式学习模式，比如反转模式相当于黑暗模式。

接下来一一介绍这些内容。

4.1 PowerPoint 2019 入门

任务知识点

- 新建、打开、保存演示文稿。
- 插入新幻灯片。
- 向幻灯片添加形状。
- 查看幻灯片放映。

任务描述

（1）创建一个空白的演示文稿，以“空白 .pptx”为文件名进行保存。

（2）根据样本模板“城市单色”创建一个演示文稿，以“城市 .pptx”为文件名进行保存。

知识预备

1. 新建演示文稿

在 PowerPoint 2019 中，单击选中“文件”选项卡，选择“开始”命令，或者选择“新建”命令，单击“空白演示文稿”按钮，即可创建“演示文稿 1.pptx”，如图 4-1 所示。

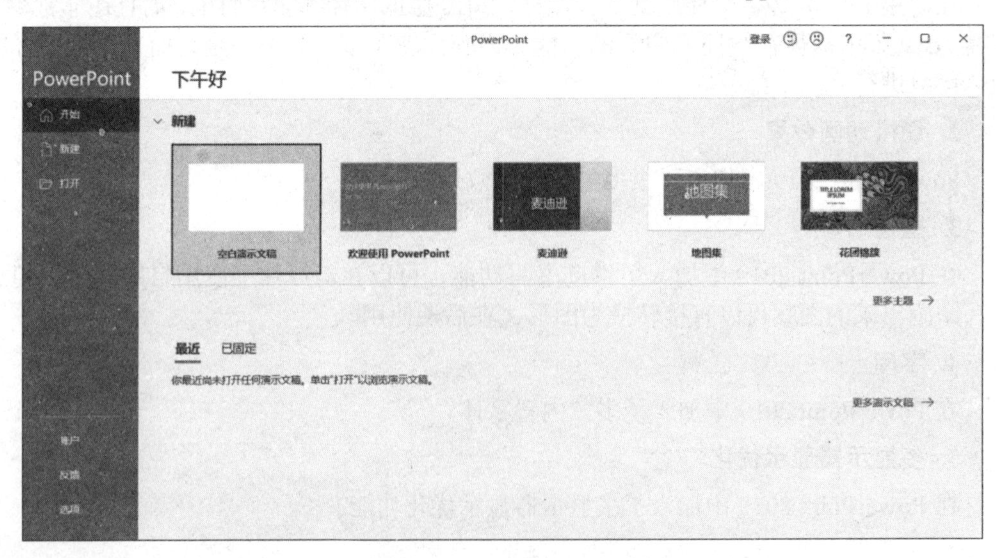

图 4-1　新建演示文稿

2. 打开演示文稿

依次选择“文件”→“打开”命令。选择所需的文件类型,然后单击“打开”按钮,如图 4-2 所示。

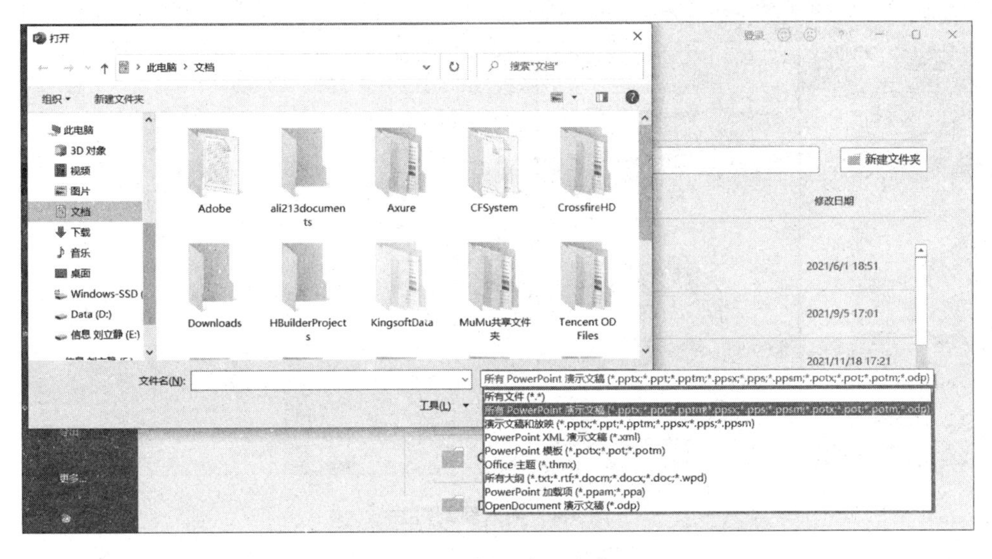

图 4-2 打开演示文稿

3. 保存演示文稿

单击选中“文件”选项卡,然后选择“另存为”命令。在“文件名”文本框中输入 PowerPoint 演示文稿的名称,然后单击“保存”按钮,如图 4-3 所示。

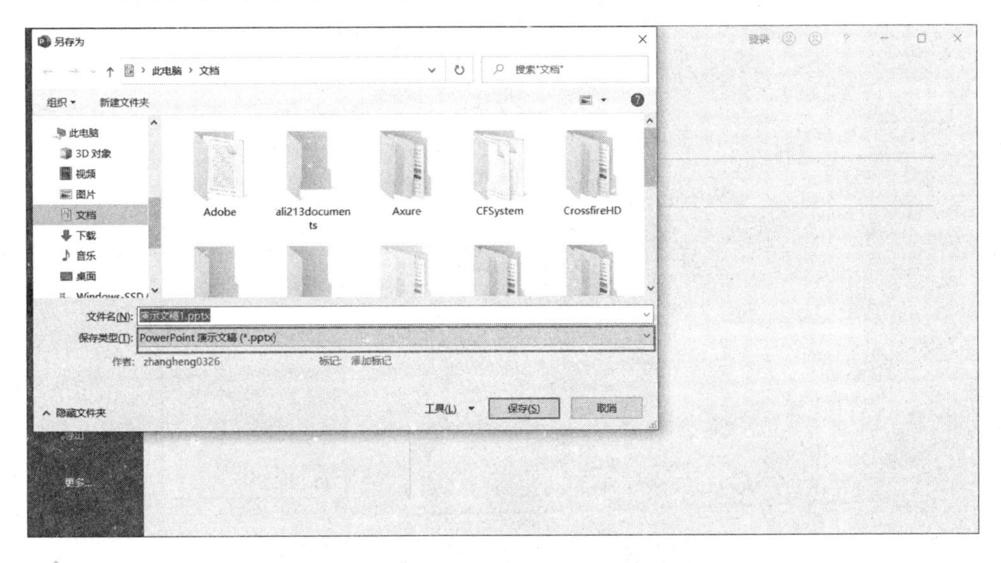

图 4-3 保存演示文稿

4. 插入新幻灯片

在“开始”选项卡的“幻灯片”组中,单击“新建幻灯片”按钮,然后单击所需的幻灯片布局，如图 4-4 所示。

图 4-4　插入新幻灯片

5. 向幻灯片添加形状

在“开始”选项卡下的“绘图”组中，单击“形状”按钮，如图 4-5 所示。

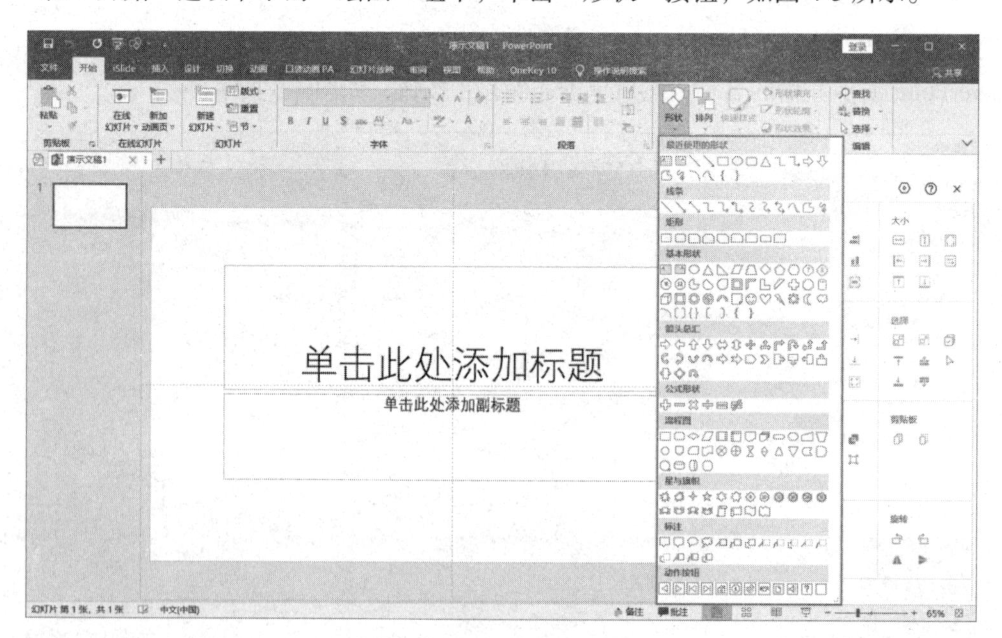

图 4-5　向幻灯片添加形状

单击所需形状，接着单击幻灯片中的任意位置，然后拖动以放置形状。

要创建规范的正方形或圆形（或限制其他形状的尺寸），请在拖动的同时按住 Shift 键。

6. 查看幻灯片放映

在“幻灯片放映”选项卡下的“开始放映幻灯片”组中，单击“从头开始”按钮，如图 4-6 所示。

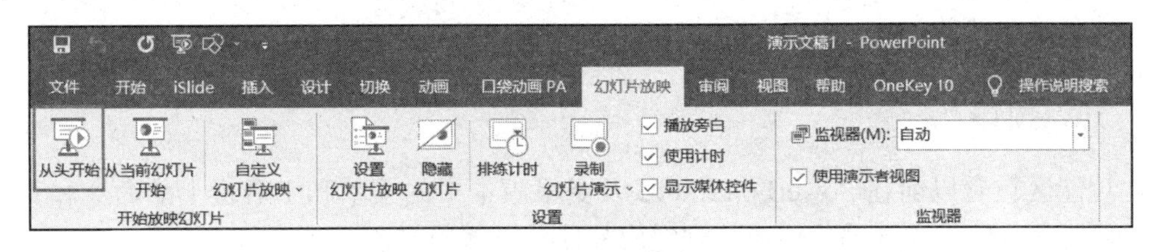

图 4-6　从头播放幻灯片

如果要在“幻灯片放映”视图中从当前幻灯片开始查看演示文稿，请执行下列操作：在“幻灯片放映”选项卡下的“开始放映幻灯片”组中，单击“从当前幻灯片开始”按钮，如图 4-7 所示。

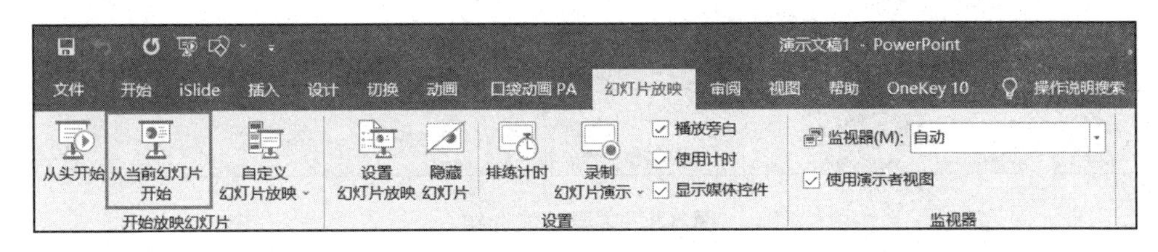

图 4-7　从当前位置播放幻灯片

任务实施

（1）双击 PowerPoint 2019 的快捷方式，启动 PowerPoint 的同时新建了一个空白的演示文稿。单击快速访问工具栏中的“保存”按钮，将演示文稿按照指定的文件名保存到指定的文件夹下。

（2）启动 PowerPoint 2019，单击选中“文件”选项卡，在左侧区域中选择“新建”命令，在右侧区域上方选择“样本模板”选项，在列出的样本模板中双击“城市单色”选项，即可按照模板创建一个演示文稿，然后按照要求保存演示文稿。

4.2　熟悉 PowerPoint 2019 的功能区

任务知识点

- 功能区的特征。
- 功能区上各选项卡的功能。

任务描述

新建一个幻灯片，然后插入素材文件夹中的“素材 6”，并用 PowerPoint 2019 的裁剪功能将水印裁剪。

知识预备

功能区包含以前在 PowerPoint 2003 及更早版本中的菜单和工具栏上的命令和其他菜单项。功能区旨在帮助你快速找到完成某任务所需的命令。

1. 功能区的主要特征

在 PowerPoint 2019 中功能区显示在“开始”选项卡的下方。

在图 4-8 中，被选中的是“开始”选项卡。每个选项卡均与一种活动类型相关，如插入媒体或对对象应用动画。

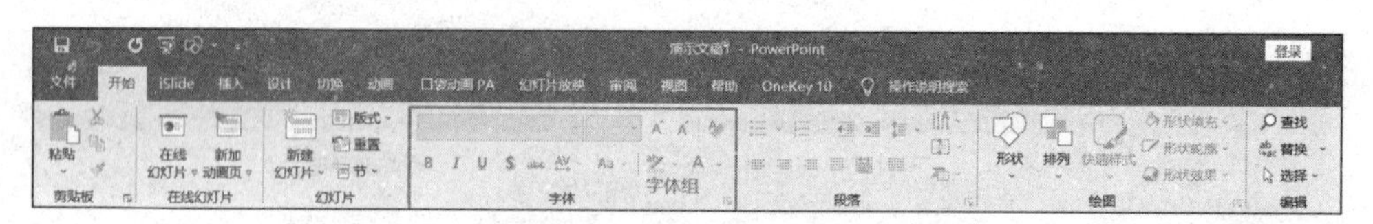

图 4-8　主要功能介绍

在图 4-8 中，被选中的是“字体”组。命令组织在逻辑组中且集中在选项卡下。

如果要创建幻灯片，则单击“新建幻灯片”按钮。

2. 功能区的其他特征

在功能区上看到的其他元素有上下文选项卡、库和对话框启动器，如图 4-9 所示。

1）上下文选项卡

在图 4-9 中，选中的是“图片工具”选项卡。为减少混乱，某些选项卡只有在需要时才会显示。例如，只有在幻灯片上插入某一图片，然后选择该图片的情况下才会显示“图片工具”选项卡。

2）库

在图 4-9 中，“绘图”组代表的是形状库。库为显示一组相关可视选项的矩形窗口或菜单。

3）对话框启动器

“设置形状格式”对话框的启动器如图 4-9 所示。

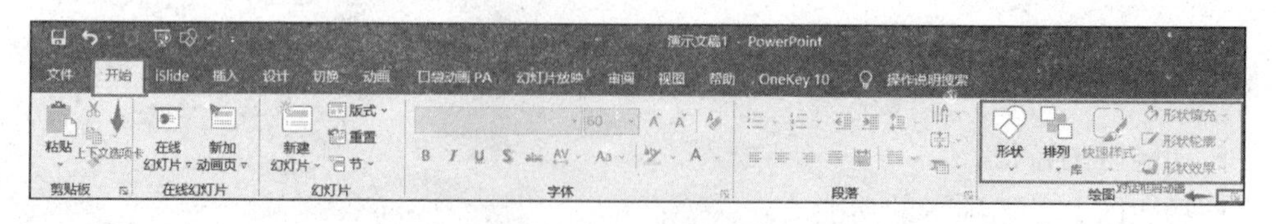

图 4-9　格式选项卡

3. 功能区上的常用命令的位置

1）“文件”选项卡

使用“文件”选项卡可创建新文件、打开或保存现有文件和打印演示文稿，如图 4-10 所示。

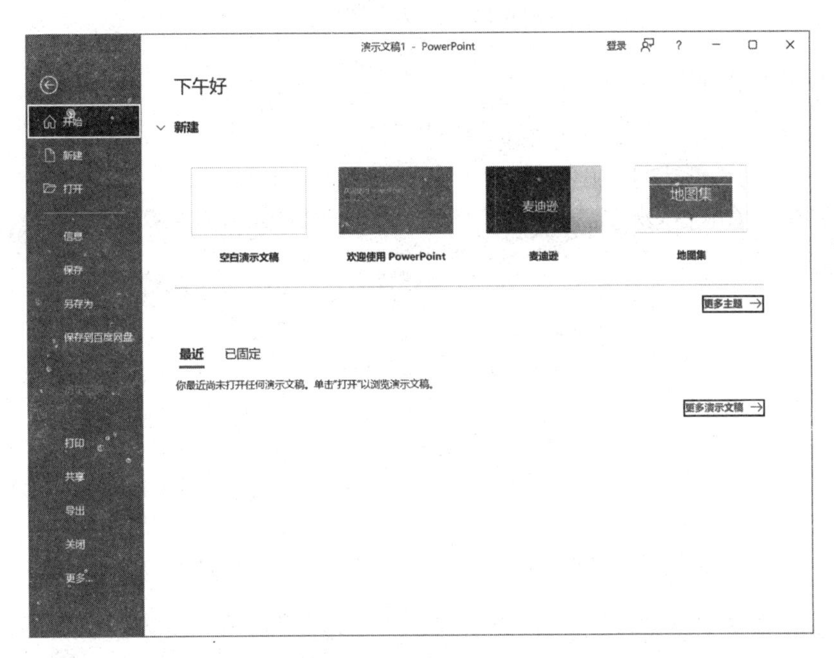

图 4-10　“文件”选项卡

2）“开始”选项卡

使用“开始”选项卡可插入新幻灯片、将对象组合在一起以及设置幻灯片上的文本格式，如图 4-11 所示。

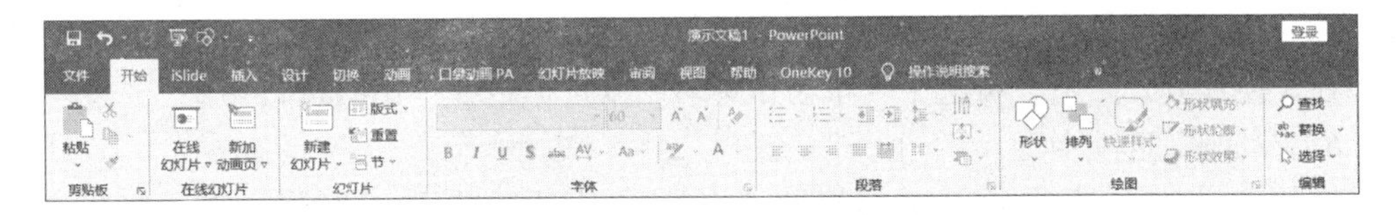

图 4-11　“开始”选项卡

如果你单击“新建幻灯片”按钮，则可从多个幻灯片布局中进行选择。

“字体”组包括“字体”“加粗”“斜体”和“字号”按钮。

“段落”组包括“文本右对齐”“文本左对齐”“两端对齐”和“居中”按钮。

如果要查找“组”命令，请单击“排列”按钮，然后在“组合对象”中选择“组”命令。

3）“插入”选项卡

使用“插入”选项卡可将表、形状、图表、页眉或页脚插入演示文稿中，如图 4-12 所示。

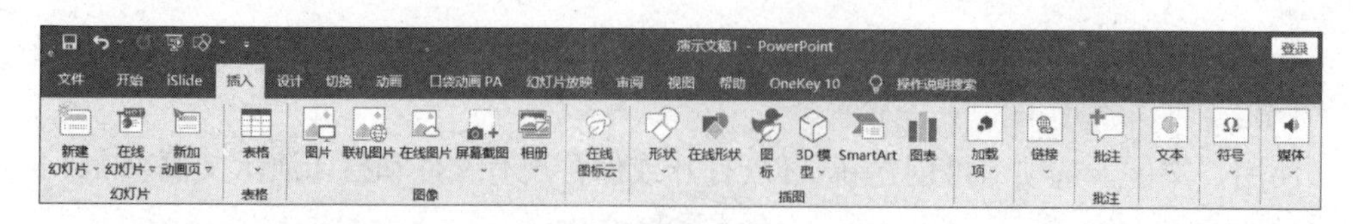

图 4-12 “插入”选项卡

4）“设计”选项卡

使用“设计”选项卡可自定义演示文稿的背景、主题设计和颜色或页面设置，如图 4-13 所示。

图 4-13 “设计”选项卡

在“主题”组中，单击某主题可将其应用于演示文稿。

单击“自定义”组中的“设置背景格式”按钮可为演示文稿选择背景色和设计。

5）“切换”选项卡

使用“切换”选项卡可对当前幻灯片应用、更改或删除切换，如图 4-14 所示。

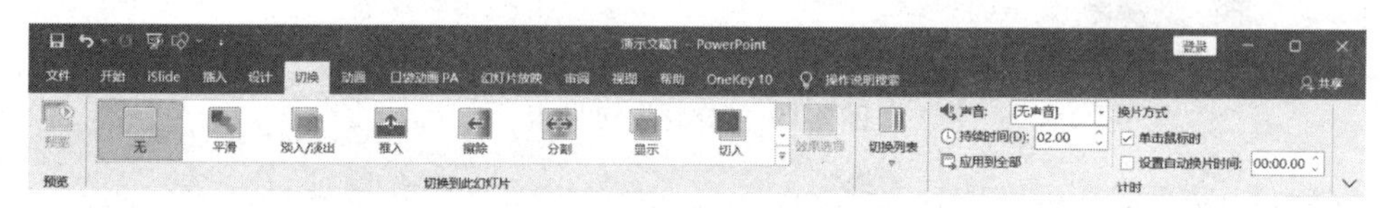

图 4-14 “切换”选项卡

在“切换到此幻灯片”组中，单击某切换可将其应用于当前幻灯片。

在“声音”列表中，可从多种声音中进行选择以在切换过程中播放。

在“换片方式”下，可选中“单击鼠标时”复选框以在单击时进行切换。

6）“动画”选项卡

使用“动画”选项卡可对幻灯片上的对象应用、更改或删除动画，如图 4-15 所示。

图 4-15 “动画”选项卡

单击“添加动画”按钮，然后选择应用于选定对象的动画。

单击“动画窗格”按钮可启动“动画窗格”任务窗格。

“计时”组包括对“开始”和“持续时间”的设置。

7）“幻灯片放映”选项卡

使用“幻灯片放映”选项卡可开始幻灯片放映、自定义幻灯片放映的设置和隐藏单个幻灯片，如图 4-16 所示。

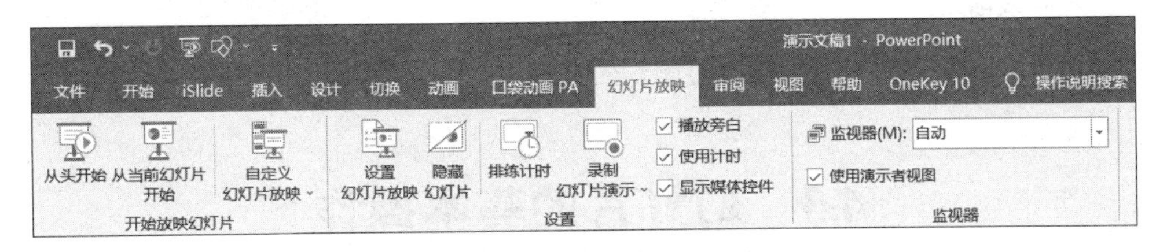

图 4-16　“幻灯片放映”选项卡

“开始放映幻灯片”组包括“从头开始”和“从当前幻灯片开始”按钮。

单击“设置幻灯片放映”按钮可启动“设置放映方式”对话框。

8）“审阅”选项卡

使用“审阅”选项卡可检查拼写、更改演示文稿中的语言或比较当前演示文稿与其他演示文稿的差异，如图 4-17 所示。

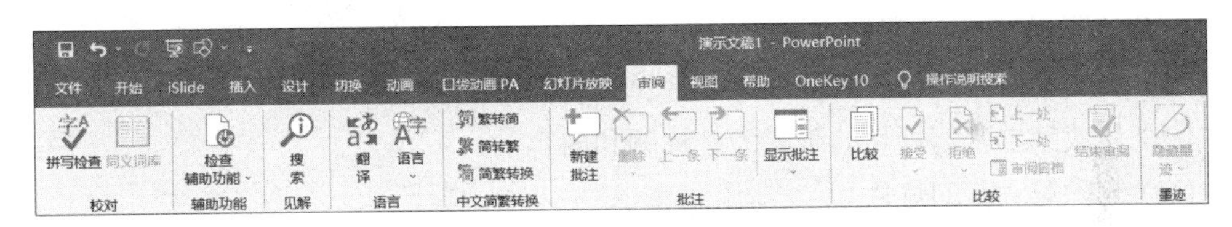

图 4-17　“审阅”选项卡

“校对”组用于启动拼写检查程序。

“语言”组包括“语言”按钮，单击后可以选择语言。

9）“视图”选项卡

使用“视图”选项卡可以查看幻灯片母版、备注母版、浏览幻灯片。你还可以打开或关闭标尺、网格线和绘图指导，如图 4-18 所示。

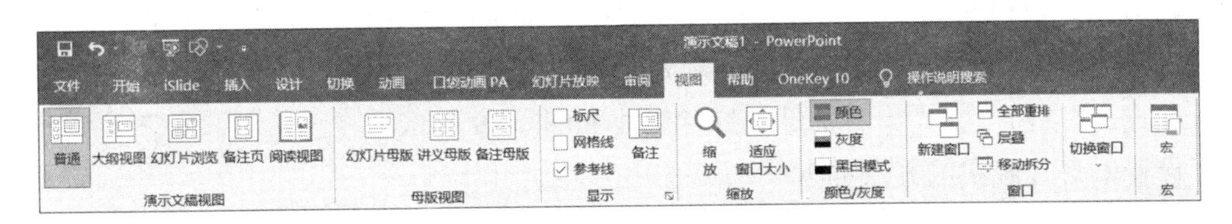

图 4-18　“视图”选项卡

任务实施

（1）先新建一个幻灯片。

（2）在菜单栏单击“插入”选项卡下的“图片”按钮。

（3）弹出“图片”对话框，选择要插入的图片，单击“打开”按钮。

（4）裁剪图片。菜单栏选择“图片工具格式”选项卡，然后在工具栏选择“裁剪”按钮。

（5）图片周围出现八个方向标志，将最下方的图片标志从下向上拖动，直至水印被阴影部分覆盖掉。

（6）单击空白部分，即可完成对图片的裁剪。

4.3 幻灯片的基本操作

任务知识点

• 幻灯片版式。

• 新建、编辑、浏览、选择、复制或移动、隐藏、删除幻灯片。

任务描述

打开“素材 \5\ 计算机硬件系统 .pptx”，按以下要求操作。

（1）设置第一张幻灯片的标题为“计算机硬件系统”，字体为隶书、40 磅。

（2）修改第二张幻灯片的版式为“标题和内容”。

（3）删除第六张幻灯片。

（4）交换第六张幻灯片和第七张幻灯片的位置。

（5）隐藏第二张幻灯片。

知识预备

1. 幻灯片的版式

幻灯片版式是 PowerPoint 2019 的排版格式，每张幻灯片都有其版式，通过幻灯片版式的应用，可以对文字、图片、图表、表格、SmartArt 等元素构建合理简洁的布局。在 PowerPoint 2019 中常见的版式有“标题”版式、“内容”版式、“节标题”版式、“比较”版式、“空白”版式等。常见幻灯片版式如图 4-19 所示。

设置幻灯片版式的方法如下。

1）通过“版式”命令设置

选择要设置版式的幻灯片，单击“开始”功能区“幻灯片”组中的“版式”按钮，在弹出的下拉列表中单击要设置的版式即可。

2）通过快捷菜单设置

选择要设置版式的幻灯片，右击，并从弹出的快捷菜单中选择“版式”命令，在弹出的级联菜单中选择要设置的版式即可。

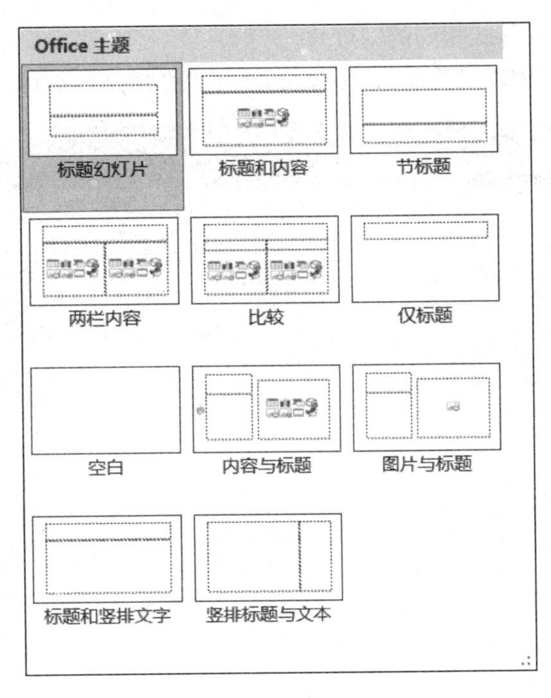

图 4-19　幻灯片版式

2. 新建幻灯片

制作演示文稿，其实就是在演示文稿中添加并制作一张张幻灯片，从而完成一份完整的演示文稿。在演示文稿中创建幻灯片的方法如下。

1）通过“开始”功能区“新建幻灯片”按钮

首先，选择新幻灯片后的幻灯片，然后单击“开始”功能区“幻灯片”组中的“新建幻灯片”按钮，该按钮分为上下两部分：如果单击该按钮的上半部分，则直接在被选中的幻灯片后面新建一个与被选中幻灯片版式相同的幻灯片；如果想要设置新建幻灯片的版式，则需要单击“新建幻灯片”按钮的下半部分，这样会弹出一个下拉列表，在下拉列表中，用户可以自行选择幻灯片的版式，如图 4-19 所示。

另外，在如图 4-20 所示的下拉列表中还有一个“重用幻灯片”命令，使用该命令可将其他演示文稿中的幻灯片插入当前演示文稿中，步骤如下。

（1）选择“重用幻灯片”命令，弹出“重用幻灯片”任务窗格。

（2）在该窗格中可单击“浏览”按钮，在下拉列表中选择“浏览文件”命令，即可打开“浏览”对话框。

（3）在“浏览”对话框中，找到要插入的演示文稿，单击“打开”按钮，这样该演示文稿中的所有幻灯片都会显示到“重用幻灯片”窗格中。

（4）单击要插入的幻灯片即可，如图 4-20 所示。

2）通过“幻灯片 / 大纲”窗格插入

（1）在“幻灯片 / 大纲”窗格中单击选中“幻灯片”选项卡，选中一张幻灯片。

（2）右击，并从弹出的快捷菜单中选择“新建幻灯片”命令，即可在选择的幻灯片后新建一张与其幻灯片版式相同的幻灯片。

另外,还可以在选中幻灯片后按Enter键,同样会在所选的幻灯片后新建一张幻灯片。

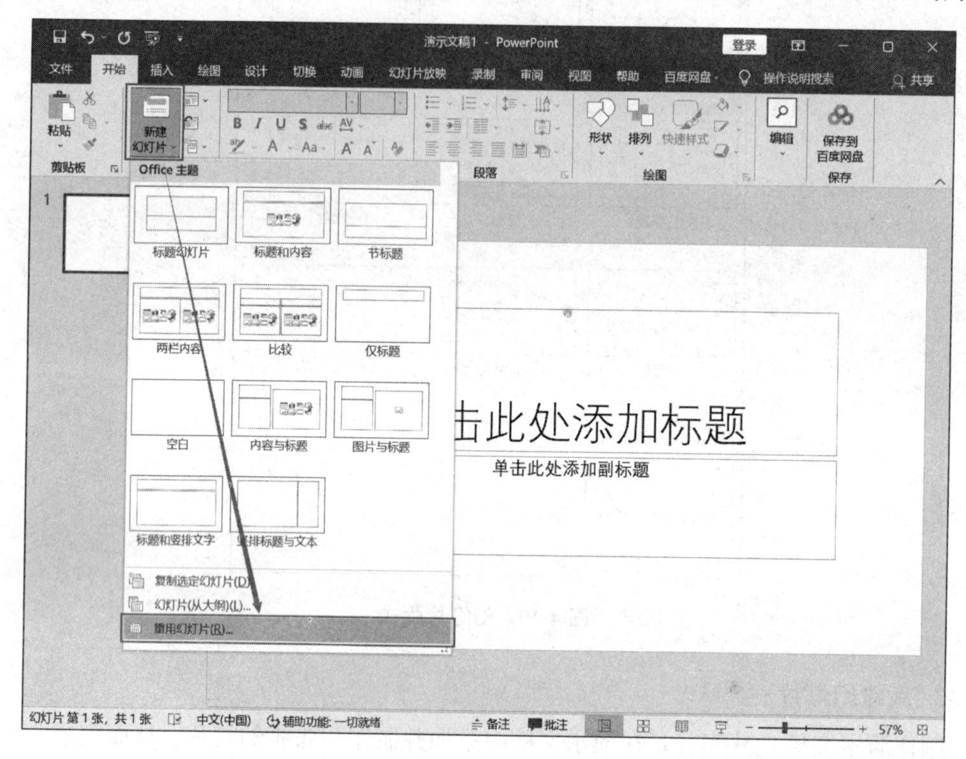

图 4-20　重用幻灯片

3. 编辑幻灯片

1）占位符

占位符是一种带有虚线边缘的框，在该框内可以放置标题及正文，或者是图表、表格和图片等对象。

2）选择占位符

将光标移至占位符的虚线框上，当光标变为四向箭头形状时，单击即可选中该占位符；如果单击占位符内部，则表示进入该占位符，可在占位符中输入与编辑文本。

3）移动占位符

将光标移至占位符的虚线框上，当光标变为四向箭头形状时，按下左键拖动占位符到目的位置即可。

用户也可以先选中占位符，然后使用键盘上的方向键移动占位符至目标位置。

4）改变占位符大小

选中目标占位符，将光标移动到占位符的控点上，当光标变为双向箭头形状时，按下左键拖动鼠标即可。

5）复制或移动占位符

选中要复制或移动的占位符,选择“开始”功能区“剪贴板”组中的“复制”或“剪切”命令，然后在目的位置右击，并从弹出的快捷菜单中选择“粘贴”命令即可。

6）删除占位符

选中要删除的占位符，按 Delete 键即可。

7）输入文本

文本内容是幻灯片的基础，在幻灯片中输入文本一般有两种方式。

（1）在占位符中输入文本。单击占位符内部，光标变为闪烁的 | 形状时即可输入文本。

（2）在文本框中输入文本。首先通过“插入”功能区“文本”组的“文本框”命令向幻灯片内插入一个文本框，然后单击文本框内部，光标变为闪烁的 | 形状时即可输入文本。

8）编辑文本

在占位符中对文本的修改、复制、剪切、粘贴和删除等操作与在 Word 中完全相同，此处不再赘述。

4. 浏览幻灯片

在普通视图中，通过在“幻灯片”选项卡或“大纲”选项卡中单击想要浏览的幻灯片，进行幻灯片的浏览。

5. 选择幻灯片

1）选择单张幻灯片。在“幻灯片”选项卡或“大纲”选项卡中单击要选择的幻灯片即可。

2）选择连续多张幻灯片。先选中连续多张幻灯片中的第一张，然后按住 Shift 键，再单击连续多张幻灯片中的最后一张。

3）选择不连续的多张幻灯片。选择其中的一张幻灯片后，按住 Ctrl 键，依次单击其他要选的幻灯片。

6. 复制或移动幻灯片

1）通过鼠标拖动

在“幻灯片 / 大纲”窗格中选择“幻灯片”选项卡，按以下步骤操作。

（1）选中要复制或移动的幻灯片。

（2）按下左键拖动选择的幻灯片，此时会出现一条虚线，用于指示幻灯片的位置。

（3）拖动至指定位置后，释放左键即可。

如果要复制幻灯片，只需在按下左键进行拖动的同时按住 Ctrl 键即可。

2）通过快捷菜单

在“幻灯片 / 大纲”窗格中选择“幻灯片”选项卡，按以下步骤操作。

（1）选择要复制或移动的幻灯片并右击，并从弹出的快捷菜单中选择“剪切”命令或“复制”命令，如图 4-21 所示。

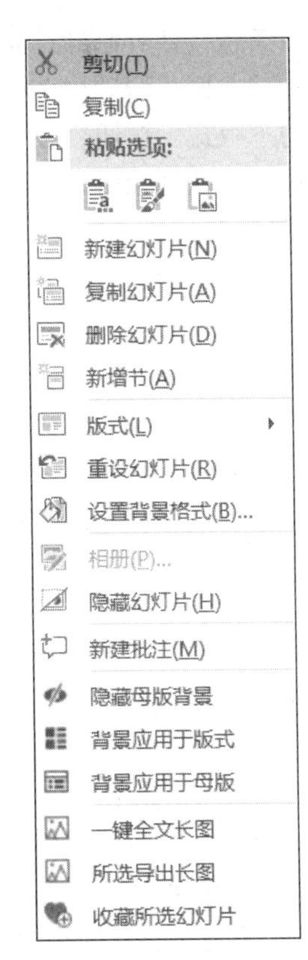

图 4-21　通过“幻灯片 / 大纲”窗格插入幻灯片

（2）将光标移至目标位置并右击，并从弹出的快捷菜单中选择“粘贴”命令即可。

3）通过“开始”功能区“剪贴板”组的按钮

（1）选择要复制或移动的幻灯片。

（2）在“开始”功能区“剪贴板”组中单击“剪切”或“复制”按钮。

（3）选择要粘贴的位置，执行“剪贴板”组中的“粘贴”命令。

7. 隐藏幻灯片

在“幻灯片 / 大纲”窗格中，选择要隐藏的幻灯片，右击，并从弹出的快捷菜单中选择“隐藏幻灯片”命令即可。

如果要取消隐藏，则选中被隐藏的幻灯片，右击，并从弹出的快捷菜单中再次选择“隐藏幻灯片”命令即可。

8. 删除幻灯片

在“幻灯片 / 大纲”窗格中，右击要删除的幻灯片，并从弹出的快捷菜单中选择“删除幻灯片”命令即可。

任务实施

（1）在“幻灯片 / 大纲”窗格中，选择第一张幻灯片，在其“标题”占位符中单击，然后输入“计算机硬件系统”，设置其为隶书、40 磅。

（2）在“幻灯片 / 大纲”窗格中，选择第二张幻灯片，单击“开始”功能区“幻灯片”组的“版式”按钮，在下拉列表中选择“标题和内容”版式即可。

（3）在“幻灯片 / 大纲”窗格中，右击第六张幻灯片，并从弹出的快捷菜单中选择“删除”命令。

（4）在“幻灯片 / 大纲”窗格中，拖动第六张幻灯片至第七张幻灯片之后。

（5）在“幻灯片 / 大纲”窗格中，右击第二张幻灯片，并从弹出的快捷菜单中选择“隐藏幻灯片”命令。

4.4 幻灯片的外观设置

任务知识点

- 使用主题。
- 设置背景。
- 使用母版。

任务描述

打开“素材 \5\ 软件系统 .pptx”，按以下要求操作。

（1）设置第二张幻灯片的主题为“波形”。

（2）设置第一张幻灯片的背景填充纹理为“水滴”。

（3）通过“幻灯片母版”设置第三、四张幻灯片的标题字体为“红色”“隶书”。

知识预备

为了让幻灯片看起来更加美观，用户需要先对幻灯片背景进行一些美化设置。PowerPoint 可以通过使用主题、背景和母版等方法来设定幻灯片的外观，既能使幻灯片的外观风格统一，又能提高工作效率。

1. 使用主题

主题是演示文稿的颜色搭配、字体格式化以及一些特效命令的集合，使用主题可以大大化简演示文稿的创作过程。PowerPoint 2019 为用户提供了 31 种主题，用户可自由选择，也可以自定义新的主题。

1）应用主题

使用内置主题的具体步骤如下。

（1）单击“设计”功能区“主题”组中的“其他”按钮，弹出主题列表，如图 4-22 所示。

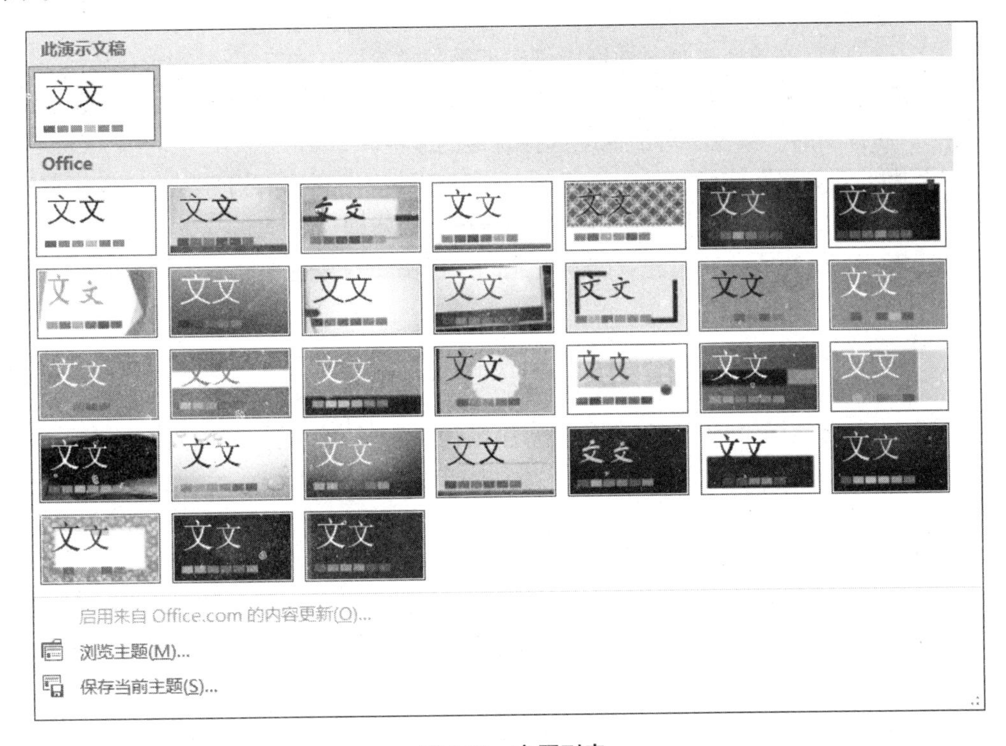

图 4-22　主题列表

（2）单击某个主题，即可将该主题应用到演示文稿的所有幻灯片；如果只想更改当前选定幻灯片的主题，可在选定的主题上右击，并从弹出的快捷菜单中选择“应用于选定幻灯片”命令即可。

2）自定义主题

用户可以根据自己的需要对主题中的颜色、文字样式效果进行设置，只需在“设计”功能区，通过“主题”组中的“颜色”“字体”和“效果”命令进行自定义即可。

2. 设置背景

（1）选择要设置背景的幻灯片。

（2）单击“设计”功能区“背景”组中的“背景样式”按钮，在弹出的下拉列表中选择需要的背景即可。

另外，还可以单击“背景”组的“对话框启动器”按钮，弹出“设置背景格式”对话框，在对话框中进行设置。PowerPoint 2019 提供的背景格式设置方式有“纯色填充”“渐变填充”“图片或纹理填充”“图案填充”4 种，如图 4-23 所示。

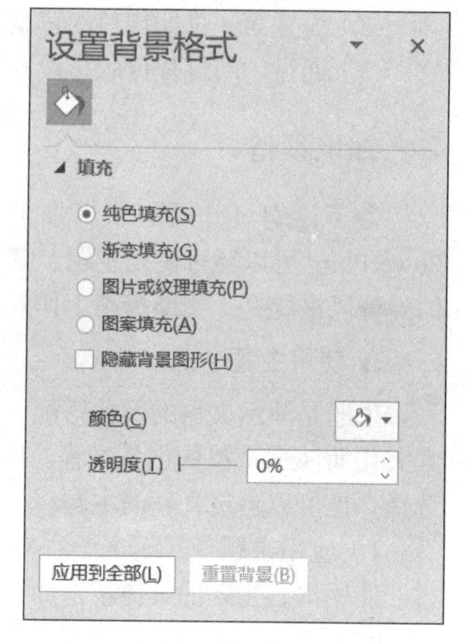

图 4-23 “设置背景格式”对话框

1）纯色填充

（1）在“设置背景格式”对话框中选中“纯色填充”。

（2）单击“颜色”按钮，在弹出的下拉列表中选择合适的颜色即可；也可选择“其他颜色”，在弹出的“颜色”对话框中选择合适的颜色。

（3）单击“关闭”按钮，这时选择的背景颜色即应用到当前幻灯片；如果所有幻灯片都要设置相同的背景，则只需单击“全部应用”按钮即可。

渐变填充、图片或纹理填充、图案填充的操作步骤与纯色填充的步骤类似，下面不再赘述。

2）渐变填充

在“设置背景格式”对话框中选中“渐变填充”，在“预设颜色”里设置渐变色的基本色调，在“类型”“方向”和“角度”里设置颜色变化类型、变化方向和变化角度。还可以通过“添加 / 删除渐变光圈”增减光圈的个数和颜色等。

3）图片或纹理填充

在“设置背景格式”对话框中选中“图片或纹理填充”，在“纹理”中设置背景的纹理。如果不想使用系统自带纹理，则可通过“文件”或“剪贴画”按钮查找自己喜欢的图片，将其作为背景。如果图片尺寸与幻灯片不符，可选中“将图片平铺为纹理”复选框，并设置相关平铺选项。

4）图案填充

在“设置背景格式”对话框中选中“图案填充”，在列表中选择合适的图案。还可以通过“前景色”和“背景色”按钮调整图案的颜色。

3. 使用母版

母版是模板的一部分，主要用来定义演示文稿中所有幻灯片的格式，其内容主要包括文本与对象在幻灯片中的位置、文本与对象占位符的大小、文本样式、效果、主题颜色、背景等信息。PowerPoint 2019 主要提供了幻灯片母版、备注母版和讲义母版三种。

1）设置幻灯片母版

在 PowerPoint 2019 中，系统提供了一套幻灯片母版，包括 1 个主版式和 11 个其他版式。在“视图”功能区的“母版视图”组中单击“幻灯片母版”按钮，会出现“幻灯片母版”选项卡和窗格，选中目标版式，可进行插入、删除、重命名以及设置主题、背景、标题、页脚等操作，如图 4-24 所示。

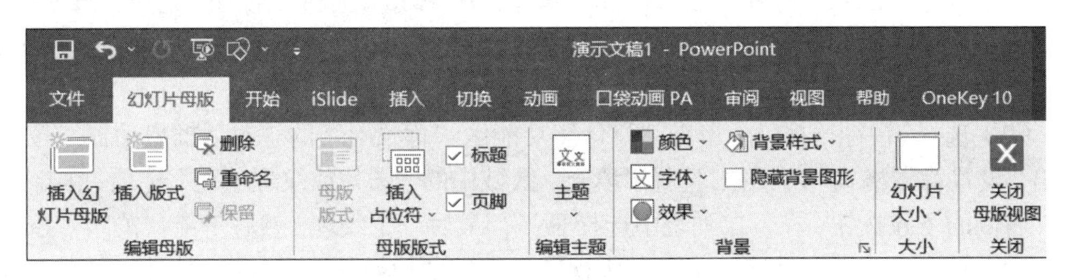

图 4-24 “幻灯片母板”功能区

选中主版式进行格式化设置时，格式化命令会改变所有版式的格式；选中其他 11 个版式进行格式化设置时，只会改变选中版式的格式。

2）编辑幻灯片母版

PowerPoint 2019 允许用户对幻灯片母版进行添加、删除、重命名及设置主题、背景等操作，操作方式与编辑版式相似，唯一区别是操作前用户需要选中幻灯片母版的主版式，而不是选中其他某一版式。

编辑好版式或幻灯片母版后，关闭母版视图，然后单击“开始”功能区的“幻灯片”组的“版式”按钮，在下拉列表中可以看到新编辑的版式和幻灯片母版。

3）幻灯片母版的页面设置

在“幻灯片母版”功能区中还可以对其进行页面设置。单击“页面设置”组中的“页面设置”按钮，会弹出“页面设置”对话框。在该对话框中可设置幻灯片大小、方向、起始编号等。

4）幻灯片母版的页眉 / 页脚设置

在“幻灯片母版”功能区的“母版版式”组中有“页脚”复选框，如果将其选中，则在母版下部出现 3 个并排的文本框，分别代表日期、页脚和编号，如图 4-25 所示。如果不选中，则这 3 个文本框都被隐藏。如果只想保留其中的某几个，则需选中；不保留的按 Delete 键删除。

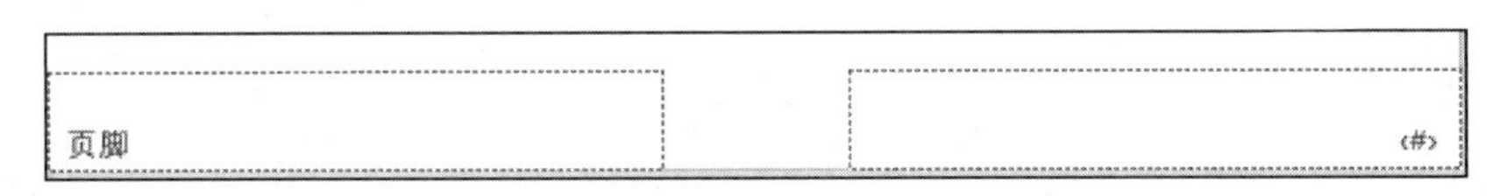

图 4-25 “页脚”区域

在幻灯片母版中没有专门设置页眉的选项，但用户可在幻灯片母版主版式中插入图片或绘制形状，并在其中添加文本，这样就实现了页眉效果。

5）设置备注或讲义母版

在“视图”功能区中执行“备注母版”命令或“讲义母版”命令，会出现“备注母版”选项卡或“讲义母版”选项卡，设置方式与幻灯片母版相同，在此不再赘述。

任务实施

（1）选择第二张幻灯片，在“设计”功能区中单击“主题”组的“其他”按钮，将光标移至列表中第一行第五列的图标上，右击，并从弹出的快捷菜单中选择“应用于选定幻灯片”命令。

（2）选择第一张幻灯片，单击“设计”功能区“背景”组的“对话框启动器”按钮，弹出“设置背景格式”对话框，选择“填充”区域中的“图片或纹理填充”选项，单击“纹理”右侧的下拉按钮，在下拉列表中选择第一行最后一个纹理，然后单击“关闭”按钮。

（3）单击“视图”功能区中“母版视图”组的“幻灯片”母版按钮，打开幻灯片母版。在左侧窗格中，选择第三个母版，在右侧编辑区选择“标题”占位符，然后通过“开始”功能区“字体”组的相应按钮设置标题字体为隶书，颜色为红色。设置完成后，单击“幻灯片母版”功能区“关闭”组的“关闭母版视图”按钮即可。

4.5　在幻灯片中插入各种对象

任务知识点

- 插入图片、自选图形、SmartArt 图形、艺术字、表格与图表、声音和视频等。

任务描述

打开“素材 \5\ 演示文稿中的各种对象 .pptx”，按以下要求操作。

（1）在第二张幻灯片中插入一个“汽车”类的剪贴画，并设置其高度和宽度分别为 10 厘米、8 厘米。

（2）设置第三张幻灯片的版式为“两栏内容”，在左侧占位符中插入一个 12 行 5 列的表格，在右侧占位符中插入一个“基本流程”类的 SmartArt 图形，内容自定。

（3）在第四张幻灯片中插入素材中的音乐 the south wind.mp3。

知识预备

1. 图片

1）插入图片

PowerPoint 2019 提供了从其他图形文件中插入图片的功能，以使用户的演示文稿更加生动，步骤如下。

（1）单击“插入”功能区“图片”组中的“图片”按钮，弹出“插入图片”对话框。

（2）在“插入图片”对话框中，选择一张图片，单击“插入”按钮。

2）编辑图片

（1）选中要编辑的图片。

（2）单击“格式”功能区的相应格式按钮，如图 4-26 所示，或右击图片，并从弹出的快捷菜单中选择“设置图片格式”命令，打开如图 4-27 所示的“设置图片格式”对话框，对图片的格式进行设置。

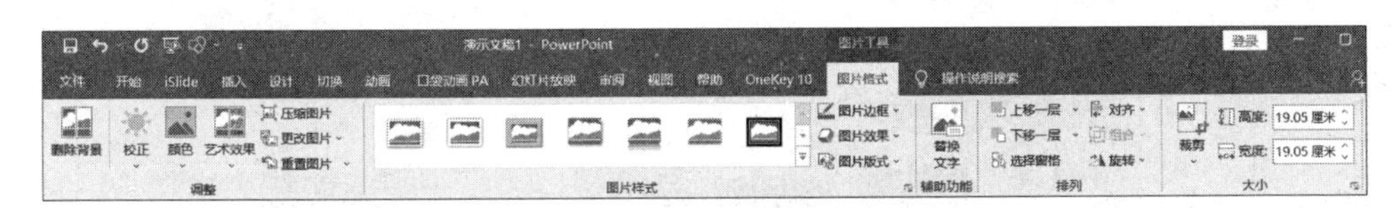

图 4-26　“图片格式”功能区

2. 自选图形

要在幻灯片中绘制一些圆、矩形等简单的图形，可以使用 PowerPoint 2019 提供的绘图功能。在“开始”功能区“绘图”组中单击相应的绘图按钮，如图 4-28 所示，即可在幻灯片中画出各种图形，如线条、箭头、矩形和椭圆等。

图 4-27　“设置图片格式”对话框

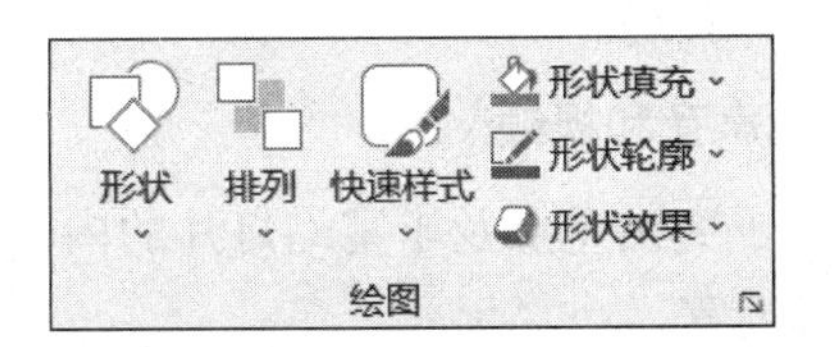

图 4-28　“开始”功能区的“绘图”组

3. SmartArt 图形

利用 SmartArt 图形可以轻松地绘制各种组织结构图和流程图，使用户快速创建具有专业设计师水平的插图。插入 SmartArt 图形的步骤如下。

（1）单击“插入”功能区“插图”组的 SmartArt 按钮，弹出“选择 SmartArt 图形”

对话框，如图 4-29 所示。

（2）选择需要的形状，单击“确定”按钮，在 SmartArt 图形中输入内容，进行编辑。

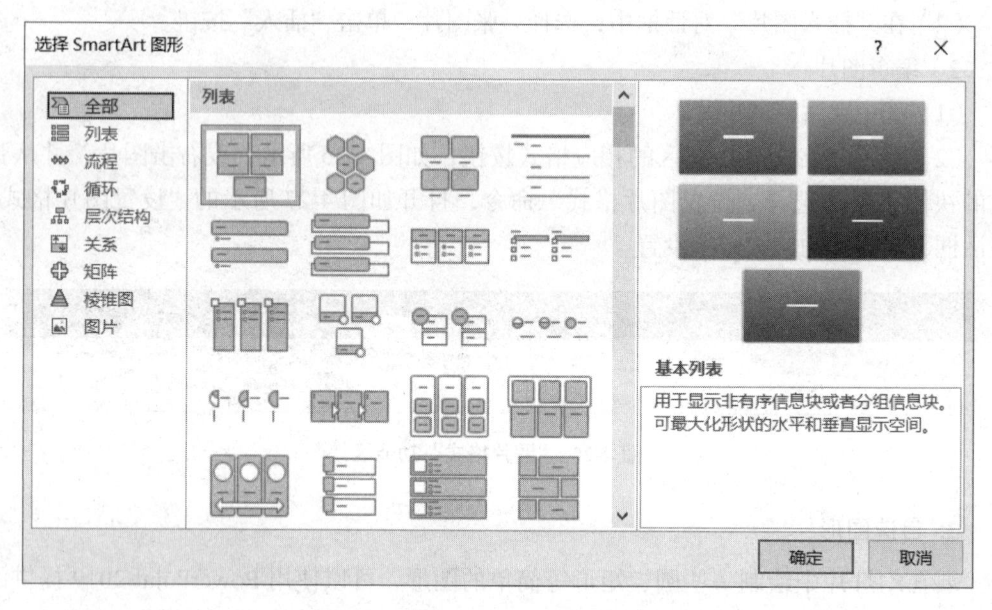

图 4-29 “选择 SmartArt 图形”对话框

4. 艺术字

PowerPoint 2019 提供了艺术字，使文本在幻灯片中更加突出，能给幻灯片增加更丰富的效果。单击“插入”功能区“文本”组中的“艺术字”按钮，在弹出的下拉列表中选择一种样式，输入内容即可。

5. 表格与图表

在制作幻灯片时，当信息或数据比较多时，如果只用文字或图片来表示显得比较复杂。此时可以采用表格或图表的形式，分类显示数据，使数据更加规则、直观。

在 PowerPoint 2019 中对表格或图表的各种操作与 Word、Excel 中的操作基本相同，这里不再赘述。

6. 声音和视频

为了突出重点及丰富幻灯片的内容，可以在 PowerPoint 2019 中插入声音、视频等多媒体元素。

1）插入声音

在 PowerPoint 2019 中插入声音分为剪贴画音频、文件中的音频和录制音频三种。步骤如下。

（1）单击“插入”功能区“媒体”组中的“音频”按钮，弹出“插入音频”对话框，如图 4-30 所示。

（2）选择需要插入的音频文件，单击“插入”按钮即可插入音频。还可以单击“插入”功能区“媒体”组中的“音频”按钮的下拉按钮，弹出下拉列表，如图 4-31 所示，在列表中选择“剪贴画音频”和“录制音频”命令，进行音频的插入。

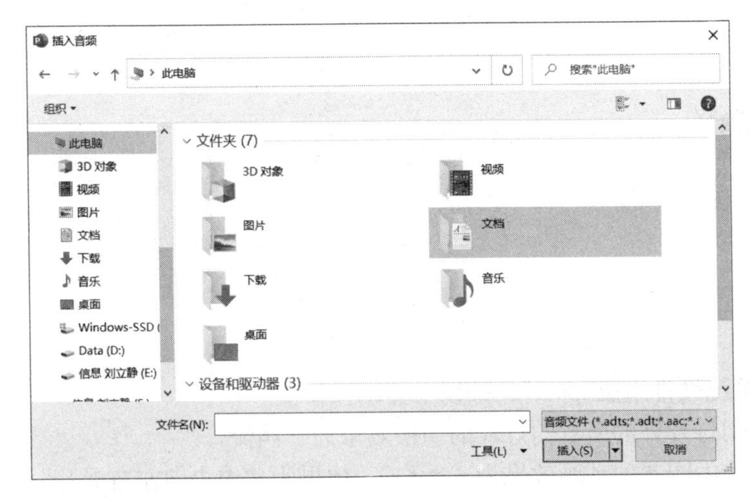

图 4-30 “插入音频”对话框

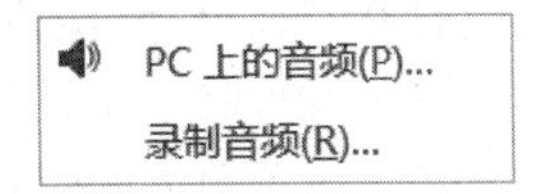

图 4-31 “音频”下拉列表

2）插入视频

在幻灯片中还可插入视频文件，视频分为剪贴画视频、文件中的视频及来自网站的视频三种，可支持的文件类型包括 Windows Media 文件、Windows 视频文件、影片文件、Windows Media Video 文件及动态 GIF 文件等。插入步骤如下。

（1）单击“插入”功能区“媒体”组中的“视频”按钮下方的下拉按钮，弹出下拉列表。

（2）在下拉列表中选择“文件中的视频”命令，弹出“插入视频文件”对话框，选择需要插入的视频文件，单击“插入”按钮即可插入视频。视频插入完毕后，幻灯片中的视频自动保持为选中状态，此时视频文件周围有控制句柄，可以通过拖动句柄来调节视频大小。

任务实施

（1）选择第三张幻灯片，单击“开始”功能区“幻灯片”组的“版式”按钮，在下拉列表中选择“两栏内容”版式。然后在左侧占位符中，单击“插入表格”按钮，在弹出的“插入表格”对话框中输入行数和列数，单击“确定”按钮；在右侧的占位符中，单击“插入 SmartArt 图形”按钮，选择“流程”类的第一个类型，单击“确定”按钮，然后自行输入内容。

（2）选择第四张幻灯片，将光标定位在内容占位符中，单击“插入”功能区“媒体”组的“音频”按钮，在弹出的“插入音频”对话框中找到并选择 the south wind.mp3 文件，单击“插入”按钮即可。

4.6 幻灯片的切换效果和动画效果

任务知识点

- 设置幻灯片的切换效果。
- 添加动画效果。
- 设置超链接。
- 设置动作。

任务描述

打开“素材\5\微机系统硬件组成.pptx”，按以下要求操作。

（1）设置除了第一张幻灯片外的所有幻灯片的切换效果为“涡流”。

（2）设置第五张幻灯片中图片的动画效果为“劈裂”，效果为“中央向左右展开”。

（3）为第二张幻灯片的“打印机”设置超链接，链接到第七张幻灯片。

（4）为第七张幻灯片中的“返回”文本框设置动作：单击时链接到第一张幻灯片。

知识预备 w

1. 设置幻灯片的切换效果

幻灯片的切换效果是指放映两张幻灯片之间的过渡效果。在“切换”功能区“切换到此幻灯片”组中，有“平滑”“淡入/淡出”“推入”“擦除”“分割”“显示”“切入”等效果，如图 4-32 所示。单击切换效果按钮即可设置相应的切换效果。

此外，“声音”菜单是用来设置伴随的声音的；“换片方式”用来设置幻灯片切换方式，可在“单击鼠标时”切换或设置自动换片时间。

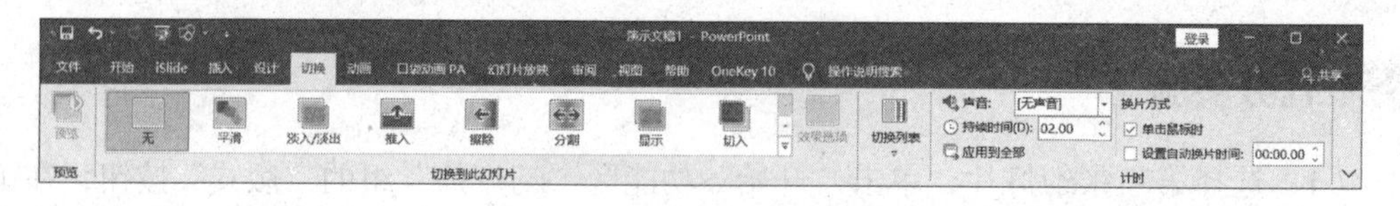

图 4-32 “切换”功能区

2. 添加动画效果

PowerPoint 2019 中的动画效果包括进入、强调、退出和动作路径四类。进入效果是设置所选对象出现在幻灯片上的动画效果；强调效果是为了突出显示所选对象而添加的效果；退出效果是设置所选对象从幻灯片上消失的动画效果；动作路径是设置所选对象在幻灯片上移动的轨迹，它可以是直线、曲线、图形样式等。用户可以根据自己的需要添加其中的一种或多种效果。在 PowerPoint 2019 中，动画效果主要集中在“动画”

功能区中，如图 4-33 所示。

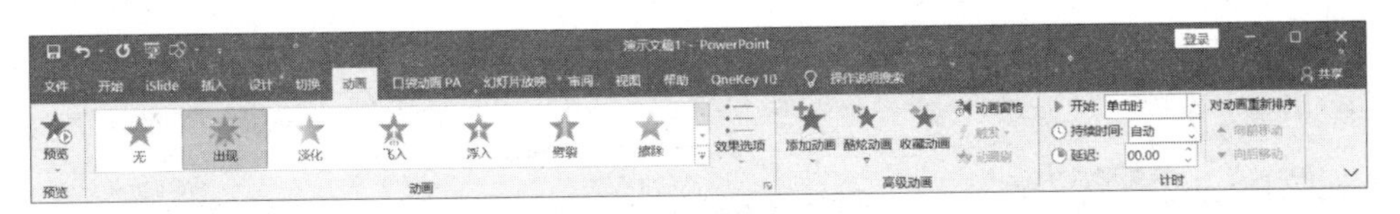

图 4-33 “动画”功能区

1）“预览”组

对幻灯片设置动画后，该组中的“预览”按钮就被激活，单击该按钮可以查看幻灯片播放的实时效果。

2）“动画”组

“动画”栏为幻灯片中的各对象添加多个动画效果。

3）“高级动画”组

“高级动画”栏为幻灯片中的单个对象快速添加多个动画效果。

4）“计时”组

“计时”栏对幻灯片中各对象动画效果进行时间控制。

3. 设置超链接

幻灯片中的超链接与网页中的超链接类似，是从一个对象跳转到另一个对象的快捷途径。在幻灯片中添加超链接的对象并没有严格的限制，可以是文本或图形图片，也可以是表格或图示。

插入超链接的步骤如下。

（1）选中要插入超链接的对象。

（2）然后切换到“插入”功能区，单击“链接”组中的“超链接”按钮，这时会弹出“插入超链接”对话框。

1）现有文件或网页

如单击“现有文件或网页”，可链接到已存在的文件上，或者某一个网站。在“插入超链接”对话框中找到要链接的文件或在“地址”文本框中输入网站的网址，再单击“确定”按钮即可。

2）本文档中的位置

如单击“本文档中的位置”，可链接到当前演示文稿中的任何一张幻灯片上，在“请选择文档中的位置”列表框中选择要链接的幻灯片即可，如图 4-34 所示。

如果要编辑或删除已建立的超链接，可以右击用作超链接的对象，并从弹出的快捷菜单中选择“编辑超链接”或“删除超链接”命令并进行相应的设置。

4. 设置动作

演示文稿放映时，由演讲者操作幻灯片上的对象去完成下一步的某项既定工作，称为该对象的动作。对象动作的设置提供了在幻灯片放映中人机交互的一个途径，使演讲者可以根据自己的需要选择幻灯片的演示顺序和展示演示内容，可以在众多的幻灯片中实现快速跳转，也可以实现与网络的超链接，甚至可以应用动作设置，启动某一个应用程序或宏。

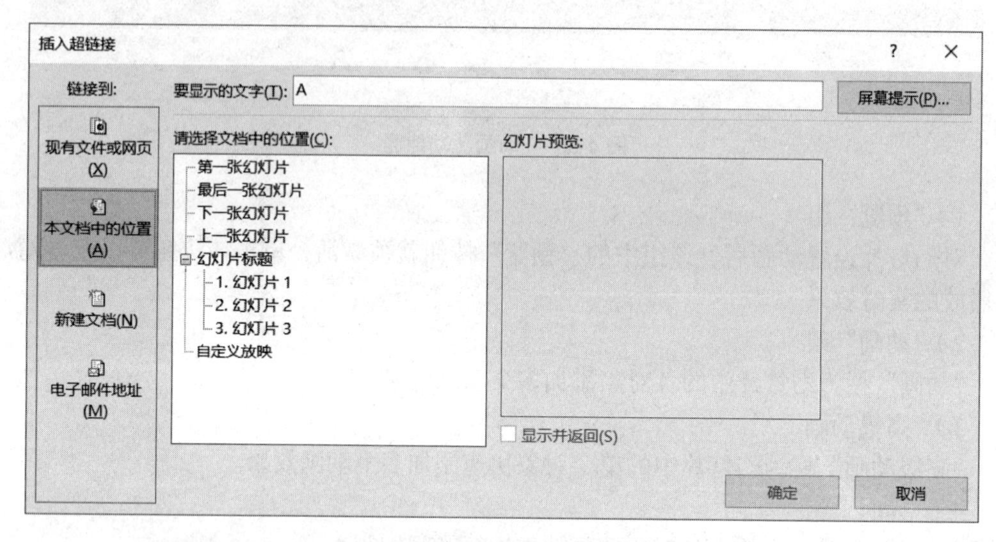

图 4-34　链接到“本文档中的位置”

动作设置的步骤如下。

（1）选中要设置动作的对象；

（2）单击“插入”功能区“链接”组中的“动作”按钮,弹出“操作设置”对话框，如图 4-35 所示。

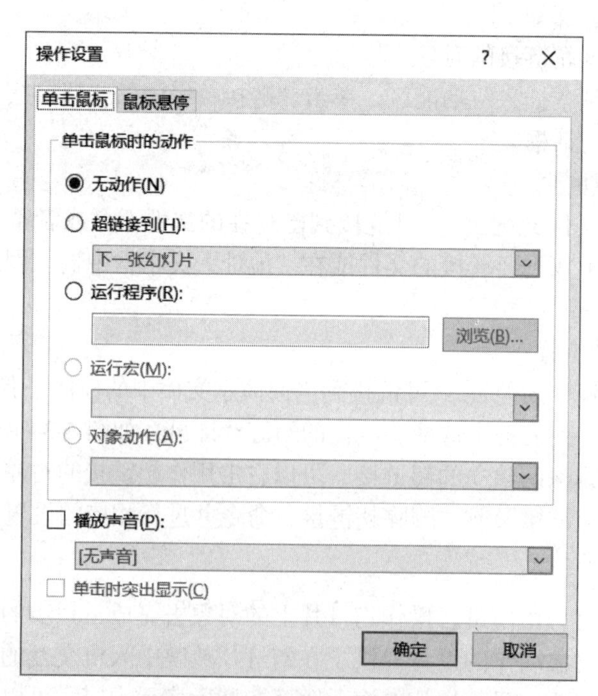

图 4-35　“操作设置”对话框

在“单击鼠标”选项卡中选中“超链接到”单选按钮，在下面的下拉列表框中可以选择超链接的对象，操作方法与前面介绍的超链接的内容基本一致，在此不再赘述。

如果选中“运行程序”单选按钮，则表示放映时单击对象会自动运行所选的应用程序，用户可在文本框中输入要运行的程序及其完整路径，或单击“浏览”按钮选择。

任务实施

(1)选择任意一张幻灯片，单击“切换”功能区“切换到此幻灯片”组的“其他”按钮，在切换效果列表中选择“涡流”，然后单击“计时”组的“全部应用”按钮。选择第一张幻灯片，在切换效果列表中选择“无”。

(2)选择第五张幻灯片，单击幻灯片中的图片，单击“动画”功能区“动画”组的“其他”按钮，在下拉列表中选择“劈裂”，然后单击“动画”组的“效果选项”按钮，在下拉列表中选择“中央向左右展开”效果。

(3)选择第二张幻灯片，选中文本“打印机”，单击“插入”功能区“链接”组的“超链接”按钮，弹出“插入超链接”对话框，在左侧选择“本文档中的位置”选项，在“选择文档中的位置”区域选择第七张幻灯片，然后单击“确定”按钮完成设置。

(4)选择第七张幻灯片，选中“返回”文本框，然后单击“插入”功能区“链接”组的“动作”按钮，在弹出的“操作设置”对话框中，单击选中“单击鼠标”选项卡，选中“超链接到”单选按钮，并在其列表中选择“幻灯片”选项，在弹出的“超链接到幻灯片”对话框中选择第一张幻灯片，并连续两次单击“确定”按钮，完成设置。

4.7　演示文稿的放映、共享与发布

任务知识点

- 设置幻灯片放映。
- 演示文稿的共享。
- 演示文稿的导出。

任务描述

打开“素材\5\泰山文化名胜.pptx”，将内容展示给观众或游客，要求：不需要人工干预，自动播放，循环播放。

知识预备

1. 设置幻灯片放映

幻灯片的放映分为手工放映和自动放映。默认情况下，PowerPoint 2019 放映幻灯

片是按照演讲者预设的放映方式进行的。但根据放映时的场合和放映需求不同还可以设置其他的放映方式。

1）幻灯片放映的设置

要设置幻灯片的放映效果，单击“幻灯片放映”功能区“设置”组中的“设置幻灯片放映”按钮，弹出“设置放映方式”对话框，如图 4-36 所示，在对话框中进行相应的设置。

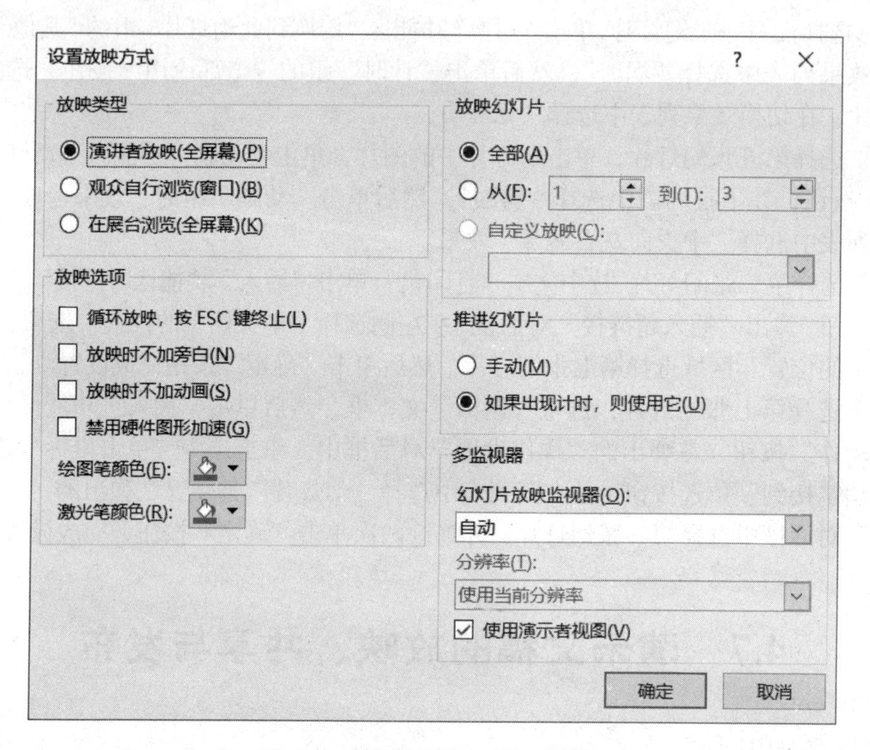

图 4-36 “设置放映方式”对话框

（1）放映类型。在放映类型中，用户可以设置放映的类型及各种效果。

演讲者放映：可以实现演讲者播放时的自主性操作，在播放中可以随时暂停、添加标记等。

观众自行浏览：非全屏放映方式，通过窗口中的翻页按钮，用户可以按顺序放映或者选择放映幻灯片。

在展台浏览：可以全屏循环放映幻灯片，在放映期间，只能用鼠标选择屏幕对象，其他功能均不可使用，终止时按 Esc 键。

（2）放映选项。在“放映选项”中，用户可以设置终止方式，是否添加旁白、动画以及笔的颜色等。

（3）放映幻灯片。在“放映幻灯片”中，放映者可以选择全部放映或者放映其中的某个部分，也可以选择自定义放映。

（4）推进幻灯片。在“推进幻灯片”中,用户可以选择使用手动放映或者自动放映。

2）幻灯片的放映方式

（1）常用放映方式有从头开始放映和从当前幻灯片开始放映两种。

① 从头开始放映是最常用的放映方式，用户可以按照从头到尾的放映顺序播放幻灯片。单击“幻灯片放映”选项卡下的“从头开始”按钮即可播放。

② 从当前幻灯片开始放映可以任何一张幻灯片为起点向后播放幻灯片。单击“幻灯片放映”选项卡下的“从当前幻灯片开始”按钮即可播放。

（2）自定义放映。用户在放映幻灯片时往往会遇到只需要放映幻灯片中一部分的情况，这时可以用自定义放映的方式来进行设置。自定义放映的优势在于可以放映整套幻灯片中任意连续或者不连续的幻灯片，还可以灵活地改变这些幻灯片的放映顺序。单击“幻灯片放映”选项卡下的“自定义幻灯片放映”按钮即可。

（3）自动放映。人工设置幻灯片的方法如下。

选择需要自动播放的幻灯片,在“切换”功能区“计时”组的“设置自动换片时间”中设置需要的换片时间即可。如果所有的幻灯片都使用这个时间，在“计时”区域中选择“全部应用”。设置完毕后，在幻灯片浏览视图下，幻灯片的下方都显示了该幻灯片在屏幕上停留的时间。

排练计时的使用方法如下。

排练计时是指在放映幻灯片时记录下放映每张幻灯片的效果及时间，以便以后自动播放。在“幻灯片放映”功能区“设置”组中单击“排练计时”按钮即可。

3）改变放映次序

对于制作好的 PPT，如果要按自己的需要调整幻灯片播放顺序，或者播放其中一部分幻灯片，可以进行自定义放映。在 PowerPoint 2019 中打开已经制作好的 PPT 文件，单击“幻灯片放映”功能区“开始放映幻灯片”组中的“自定义幻灯片放映”按钮。接着弹出“定义自定义放映”对话框，如图 4-37 所示。选择对话框中左窗格的“在演示文稿中的幻灯片”编号，单击“添加”按钮，该幻灯片就进入右窗格“在自定义放映中的幻灯片”中。按住 Ctrl 键，在左窗格中，分别选中所有需要的幻灯片，然后单击“添加”按钮就可以一次性添加到自定义放映中的幻灯片中。选中“在自定义放映中的幻灯片”中的幻灯片，可以进行删除，也可以使用右侧的向上、向下箭头调整它们的顺序。设置完成后单击“确定”按钮，然后退出对话框，可以在这里进行“关闭”，也可以进行“放映”。保存该幻灯片后，单击“自定义幻灯片放映”按钮就可以放映了。

为了使演讲者更好地与观众互动，还可以选择“屏幕”子菜单中的“黑屏”“白屏”命令，如图 4-38 所示，从而中断幻灯片的按次序放映。选择“显示任务栏”命令后会出现任务栏，可以在其中自由切换已启动或者未启动的程序，也可以按 Alt+Tab 组合键或者 Alt+Esc 组合键与其他窗口进行切换。在其他窗口操作完成后，再切换到幻灯片放映窗口继续放映。

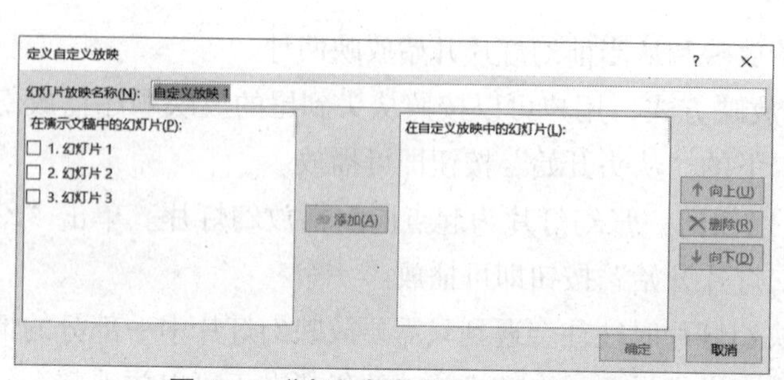

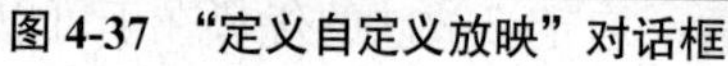
图 4-37 “定义自定义放映”对话框

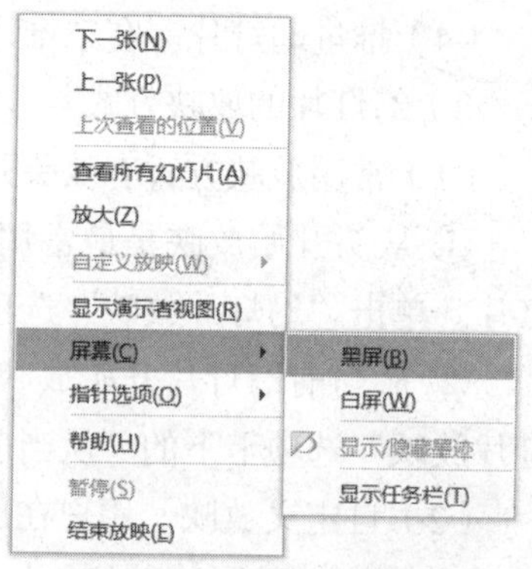

图 4-38 “屏幕”子菜单

4）为重点内容做标记

在放映幻灯片时，为了突出显示放映画面中的某个内容，可以为它加上着重标记线，步骤如下。

（1）放映幻灯片时，右击屏幕，并从弹出的快捷菜单中选择“指针选项”命令，在其子菜单中选择“笔”或者“荧光笔”命令，即可在幻灯片放映时画出着重线，如图 4-39 所示。

（2）按 E 键可以清除着重线。在“墨迹颜色”中可以选择自己喜欢的颜色。

（3）放映结束时，系统会显示出是否保留墨迹注释的提示框，如图 4-40 所示。如果选择放弃，系统将不保留所做标记。

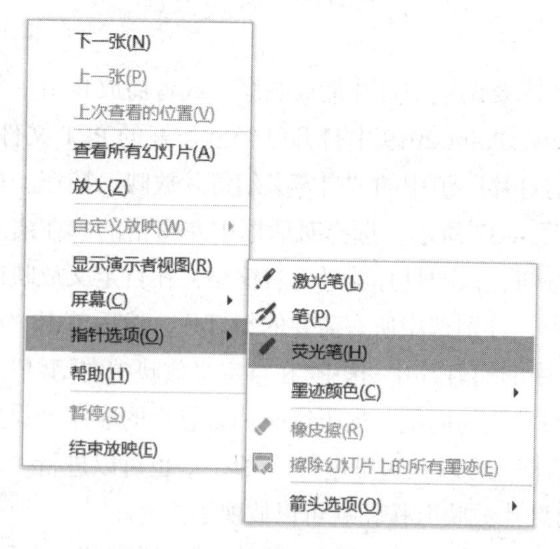

图 4-39 “指针选项”子菜单

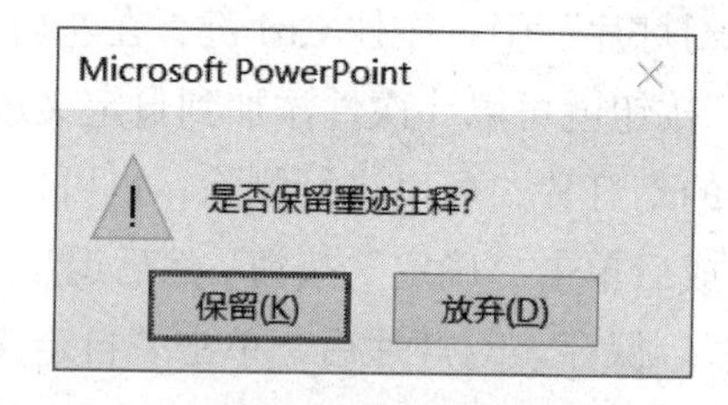

图 4-40 “是否保留墨迹注释”提示框

2. 演示文稿的共享

PowerPoint 2019 新增了“广播幻灯片”功能，使用户能够与任何人在任何位置轻松共享演示文稿，步骤如下。

（1）打开要共享的演示文稿，切换到“文件”功能区，选择“共享”命令，如图 4-41 所示。

（2）单击“与人共享”按钮，启动共享服务后，单击“获取共享链接”，如图 4-42 所示。

（3）这时需要使用 Windows Live ID 登录，如果没有该账户，则需申请。登录后 PowerPoint 2019 将提供一个公共链接，用户只需将其发给远程观众，任何拥有此链接的人都可以编辑该共享文档。

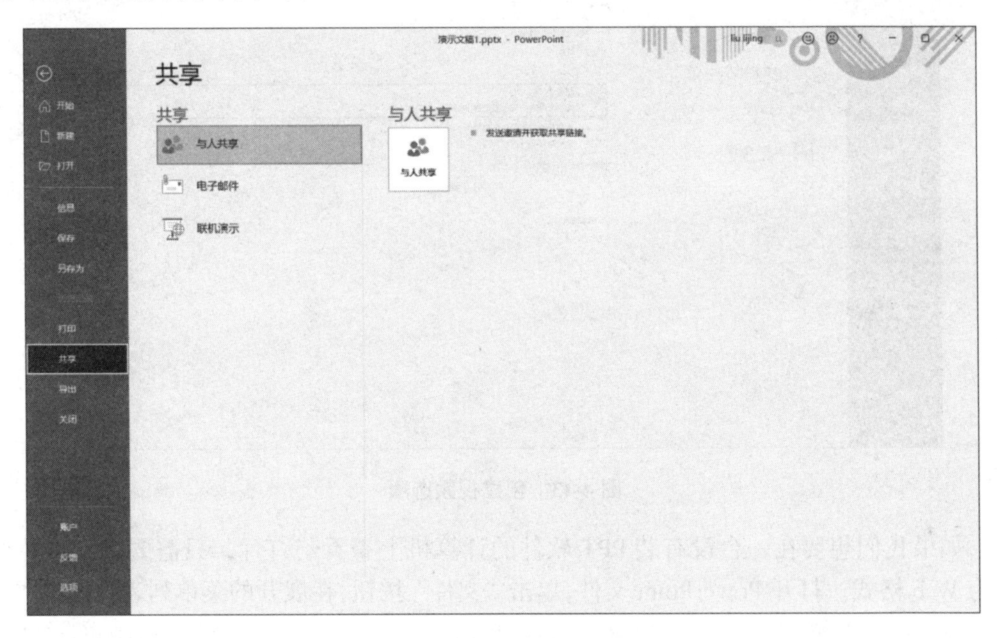

图 4-41　“共享”界面

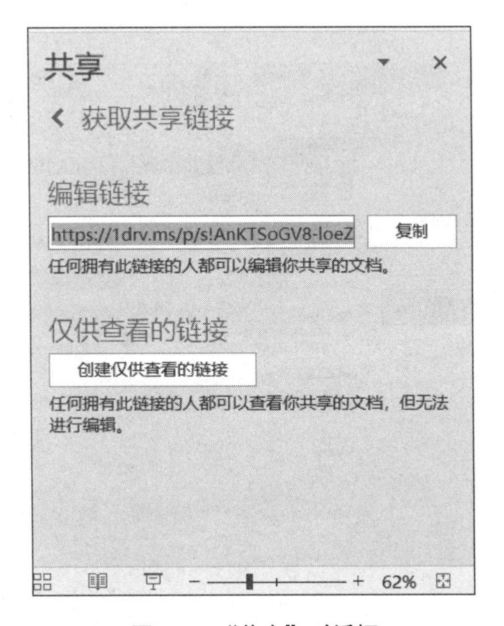

图 4-42　“共享”对话框

3. 演示文稿的导出

在 2019 版本中，PPT 保存视频的能力将再次升级，可以直接导出超高清 4K 分辨率的视频。这将为大屏幕演示提供更清晰的效果，如图 4-43 所示。

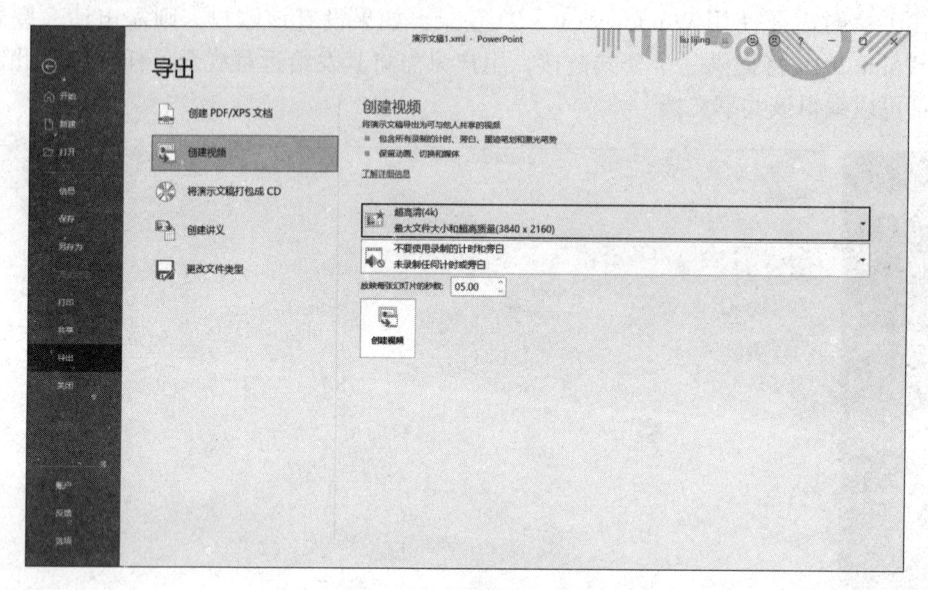

图 4-43　创建视频选项

如果我们想要在一台没有装 PPT 软件的计算机上查看幻灯片，只需要把幻灯片保存为 Web 格式。打开 PowerPoint 文件,单击“文件”按钮,在展开的菜单列表内选择“导出”命令，在右侧的“导出”窗格内单击“更改文件类型”选项，然后在右侧的“演示文稿文件类型”列表框内选择合适的类型，拖动窗口右侧的滑块，单击“另存为”按钮，如图 4-44 所示。

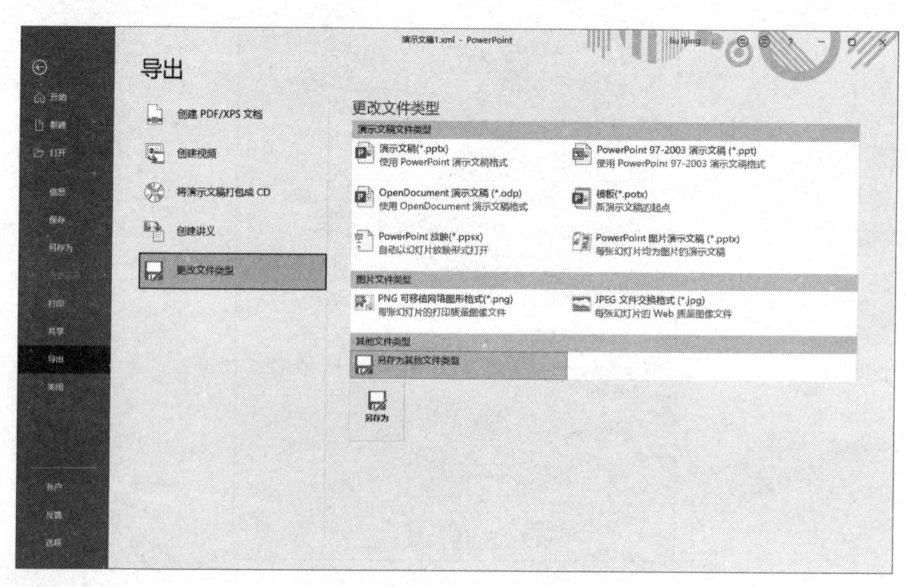

图 4-44　更改文件类型选项

弹出“另存为”对话框，选择文件的保存位置，在“文件名”右侧的文本框内输入名称，然后单击“保存类型”右侧的下拉按钮，选择合适的文件类型，如“PowerPoint XML 演示文稿”选项，最后单击“保存”按钮即可，如图 4-45 所示。

PowerPoint 演示文稿 (*.pptx)
启用宏的 PowerPoint 演示文稿 (*.pptm)
PowerPoint 97-2003 演示文稿 (*.ppt)
PDF(*.pdf)
XPS 文档(*.xps)
PowerPoint 模板 (*.potx)
PowerPoint 启用宏的模板 (*.potm)
PowerPoint 97-2003 模板 (*.pot)
Office 主题 (*.thmx)
PowerPoint 放映 (*.ppsx)
启用宏的 PowerPoint 放映 (*.ppsm)
PowerPoint 97-2003 放映 (*.pps)
PowerPoint 加载项 (*.ppam)
PowerPoint 97-2003 加载项 (*.ppa)
PowerPoint XML 演示文稿 (*.xml)
MPEG-4 视频 (*.mp4)
Windows Media 视频 (*.wmv)
GIF 可交换的图形格式 (*.gif)
JPEG 文件交换格式 (*.jpg)
PNG 可移植网络图形格式 (*.png)
TIFF Tag 图像文件格式 (*.tif)
设备无关位图 (*.bmp)
Windows 图元文件 (*.wmf)
增强型 Windows 元文件 (*.emf)
可缩放矢量图格式 (*.svg)
大纲/RTF 文件 (*.rtf)
PowerPoint 图片演示文稿 (*.pptx)
Strict Open XML 演示文稿 (*.pptx)
OpenDocument 演示文稿 (*.odp)

图 4-45 “保存类型”对话框

将幻灯片转换为网页格式后，就可以在任何计算机上查看这个文件了，而且无须再去安装 PPT 软件，非常方便。

任务实施

由于要求自动播放，所以须预先排练计时，再设置放映方式，步骤如下。

（1）单击“幻灯片放映”功能区“设置”组中的“排练计时”按钮，自动从第一张幻灯片开始放映，此时屏幕左上角出现“预演”对话框。

（2）通过按 Enter 键或单击，结束当前幻灯片放映，播放完最后一张幻灯片后弹出确认对话框，单击“是”按钮，保留该排练计时。

（3）单击“幻灯片放映”功能区“设置”组中的“设置幻灯片放映”按钮，弹出“设置放映方式”对话框，在对话框中选择“在展台浏览”，如果存在排练计时，则使用它。

第 4 章综合实训 .pdf

第 4 章综合实训（1）.mp4

第 4 章综合实训（2）.mp4

第5章 信息检索

【学习目标】

- 掌握计算机网络的基础知识。
- 了解 Internet 的起源及发展、接入 Internet 的常用方式。
- 理解信息检索的基本概念，了解信息检索的基本流程。
- 掌握通过网页、社交媒体等不同信息平台进行信息检索的方法。
- 掌握信息检索的方法。
- 了解网站与网页的基本知识。

5.1 网络基础

任务知识点

- 计算机网络的基础知识：计算机网络的概念、组成、分类、新技术。
- 计算机网络新技术及发展趋势。
- Internet 的组成、IP 地址、Internet 域名系统。

任务描述

查看计算机的 IP 地址。

知识预备

互联网技术指在计算机技术的基础上开发建立的一种信息技术。互联网技术的普遍应用，是进入信息社会的标志。IT 更新意味着升级到更快、更直观的现有平台版本。然而，当不同硬件能够更好地提供功能，显著提升性能或获得更高可靠性时，可以考虑在迁移的同时升级硬件。互联网技术主要包括三层。

第一层是硬件，主要指存储、处理和传输数据的主机和网络通信设备。

第二层是指软件，包括可用来搜集、存储、检索、分析、应用、评估信息的各种软件，它包括我们通常所指的 ERP（企业资源计划）、CRM（客户关系管理）、SCM（供应链管理）等商用管理软件，也包括用来加强流程管理的 WF（工作流）管理软件、辅助分析的 DW/DM（数据仓库和数据挖掘）软件等。

第三层是指应用，指搜集、存储、检索、分析、应用、评估使用各种信息，既包括应用 ERP、CRM、SCM 等软件直接辅助决策，又包括利用其他决策分析模型或借助 DW/DM 等技术手段来进一步提高分析的质量，辅助决策者作决策。

通常第三层还没有得到足够的重视，但事实上却是唯有当信息得到有效应用时，IT 的价值才能得到充分发挥，也才真正实现了信息化的目标。信息化本身不是目标，它只是在当前时代背景下一种实现目标比较好的一种手段。

1. 计算机网络基础

1）什么是计算机网络

计算机网络是指将一群具有独立功能的计算机通过通信设备及传输媒体互联起来，在通信软件的支持下，实现计算机间资源共享、信息交换或协同工作的系统。计算机网络是计算机技术和通信技术紧密结合的产物，两者的迅速发展及相互渗透，形成了计算机网络技术。

2）计算机网络的发展历程

（1）以数据通信为主的第一代计算机网络。1954 年，美国军方的半自动地面防空系统将远距离的雷达和测控仪器所探测到的信息，通过通信线路汇集到某个基地的一台 IBM 计算机上，进行集中的信息处理，再将处理好的数据通过通信线路送回各自的终端设备。

这种以单个计算机为中心、面向终端设备的网络结构，严格来讲，是一种联机系统，只是计算机网络的雏形，我们一般称为第一代计算机网络。

（2）以资源共享为主的第二代计算机网络。美国国防部高级研究计划局（defense advanced research projects agency，ARPA）于 1968 年主持研制，次年将分散在不同地区的 4 台计算机连接起来，建成了 ARPA 网络。到了 1972 年，有 50 多家大学和研究所与 ARPA 网络连接。1983 年，入网计算机达到 100 多台。

ARPA 网络的建成标志着计算机网络的发展进入了第二代，它也是 Internet 的前身。

第二代计算机网络是以分组交换网为中心的计算机网络，它与第一代计算机网络的区别如下。

① 网络中通信双方都是具有自主处理能力的计算机，而不是终端机。

② 计算机网络功能以资源共享为主，而不是以数据通信为主。

（3）体系结构标准化的第三代计算机网络。由于 ARPA 网络的成功，到了 20 世纪 70 年代，不少公司推出了自己的网络体系结构。最著名的有 IBM 公司的 SNA（system network architecture）和 DEC 公司的 DNA（digital network architecture）。

随着社会的发展，需要各种不同体系结构的网络进行互联，但是由于不同体系的网络很难互联，因此，国际标准化组织（ISO）在 1977 年设立了一个分委员会，专门研究网络通信的体系结构。

1983 年，该委员会提出的开放系统互联参考模型（OSI/RM）各层的协议被批准为国际标准，给网络的发展提供了一个可共同遵守的规则，从此计算机网络的发展走上了标准化的道路，因此我们把体系结构标准化的计算机网络称为第三代计算机网络。

（4）以 Internet 为核心的第四代计算机网络。进入 20 世纪 90 年代，Internet 的建立将分散在世界各地的计算机和各种网络连接起来，形成了覆盖世界的大网络。随着“信息高速公路”计划的提出和实施，Internet 迅猛发展起来，它将当今世界带入了以网络为核心的信息时代。

目前这个阶段计算机网络发展特点呈现为高速互联、智能与更广泛的应用。

3）计算机网络的发展趋势

（1）三网合一。所谓的三网合一，即随着技术的不断发展以及新旧业务的不断融合，通信网络、计算机网络和有线电视网络三类网络正逐渐向单一的统一 IP 网络发展。

IP 网络可将数据、语音、图像、视频均封装到 IP 数据包中，通过分组交换和路由技术，采用全球性寻址，使各种网络无缝连接，这样会大大地节约开支、简化管理、方便用户。可以说三网合一是网络发展的一个非常重要的趋势。

（2）光通信技术。随着光器件、各种光复用技术和光网络协议的发展，光传输系统的容量已从 Mb/s 级发展到 Tb/s 级，提高了近 10 万倍。光通信技术的发展主要有两个大的方向。

第一，主干传输向高速率、大容量的光传送网发展，最终实现全光网络。

第二，接入向低成本、综合接入、宽带化光纤接入网发展，最终实现光纤到家庭和光纤到桌面。

（3）IPv6。TCP/IP 簇是互联网的基石之一。目前广泛使用的 IP 的版本为 IPv4，其地址位数为 32 位，即理论上约有 40 亿（2^{32}）个地址。随着互联网应用的日益广泛和网络技术的不断发展，IPv4 的问题逐渐显露出来，主要有地址资源枯竭、路由表急剧膨胀、对网络安全和多媒体应用的支持不够等。

IPv6 作为下一代的 IP，采用 128 位地址长度，即理论上有 2^{128} 个地址，几乎可以不受限制地提供地址。IPv6 除一劳永逸地解决了地址短缺问题外，同时也解决了 IPv4 中端到端 IP 连接、服务质量、安全性等缺陷。目前，很多网络设备都已经支持 IPv6，我们正在逐步走进 IPv6 的时代。

（4）宽带接入技术与移动通信技术。低成本光纤到户的宽带接入技术和更高速的 4G、5G 宽带移动通信系统技术的应用，使不同的网络间无缝连接，为用户提供满意的服务。

同时，网络可以自行组织，终端可以重新配置和随身携带，它们带来的宽带多媒体业务也逐渐步入我们的生活。

4）计算机网络的组成

从网络逻辑功能角度来看，可以将计算机网络分成通信子网和资源子网两部分。

通信子网由网络中的通信控制处理机、其他通信设备、通信线路和只用作信息交换的计算机组成，负责完成网络数据传输和转发等通信处理任务。因特网的通信子网一般由路由器、交换机和通信线路组成。

资源子网处于通信子网的外围，由主机系统、外设、各种软件资源和信息资源等组成，负责全网的数据处理业务，向网络用户提供各种网络资源和网络服务。主机系统是资源子网的主要组成部分，它通过高速通信线路与通信子网的通信控制处理机相连接。普通计算机用户可通过主机系统连接入网。

5）计算机网络的分类

（1）按网络覆盖范围划分。虽然网络类型的划分标准各种各样，但是按地理范围划分是一种大家都认可的通用网络划分标准。按这种标准可以把各种网络类型划分为局域网、城域网、广域网和互联网四种。这里的网络划分并不是严格意义上地理范围的区分，只是一个定性概念。

① 局域网（local area network，LAN）。通常我们常见的 LAN 就是指局域网，这是我们非常常见、应用非常广的一种网络。局域网随着整个计算机网络技术的发展和提高，得到了充分的应用和普及，几乎每个单位都有自己的局域网，甚至有些家庭中都有自己的小型局域网。很明显，所谓局域网，就是在局部地区范围内的网络，它所覆盖的地区范围较小。局域网在计算机数量配置上没有太多的限制，少的可以只有两台，多的可达几百台。一般来说，在企业局域网中，工作站的数量在几十到两百台。涉及的地理距离一般来说在几米至 10 千米以内。局域网一般位于一个建筑物或一个单位内，不存在寻径问题，不包括网络层的应用。

这种网络的特点就是：连接范围窄、用户数少、配置容易、连接速率高。目前局域网较快的速率要算现今的 10G 以太网了。

② 城域网（metropolis area network，MAN）。城域网一般来说是在一个城市，但不在同一地理小区范围内的计算机互联网络。这种网络的连接距离可以为 10~100km，它采用的是 IEEE 802.6 标准。MAN 与 LAN 相比，扩展的距离更长，连接的计算机数量更多，在地理范围上可以说是 LAN 的延伸。在一个大型城市或都市地区，一个 MAN 通常连接着多个 LAN，如连接政府机构的 LAN、医院的 LAN、电信的 LAN、公司企业的 LAN 等。光纤连接的引入，使 MAN 中高速的 LAN 互联成为可能。

城域网多采用 ATM 技术做骨干网。ATM 是一个用于数据、语音、视频以及多媒体应用程序的高速网络传输方法。ATM 包括一个接口和一个协议，该协议能够在一个常规的传输信道上，在比特率不变及变化的通信量之间进行切换。ATM 也包括硬件、软件以及与 ATM 协议标准一致的介质。ATM 提供一个可伸缩的主干基础设施，以便能够适应不同规模、速度以及寻址技术的网络。ATM 的最大缺点就是成本太高，所以一般在政府城域网中应用，如邮政、银行、医院等。

③ 广域网（wide area network，WAN）。广域网也称远程网，所覆盖的范围比 MAN 更广，它一般是在不同城市之间的 LAN 或者 MAN 互联，地理范围可从几百千米到几千千米。因为距离较远，信息衰减比较严重，所以这种网络一般是要租用专线，通过 IMP（接口信息处理）协议和线路连接起来，构成网状结构，解决寻径问题。这种城域网因为所连接的用户多，总出口带宽有限，所以用户的终端连接速率一般较低，通常为 9.6~45kb/s，如 ChinaNet、ChinaPAC 和 ChinaDDN 网。

④ 互联网（Internet）。互联网可以说是最大的广域网，它将世界各地的广域网、局域网等互联起来，形成一个整体，实现全球范围内的数据通信和资源共享。

（2）按网络拓扑结构划分。计算机网络的拓扑（topology）结构是指一个网络的通信链路和接点的物理布局和逻辑位置，是指网络电缆构成的几何形状，它能从逻辑上表示出网络服务器、工作站的网络配置和互相之间的连接。

网络拓扑结构按形状可分为：星形、环形、总线型、树形、总线 / 星形及网状拓扑结构。

① 星形拓扑。星形布局以中央节点为中心，各节点与中央节点通过点与点方式连接，中央节点执行集中式通信控制策略，因此中央节点相当复杂，负担也重。

以星形拓扑结构组网，其中任何两个站点要进行通信都要经过中央节点控制。中央节点为需要通信的设备建立物理连接，在两台设备通信过程中维持这一通路，在完成通信或通信不成功时，拆除通道。

在文件服务器 / 工作站（file server/workstation）局域网模式中，中心点为文件服务器，存放共享资源。由于这种拓扑结构的中心点与多台工作站相连，为便于集中连线，目前多采用集线器（HUB）。

星形拓扑结构优点：网络结构简单，便于管理，集中控制，组网容易，网络延迟时间短，误码率低。缺点：网络共享能力较差；通信线路利用率不高；中央节点负担过重，容易成为网络的瓶颈，一旦出现故障则全网瘫痪。

② 环形拓扑。环形网中各节点通过环路接口连在一条首尾相连的闭合环形通信线路中，环路上任何节点均可以请求发送信息。请求一旦被批准，便可以向环路发送信息。环形网中的数据可以单向也可以双向传输。由于环线公用，一个节点发出的信息必须穿越环中所有的环路接口，信息流中目的地址与环上某节点地址相符时，信息被该节点的环路接口所接收，而后信息继续流向下一环路接口，一直流回发送该信息的环路接口节点为止。

环形网的优点：信息在网络中沿固定方向流动，两个节点间仅有唯一的通路，大大简化了路径选择的控制；某个节点发生故障时，可以自动旁路，可靠性较高。缺点：由于信息是串行穿过多个节点环路接口，当节点过多时，影响传输效率，使网络响应时间变长；由于环路封闭，故扩充不方便。

③ 总线型拓扑。用一条称为总线的中央主电缆，将相互之间以线性方式连接的工站连接起来的布局方式，称为总线型拓扑。

在总线结构中，所有网上计算机都通过相应的硬件接口直接连在总线上，任何一个节点的信息都可以沿着总线向两个方向传输扩散，并且能被总线中任何一个节点所接收。由于其信息向四周传播，类似于广播电台，故总线网络也被称为广播式网络。

总线有一定的负载能力，因此，总线长度有一定限制，一条总线也只能连接一定数量的节点。

总线布局的特点：结构简单灵活，非常便于扩充；可靠性高，网络响应速度快；设备量少，价格低，安装使用方便；共享资源能力强，非常便于广播式工作，即一个节点发送的信息所有节点都可接收。

在总线两端连接的器件称为端结器（末端阻抗匹配器、终止器）。主要与总线进行阻抗匹配，最大限度吸收传送端部的能量，避免信号反射回总线以产生不必要的干扰。

总线型网络结构是目前使用最广泛的结构，也是最传统的一种主流网络结构，适合于信息管理系统、办公自动化系统领域的应用。

④ 树形拓扑。树形结构是总线型结构的扩展，它在总线网上加上分支形成，其传输介质可有多条分支，但不形成闭合回路。树形网是一种分层网，其结构可以对称，联系固定，具有一定容错能力，一般一个分支和节点的故障不影响另一分支节点的工作。任何一个节点送出的信息都可以传遍整个传输介质，也是广播式网络。一般树形网上的链路相对具有一定的专用性，无须对原网做任何改动就可以扩充工作站。

⑤ 总线 / 星形拓扑。用一条或多条总线把多组设备连接起来，相连的每组设备呈星形分布。采用这种拓扑结构，用户很容易配置和重新配置网络设备。总线采用同轴电缆，星形配置可采用双绞线。

⑥ 网状拓扑。将多个子网或多个局域网连接起来构成网状拓扑结构。在一个子网中，集线器、中继器将多个设备连接起来，而桥接器、路由器及网关则将子网连接起来。根据组网硬件不同，主要有三种网状拓扑。

- 网状网。在一个大的区域内，用无线电通信链路连接一个大型网络时，网状网是最好的拓扑结构。通过路由器与路由器相连，可让网络选择一条最快的路径传送数据。
- 主干网。通过桥接器与路由器把不同的子网或 LAN 连接起来形成单个总线或环型拓扑结构，这种网通常采用光纤作为主干线。
- 星状相连网。利用一些叫作超级集线器的设备将网络连接起来，由于星形结构的特点，网络中任一处的故障都可容易查找并修复。

在实际组网中，为了符合不同的要求，拓扑结构不一定单一使用，往往都是几种结构进行混用。

（3）按网络的使用性质可划分为以下几类。

① 公用网。公用网是由电信部门或其他提供通信服务的经营部门组建、管理和控制的网络，网络内的传输和转接装置可供任何部门和个人使用。公用网常用于广域网络的构造，支持用户的远程通信，如我国的电信网、广电网、联通网等。

② 专用网。专用网是由用户部门组建经营的网络，不容许其他用户和部门使用。由于投资的因素，专用网常为局域网或者是通过租借电信部门的线路而组建的广域网络，如由学校组建的校园网、由企业组建的企业网等。

③ 利用公用网组建专用网。许多部门直接租用电信部门的通信网络，并配置一台或者多台主机，向社会各界提供网络服务，这些部门构成的应用网络称为增值网络（或增值网），即在通信网络的基础上提供了增值的服务，如中国教育科研网 CERNET、全国各大银行的网络等。

（4）按传输介质可划分为以下几类。

① 有线网。有线网是采用同轴电缆、双绞线和光纤来连接的计算机网络。

② 同轴电缆。同轴电缆比较经济，安装较为便利，传输率和抗干扰能力一般，传输距离较短。

③ 双绞线。双绞线价格便宜，安装方便，但易受干扰，传输率较低，传输距离比同轴电缆要短。

④ 光纤。光纤是光导纤维的简写，是一种利用光在玻璃或塑料制成的纤维中的全

反射原理的光传导工具。微细的光纤封装在塑料护套中，使它能够弯曲而不至于断裂。通常，光纤一端的发射装置使用发光二极管（light emitting diode，LED）或一束激光将光脉冲传送至光纤，光纤另一端的接收装置使用光敏元件检测脉冲。在日常生活中，由于光在光导纤维的传导损耗比电在电线传导的损耗低得多，所以光纤被用作长距离的信息传递工具。

⑤ 无线网。无线网主要采用空气作传输介质，依靠电磁波和红外线等作为载体来传输数据，既包括允许用户建立远距离无线连接的全球语音和数据网络，也包括为近距离无线连接进行优化的红外线技术及射频技术。与有线网络的用途十分类似，最大的不同在于传输媒介的不同，利用无线电技术取代网线，可以和有线网络互为备份。

6）计算机网络新技术

（1）物联网。物联网是新一代信息技术的重要组成部分，英文名称是“The Internet of things”。顾名思义，“物联网就是物物相连的互联网”，其核心和基础仍然是互联网，是在互联网基础上延伸和扩展的网络。物联网基于互联网、传统电信网等信息承载体，让所有能够被独立寻址的普通物理对象实现互联互通，具有智能、先进、互联三个重要特征。物联网通过智能感知、识别技术与普适计算、泛在网络的融合应用，被称为继计算机、互联网之后世界信息产业发展的第三次浪潮。

（2）云计算（cloud computing）。云计算是一种通过 Internet，以服务的方式提供动态可伸缩的虚拟化资源的计算模式。云计算是分布式计算（distributed computing）、并行计算（parallel computing）、效用计算（utility computing）、网络存储（network storage）、虚拟化（virtualization）、负载均衡（load balance）等传统计算机和网络技术发展融合的产物，具有超大规模、高可扩展性、高可靠性、虚拟化、按需服务、极其廉价、通用性强的特点。

云计算由一系列可以动态升级和被虚拟化的资源组成，这些资源被云计算所有用户共享并且可以方便地通过网络访问。用户无须掌握云计算技术，只需要按照个人或者团体的需要租赁云计算的资源。早在 20 世纪 60 年代，麦卡锡就提出了把计算能力作为一种像水和电一样的公用事业提供给用户的理念，这成为云计算思想的起源。在 20 世纪 80 年代的网格计算，20 世纪 90 年代的公用计算，21 世纪初的虚拟化技术、SOA、SaaS 应用的支撑下，云计算作为一种新兴的资源使用和交付模式，逐渐为学界和产业界所认知。中国云发展创新产业联盟评价云计算为“信息时代商业模式上的创新”。

（3）移动互联网技术。移动互联网（mobile Internet）是将移动通信和互联网二者结合，用户借助移动终端（手机、PDA、上网本）通过网络访问互联网。移动互联网的出现与无线通信技术“移动宽带化，宽带移动化”的发展趋势密不可分。

从 GPRS 接入方式而言，移动互联网分为以下两类。

① 传统 WAP 业务。手机通过 WAP 网关接入运营商内部的 WAP 网络以及公共 WAP 网络来使用特定的移动互联网业务，用户只能访问 WAP 网络内部的服务器，不能访问没有接入 WAP 网络的服务器。

② 互联网业务。手机或上网本通过 GGSN 直接接入互联网，用户可以访问互联网上的任何服务器，访问范围与宽带上网相同。

随着技术的不断进步和用户对信息服务需求的不断提高，移动互联网将成为继宽带技术后互联网发展的又一推动力。同时，随着5G技术的快速发展，越来越多的传统互联网用户开始使用移动互联网服务，使互联网更加普及。

2. Internet与IP地址

1）Internet的组成

Internet是通过分层结构实现的，由物理网、协议、应用软件和信息四层组成。

（1）物理网。物理网是实现因特网通信的基础，它的作用类似于现实生活中的交通网络，像一个巨大的蜘蛛网覆盖着全球，而且仍在不断延伸和密集。

（2）协议。在Internet上传输的信息至少遵循三个协议，即网际协议、传输协议和应用程序协议。网际协议负责将信息发送到指定的接收机；传输协议（TCP）负责管理被传送信息的完整性；应用程序协议几乎和应用程序一样多，如SMTP、Telnet、FTP和HTTP等，每一个应用程序都有自己的协议，它负责将网络传输的信息转换成用户能够识别的信息。

（3）应用软件。实际应用中，人们通过一个个具体的应用软件与Internet打交道。每一个应用程序的使用代表着要获取Internet提供的某种网络服务。例如，通过WWW浏览器可以访问Internet上的Web服务器，享受图文并茂的网页信息。

（4）信息。没有信息，网络就没有任何价值。信息在网络世界中就像货物在交通网络中一样，建设物理网（修建公路）、制定协议（交通规则）和使用各种各样的应用软件（交通工具）的目的是传输信息（运送货物）。

2）IP地址

（1）概念。Internet是一个庞大的网络，在这个庞大网络中进行信息交换的基本要求就是在网上的每台计算机、路由器等都要有一个唯一可标识的地址，就像日常生活中朋友间通信必须写明通信地址一样。在Internet上为每台计算机指定的唯一的32位地址称为IP地址，也称网际地址。

IP地址具有固定、规范的格式，它由32位二进制数组成，分成4段，其中每8位构成一段，这样，每段所能表示的十进制数的范围最大不超过255，段与段之间用“.”隔开。为了便于识别和表达，IP地址以十进制形式表示，每8位为一组，用一个十进制数表示。例如，11001011.01110110.00000011.11000100是一个IP地址，它对应的十进制数的IP地址为203.118.3.196。

（2）分类。IP地址分为A、B、C三类，它们均由网络号和主机号两部分组成，规定每一组都不能用全0和全1。通常全0表示网络本身的IP地址，全1表示网络广播的IP地址。为了区分类别，A、B、C三类的最高位分别为0、10、110，如图5-1所示。

① A类。用8位来标识网络号，24位标识主机号，最前面一位为0，这样，A类IP地址所能表示的网络数范围为0~127，即1.*x*.*y*.*z*~126.*x*.*y*.*z*格式的IP地址都属于A类IP地址。A类IP地址通常用于大型网络。

② B类。用16位来标识网络号，16位标识主机号，最前面两位为10。网络号和主机号的数量大致相当，分别用两个8位来表示，第一个8位表示的数的范围为

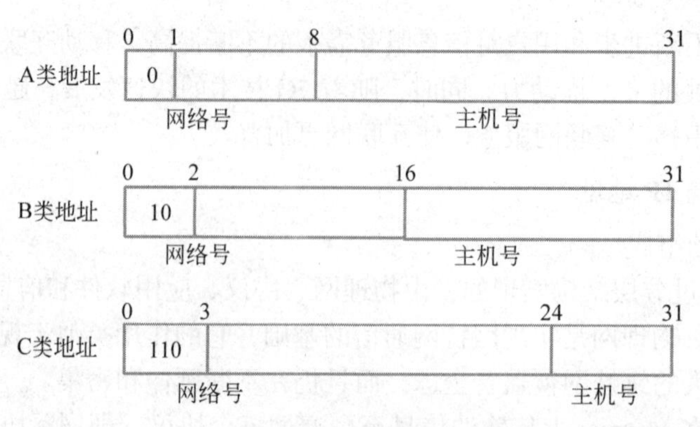

图 5-1　IP 地址分类

128~191。B类IP地址适用于中等规模的网络，每个网络所能容纳的计算机数为6万多台，如各地区的网络管理中心。

③ C类。用24位来标识网络号，8位标识主机号，最前面三位为110。网络号的数量要远大于主机号，如一个C类IP地址共可连接254台主机。C类IP地址的第一个8位表示的数的范围为192~223。C类IP地址一般适用于校园网等小型网络。

综上所述，从第一段的十进制数字即可分出IP地址的类别，如表5-1所示。

表 5-1　A、B、C 类 IP 地址

类型	第一段数字范围	主机数
A	1~127	16777214
B	128~191	65534
C	192~223	254

（3）子网掩码。子网掩码是判断任意两台计算机的IP地址是否属于同一子网的根据。最为简单的理解就是将两台计算机各自的IP地址与子网掩码进行AND运算后，如果得出的结果是相同的，则说明这两台计算机是处于同一个子网的，可以进行直接通信。

一般来说，一个单位IP地址获取的最小单位是C类（256个），有的单位拥有IP地址却没有那么多的主机入网，造成IP地址的浪费；有的单位不够用，造成IP地址紧缺。这样，我们有时可以根据需要把一个网络划分成更小的子网。

正常情况下子网掩码的地址为：网络位全为1，主机位全为0。因此有：

A类地址网络的子网掩码地址为255.0.0.0；

B类地址网络的子网掩码地址为255.255.0.0；

C类地址网络的子网掩码地址为255.255.255.0。

可以利用主机位的一位或几位将子网进一步划分，缩小主机的地址空间而获得一个范围较小的、实际的网络地址，这样更便于网络管理。

（4）IPv6。现有的互联网是在IPv4的基础上运行的，IPv6是下一版本的互联网协议，它的提出最初是因为随着互联网的迅速发展，IPv4定义的有限地址空间将被耗尽，地址空间的不足必将影响互联网的进一步发展。为了扩大地址空间，拟通过IPv6重新定义地址空间。IPv4采用32位地址长度，只有大约43亿个地址，到2010年2月仅剩余不足 10%，而 IPv6 采用 128 位地址长度，几乎可以不受限制地提供地址。按保守方法估算，IPv6 实际可分配的地址大约相当于整个地球每平方米面积上可分配 1000 多个地址。在 IPv6 的设计过程中，除一劳永逸地解决了地址短缺问题以外，还考虑了在 IPv4 中解决不好的其他问题。

3. Internet 域名系统

1）域名系统

在 Internet 中，IP 地址是一个具有 32 位长度的数字，用十进制表示时，也有 12 位整数，对于一般用户来说，要记住这类都是抽象数字的 IP 地址十分困难。为了方便用户记忆，Internet 在 IP 地址的基础上提供了一种面向用户的字符型主机命名机制，这就是域名系统，它是一种更高级的地址形式。

2）Internet 域名系统的规定

Internet 制定了一组正式的通用标准代码，作为第一级域名，如表 5-2 所示。

表 5-2　组织域名对照表

域名代码	意义	域名代码	意义
com	商业组织	net	网络服务机构
edu	教育机构	org	非营利性组织
gov	政府部门	int	国际性组织
mil	军事部门		

组织模式是按组织管理的层次结构划分所产生的组织型域名，由三个字母组成，而地理模式则是按国别地理区域划分所产生的地理型域名，这类域名是世界各国和地区的名称，并且规定由两个字母组成，如表 5-3 所示。

表 5-3　国家或地区对照表

代码	国家 / 地区	代码	国家 / 地区	代码	国家 / 地区
ar	阿根廷	de	德国	pt	葡萄牙
au	澳大利亚	id	印度尼西亚	ru	俄罗斯
at	奥地利	ie	爱尔兰	sg	新加坡
be	比利时	il	以色列	ea	南非
ca	加拿大	in	印度	es	西班牙
cn	中国	it	意大利	ch	瑞士
cu	古巴	jp	日本	th	泰国
dk	丹麦	kr	韩国	uk	英国
eg	埃及	mx	墨西哥	us	美国
fi	芬兰	nz	新西兰		
fr	法国	no	挪威		

3）中国互联网络的域名规定

根据已发布的《中国互联网络域名注册暂行管理办法》，中国互联网络的域名体系最高级为cn。二级域名共40个，分为6个类别域名（ac、com、edu、gov、net、org）和34个行政区域名（如bj、sh、tj等）。二级域名中，除了edu的管理和运行由中国教育和科研计算机网络中心负责外，其余全部由中国互联网络信息中心（CNNIC）负责。

任务实施

查看计算机的IP地址有两种常用方法，供大家参考。

（1）右击桌面“网络”图标，选择“属性”命令，进入“网络和共享中心”，单击自己已经连接的网络名称，单击弹出对话框中部的“详细信息”按钮，就可以查看到计算机的IP地址。

（2）右击计算机桌面左下角“开始”按钮，选择“运行”命令。或者直接使用Windows+R组合键即可调用运行命令。在运行命令中输入cmd，按Enter键，进入命令行窗口。在窗口中输入ipconfig，按Enter键，就可以在下面的列表中找到本机计算机IP地址的信息。

5.2 毕业论文资料检索

任务知识点

- 信息检索的概念、分类、检索方法、一般程序。
- 搜索引擎的概念、分类、常用搜索引擎、使用技巧。
- 专用平台信息检索中的期刊论文信息检索、专利信息检索。

任务描述

使用期刊论文信息检索和专利信息检索查找论文资料。

知识预备

毕业论文通常是一篇较长的有文献资料佐证的学术论文，是高等学校毕业生提交的有一定学术价值和学术水平的文章。毕业论文是大学生从理论基础知识学习到从事科学技术研究与创新活动的最初尝试。一篇优秀的毕业论文，应该是本学科研究领域最新动态的体现，是对自己大学专业学习的总结，是本人综合能力的展示。学生在整个毕业论文写作中需要查找大量的文献资料，文献检索是毕业论文的撰写前提和基本要求，文献资料的查找对一篇毕业论文写作的成功至关重要。

1. 信息检索基础知识

1）信息检索的概念

信息检索指将信息按一定的方式组织和存储起来，并根据信息用户特定的需要将相关信息准确地查找出来的过程。包括信息存储和信息检索两个过程。

信息存储：将大量无序的信息集中起来，根据其外表特征和内容特征，经过加工，使其系统化、有序化，并按一定的技术要求建成一个具有检索功能的工具或系统。

信息检索：运用编制好的检索工具或系统，从信息集合中查找并获取与用户提问相关的信息的过程。

2）分类

（1）按存储与检索对象划分，信息检索可以分为以下几类。

① 文献检索：指根据学习和工作的需要获取文献的过程。近代认为文献是指具有历史价值的文章和图书或与某一学科有关的重要图书资料。随着现代网络技术的发展，文献检索更多是通过计算机技术来完成。

② 数据检索：即把数据库中存储的数据根据用户的需求提取出来。数据检索的结果是会生成一个数据表，既可以放回数据库，也可以作为进一步处理的对象。

③ 事实检索：既包括数值数据的检索、算术运算、比较和数学推导，也包括非数值数据（如事实、概念、思想、知识等）的检索、比较、演绎和逻辑推理。

以上三种信息检索类型的主要区别在于：数据检索和事实检索是要检索出包含在文献中的信息本身，而文献检索则检索出包含所需要信息的文献即可。

（2）按存储的载体和实现查找的技术手段为标准可划分为以下两类。

① 手工检索：即以手工翻检的方式，利用工具书（包括图书、期刊、目录卡片等）来检索信息的一种检索手段。手工检索不需要特殊的设备，用户根据所检索的对象，利用相关的检索工具就可进行。手工检索的方法比较简单、灵活，容易掌握。但是，手工检索费时、费力，特别是进行专题检索和回溯性检索时，需要翻检大量的检索工具反复查询，花费大量的人力和时间，而且很容易造成误检和漏检。

② 计算机检索：指人们在计算机或计算机检索网络的终端机上，使用特定的检索指令、检索词和检索策略，从计算机检索系统的数据库中检索出需要的信息，继而再由终端设备显示或打印的过程。其中发展比较迅速的计算机检索是“网络信息检索”，是指互联网用户在网络终端，通过特定的网络搜索工具或是通过浏览的方式，查找并获取信息的行为。

（3）按检索途径可划分为以下两类。

① 直接检索：通过直接阅读，浏览一次文献或三次文献从而获得所需资料的过程。

② 间接检索：借助检索工具或利用二次文献查找文献资料的过程。

3）检索方法

检索方法包括普通法、追溯法和分段法。

（1）普通法是利用书目、文摘、索引等检索工具进行文献资料查找的方法。运用这种方法的关键在于熟悉各种检索工具的性质、特点和查找过程，从不同角度查找。普通法又可分为顺检法和倒检法。顺检法是从过去到现在按时间顺序检索，费用多、效率低；倒检法是逆时间顺序从近期向远期检索，它强调近期资料，重视当前的信息，主动性强，效果较好。

（2）追溯法是利用已有文献所附的参考文献不断追踪查找的方法，在没有检索工具或检索工具不全时，此法可获得针对性很强的资料，查准率较高，查全率较差。

（3）分段法是追溯法和普通法的综合，它将两种方法分期、分段交替使用，直至查到所需资料为止。

4）检索的一般程序

（1）分析问题。

（2）选择检索工具。

① 提供线索的指示型检索工具（二次文献）：书目、馆藏目录、索引、文摘、工具书指南。

② 提供具体信息的参考工具（三次文献）：词典、引语工具书、百科全书、类书、政书、传记资料、手册、机构名录、地理资料、统计资料、年鉴、表谱图册、政府文献。

（3）检索工具的使用。

（4）获取原文。

（5）对检索结果的分析。

（6）更改检索策略。

2. 搜索引擎使用技巧

搜索引擎可以帮助使用者在 Internet 上找到特定的信息，但它们同时也会返回大量无关的信息。如果你多使用一些下面介绍的技巧，将发现搜索引擎会花尽可能少的时间找到需要的确切信息。

1）搜索引擎

搜索引擎就是根据用户需求与一定算法，运用特定策略从互联网检索出制定信息并反馈给用户的一门检索技术。搜索引擎依托于多种技术，如网络爬虫技术、检索排序技术、网页处理技术、大数据处理技术、自然语言处理技术等，为信息检索用户提供快速、高相关性的信息服务。搜索引擎技术的核心模块一般包括爬虫、索引、检索和排序等，同时可添加其他一系列辅助模块，以为用户创造更好的网络使用环境。

2）分类

搜索方式是搜索引擎的一个关键环节，大致可分为四种，即全文搜索引擎、元搜索引擎、垂直搜索引擎和目录搜索引擎，它们各有特点并适用于不同的搜索环境。所以，灵活选用搜索方式是提高搜索引擎性能的重要途径。

（1）全文搜索引擎是利用爬虫程序抓取互联网上所有相关文章并予以索引的搜索方式。

（2）元搜索引擎是基于多个搜索引擎结果并对其进行整合处理的二次搜索方式。

（3）垂直搜索引擎是对某一特定行业内数据进行快速检索的一种专业搜索方式。

（4）目录搜索引擎是依赖人工收集处理数据并置于分类目录链接下的搜索方式。

3）常用搜索引擎

（1）百度。百度是中国互联网用户常用的搜索引擎，每天完成上亿次搜索，也是全球非常大的中文搜索引擎，可查询数十亿个中文网页，如图 5-2 所示。

图 5-2 百度

（2）Google（谷歌）。Google 被公认为全球非常大的搜索引擎。业务包括整合全球范围的信息、互联网搜索、云计算、广告技术等，同时开发并提供大量基于互联网的产品与服务，如图 5-3 所示。

图 5-3 Google

（3）Bing（必应）。Bing 是微软公司推出的全新搜索引擎服务。必应集成了多个独特功能，包括每日首页美图，与 Windows 操作系统深度融合的超级搜索功能，以及崭新的搜索结果导航模式等。用户可登录微软必应首页，打开内置于 Windows 10 操作系统的必应应用，可直达必应的网页、图片、视频、词典、翻译、资讯、地图等全球信息搜索服务，如图 5-4 所示。

图 5-4 必应

4）使用技巧

我们可以通过搜索引擎轻松找出自己想要的信息，但还是难以避免结果不尽如人意的情况。我们仅需掌握几个常用技巧即可轻松化解这种尴尬。

（1）使用加减号。使用空格来查询多个关键词的方法，相信大家都已不陌生，但使用空格查询多个关键词时，会将仅包含一个关键字的结果也搜索出来，得到很多并不符合我们需要的结果。

使用加号（＋）：在关键词的前面使用加号（＋），可以告诉搜索引擎该单词必须出现在搜索结果中的网页上。例如，在搜索引擎中输入“+计算机+电话+传真”就表示要查找的内容必须要同时包含“计算机、电话、传真”三个关键词。

使用减号（－）：在关键词的前面使用减号（－），可以在查询结果中排除该关键词。例如，在搜索引擎中输入“电视台-中央电视台”，它就表示最后的查询结果中一定不包含“中央电视台”。

（2）在标题中查询。利用intitle关键词，可以告诉搜索引擎只在文章标题中查找包含有关键词的记录，并将它们列出来，这对于一些精确查询会有一些帮助，如intitle：查询内容。

（3）在指定URL中查询。利用inurl关键词，可以把搜索范围限定在url链接中，如inurl：特定url。

（4）在特定站点中查询。利用site关键词，可以把搜索范围限定在特定站点中，如site：特定url。

（5）指定文档格式。利用filetype关键词，可以在规定文档格式中搜索，如filetype：文档格式。

（6）精确匹配。可以用双引号和书名号来实现精准匹配。给要查询的关键词加上双引号（半角，以下要加的其他符号同此），可以实现精确的查询，这种方法要求查询结果要精确匹配，不包括演变形式。例如，在搜索引擎的文字框中输入“电传”，它就会返回网页中有“电传”这个关键字的网址，而不会返回诸如“电话传真”之类网页。

（7）通配符。通配符包括星号（*）和问号（?），前者表示匹配的数量不受限制，后者表示匹配的字符数要受到限制，主要用在英文搜索引擎中。例如，输入computer*，就可以找到computer、computers、computerised、computerized等单词，而输入comp?ter，则只能找到computer、compater、competer等单词。

3. 专用平台信息检索

专用信息检索平台包括期刊、论文、专利、商标、数字信息资源平台等专用平台。

1）期刊论文信息检索

（1）中国知网www.cnki.net。国家知识基础设施（national knowledge infrastructure，NKI）的概念由世界银行于1998年提出。中国知识基础设施工程（China National Knowledge Infrastructure，CNKI）是以实现全社会知识资源传播共享与增值利用为目标的信息化建设项目。由清华大学、清华同方发起，始建于1999年6月，如图5-5所示。

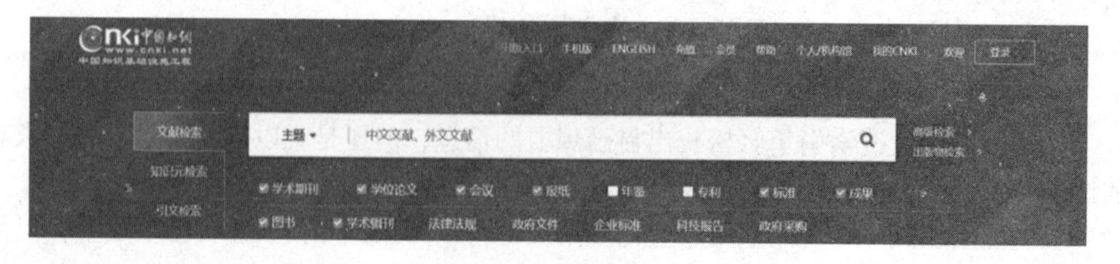

图5-5 中国知网

CNKI工程的具体目标：一是大规模集成整合知识信息资源，整体提高资源的综合和增值价值；二是建设知识资源互联网传播扩散与增值服务平台，为全社会提供资源共享、数字化学习、知识创新信息化条件；三是建设知识资源的深度开发利用平台，为社会各方面提供知识管理与知识服务的信息化手段；四是为知识资源生产出版部门创造互联网出版发行的市场环境与商业机制，大力促进文化出版事业、产业的现代化建设与跨越式发展。

为了快速方便地找到想要的结果，我们来介绍一些中国知网的高效使用技巧，包含核心期刊选择导航、文献高级检索功能、检索结果中筛选文献、参考文献快捷导出引用。

① 核心期刊选择导航。在知网首页单击搜索框右侧的“出版物检索”，在“出版来源导航”下拉列表中选择“期刊导航”，紧接着选择“期刊导航”页内左侧的“核心期刊导航”，此时便可以根据学科分类选择对应的核心期刊，如图 5-6 所示。

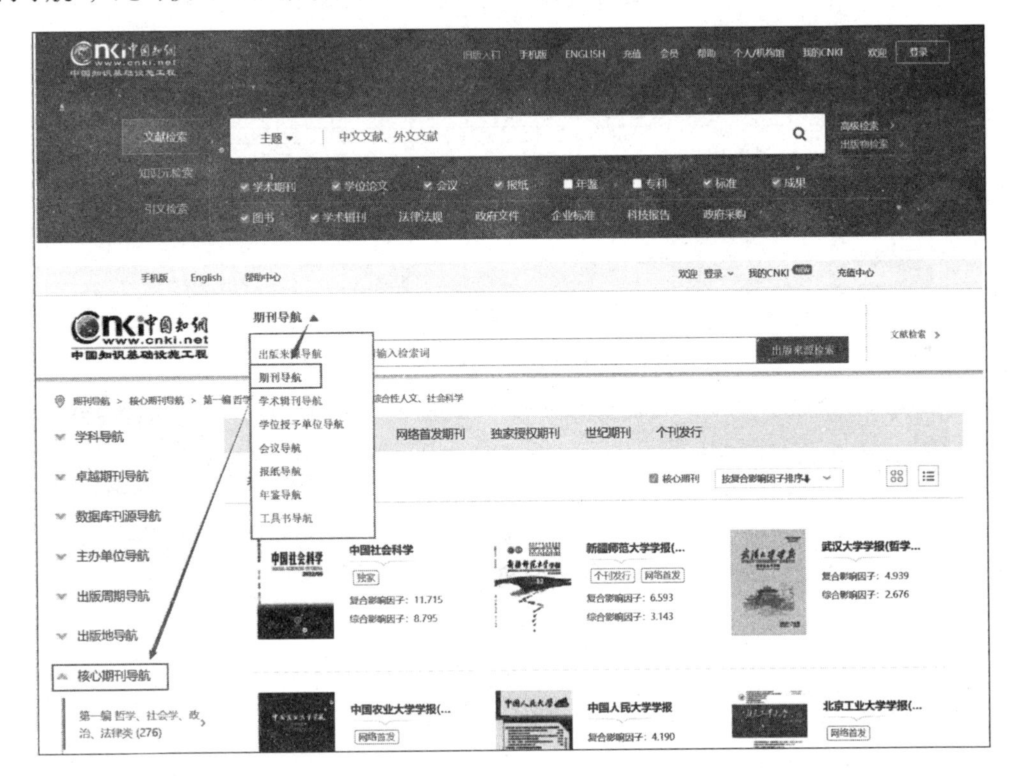

图 5-6　选择“核心期刊导航”

例如，选择“工业技术”栏中的“机械、仪表工业”类，即得到 30 条搜索结果，选择“中国机械工程”查看期刊详情（影响因子、收录概况等），如图 5-7 所示。

② 文献高级检索功能。在知网首页单击搜索框右侧的“高级检索”按钮，进入文献高级检索页面，如图 5-8 所示。

在高级检索页面下方是不同的数据库分类，包括学术期刊、学位论文、会议、专利、工具书等各类数据库。在检索条件栏按照需求输入主题、作者、文献来源、发表时间、基金等检索条件进行精准搜索。也可以在高级检索页面左侧单击“文献分类”按钮进一步细化搜索结果，设置完成后，单击“检索”按钮，如图 5-9 所示。

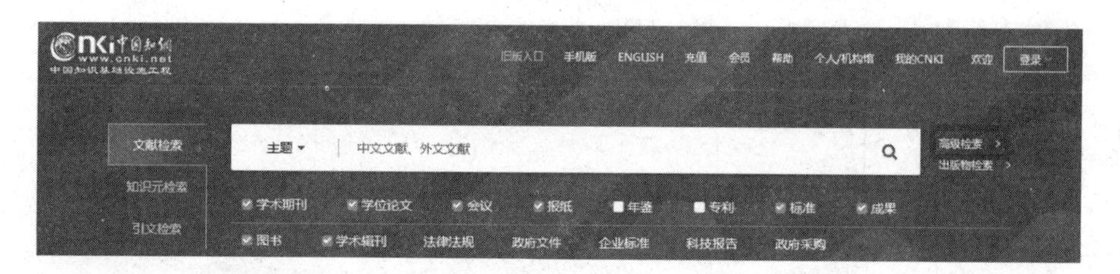

图 5-7　查看收录情况和影响因子

图 5-8　选择高级检索

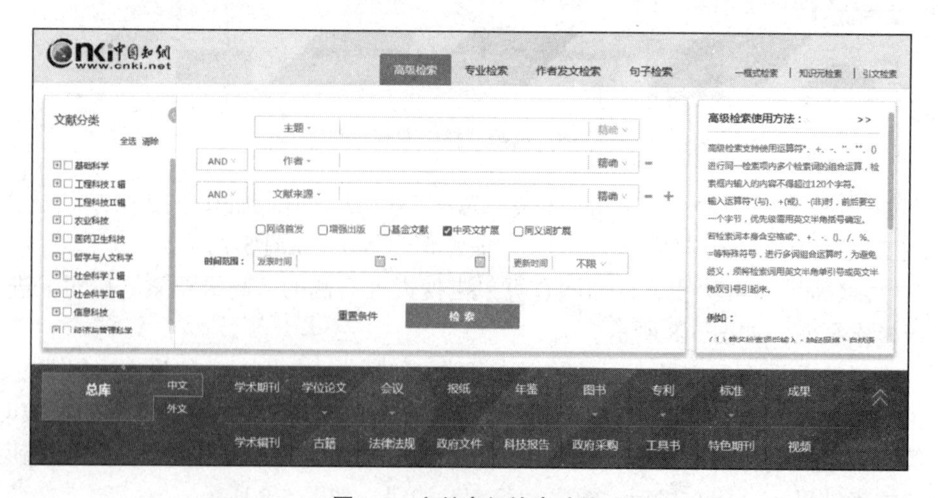

图 5-9　文献高级检索功能

③ 检索结果中筛选文献。如果觉得高级检索功能设置比较烦琐，那么可以试一下“一框式检索”功能。例如，运用一框式检索“智能伺服控制”得到检索结果，可以通过选择左侧的“分类标签”里的主题、学科、发表年度、研究层次、文献类型、文献来源、作者、机构、基金进一步细化检索结果，如图 5-10 所示。

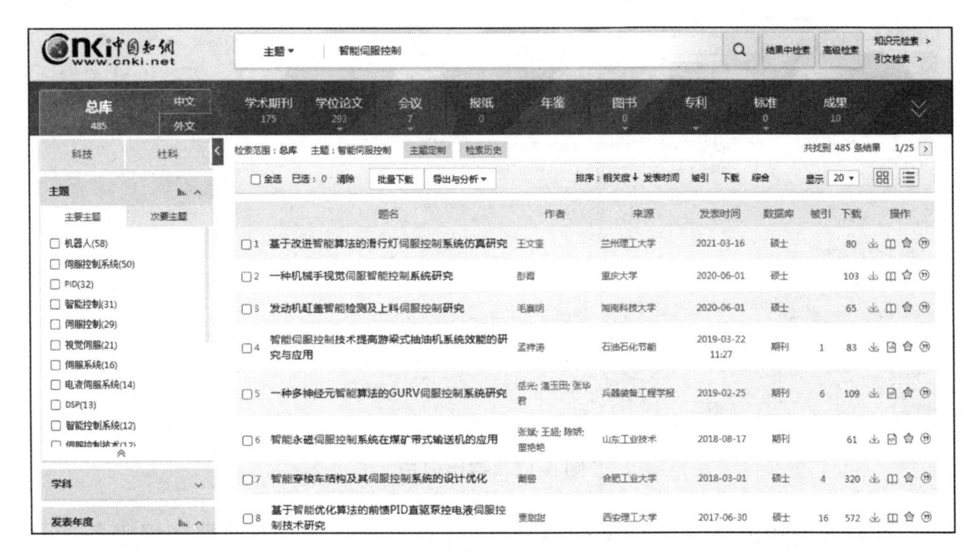

图 5-10 检索结果中筛选文献

对于检索结果，也可以根据文献的相关度、发表时间、被引次数、下载次数进行排序浏览。可以根据被引次数、下载次数来判断文章的影响力及热度。

④ 参考文献快捷导出引用。当在检索结果栏里选中想要引用的文献（即单击文献名称前面的空白方框）时，可以依次选择“导出与分析”→“导出文献”命令，选择一种形式进行导出操作，如图 5-11 所示。

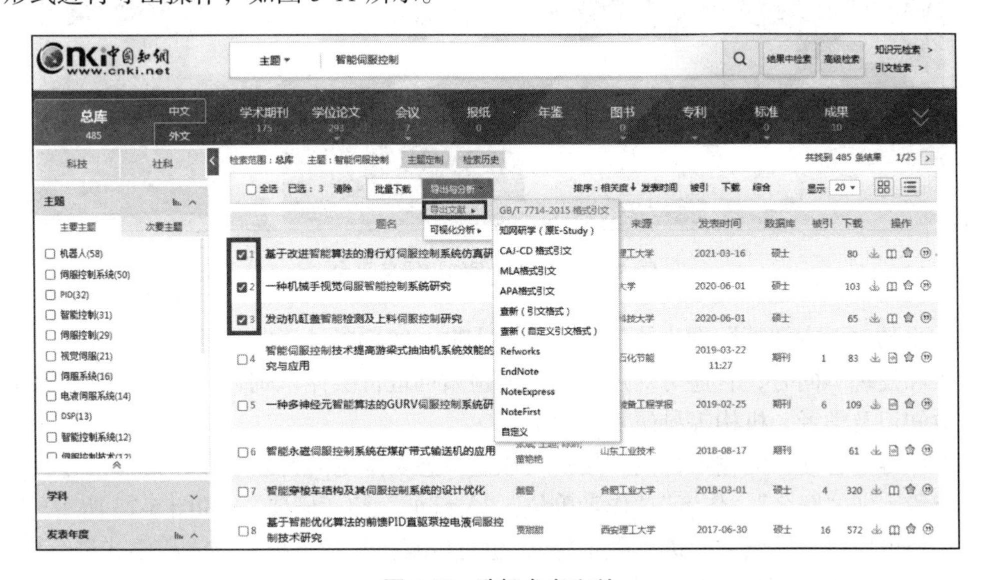

图 5-11 选择参考文献

对于文献引用信息，可以采用多种方式导出，完全符合参考文献引用规范，如图 5-12 所示。

图 5-12　导出引用

（2）万方数据知识服务平台 www.wanfangdata.com.cn。万方数据知识服务平台是涵盖期刊、会议纪要、论文、学术成果、学术会议论文的大型网络数据库；也是和中国知网齐名的中国专业的学术数据库。其开发公司——万方数据股份有限公司是国内第一家以信息服务为核心的股份制高新技术企业，是在互联网领域，集信息资源产品、信息增值服务和信息处理方案为一体的综合信息服务商，如图 5-13 所示。

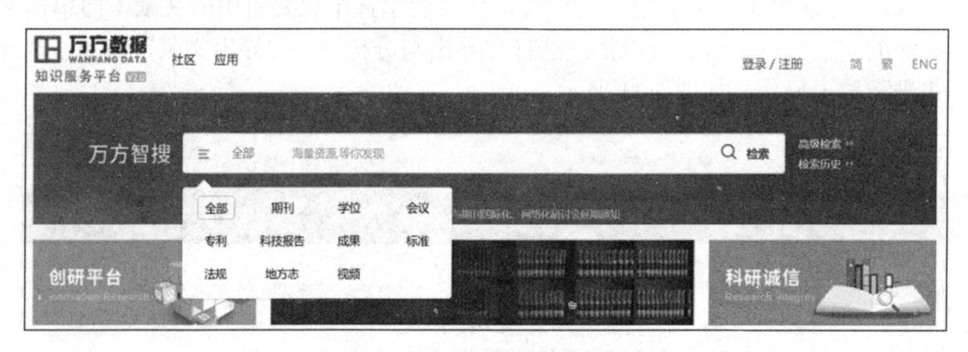

图 5-13　万方数据知识服务平台

首页的“万方智搜”即为统一检索的输入框，实现多种资源类型、多种来源的一站式检索和发现。同时，它还可对用户输入的检索词进行实体识别，便于引导用户更快捷地获取知识及学者、机构等科研实体的信息。

在“万方智搜”的输入框内，用户可以选择想要限定的检索字段，目前共有 5 个可检索字段，即“题名”“作者”“作者单位”“关键词”和“摘要”，如图 5-14 所示。

用户可以单击检索字段进行限定检索，也可以直接在检索框内输入检索式进行检索。例如，用户想检索题名包含“信息”的文献，用户可以单击“题名”字段检索，检索式为（题名：信息）。除此之外，用户也可以自主输入检索式检索，如（标题：信息）、（题目：信息）、（题：信息）、（篇名：信息）、（t：信息）、（title：信息），如图 5-15 所示。

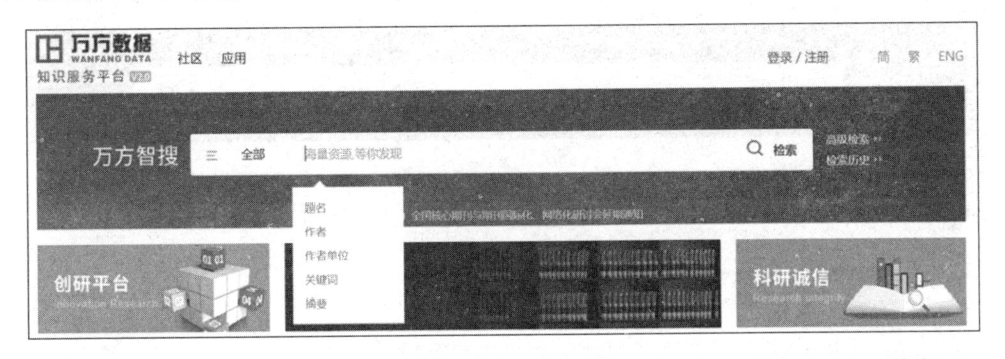

图 5-14　万方智搜

图 5-15　题名检索

万方智搜默认用户直接输入的检索词为模糊检索，用户可以通过双引号限定检索词为精确检索。例如，用户想要“信息资源检索”方面的文献，检索式为（信息资源检索）是模糊检索；检索式为（“信息资源检索”）是精确检索，如图 5-16 所示。

图 5-16　精确检索

另外用户也可以在检索框内使用 not、and、or 对检索词进行逻辑匹配检索，其中 and 可以用空格代替。例如，用户想要“信息检索”和“本体”方面的文献，检索式为（信息检索 and 本体）或（信息检索 空格 本体），如图 5-17 所示。

除了支持包含逻辑运算符的检索式外，万方智搜还可支持截词检索。其中，？或 %

表示截词符。例如,搜索“信息资源？索”,系统可实现包括信息资源检索、信息资源搜索、信息资源探索的文献检索。

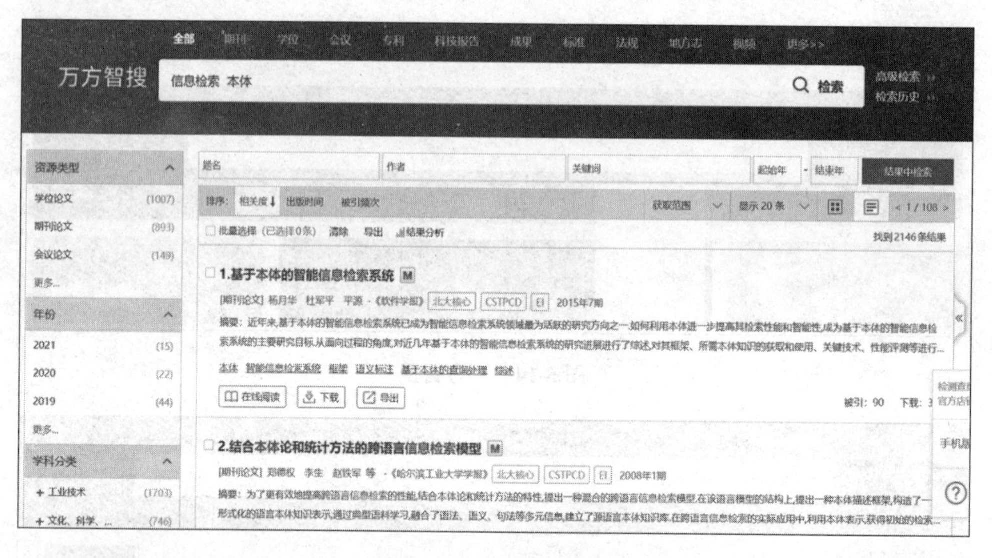

图 5-17　逻辑匹配检索

万方智搜检索框的右侧有“高级检索”按钮，单击进入高级检索界面。高级检索支持多个检索类型、多个检索字段和条件之间的逻辑组配检索，方便用户构建复杂检索表达式，如图 5-18 所示。

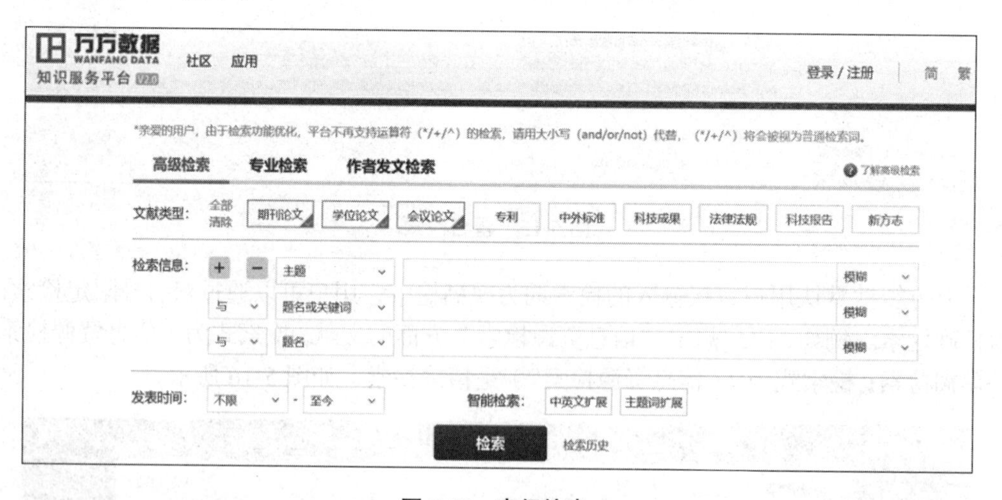

图 5-18　高级检索

在高级检索界面，用户可以根据自己需要，选择想要检索的资源类型和语种，通过➕按钮或者➖按钮添加或者减少检索条件，通过“与”“或”和“非”限定检索条件，可以选择文献的其他字段（如会议主办方、作者、作者单位等）进行检索，还可以限定文献的发表时间和万方数据文献的更新时间，同时高级检索也提供了精确和模糊的选项，满足用户查准和查全的需求。

2）专利信息检索

（1）中国专利信息获取途径。国家知识产权局官方网站（www.cnipa.gov.cn）收录了1985年以来在中国公开或授权的全部专利信息，并按法定公开日实现信息每周四更新。

中国专利信息中心网站（www.cnpat.com.cn）被国家知识产权局赋予了专利数据库的管理权、使用权和综合服务的经营权，可开展专利及其他知识产权信息的加工、传播、检索和咨询服务。

（2）世界知识产权组织网站数据库。世界知识产权组织网站数据库（www.wipo.int/pct/zh）提供了中、英、德、法等9种语言的检索界面，不仅可以得到通过PCT途径提交的国际专利申请的公布信息，还可以得到如欧洲、非洲、阿根廷、巴西、哥伦比亚、古巴、以色列、墨西哥、摩洛哥、秘鲁、韩国、新加坡等25个国家和地区的专利信息。

（3）欧洲专利局专利信息检索网站。欧洲专利局专利信息检索网站（worldwide.espacenet.com）提供的专利数据库是目前世界上覆盖范围非常广和非常全面的专利信息数据库，其中包括英、法、德等多种语言界面，收集了80多个国家和地区的专利数据。此外，该网站还提供部分国家和地区的专利申请公布和授权公告全文，并且可以进行同族专利检索。

（4）美国专利商标局网站。美国专利商标局网站（www.uspto.gov）向公众提供全方位的专利信息服务，可查询1790年以来的美国各种专利的数据。

除了使用这些国家的专利信息网站外，还可以使用SooPat专利数据搜索引擎（www.soopat.com），输入相应关键词即可检索，还可以单击右侧的“表格检索”，进行更准确的检索。SooPat“致力于专利信息获得的便捷化，努力创造最强大、最专业的专利搜索引擎，为用户实现前所未有的专利搜索体验”，如图5-19所示。

图5-19 SooPat专利数据搜索引擎

任务实施

（1）要确定你的文章的研究方向，也就是你要研究的点或者主题，这里我们以“自适应算法”为例。打开中国知网首页后，在文献检索一栏中选择“主题”，输入“自适应算法”后单击🔍按钮，就会自动弹出很多关于自适应算法方面的文献列表，从中选择你想要了解的文章主题。

（2）在左侧分组浏览中，选择“发表年度”这一项，重点了解最近5年的文章，超过5年的文章就显得有点落后了，毕竟知识更新得很快。

（3）在检索结果中，我们要选择“数据库”类型，一般查找资料主要以学位论文为主，重点看这方面的文章，因为学位论文很多都含有实验数据和结果，其次适当看一些学术期刊文章。通过看别人写的文章，这样在自己的脑海中才会逐渐形成文章的雏形，写起文章来，自然就会轻车熟路了。

5.3 网页与网站

请扫描下面的二维码学习本部分内容。

5.3 网页与网站 .pdf

第 5 章综合实训 .pdf

第 5 章综合实训 .mp4

第 6 章　新一代信息技术简介

【学习目标】

- 了解信息技术与新一代信息技术主要代表技术。
- 掌握物联网、5G、云计算、大数据、人工智能、区块链、虚拟现实等基本概念。
- 了解新一代信息技术主要代表技术应用。
- 了解新一代信息技术与数字经济、智能制造、智慧城市。
- 了解新一代信息技术与产业协同发展。

6.1　新一代信息技术概述

任务知识点

- 信息与信息技术。
- 新一代信息技术的代表技术。

任务描述

简述新一代信息技术的应用——工业互联网。

知识预备

1. 信息与信息技术

三元论学者认为：世界由物质、能量和信息三元素组成。信息论奠基人香农（Shannon）给出信息的经典定义："信息是用来消除随机不确定性的东西。"

信息技术（information technology，IT），是用于管理和处理信息的各种技术总称，主要是计算机科学和通信技术等，包括硬件系统和应用软件。当前人类社会处于信息社会，信息技术在社会各行各业广泛应用。

数据（data）是事实或观察的结果，是对客观事物的逻辑归纳。在计算机中，数据最终被转换为 ASCII 码的形式，存储在硬盘上，字符、数字、文本、声音、图片、视频都是数据。

例如，如图 6-1 所示是一瓶常见的矿泉水，瓶子、水是物质，人需要喝水以保持活力，水给人提供了基本能量。为了更好地管理矿泉水灌装、质检、销售等过程，需要对矿泉水进行数据化，人为抽象出数量、容量、品牌、包装材质、产地、生产线、生产日期、保质期、图片等数据。通过数据化描述，矿泉水属性可以输入计算机系统，方便管理。

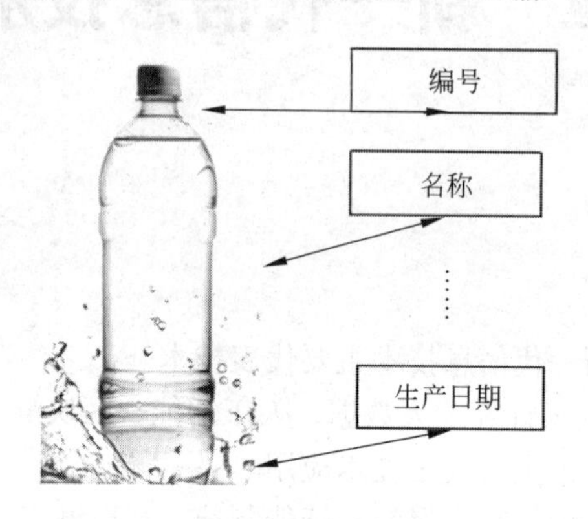

图 6-1　矿泉水与数据

数据和信息之间互相依存：数据是反映客观事物属性的记录，是信息的具体表现形式，数据经过加工之后，就成为信息，通俗地讲，信息是有用的数据，数据是信息的载体。信息技术包括了信息（数据）获取、加工、传输、存储、变换、显示等过程，包括文字、数值、图像、声音、视频等多种形式。上述过程主要通过计算机系统完成。

现代学者对计算机（无论什么形态）的一个普遍的定义为：能够存储和操作信息的智能电子设备，包括硬件系统和应用软件。

在第 1 章中我们学习到计算机硬件系统架构，这里再从数据加工处理角度进行讨论。图 6-2 显示计算机系统架构，其中输入和输出指的就是数据输入和输出，数据在计算机中存储，以便于数据处理设备对数据进行处理。这一过程有对应的硬件，也需要软件（程序）。对于绝大部分计算机程序而言，就是输入数据、处理数据、输出数据（可能没有某个环节）的过程，如图 6-3 所示。正是因为我们用数据来表示现实世界的事物，所以计算机才能有如此强大的功能。例如，我们要统计矿泉水的数量，设计一个程序，每灌

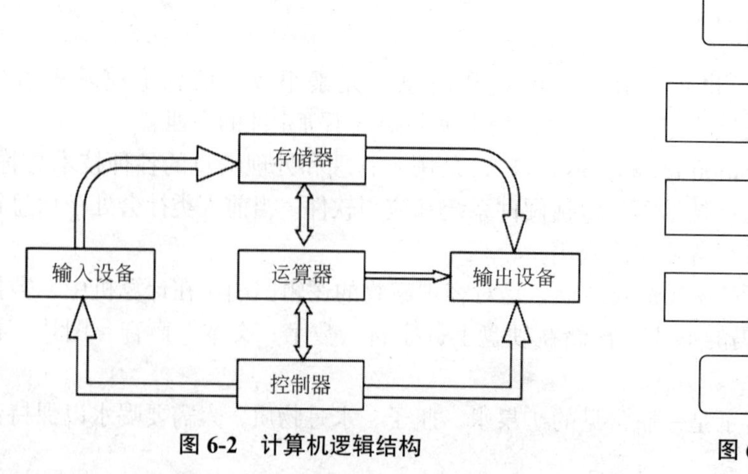

图 6-2　计算机逻辑结构

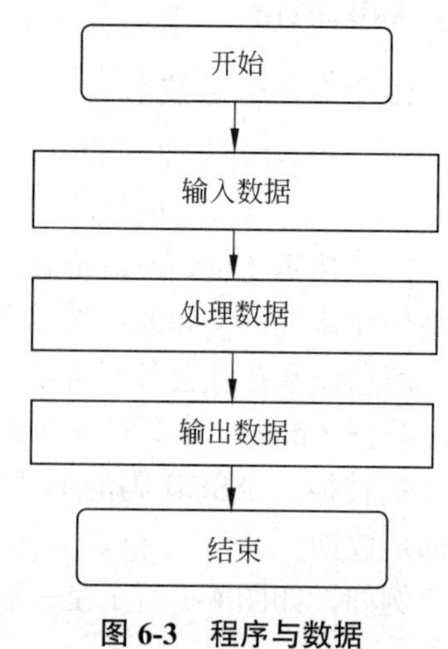

图 6-3　程序与数据

装完毕一瓶之后，将数量输入程序中，程序在原有的数量上增加 1，根据需要进行存储或显示，方便人们对矿泉水进行管理。这就建立了信息系统中数据与现实社会中物质的对应关系，从某个一定角度来讲，数据是物质在网络世界中的映射。

为了便于程序或软件处理数据，我们通常把数据存放在数据库中。数据库的定义就是存放数据的仓库，现在通用的大多数数据库都是关系型数据库。为管理数据库而设计的计算机软件系统就叫作数据库管理系统，如微软公司的 Excel、Access、开源数据库管理系统 MySQL、国产达梦数据库等。很多人把数据库和数据库管理系统混为一体，数据库管理系统是能够实现数据的存储、截取、安全保障、备份等基础功能，而数据库就是存储仓库。

一个关系数据库往往由很多张表格构成，表格中的表头称为字段，数据在表中以行为单位进行存储，一行就成为一条记录。例如，表 6-1 是表示矿泉水品种的一个表格。

表 6-1　根据软件项目建设需求

p_id	p_name	p_weight	p_volume	p_brand	p_note	p_begin_date
1	雪山矿泉水	600	600	雪山		2010-05-01
2	雪山冰泉水	550	550	雪山		2012-06-01
3	精品矿泉水	330	300	雪山		2013-06-01

这种能够与物质世界对应，并且能够以二元关系存放在二维表格中的数据，我们称为结构化数据，如数字、文字、日期、符号等。还有一些数据，不能或者不方便存放在数据库的表中，如文件、图片、声音、视频等，我们称为非结构化数据。非结构化数据处理起来比较复杂，一般将其索引（文件名、文件路径）存放在数据库中，程序通过索引来使用非结构化数据。

类似于表的数据存储方式，我们称为数据结构；处理数据的步骤，可以称为算法，而构成计算机软件的程序，就等于数据结构 + 算法。总而言之，信息技术就是应用计算机软硬件（广义的概念，包括通信、传感等）来实现数据输入、传输、加工、输出显示。

2. 新一代信息技术

从 1946 年第一台计算机问世到现在，经历了七十多年的发展，信息技术在数据采集、传输、处理和加工方法上，都有了巨大的变化，尤其是在进入 21 世纪以后。为了方便描述这种变化，用新一代信息技术来代表新出现的相关技术和数据处理方法。新一代信息技术的主要代表技术包括：物联网、5G、云计算、大数据、人工智能、区块链、虚拟现实等，新一代信息技术和“传统”信息技术之间的区别主要表现在以下几个方面。

1）数据采集方面

“传统”信息技术数据采集基本由人工完成，并且将数据录入相应软件系统中；新一代信息技术则通过物联网中的传感器自动采集数据，或者通过软件机器人流程自动化，实现数据的录入、流程自动流转等，由此实现从以“人”为主的互联网转为“人物互通”的物联网。

2）数据传输方面

以 5G 为代表的新一代通信技术，实现了高带宽、低延迟的快速通信技术；以 ZigBee、NFC、蓝牙为代表的短距离无线通信技术，在短距离通信不同场景中应用，解决了需求多样化的问题；通信和安全技术日趋成熟，应用场景逐步扩大。

3）数据存储和计算能力方面

通过应用云计算技术，实现了计算能力和存储能力按需分配，解决了存储和算力瓶颈问题，并且为中小企业、小型用户提供了峰值计算的机会；同时将信息化建设像基础设施建设一样，从组织中分离出来，由专门 IT 公司负责建设，普通企业或组织专门致力于自身业务。

4）数据处理方法方面

“传统”信息系统一方面处理数据数量有限；另一方面只能处理结构化数据。因此，数据依靠人工整理后被录入系统；而自动数据采集产生了大量粗糙的、非结构化的数据，大数据技术能够有效处理海量、非结构化数据，挖掘数据中包含的信息，使数据更有价值。

5）数据显示、展示方面

多媒体技术日趋成熟，4K 等高清显示已经走入实用阶段；虚拟现实作为当前阶段终极显示方式，在教学、训练、游戏、科研等方面也进入实用阶段。

正如图 6-4 所示，新一代信息技术的主要代表技术之间互相关联，并且和“传统”信息技术一样，都是以数据为中心，都是管理和处理信息的技术，不过所用技术、方法、手段都全面提升。随着“传统”信息技术升级换代为新一代信息技术，信息社会逐渐转变为智慧社会。新一代信息技术的推广应用，不仅会给社会带来技术革新，同时也给社会意识形态带来变化，包括人们的生活方式也会受到影响。因此，新一代信息技术相关知识，已经是每一个人必须知道和了解的基本知识之一。

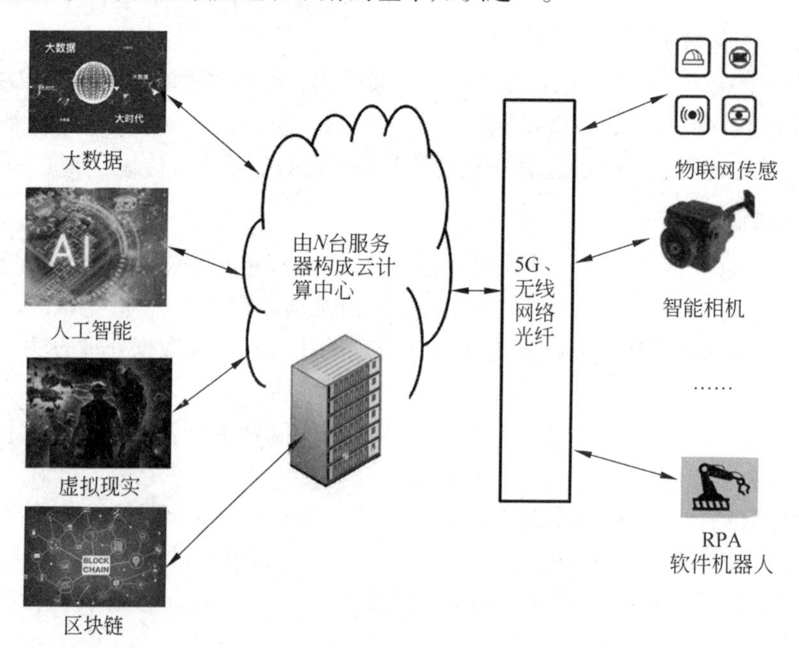

图 6-4　新一代信息技术

任务实施

借助于新一代信息技术，目前很多企业开始探索打通生产、管理不同层面的信息化平台，实现全过程透明化资源整合。将制造执行系统（manufacturing execution system，MES）与企业资源计划（enterprise resource planning，ERP）系统整合，并且统一放到云计算平台上，形成全新的工业互联网平台。

目前不少企业借助工业互联网取得了成功。例如，海尔卡奥斯平台（COSMOPlat）是海尔基于“5G+ 工业互联网 + 大数据”打造出的可以广泛落地的工业互联网平台。它不是简单的机器换人、交易撮合，而是开放的多边交互共创共享平台。简单来说，就是既面向用户又面向企业，打通了供需两端，用户需要什么，企业就可以精准提供什么。

以海尔中德滚筒洗衣机互联工厂为例，那里随处可见各种屏幕和机器人。产品定制规格选择、开始定制、订单确认……在大屏幕上，来自世界各地的订单不断滚动更新，而每一笔订单都按用户所需而定。当有用户在销售系统下了订单之后，订单就能够自动地发送到这个工厂，自动仓储系统根据用户需求准备好原材料，自动化车间根据用户需求进行组装生产，并完成质量测试，每天有 7000 多台洗衣机发往各地。而这一切基本上都是通过工业互联网平台实现，海尔卡奥斯平台彻底打通了从销售订单到原材料采购再到生产物流管理等过程，实现了企业全过程信息化。

从技术体系架构上，卡奥斯工业互联网平台分为四层：第一层是资源层，主要是对硬件资源的整合，实现各类资源的分布式调度和最优匹配；第二层是平台层，支持工业应用的快速开发、部署、运行、集成，实现工业技术软件化；第三层是应用层，为企业提供具体互联工厂应用服务，形成全流程的应用解决方案；第四层是模式层，依托互联工厂应用服务实现模式创新和资源共享，如图 6-5 所示。

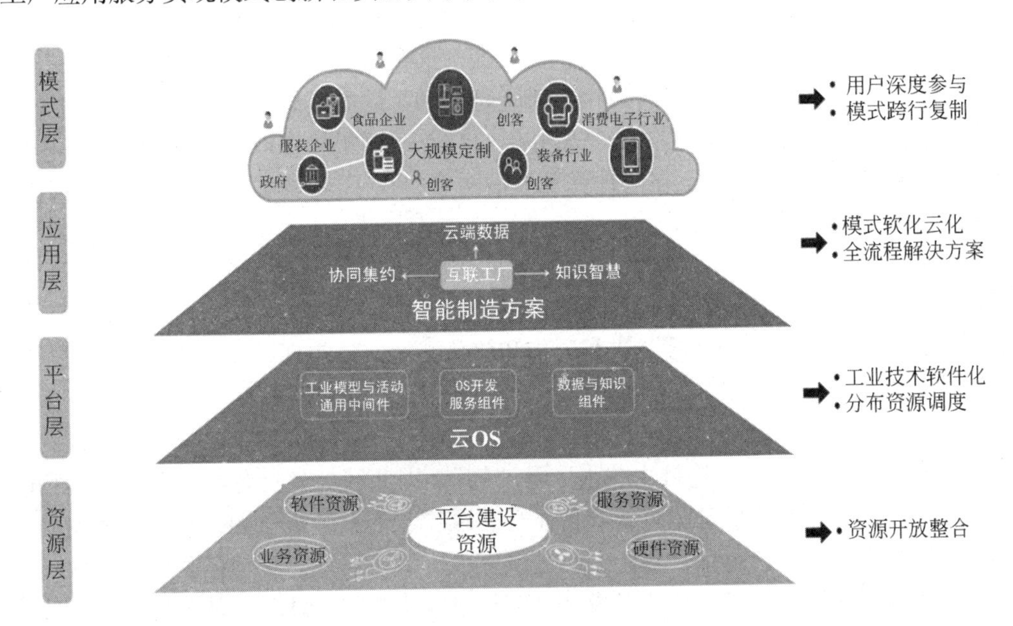

图 6-5　卡奥斯平台架构

目前，海尔卡奥斯平台已打通交互定制、开放研发、数字营销、模块采购、智能生产、智慧物流、智慧服务等业务环节，通过智能化系统使用户持续、深度参与到产品设计研发、生产制造、物流配送、迭代升级等环节，满足用户个性化定制需求。在前面已经举例说明，海尔卡奥斯平台在洗衣机定制化生产服务领域，起到了融合客户需求和生产的作用。卡奥斯平台在多个领域能够帮助企业对接客户需求，直接实现个性化定制服务。

6.2 主要代表技术

任务知识点

物联网、5G、云计算、大数据、人工智能、虚拟现实、区块链。

任务描述

了解新一代信息技术的应用——电子政务。

知识预备

1. 物联网技术

1）物联网技术定义

新一代信息技术中很多代表技术，由于出现较晚，且还在不断发展过程中，因此缺乏统一的定义，关于物联网技术，其常见定义就有以下几种。

（1）欧盟定义：将现有互联的计算机网络扩展到互联的物品网络。

（2）2010 年中国政府工作报告中定义：物联网是指通过信息传感设备，按照约定协议，把任何物品与互联网连接起来，进行信息交换和通信，以实现智能化识别、定位、跟踪、监控和管理的一种网络。它是在互联网基础上延伸和扩展的网络。

（3）国际电信联盟（ITU）在 2005 年的《ITU 互联网报告 2005：物联网》报告中将“物联网”定义为：一个无所不在的计算及通信网络，在任何时间、任何地方，任何人、任何物体之间都可以相互联结。

（4）物联网（The Internet of things，IoT）的基本定义：通过射频识别（RFID）、红外感应器、全球定位系统、激光扫描器等信息传感设备，按约定的协议，将任何物品通过有线或无线方式与互联网连接，进行通信和信息交换，以实现智能化识别、定位、跟踪、监控和管理的一种网络。

2）物联网三层架构

物联网技术实现了网络连接由“人”及“物”，因此社会各行各业都可以应用物联网技术：与人们日常生活息息相关的衣食住行、医疗养老、健康监测，与工作相关的智能制造、智慧农业以及与生活环境相关的公共安全、城市管理、环境监测等。物联网技术是一个包含了传感、通信、应用开发等众多信息技术的复杂体系，从数据采集、传输存储、应用角度可以将这些技术分为三个层次，或者叫作物联网三层架构：感知层、网络层、应用层，如图 6-6 所示。

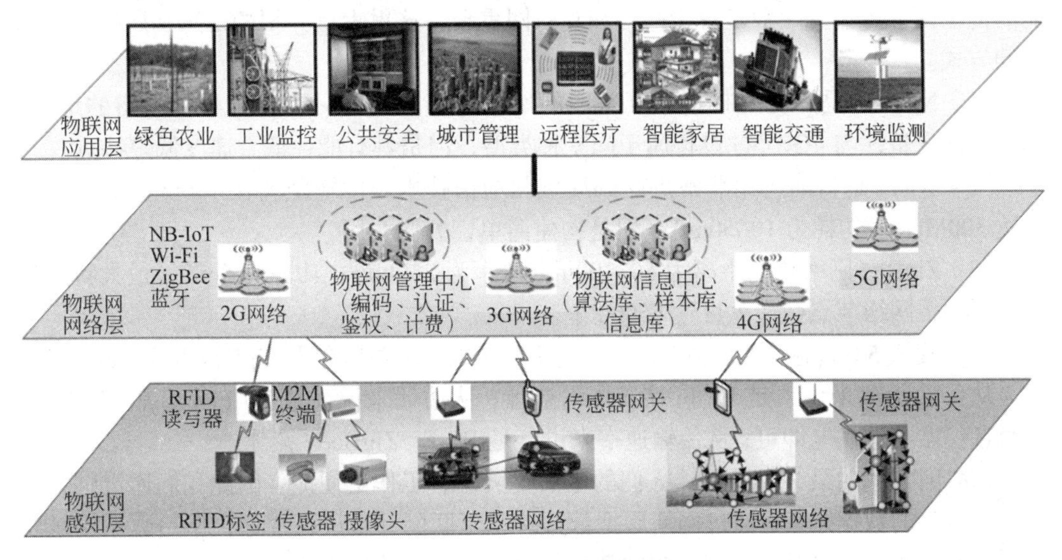

图 6-6　物联网三层网络架构

物联网技术中的感知层，顾名思义是实现类似于人类感知的功能，包括两个方面：一个是对事物自身的感知；另外一个是事物对外界环境的感知。针对不同的应用场所，“物”的感知能力不同，因此实现方式和主要技术不同。从简单的一个增加了传感器、RFID 标签、二维码等的简单设备或事物，到复杂的具有多种感知设备的高端汽车、无人驾驶汽车等，都属于感知层的概念。按照欧盟的定义，物联网即将计算机网络拓展到“物”，显而易见，能够接入计算机网络的“物”，并不是一般的物，这里的“物”要满足以下条件才能够被纳入“物联网”的范围。

（1）要有数据传输通路，能够实现数据的输送。

（2）要有一定的存储功能。

（3）要有 CPU。

（4）要有信息接收器。

（5）要有操作系统。

（6）要有专门的应用程序。

（7）遵循物联网的通信协议。

（8）在世界网络中有可被识别的唯一编号。

因此感知层中主要包括传感器、RFID、二维码、GPS、影音数据采集等技术，二维码识别、影音数据采集、信息自动化输入是常见的技术。

物联网的网络层作为纽带连接着感知层和应用层，它由各种私有网络、互联网、有线和无线通信网等组成，相当于人的神经中枢系统，负责将感知层获取的信息，安全可靠地传输到应用层，然后根据不同的应用需求进行信息处理。网络层基本上综合了已有的全部网络形式，来构建更加广泛的“互联”。每种网络都有自己的特点和应用场景，互相组合才能发挥出最大作用，因此在实际应用中，信息往往经由任何一种网络或几种网络组合的形式进行传输。根据功能，网络层包含实现接入功能的接入网和实现传输功能的传输网，传输网一般是骨干网，和互联网重合，这里重点介绍的是感知层接入网络层的方式。

（1）NB-IoT 是一种直接接入互联网的网络连接方式，只要在有移动网络的地方，即可连接设备，与 4G、5G 设备属于同一种类型，但是具有能耗低、速度低等特点。

（2）Wi-Fi 是目前应用非常广泛的局域网通信技术，传输距离在 100m 左右，速率可达 300Mb/s，功耗为 10~50mA，但是构建简单，方便实用。

（3）ZigBee 网络传输距离为 50~300m，速率为 250kb/s，功耗为 5mA，最大特点是可自组网，网络节点数最大可达 65000 个。

（4）蓝牙 5.0 传输距离可达 200m，速率为 2Mb/s，功耗介于 ZigBee 和 Wi-Fi 之间。

从传输距离来说，是 Wi-Fi>ZigBee> 蓝牙；从功耗来说，是 Wi-Fi> 蓝牙 >ZigBee，后两者仅靠电池供电即可；从传输速率来讲，是 Wi-Fi>ZigBee> 蓝牙。

物联网技术的最终目的是让人们的生活更美好、工作更便捷。因此我们通过感知层实现“物”的数据采集；通过网络层把数据接入互联网并且进行输送，但是数据输送到哪里？怎么用好千辛万苦、费时费力获取的数据呢？这些都需要应用层来完成，其功能主要是对感知层获取的数据进行加工和“处理”，最终变成对人们有用的信息，来帮助人们掌控万事万物，如图 6-6 所示。应用层在获取到数据以后，会根据人们的需求，将数据整合起来，按照具体场景需求来实现一定功能。

应用层所涉及的主要软件和技术包括云计算平台、物联网中间件、应用程序。云计算平台主要负责数据存储和计算。中间件衔接网络上应用系统的各个部分或不同应用。应用程序就是用户最终直接使用的各种应用，如智能制造中的智能操控软件，公共安全中的安防系统，智慧电力管理中的抄表、调度等，远程医疗中的显示分析软件等。

3）物联网未来发展趋势和存在问题

从物联网三层结构发展来看，网络层发展路线成熟，其技术随着网络的发展而发展，未来随着 5G 等应用落地，成本将不断降低，通信速度将不断提升；感知层的发展非常迅速，传感器技术、RFID 技术等不断提升，同时人工智能的发展，也必将给感知层带来巨大的机会；应用层的发展相对比较缓慢，但是随着感知层和网络层的不断发展，能够给人们带来越来越便捷有用的信息，应用的场景必将越来越广泛。物联网技术使人们接触的事物具备“智慧”，给人们生活、工作带来了巨大便利，人们也越来越接受物联网技术，并在更多的领域应用和发展物联网技术。

但是物联网技术目前也存在一些问题，其中最突出的是标准问题和安全问题。物联网中的多项技术出现较晚，行业内还缺乏统一标准。目前在物联网领域，有超过 20 项技术标准，如典型的 Wi-Fi 标准、蓝牙标准、ZigBee 标准等。标准不统一带来设备和系统不兼容、恶性竞争、资源浪费等方面的问题。安全问题更为严重，物联网终端硬件相对简陋，很多厂商为了追求高效率，仅仅安装了简单的功能模块，对于病毒、木马等一些攻击方式的防护基本为零。在前文已经提及，设备接入网络方式众多，一些接入协议存在漏洞。这些安全隐患，在一定程度上阻碍了物联网技术的应用和发展。

2. 5G 技术

1）理解 5G 技术

5G 是第五代移动通信技术（5th generation mobile communication technology）的缩写，在 5G 技术成熟发展之前，移动通信技术经历了四代，并且在一些场合中，前几代通信方式仍然存在。

移动通信（mobile communications）是指移动用户与固定点用户之间或移动用户之间的通信方式。

一般来讲，移动通信主要由三部分构成：移动通信设备、基站和核心网。移动通信设备包括手机、平板电脑、物联网通信设备等；基站是移动通信设备接入互联网的接口设备；基站通过光纤接入中国电信、中国联通、中国移动等基础设施服务商的中心机房，完成与 Internet、电话网络等网络的连接。

以手机为例来说明移动通信，如图 6-7 所示，手机之所以能够和基站进行通信，是因为有电磁波（electromagnetic wave）。电磁波是由同相且互相垂直的电场与磁场在空间中衍生发射的振荡粒子波，是以波动形式传播的电磁场。电磁波在真空中的传播速度接近于光速，在气体、液体、固体中能够传播，但会发生衰减。电磁波根据波长和频率可以划分为很多种。频率在 300MHz 以下且波长在 1m 以上的，通常称为无线电波；频率为 300MHz~300GHz 的一般称为微波，这两部分目前都可以用于通信。在这之上，存在着红外线、可见光、紫外线、X 射线等其他高频率电磁波。当前 4G 通信已经普遍覆盖了 3GHz 以下频段，5G 使用 3~300GHz 频段进行数据传输。例如，国内主要 5G 运营商获取了工业和信息化部（以下简称工信部）指定 5G 通信频段，中国移动为 2515~2675MHz、4800~4900MHz；中国电信为 3400~3500MHz；中国联通为 3500~3600MHz。

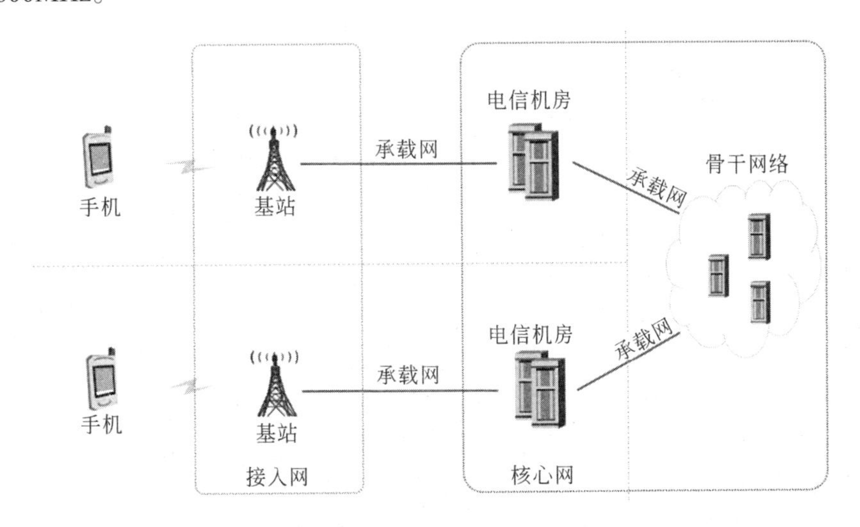

图 6-7 移动通信网络

2013 年欧盟提出了 5G 发展战略，同年我国成立 5G 推进组，大力推进 5G 的研究和应用；2018 年华为等厂商推出了 5G 产品；2019 年 6 月 6 日，工信部正式向中国电信、中国移动、中国联通、中国广电发放5G商用牌照，之后5G基站迅速建立；2021年4月，工信部宣布我国建立了当时全球极大的5G基础网络，预计到2023年，我国5G用户将达到5亿多户。之所以很多国家都在大力发展5G，争夺5G的标准制定权，是因为5G具有以下优点和优势。

（1）移动带宽高，具有超高速的峰值速率，下载速度最高可达到10~20Gb/s，能够满足高清视频、虚拟现实等大数据量传输要求。

（2）具有超低延迟的空中接口，时延低至1ms，可满足自动驾驶、远程医疗等实时应用。

（3）单位面积连接数密度较大，具备百万连接/平方千米的设备连接能力，满足同时向多个设备传输数据的要求，能够有效支持物联网芯片通信需求。

（4）频谱效率要比LTE提升3倍以上，数据传输的效率更高。

（5）支持高移动性，能够在快速移动下，仍然保持高速数据传输效率及低延迟性，用户体验速率达到100Mb/s，支持连接的移动速度最高可达500km/h。

（6）流量密度达到10Mbps/m^2以上，可更好地支持数据传输。

（7）能源效率更高，每消耗单位能量可以传送数据量更多，与前面几代通信技术相比，能源效率更高，看上去5G更耗电，主要原因是5G传输数据量大，且设备更多，就技术本身而言，是节能的。

2）5G技术应用

（1）超高清移动直播。4K(4K resolution)，又称超高清UHD，组成图像的像素点有3840个 ×2160个。另外，像素点为3996×2160、4096×2160和4096×1716个的，也称为4K。相比于普通的画质，4K画质更清晰、自然、逼真，甚至可以达到影院级的视听效果，真正做到毫发毕现。当然更清晰的画质、更细腻的画面细节意味着需要更快的数据传输速度。例如，某场足球比赛要做4K直播，需要每秒60帧的视频，大概需要36Mbps的带宽。而目前4G的网络带宽仅有10Mbps，这是无法满足4K视频网络直播需求的。但是5G理论上可以达到10Gbps的网络带宽，实现4K直播则绰绰有余。

（2）虚拟现实。有了5G的支持，可以使用VR看流媒体视频。4G时代，由于数据传输速度限制，延迟经常超过20ms，这样VR用户会出现不适，因此4G技术无法为VR流媒体提供网络支持。5G由于低延迟，对于用户来讲，甚至感受不到网络延迟，可以同步视频和音频，给用户提供更好的使用体验。将来会有大量的AR/VR应用程序不断被开发出来，通过虚拟物品、虚拟人物、增强性情境信息等方式给人们带来连接媒体的全新方式和体验，一些网络游戏将向虚拟现实、增强现实领域转变。

（3）安防、监控。基于5G的快速通信能力，无论是社区、厂区还是校园，可以重点打造安防和健康监控系统，保障社区等安全，不仅能够防盗、防止入侵，同时还能完成一些健康保护、巡检等工作，大大提高了工作效率。例如，社区自动巡逻机器人这几年发展迅速，主要是通过在机器人本体上加挂了智能摄像仪、传感器、语音视频交互设备等，有一些厂商还在上面增加了灭火、安防等装置，使自动巡逻机器人功能越来越强大。在5G网络支持下，自动巡检机器人可以根据高清视频及时处理巡检过程中的问题。

（4）自动驾驶。自动驾驶车辆网络系统必须是移动通信网络，早期由于数据传输速度和高延迟（4G 在高于 60km/h 的速度下，刹车反应距离大于 10m）的限制，大部分厂商研究的自动驾驶技术，都是基于单车的自动驾驶，主要依靠传感器、雷达和摄像头等信息输入，通过人工智能技术进行决策，单车在一定程度上可以实现自动驾驶。5G 技术给自动驾驶带来了新契机：高速数据传输速度，尤其是低延迟（在高于 60km/h 的速度下，刹车反应距离小于 1m），汽车整体反应速度甚至优于 F1 赛车手。因此，现在的自动驾驶技术主要采用了单车 AI+5G 精准定位混合 AI 控制模式，自动驾驶能力显著提升。

3. 云计算

关于云计算的定义可以这样阐述："云计算是一种分布式的计算模式。利用多台服务器构建成一个系统，将庞大的、待处理的信息数据划分为一个又一个微小的程序，通过互联网传输给系统进行分别处理，当系统出现最终结果后再传送给使用者。这种划分方式类似于电网网格的工作方式，在起初云计算被称为网格计算，多台服务器构建成一个庞大的系统，能够提供足够大的运算和存储能力，从而能够完成较大规模的数据处理，并提供较大的运算能力，并且可以通过网络提供算力和存储的共享。"

美国国家标准与技术研究院（NIST）从节约的角度给出云计算定义："云计算是以付费的方式供人们使用的并且以使用量的多少进行收费，在这种方式下会提供灵活性高、可操作强、满足使用者所需的互联网访问渠道，直接进入资源共享池配以相关的计算。云计算能够以最低的使用成本以及在与云计算服务商有最少交互的基础上，实现对资源的配置合理化，让使用者可以按需获取 CPU 的处理功能、数据存储空间和信息管理服务等资源。"

IBM 公司在其发布的白皮书中，对云计算的描述是："云计算既能为使用者提供系统平台服务，即作为基础设施来构建系统的应用程序，又能作为易扩展的应用程序通过网络的途径进行访问。在这种情况下，使用者只需要在高速稳定的网络环境下并通过计算机或移动设备就可轻松访问云计算应用程序，进行后续业务工作。"

这些定义从运算能力、经济性、便捷性等方面对云计算进行了不同的描述，云计算是计算机相关信息系统发展到一定阶段自然而然产生的，当前的大部分系统都需要云计算技术的支持。当我们建设一个业务系统时，业务系统的算力或存储能力需求并不总是固定的，经常会出现峰值和谷值。比如：12306 网站在春节、国庆、五一等时间段需要超出平时很多的算力；淘宝、京东等购物平台则在"双 11""618"等时间段达到运算的峰值。那么我们是不是可以将算力在购物平台和订票网站之间调度使用，以达到为全社会节省资源的目的呢？

这也是云计算及其相关技术出现的基本目标之一，云计算概念从提出到现在，已经经历了很长时间的发展，并取得了巨大的成就。不仅是将物理服务器放到一起形成计算中心这样简单的功能，同时能够为用户提供全方位的服务，极大地便利了用户业务系统的构建，并推动了信息化技术的全方位发展。这种算力调度方式，与现代城市自来水系统思路类似：将水井、水库的水集中到一起，建立自来水厂，由专门的自来水工人实现水资源供应。普通用户需要水资源时，只需打开水龙头，就能够获取水资源。对于数据计算和存储资源，云计算实现了像水、电一样的集中供应、按需使用，图 6-8 给出了云

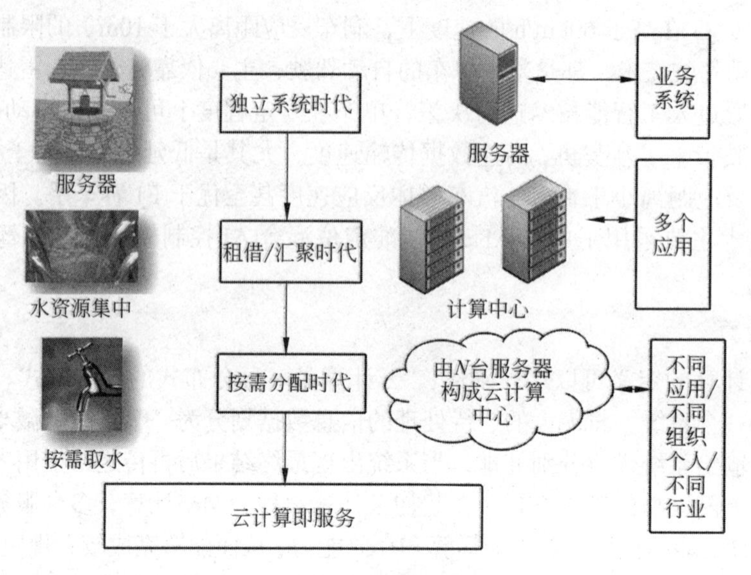

图 6-8 云计算思维

计算思维。

1）云计算的三层架构

如图 6-9 所示，云计算所提供的服务可以划分为三个大的方面：基础设施即服务（infrastructure as a service，IaaS）、平台即服务（platform as a service，PaaS）和软件即服务（software as a service，SaaS）。

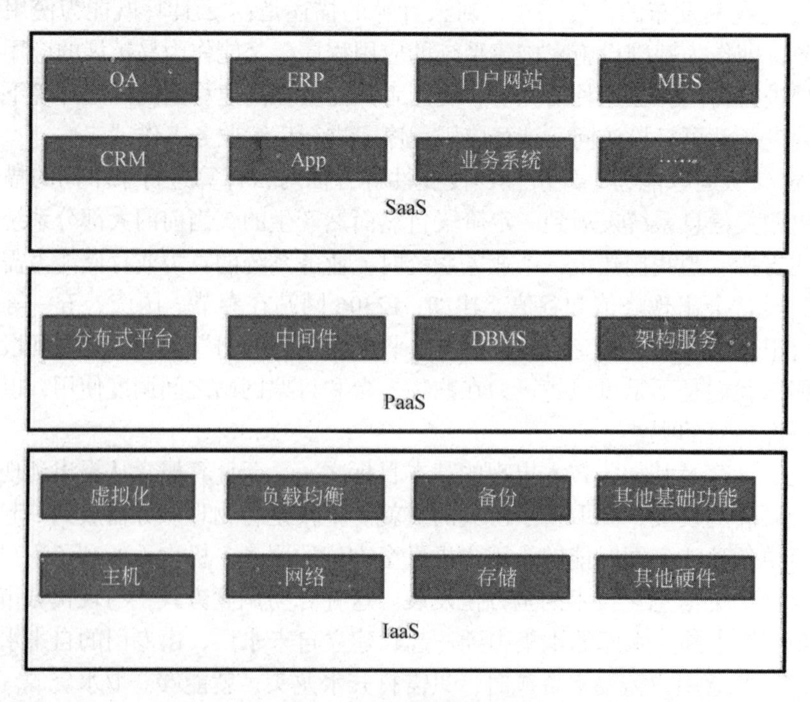

图 6-9 云服务三层体系

（1）IaaS。相对而言，基础设施即服务是比较好理解的云计算服务，顾名思义主要为用户提供业务系统运行的软硬件基础。

基础设施即服务能够提供的服务如下。

① 计算资源服务：最为常见的服务方式，在云计算概念提出之前就有，根据业务系统需要提供虚拟主机、主机托管等服务。使用云平台的各种弹性计算服务，实现计算资源的集中管理、动态分配、弹性扩展和运维减负，实现算力的按需分配。

② 存储资源服务：类似于计算资源服务，针对大容量存储、安全存储等需求，提供存储服务。使用云平台的块存储、对象存储等云存储服务，提高数据存储的经济性、安全性和可靠性。

③ 网络资源服务：对于一些功能较复杂、业务量大的系统，需要建设专网、私有云等。使用云平台的虚拟专有云、虚拟专有网络、负载均衡等网络服务，高效安全利用云平台网络资源。例如，一个公司需要业务系统支撑异地办公等，可以建设虚拟专网，既便于业务系统功能模块实现相应的功能，又能够简单方便地实现异地办公，大大减少了建设物理专网的高昂费用。

④ 安全防护服务：企业在建设完备的业务系统之后，如果全部购买专业的安全设备，价格高昂还容易造成浪费，通过使用云安全防护，可以大大降低成本。使用云上主机安全防护、网络攻击防护、应用防火墙、密钥 / 证书管理、数据加密保护等安全服务，提高信息安全保障能力。

（2）PaaS。与 IaaS、SaaS 相比，平台即服务是最难以理解的，要理解这个概念，首先需要理解中间件这个概念。

中间件：一种独立的系统软件服务程序。它是介于应用软件和系统软件之间的一类软件，它使用系统软件所提供的基础服务（功能），衔接网络上软件系统的各个部分或不同的功能，能够达到资源共享、功能共享的目的。中间件的出现一般是为了方便业务系统开发，通常把一类业务系统常用的一些功能预先开发完成，当需要根据客户需求进行定制时，能够快速完成业务系统的开发。中间件的出现，为广大的程序设计人员提供了便利。

中间件既有免费的、开源的，也有收费的。中间件充分体现了软件设计的基本思维：只开发一次，不重复开发已具备的功能。平台即服务中的平台，大部分指的是中间件或者类似中间件功能的软件。

（3）SaaS。软件即服务的概念就比较容易理解了，供应商将应用软件统一部署在自己的服务器上，客户可以根据工作实际需求，通过互联网向厂商订购所需的应用软件服务。

由于大部分同类型企业的 OA、CRM 等具有相同的功能模块，因此可以由云平台服务商提供统一的应用服务，不同企业申请使用即可，这样彻底免除了企业信息化基础设施建设的成本，也无须开发应用软件。平台型企业能够将技术人员集中起来，完成更多功能、更强壮的系统开发，统一为应用型企业提供技术支持。

2）建设私有云

如果公司的信息化程度不断提升，受网络流量、费用等限制，通过公有云服务来支撑公司的信息化系统就不那么经济了。这个时候需要考虑建设公司的私有云，来更好地支撑公司的信息化发展。

私有云：通俗地讲，就是企业或者组织运用云计算技术自己建设的、仅供内部使用的云服务，通常也可以称为“专有云”。显然，私有云由于云服务仅供自身使用，安全性、保密性更高，且能够更好地发挥硬件的效用，因此在学校、政府、大型企业、邮电、银行等企业组织，广泛使用私有云对业务系统提供支撑。

与私有云相对应的，出租给公众的大型基础设施云，提供丰富的 IaaS、PaaS、SaaS 服务等云服务，称为公有云。也有的组织充分利用自己的硬件基础，建成服务自身的私有云，同时也租赁一些公有云以获取更高性价比的服务，这样的云服务基础称为混合云。

（1）虚拟化。虚拟化是云计算的核心技术之一，在完成物理硬件（高性能服务器、中心机房、网络）的安装之后，为了提高硬件的使用效率，一般都会进行虚拟化，常见的虚拟化软件是 OpenStack，如图 6-10 所示为基于虚拟化的私有云体系架构。

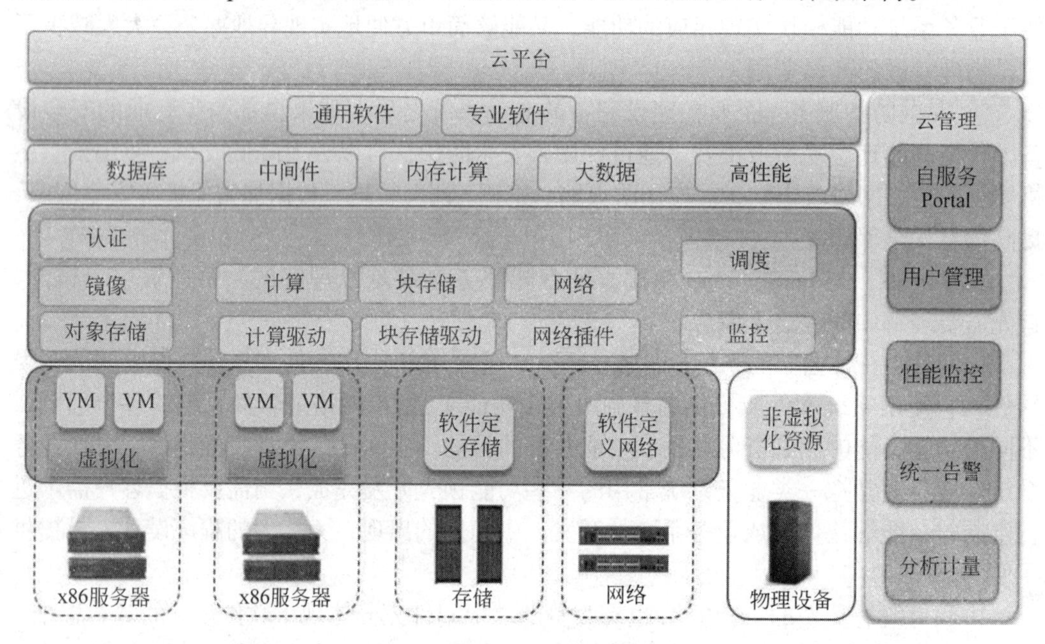

图 6-10 基于虚拟化的私有云体系架构

OpenStack 是 Apache 许可授权自由软件和开放源代码项目（关于 Apache 和开源这里不再赘述），主要为云平台建设和管理服务的，最初由 Rackspace 和 NASA 共同发起。目前有一百多家企业和一千多名程序员对其进行开发和维护，它能够有效地简化云的部署并带来较高的扩展性。

（2）Docker（容器）。虚拟化技术能够将一台高性能服务器虚拟为多台，也可以整合多台虚拟服务器的资源，使一台 x86 体系服务器可以同时运行多个操作系统，以支持多个应用。但是当多个应用同时运行时，需要多个虚拟主机，这造成了一定的资源浪费。2013 年 Docker 技术诞生，让开发者可以打包他们的应用以及依赖包到一个可移植的镜像中，然后发布到任何流行的 Linux 或 Windows 机器上，也可以实现虚拟化，如图 6-11

所示。基于 Linux Container 的 Docker 容器技术提供轻量级、可移植、自给自足的容器，利用 Linux 操作系统共享 Kernel 技术，多个容器共享同一系统内核，有效避免了执行应用时系统内核的不必要重复加载，减少了大量重复的内存分页，从而减少了不必要的内存占用。在单一物理机上可以为用户提供多个相互隔离的操作系统环境，这样可实现更高效的资源利用，服务运行速度、内存损耗都远胜于传统虚拟技术。

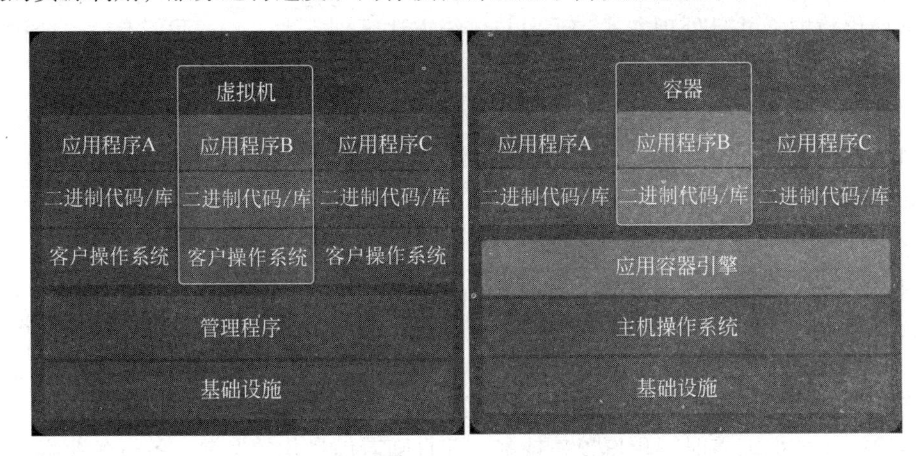

图 6-11　虚拟机和 Docker 技术架构区别

Docker 是一个基于 GO 语言的开源虚拟化应用容器引擎，自诞生之后容器化模式被广泛采用，相关技术也得到迅猛发展。2015 年 Linux 基金会发布 Open Container Initiative 开放标准，对容器的镜像与运行时规范进行了定义，并概述了容器镜像结构以及在其平台上运行容器应该遵循的接口与行为标准。Docker 技术的目标是“build once, configure once and run anywhere”，即通过对应用组件的封装（packaging）、分发（distribution）、部署（deployment）、运行（runtime）等生命周期的管理，达到应用组件级别的“一次封装，到处运行”。

4. 大数据

信息技术主要是处理数据的技术,“传统”信息技术处理数据能力有限。随着物联网、云计算技术的发展，数据采集能力、数据存储能力大幅度提升，数据量也开始变大，“大数据”概念也被提出来，并且越来越多的人开始接触大数据。与其他新技术一样，大数据的定义目前不统一，我们先来看一下麦肯锡和 Gartner 给出的定义。

麦肯锡全球研究所给出的关于大数据的定义：一种规模大到在获取、存储、管理、分析方面大大超出了传统数据库软件工具能力范围的数据集合。

研究机构 Gartner 给出大数据的定义：“大数据”是需要新处理模式才能具有更强的决策力、洞察发现力和流程优化能力来适应海量、高增长率和多样化的信息资产。

大数据这个词和概念在刚提出来时，只在小部分信息技术专家之间使用，至少满足三个条件，才可以称为大数据：①数据量很大，一般在几个 GB 以上，并且会以 GB 的速度增加；②处理的数据类型比较复杂，不仅包括结构化数据，还包括非结构化数据；③处理数据的技术和方法与以往几乎完全不同，后面我们会逐步介绍，从数据存储结构到数据处理算法，都完全不同。因此，从专家角度来看，大数据并不仅是数据量比较大，而是代表了完全不同的技术体系。

但是随着大数据相关知识概念的普及，大量非专业人员也知悉了“大数据”一词，并在大量场合中使用，大部分人直观认为，数据量很大，就可以称为大数据。例如，贝塔公司的销售记录，或者是电子政务中的一些系统，数据量都很大，但是这些数据基本上是结构化数据，并且处理方式和手段与传统方法区别不大，不过我们有时也会称为大数据。

一般来讲，大数据具有以下特征。

（1）容量（volume）大：无论是结构化数据，还是非结构化数据，数据量都比较大，一般是在GB、TB级别以上，甚至在PB级别以上。

（2）种类（variety）多：数据类型具有多样性。

（3）增长速度（velocity）快：数据量不是一成不变，而是在不停增加。

（4）真实性（veracity）弱：数据来源不确定，具有很多噪声性数据，数据质量没有保证。

（5）复杂性（complexity）高：数据来源复杂，数据构成复杂。

很显然，数据随着时间积累越来越多，并且随着信息化的发展，各行各业都应用了大量信息系统，这些信息系统也积累了大量数据。人能够接收和处理的数据有限，需要有一套能够专门处理大数据的技术和方法，这就是大数据技术。

1）获取数据

获取数据是应用大数据技术解决问题的首要任务，指收集足够的、未经过任何加工的原始数据。离线数据的处理，通常是为了从数据中发现某种规则或模型，因此采集的数据量，决定了离线数据分析得到的规则或模型是否合理。这很显然：在同样算法模型下，数据量越大，则所包含的规律越多，用来验证规律的数据也就越多，最终总结出来的规则和模型也就越科学。

对于大型IT企业来讲，由于用户多，历史记录信息多，自然可以得到很多的历史数据，如阿里巴巴、京东、腾讯等。但是对于一些小企业，如果也要进行相关业务，但又缺乏数据怎么办？常见的方式是通过爬虫程序来获取数据。

网络爬虫（又称为网页蜘蛛、网络机器人），是一种按照一定规则、自动地抓取互联网数据的程序或者脚本。

网络爬虫实际上是用Python加脚本语言编写的程序，爬虫程序运行时，能够按照设定的规则对网页（现在已经开发出App爬虫）发起申请，并获取网页上的相关数据，然后把数据按照程序设计者预先设计好的格式，保存到相应的文件或数据库中。

2）存储数据

得到数据以后，因为数据量太大，需要采取分布式的方式存储。分布式存储需要将数据分别存放在不同的计算机（数据库服务器）上，这就需要一种能够支持分布式存储和计算的平台，这个平台就是大名鼎鼎的Hadoop平台。

Hadoop平台是一个开源的分布式计算框架，核心组件包括图6-12中的Hadoop分布式文件系统（Hadoop distributed file system，HDFS）、MapReduce计算编程模型和

HBase 数据仓库等，目前大部分与大数据有关的技术和软件都基于 Hadoop 平台，该平台具有低成本、高可用、高可靠、高效率和可伸缩等优点。

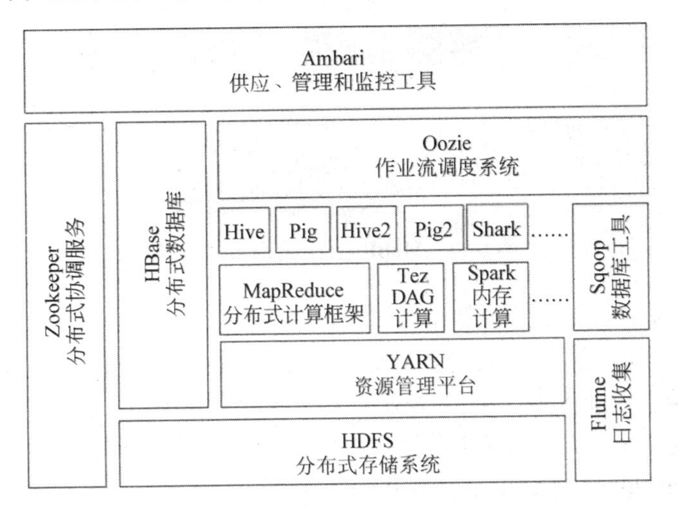

图 6-12 Hadoop 平台技术体系

在安装配置好 Hadoop 平台之后，就可以将获取的数据以文件方式存放在不同的数据节点中，HDFS 是专门管理这种存储方式的一个主 / 从结构，适用于海量数据存储应用，是基于大数据发展起来的专门存储技术。HDFS 具有高容错性、高吞吐性和高冗余性，可以运行在闲置、廉价的设备上，并且可以通过多个副本备份保证数据的可靠性。

为了便于程序设计，MongoDB 组织设计了基于分布式文件存储的数据库，通常称为 MongoDB 数据库。但实际上，MongoDB 数据库介于关系数据库和非关系数据库之间，仍然以分布式文件存储为基础，是一种非关系数据库，在操作上能够像关系数据库一样，更便于理解和操作。

3）数据处理

假设某大型 IT 公司从事电子商务平台业务，可以按照 HDFS 的方式，把以往用户浏览商品信息、购买商品信息以文件的形式进行存储，解决了海量数据存储的问题，但是要对这些数据进行使用，还需要对数据进行处理。对数据的处理，需要使用 Hadoop 平台中的另外一项关键技术，即 MapReduce。

MapReduce 是 Hadoop 平台的核心组件之一，同时它也是一种可用于大数据并行处理的计算模型、框架和平台，主要实现海量数据的离线计算。其中概念 Map（映射）和 Reduce（归约）从函数式编程语言里参考，另外还有从矢量编程语言里参考的特性。MapReduce 模型的核心思想是“分而治之”，也就是把一个复杂问题，按照一定的“分解”方法分为等价的规模较小的若干部分。把这些较小问题逐个解决，得到相应的结果，最后把各部分结果组成整个问题结果，如图 6-13 所示。

4）选择算法

在解决了大数据存储问题，并且掌握了对数据预处理方法之后，现在要选择合适算法，来发现数据的价值，或者解决相应问题。大数据技术经常用的一个场景就是商品推

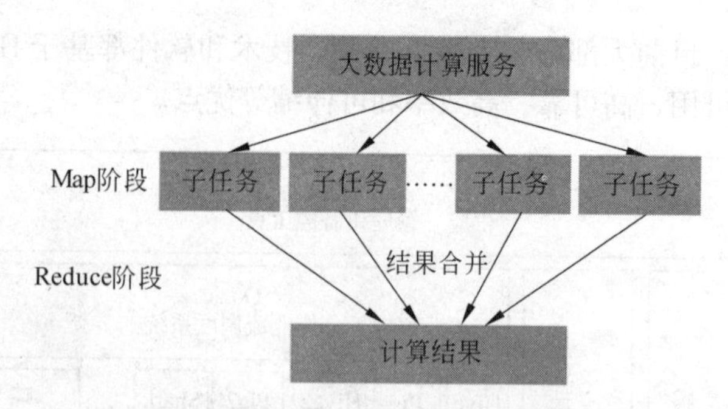

图 6-13　MapReduce 分而治之思想

荐，目前基于大数据技术的个性化推荐算法包括协同过滤、矩阵分解、聚类算法、深度学习。深度学习算法被广泛应用到多个场合。大数据技术在多个行业应用，得益于深度学习算法的繁荣。目前不少大型 IT 企业开发了深度学习平台，普通用户也可以在平台上进行二次开发，这大大加速了大数据技术推广，比较流行的深度学习平台如下。

（1）PaddlePaddle（飞桨）是百度开源的深度学习框架，是国内做得非常好的深度学习框架,整个框架体系比较完善。飞桨同时支持动态图和静态图,兼顾灵活性和高性能，源于实际业务淬炼，提供应用效果领先的官方模型，源于产业实践，输出业界领先的超大规模并行深度学习平台能力。提供包括 AutoDL、深度强化学习、语音、NLP、CV 等各个方面的能力和模型库。

（2）Angel 是腾讯与北京大学联合开发的基于参数服务器模型的分布式机器学习平台，可以跟 Spark 无缝对接，主要聚焦于图模型及推荐模型。2019 年，Angel 发布了 3.0 版本，提供了更多新特性，包括自动特征工程、可以无缝对接自动调参、整合了 PyTorch（PyTorch on Angel）、增强了 Angel 在深度学习方面的能力、自动超参调节、Angel Serving、支持 Kubernetes 运行等很多非常有实际工业使用价值的功能点。

（3）TensorFlow 是 Google 开源的深度学习平台，是目前业界非常流行的深度学习计算平台，有非常完善的开发者社区及周边组件，被大量公司采用，并且几乎所有云计算公司都支持 TensorFlow 云端训练。

（4）PyTorch 是 Facebook 开源的深度学习计算平台，目前是成长非常快的深度学习平台之一，增长迅速，业界口碑很好，在学术界广为使用，大有赶超 TensorFlow 的势头。它最大的优势是对基于 GPU 的训练加速支持得很好，有一套完善的自动求梯度的高效算法，支持动态图计算，有良好的编程 API，非常容易实现快速的原型迭代。PyTorch 整合了业界大名鼎鼎的计算机视觉深度学习库 Caffe，可以方便地复用基于 Caffe 的 CV 相关模型及资源。

（5）MxNet 也是一个非常流行的深度学习框架，是亚马逊 AWS 上官方支持的深度学习框架。它是一个轻量级、灵活便捷的分布式深度学习框架。支持 Python、R、Julia、Scala、Go、Java 等各类编程语言接口。它允许混合符号和命令式编程，以最大限度地提高效率和生产力。MxNet 的核心是一个动态依赖调度程序，它可以动态地自动并行符号和命令操作，而构建在动态依赖调度程序之上的一个图形优化层使符号执行速度更快，内存使用效率更高。MxNet 具有便携性和轻量级的优点，可以有效地扩展到多个 GPU

和多台机器。

（6）DeepLearning4j(以下简称dl4j)是基于Java生态系统的深度学习框架，构建在Spark等大数据平台之上，可以无缝与Spark等平台对接。基于Spark平台构建的技术体系可以非常容易与dl4j应用整合。dl4j对深度学习模型进行了很好的封装，可以方便地通过类似搭积木的方式轻松构建深度学习模型，构建的深度学习模型直接可以在Spark平台上运行。

5）可视化

大数据及相关技术目前应用非常广泛的是政府。有不少地方政府都相继成立了各级大数据局，由此可知政府对大数据的重视。第一，政府信息化模式较为统一，数据相对干净、准确。第二，政府需要将不同部门采集获取的数据进行互相融通，才能更好地实现政府功能。例如，住房公积金的提取与管理，需要民政局管理的个人婚姻家庭数据、公安局管理的个人信息数据、银行的个人贷款数据等，只有这些数据之间互相融通，才能实现快速安全的资金管理。第三，政府需要大量的数据支持，以进行决策。

大部分政府从业人员是行政专家而不是计算机专家，因此需要有一种直观、可视的数据表现方式，让政府工作人员能够快速了解数据所表达的信息，以便于决策。这对数据可视化产生了需求，通过将数据库中每一个数据项以单个图元元素表示，大量的数据集构成数据图像，同时将数据的各个属性值以多维数据的形式表示，可以从不同维度观察数据，从而对数据进行更深入的观察和分析。

ECharts是目前在数据可视化领域非常常用的一套开发软件，是一款基于JavaScript的数据可视化图表库，提供了常规的折线图、柱状图、散点图、饼图、K线图，用于统计的盒形图，用于地理数据可视化的地图、热力图、线图，用于关系数据可视化的关系图、treemap、旭日图，用于多维数据可视化的平行坐标，以及用于BI的漏斗图、仪表盘等多种图形显示方式，并且支持图与图之间进行混搭。

5. 人工智能

1）人工智能定义

（1）人工智能。用人工方法在机器（计算机）上实现智能；或者说是人们使机器具有类似于人的智能，我们称为人工智能。例如，自动扫地机器人实际上是在清扫设备上，增加一些模拟人类行为的算法，使之能够模拟人的行为，实现自动清扫。

对于人工智能现在还没有非常严格准确，或者是所有人都能够接受的定义。下面是从学科和能力两个角度下的定义。

人工智能（学科角度）的定义：人工智能是计算机科学中涉及研究、设计和应用智能机器的一个分支。近期主要目标在于研究用机器来模仿和执行人脑的某些智力功能，开发相关理论和技术。

人工智能（能力角度）的定义：人工智能是智能机器所执行的通常与人类智能有关的智能行为，如判断、推理、证明、识别、感知、理解、通信、设计、思考、规划、学习和问题求解等思维活动。1952年，英国天才科学家艾伦·图灵（Alan Turing）提出了著名的测试方式——图灵测试。图灵测试实现方法比较简单：如果一台机器能够与人类展开对话（通过电传设备）而不能被辨别出其机器身份，那么称这台机器具有智能。

不同于其他信息技术，人工智能发展至今，经历过三次高潮和两次低谷，第一次是1956年达特茅斯会议，麦卡锡等人正式提出了人工智能一词。与此同时以图灵为代表的英国科学家，一直在研究人工智能相关问题（尽管当时未能意识到所用方法属于人工智能领域），在学术界掀起了一股用人工智能技术解决数学、控制论等领域问题的热潮。随着人工智能方法起到了一些作用，有人过于乐观地估计了一些问题的难度，甚至有一些学者（Herbert Simon 等）认为："二十年内，机器将能完成人能做到的一切。"

然而十几年过后，一些人工智能项目并没有取得重大突破。1973年，著名数学家詹姆斯·莱特希尔爵士（Sir James Lighthill）发表了一份名为 *Artificial Intelligence: A General Survey* 的报告，在报告中称："迄今为止，人工智能的研究没有带来任何重要影响。"批评了 AI 在实现"宏伟目标"上的失败，受此报告影响，英国等国家大幅削减了在人工智能领域的科研资金投入。人工智能在接下来的6年几乎毫无进展，发展进入了一个低谷。

1980年，卡内基·梅隆大学为美国数字设备公司设计了一套名为 XCON 的"专家系统"。通过采用人工智能程序，在接下来的6年中，数字设备公司依靠该系统节省了超过4000万美元。在这一阶段，科学家们开始冷静下来，集中精力解决某一个方面的问题，不是试图创造一种通用的智能机器，而是专注于实现更小范围的任务。不少科研机构和大型 IT 公司都逐步推出了类似程序，采用"知识库 + 推理机"的方式，小心翼翼地进行研究，慢慢地人工智能研究热潮再次兴起。这个阶段也被称为人工智能发展的第二次浪潮，主要是"知识推理"相关技术得以发展。并且在1982年，John Hopfield 证明了一种新型神经网络（现被称为"Hopfield 网络"），用一种全新的方式学习和处理信息，并且广泛应用于解决经典的旅行者路线优化、工业生产和交通调度等方面问题。

然而在1987年，IBM 等公司的个人计算机性能大幅度提升，并且在办公中普及使用，这使部分专家系统无用武之地。之后几年，不少国家吸取了以前的经验教训，减少了在人工智能领域的研究投资，人工智能发展再次进入了一个低谷时期。但是与上次不同，人们已经意识到了人工智能的强大前景，仍在不少领域默默地积蓄力量。

1997年5月11日，深蓝成为战胜国际象棋世界冠军卡斯帕罗夫的第一个计算机系统。随着计算机性能不断提升，一些复杂问题开始有了更先进的解决方案。尤其是近年来，深度学习与大数据的发展，使人们对人工智能领域的研究和探索保持了较高的热情。一般认为第三次浪潮从1993年持续至今。

这一时期人工智能解决问题的方法与60多年前有很大不同，很多问题的解决依靠高性能计算机和大容量数据存储技术，涌现出不少标志性成果。2005年，斯坦福大学开发的一台机器人在一条沙漠小径上成功地自动行驶了131英里（约为210.8千米）。2016年，Google 的 AlphaGo 赢了韩国棋手李世石；国内科大讯飞推出了自动翻译机，能够便捷地帮助人们实现在数种语言间交流；各国自动驾驶技术都在不断地进步，甚至开始进入实际测试应用阶段。随着大数据技术和深度学习算法不断完善，人工智能逐步深入社会各个领域，在第三次浪潮中出现了一次小高潮。

从上述人工智能发展的历史可以看出，在不同历史阶段，人工智能的方法和技术手段也不同，在下文中我们也将介绍，人工智能的不同学派和具体算法、技术。

（2）人工智能三大学派。人工智能发展历史上，不同学者采用了不同方法来解决问题，逐步发展出三个不同的学派。

① 符号主义（symbolicism）。符号主义又被称作逻辑主义（logicism）、心理学派（psychologism）或计算机学派（computerism），其原理主要为物理符号系统（即符号操作系统）假设和有限合理性原理。

② 连接主义（connectionism）。连接主义又被称作仿生学派（bionicsism）或生理学派（physiologism），其主要原理为神经网络及神经网络间的连接机制与学习算法。认为人工智能源于仿生学，特别是对人脑模型的研究。核心是神经元网络与深度学习，仿造人的神经系统，把人的神经系统的模型用计算的方式呈现，用它来仿造智能，目前人工智能的热潮实际上是连接主义的胜利。

③ 行为主义（actionism）。行为主义又被称作进化主义（evolutionism）或控制论学派（cyberneticsism），其原理为控制论及感知—动作型控制系统。认为人工智能源于控制论，控制论思想早在20世纪四五十年代就成为时代思潮的重要部分，影响了早期的人工智能工作者。

2）人工智能常见算法

总而言之，人工智能的目的是机器能够像人一样工作。当人打扫一个房间时，发现那里脏了，然后过去打扫。因此，如果要设计一个自动扫地机器人，除了对机器本身的设计之外，首先要解决的问题就是能够让机器像人一样对打扫区域进行搜索，以方便进行清扫。搜索算法是人工智能的基础算法之一。大量人工智能教材也是从讲述搜索算法开始。

（1）搜索。当我们需要解决一个问题时，首先要把这个问题表述清楚，如果一个问题找不到一个合适的表示方法，就谈不上对它求解。这有点类似于程序设计思维，也就是说要找到问题的初始状态和问题解决以后的状态，然后去寻求解决过程。假设一个问题有很多种解决过程，选择一种相对合适的解决问题的方法，就是搜索。但是绝大多数需要人工智能方法求解的问题缺乏直接求解方法，搜索通常成为一种求解问题的一般方法。

（2）遗传算法。遗传算法（genetic algorithm，GA）根据大自然中生物体进化规律而设计提出，是模拟达尔文生物进化论自然选择和遗传学机理的生物进化过程的计算模型，是一种通过模拟自然进化过程搜索最优解的方法。在求解较为复杂的组合优化问题时，相对一些常规优化算法，遗传算法通常能够较快地获得较好优化结果。遗传算法已被人们广泛地应用于组合优化、机器学习、信号处理、自适应控制和人工生命等领域。遗传算法包括编码、产生群体、计算适应度、复制、交换、突变等操作。

（3）神经网络。大数据与人工智能是一种相互促进、互通交融的关系，神经网络算法是一种模拟人工智能的算法，用来从数据中训练有用信息，因此被用于从大数据发现知识。人工智能算法为大数据的发展提供了基础，大数据为人工智能的发展提供了新舞台，在前面提及人工智能出现第三次浪潮，主要是因为大数据和深度学习相关理论、技术的发展。

3）深度学习与人脸识别

当前人工智能技术的繁荣，离不开深度学习算法和大数据技术，下面我们通过人脸识别项目，来了解一下当前人工智能领域研究的热点问题，熟悉一下这两项技术在人工智能项目开发中的应用。

人脸识别是机器视觉识别的重要应用之一，广义的人脸识别实际包括构建人脸识别系统的一系列相关技术，包括人脸图像采集、人脸定位、人脸识别预处理、身份确认以及身份查找等。而狭义的人脸识别特指通过人脸进行身份确认，或者通过人脸进行身份查找的技术或系统。当前人脸识别成为机器视觉识别领域的研究热点，主要是因为其具有大量应用场景，除了在门禁、支付、身份验证等方面大量应用外，在很多安全部门、公共场所、交通要道、居民小区等都配备了全天 24 小时智能监控系统，自动识别人脸对于保护合法居民、打击犯罪具有重要作用。

如图 6-14 所示，人脸识别考勤（或者是进出门核验）项目一般主要分为三个部分，即知识库训练（特征值提取）、比对识别、考勤管理。

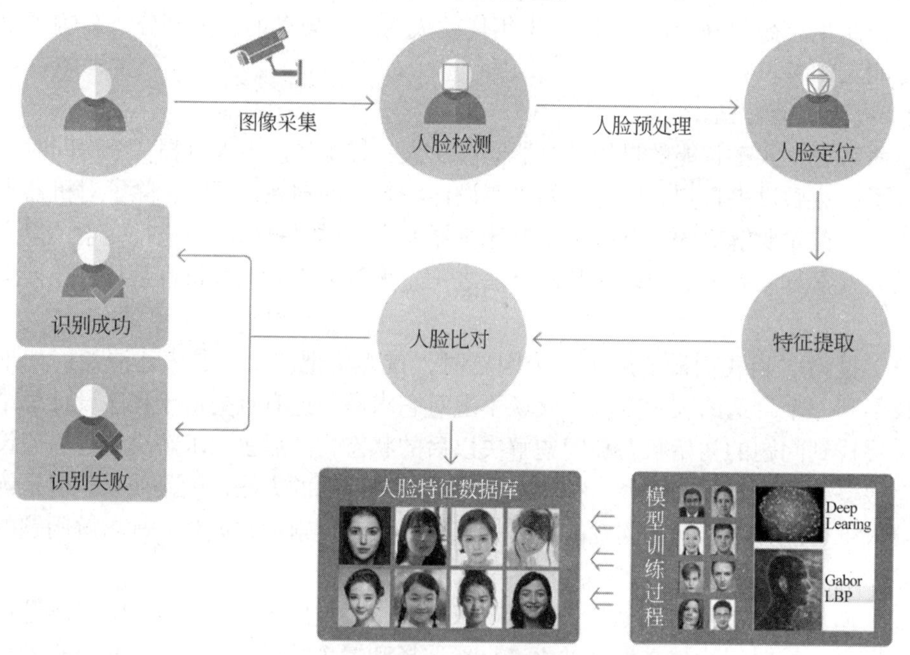

图 6-14　一个普通的人脸识别项目系统架构

系统功能并不复杂，主要包括人脸采集、模型训练、人脸比对、信息管理等功能。信息管理等功能包括人员出入记录、陌生人行迹跟踪、人员信息管理等。该项目的核心是选择算法和建立知识库（模型训练），模型训练是指通过采集一定数量的照片库原始数据，导入深度学习平台中，提取得出合适的特征值，建立知识库。

建立好知识库之后，在移动端或计算机端开发一个 App 或者 B/S 程序，截取摄像头采集到的人脸图像，与知识库中特征值进行比对，完成人脸识别。

因此，人脸识别项目开发工程师需要熟悉深度学习、Python、Android 等开发平台和编程技术，还需要安装 TensorFlow 深度学习平台。我们需要把数据导入 TensorFlow 平台，在该平台上通过算法模型对数据进行训练和比对。该平台可以运行在 Windows 或者 Linux 操作系统上。一个人脸识别项目所需要用到的硬件设备主要包括：图像采集设备（用于人脸比对或者数据库建立）、网络设备（用于数据传输）、服务器（运行深度学习平台）和普通计算机（用于系统管理）。图像可以通过网络摄像机、手机摄像头等设备进行采集。客户端软件运行于普通计算机上，通过 B/S 或 C/S 架构与服务器连接；也可以集成到 App 中，安装在移动设备上，提供方便的办公、管理等功能。服务器根据项目需求进行估算配置，也可以采用云服务器方式。由于项目需要进行大量的图像处理，采用高性能 GPU 服务器能够更好地保证项目顺利运行。

目前谷歌提供一个开源的人脸识别项目，即 FaceNet。通过 CNN（卷积神经网络）算法学习输入人脸图像，得到其欧式空间特征，两幅图像特征向量间的欧式距离越小，表示两幅图像是同一个人的可能性越大。一旦有了人脸图像特征提取模型，那么人脸验证就变成了两幅图像相似度和指定阈值比较的问题；人脸识别就变成了特征向量集的 *K*NN 分类问题；人脸聚类就可以通过对人脸特征集进行 *k*-means 聚类算法完成，图 6-15 展示了 FaceNet 模型结构。其中，conv 表示卷积层；depthwise conv 表示 DW 卷积模块；bottleneck 表示 bottleneck 卷积模块；linear GDConv 表示 Global DW 卷积模块；linear conv 表示线性卷积模块。

输入	算子	*t*	*c*	*n*	*s*
$112^2 \times 3$	conv3×3	—	64	1	2
$56^2 \times 64$	depthwise conv3×3	—	64	1	1
$56^2 \times 64$	bottleneck	2	64	5	2
$28^2 \times 64$	bottleneck	4	128	1	2
$14^2 \times 128$	bottleneck	2	128	6	1
$14^2 \times 128$	bottleneck	4	128	1	2
$7^2 \times 128$	bottleneck	2	128	2	1
$7^2 \times 128$	conv1×1	—	512	1	1
$7^2 \times 512$	linear GDConv7×7	—	512	1	1
$1^2 \times 512$	linear conv1×1	—	128	1	1

图 6-15 FaceNet 模型结构

（感兴趣的读者可在 https://arxiv.org/abs/1503.03832 查看详细内容。）

通过人脸识别项目可以了解到大数据技术与深度学习技术在人工智能中的作用：一是数据量越大，能够提供的信息也就越多，模型训练之后得到的知识库也就越丰富；二是深度学习算法越准确，能够得到的结果自然也就更准确。因此提高数据处理能力和提升算法效率，是当前两个重要研究方向。但是人工智能技术属于一门综合性技术，涉及基础数学、概率论、控制论、计算机编程、算法理论等多个学科，并且理论性强，因此对于一般人来讲，掌握起来比较困难。在现实项目中应用人工智能技术，也充满了风险和不确定性，这些都阻碍了人工智能技术的应用和推广。但是随着一些人工智能平台的出现以及通用性、集成开发工具的不断完善，人工智能开发周期和流程越来越短，人工智能技术的推广和应用前景可期。

4）机器人

人工智能的发展为智能制造提供了技术支持，而智能制造为人工智能提供了基础和应用场合。机器人是人工智能技术和智能制造技术的结合，是新一代信息技术与制造业结合产物，也是前景巨大的社会应用。机器人在社会不同场合都有应用，目前工业上应用的机器人技术比较成熟，下面我们重点介绍一下工业机器人。

对于工业机器人的定义，不同国家和组织有所不同，常见的定义有以下几种。

（1）美国工业机器人协会（RIA）：机器人是设计用来搬运物料、部件、工具或专门装置的可重复编程的多功能操作器，并可通过改变程序的方法来完成各种不同任务。

（2）日本工业机器人协会（JIRA）：一种装备有记忆装置和末端执行器的，能够完成各种移动来代替人类劳动的通用机器。

（3）德国标准（VDI）：具有多自由度的、能进行各种动作的自动机器，它的动作是可以顺序控制的，轴的关节角度或轨迹可以不靠机械调节，而由程序或传感器加以控制。工业机器人具有执行器、工具及制造用的辅助工具，可以完成材料搬运和制造等操作。

（4）国际标准化组织（ISO）：一种能自动控制、可重复编程，多功能、多自由度的操作机，能搬运材料、工件或操持工具，来完成各种作业。

目前来讲，国际上对 ISO 所下的工业机器人的定义比较认可，大家可以对定义进行比较，以加深对工业机器人的理解。

通俗来讲，我们可以认为工业机器人的目的是模拟人在生产制造中的行为，从而取代人来完成生产线上的工作，提高生产效率。在实际生产加工制造过程中，人通过眼睛观察来掌握信息，然后大脑根据信息做出判断，并控制手来完成相应的工作。在前面介绍的自动化机械中，把一些用人手来完成的工作，改由专门设计的机械装置来完成，并且由一定的控制系统进行控制。比如，灌装机通过喷头向空瓶灌注，需要知道瓶子所在的位置和灌注液体的数量，这些可以通过自动控制方式来实现，也可以通过传感器、工业相机等元器件来监测和改进。传感器、工业相机相当于人的眼睛、皮肤等信息获取系统，通过增加智能传感元器件和相应模块，一些自动化机械设备逐步发展演化成为工业机器人。

需要特别指出的是：工业机器人为了适合工业（或者是农业）生产，其外形设计大部分不是人形，如图 6-16 所示的机械臂，这是企业生产线最常见的工业机器人。而如图 6-17 所示的自动分拣机器人，为了便于运输，设计成带托盘的椭圆形。只有一些用于家庭、教育、娱乐、餐饮等行业的机器人，才设计成人形，如图 6-18 所示。

除了个别特殊场景以外，工业机器人也包括硬件部分和软件部分，硬件部分主要包括本体，即机械部分和传感、控制部分。工业机器人是一个复杂的集成系统，涉及多个学科门类，一般来讲，可以从机械结构系统、驱动系统、感知系统、控制系统和交互系统等方面来了解具体构成。

无论工业机器人，还是普通机器人，都需要对环境变换进行感知，并自主做出判断，自主完成工作。交互系统即通过感知系统与外部环境相互联系和协调的系统。工业机器人机械装置构成一个个功能单元，如加工制造单元、焊接单元、装配单元等，根据不同环境场合、功能变换需求，部分工业机器人可以自主选择合适的功能来完成具体工作。

图 6-16　机械臂

图 6-17　自动分拣机器人

图 6-18　娱乐、动漫、科普、教育等行业常见的人形机器人

随着新一代信息技术的发展，一些工作需要多个工业机器人协同完成。例如，多个汽车装配线上的工业机器人共同组建一条生产线，这些机器人之间并不是单独的个体，它们之间需要进行数据和信息的共享，以协同工作，完成汽车装配这项复杂工作。多个机器人共同协作，也被称为群体人工智能，相对于单独的个体人工智能而言，数据量和计算量更大，算法更复杂，这也是当前人工智能研究领域的一个重点方向。

5）流程自动化

机器人流程自动化（robotic process automation，RPA）是以软件机器人及人工智能（AI）为基础的业务过程自动化科技。就是在生产过程中以软件机器人来实现自动化业务，代替人力完成高重复、标准化、规则明确、大批量的手工操作。可以从如下三个方面来理解机器人流程自动化。

（1）数据输入具体如下。

① 可获取各种电子数据渠道的信息，包括 ERP、电子文档、聊天工具等。

② 可识别二维码、条码等信息，并进行相应转换。

③ 能够集成主流 OCR 技术，实现纸质内容的采集。

（2）数据处理具体如下。

① 可实现数据转移、格式转换、系统功能调用等多种功能。

② 可调用已有的 Excel 宏工具、第三方应用程序及其他数据处理功能，搭建现有功能间的桥梁。

③ 可单独开发基于通用平台的数据处理逻辑。

（3）数据输出具体如下。

① 支持多种数据报告格式，并且可以将数据应用于后续处理。

② 支持多种通信工具数据，如 Outlook、微信、QQ 等。

③ 支持访问 ERP、MES 等系统自动上传。

从一定程度上来讲，网络游戏副产业——“外挂”，促进了机器人流程自动化的产生与发展。玩过网络游戏的人都知道，游戏中一些角色练级可以用外挂机器人来代替。不少网络游戏都在不断与外挂作斗争，这变相促进了外挂技术的发展。而外挂机器人非常符合流程自动化的定义：代替玩家完成重复性、标准化、规则明确的“打怪”工作，并且外挂机器人实际上就是一个软件。在工业领域，机器人流程自动化当前阶段主要应用在 ERP 系统、财务管理方面，甚至成为当前财会专业学生必修的一个科目。在 MES 建设过程中，机器人流程自动化的设计与应用能够大显身手，通过自动化软件就完成了信息的快速准确输入，从而使 MES 更便捷、实用。基于机器人流程自动化如此大的优点，因此阿尔法公司在定制 MES 时，要求大部分数据、报表可以自动获取，以提高生产管理效率。

全球年销售额在十亿美元以上的大公司中，超过一半的企业已部署 RPA，另外一半基本都在计划应用中；大部分中小企业正在应用或者打算应用 RPA，只有大约三分之一中小企业目前没有应用 RPA 的打算。金融行业在所有应用 RPA 的企业中，占有率最高，而零售、医疗、制造、物流等行业应用率正在逐步提升。

UiPath 是 2015 在美国注册成立的一家机器人流程自动化软件开发商，专注于利用人工智能或机器人来处理重复性行政工作，并实现自动化。2021 年 4 月 IPO 成功并登录纽约证券交易所，市值超过 250 亿美元，腾讯公司在 2020 年该公司 E 轮融资时投入了 2.25 亿美元。UiPath 软件由 Robot 机器人、Studio 开发平台和 Orchestrator 服务器三部分组成。开发平台主要负责程序设计，机器人部分主要负责 License 代理、日志收集及程序执行等工作，二者都与服务器有数据交互；服务器端主要负责资产的管理分配、用户授权管理、工作流的授权管理等工作。

在刚开始的时候，开发人员需要直接分析客户需求，直接面对需求进行开发，随着经验的积累，慢慢形成了流程自动化框架，基于框架的开发就变得简单便捷了。自动化框架提高了开发人员的开发效率，将开发人员从传统的开发模式中解脱出来，不再花费大量时间去编写模板框架的代码，从而将更多的精力投身到其他工作中去。框架主要包括初始化模块、数据获取模块、数据分析模块、监视模块、执行模式判定模块、预留接口模块等，这些功能模块在 UiPath 软件中事先开发完成，用户只需要调用就可以快速、便捷地实现系统部署。

6. 虚拟现实

1）虚拟现实的概念、发展和特点

虚拟现实（virtual reality，VR）本质上是一种计算机仿真系统，能够创建和体验虚拟世界，通过一系列技术手段使人们感受现实世界中不存在于眼前的事物或未在眼前发生的现象。这些现象可以是真真切切存在于现实世界中的物体，也可以是人们用眼睛看不到、用手碰不到的虚拟物质，真假难辨，让人产生身临其境的感觉。综合利用了计算机图形学、仿真技术、多媒体技术、人工智能技术、计算机网络技术、并行处理技术和多传感器技术，模拟人的视觉、听觉、触觉等感官功能，使人能够沉浸在计算机生成的虚拟境界中，并能够通过语言、手势等自然的方式与之进行实时交互，创建了一种适人化的多维信息空间。

具体来讲，虚拟现实技术就是通过收集现实生活环境中的真实数据，然后运用计算机技术将收集到的数据通过计算产生电子信号，再将这些电子信号与各种输出设备相结合，使电子信号转化为人们能够理解和感受到的现象。由于这些现象是通过计算机技术模拟出来的虚拟世界，并非人们通过眼睛可以直接看得到的世界，所以它被称为虚拟现实技术。

虚拟现实是一种新型的计算机综合技术，最早是在1965年被美国科学家Ivan Sutherland博士提出，然后逐渐发展为一门比较成熟的技术。虚拟现实通过多种技术来实现虚拟与现实的融合，增加用户在视、听、嗅、触等感官的仿真感受，使用户虽然处在一个虚拟的三维空间中，却仿佛身临其境。这些技术包括视频图像处理技术、立体显示技术、数据传输技术以及人工智能技术等。目前，虚拟现实技术在各个领域发展迅速。在生活娱乐领域，虚拟现实技术渗入了3D电影行业、虚拟游戏行业等，给用户更真实的体验感，丰富了人们的生活。根据虚拟现实技术的发展，我们可以分为以下五个阶段。

第一阶段：孕育阶段

这一阶段在1963年以前，主要是采用非计算机仿真技术，通过电子或者其他的手段进行动态的模拟，是蕴含虚拟现实思想的阶段。例如，1929年Edward Link设计出用于训练飞行员的模拟器；1956年Morton Heilig开发出多通道仿真体验系统等。

第二阶段：萌芽阶段

截至1972年之前，这一时期是虚拟现实的萌芽阶段。1965年Ivan Sutherland发表论文*Ultimate Display*（终极的显示），提出“应将计算的显示屏进化为观看虚拟世界的窗口”；并且在接下来他将该思想付诸现实，于1968年研制成功了带跟踪器的头戴式立体显示器。1972年NolanBushell开发出第一个交互式电子游戏Pong。

第三阶段：产生形成阶段

这一阶段正式提出虚拟现实的概念，并且相关的技术在实际中得到应用。20世纪七八十年代，美国军方投巨资研究“飞行头盔”和其他军用仿真器，成为虚拟现实技术发展的主要推动力；1984年，NASA AMES研究中心开发出用于火星探测的虚拟环境视觉显示器；与此同时VPL公司的Jaron Lanier首次正式提出“虚拟现实”的概念；1987年，Jim Humphries设计了双目全方位监视器（BOOM）的最早原型。并且在这一阶段，计算机技术开始突飞猛进，尤其是图形加速卡的出现，促使用计算机生成的图形代替摄制图像，并开始进行场景设计，一大批虚拟现实影视出现。

第四阶段：理论完善和应用阶段

在 2014 年之前，虚拟现实技术一直在不断发展和完善，但是大部分应用在军事和实验室中。1990 年，提出了 VR 技术，包括三维图形生成技术、多传感器交互技术和高分辨率显示技术；VPL 公司开发出第一套传感手套“DataGloves”、第一套 HMD“EyePhoncs”；Lofin 等人在 1993 年建立了一个“虚拟的物理实验室”，用于解释某些物理概念，如位置与速度、力量与位移等。

第五阶段：普及推广阶段

2014 年 Google 发布了其 VR 体验版解决方案，即 CardBoard，如图 6-19 所示。使人们能以极低的价格，体验到新一代 VR 的效果。2016 年被称为 VR 元年，在这一年各大 IT 厂商纷纷推出了 VR 体验套装，之后大量游戏厂商推出了 VR 游戏。不仅如此，VR 还进入了购物体验、房产展览、展会、医疗等领域，成为新一代信息技术发展的热点之一。

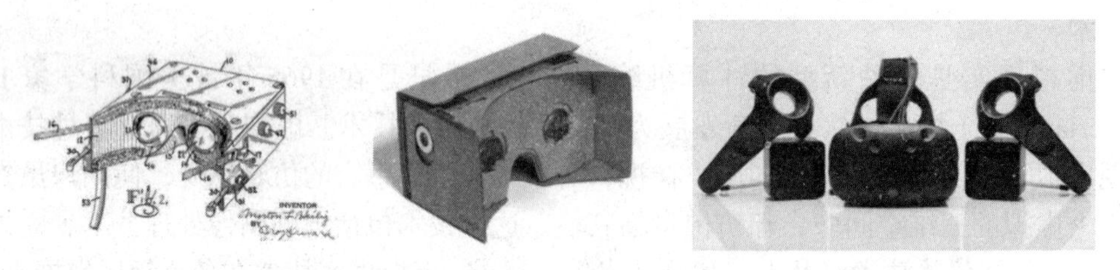

图 6-19　Ivan Sutherland 显示模型、Google CardBoard 和 HTC VR 眼镜

随着 VR 技术的发展，逐渐呈现出以下特点。

（1）多感知性（multi-sensory）。无论我们使用计算机还是手机，只能获取视觉感知和听觉感知。但是人类的感知系统除了视觉和听觉之外，还包括了触觉、嗅觉、运动等。在虚拟现实的概念中我们提到，虚拟现实是一种计算机仿真系统，在包括计算机的同时，还包括了仿真系统，通过仿真系统可以把计算机模拟的信息通过力反馈系统、振动系统、嗅觉系统等发送给使用者，从而使使用者获取丰富的触觉感知、运动感知、味觉嗅觉感知等。理想的虚拟现实应该具有一切人所具有的感知功能，能够完全模拟人的感官系统。

（2）交互性（interaction）。当我们使用计算机时，通过鼠标、键盘、显示器与计算机进行交互，但是计算机画面的显示是平面的，输入也是平面的。而我们生活的世界是三维的，在 VR 里画面显示变成了三维，你体验到的是一个个场景，而不是一张张图片。在 VR 中交互的方式自然也发生了变化，用真实世界的方式与场景中物体进行交互。例如，场景中有一个球，我们要拿这个球，就要走过去，把它抓起来；我们在太空舱体验登陆月球，感觉就像脚踩实地一样；我们在驾驶舱模拟赛车，就跟真实的赛车比赛一样。

借助于专用设备（如操作手柄、数据手套等）产生动作，以自然的方式如手势、身体姿势、语言等技能，如同在真实世界中操作虚拟现实中的对象。

（3）沉浸感（immersion）。通过在虚拟现实系统对体验者的刺激，使我们在物理上和认知上符合已有经验，从而感到自己作为主角存在于模拟环境中。这种沉浸感让我们感觉真的在一个虚拟世界。沉浸感来源于很多方面，首先是视觉方面，也是最重要的一个方面，视觉在人们的感觉器官中占据了非常重要的位置；其次是听觉，听到背后有人喊我，回头刚好看到这个人，在听觉系统感受到的声源位置，视觉系统能看到声源，VR 下通过声场技术来实现这种虚拟定位；再次是力反馈设备，虚拟世界里受到了力的作用时，身体能感受到对应的力；最后还有一些其他感觉，如温度、嗅觉等。调用的感觉越多，沉浸感越好，但成本也越高。

（4）想象力（imagination）。通过 VR 技术能够激发人的想象力，在体验虚拟世界中的场景和事物时，人们接触了更多前所未见的景象，获取了更多的信息。根据所获取的多种信息和自身在系统中的行为，通过逻辑判断、推理和联想等思维过程，随着系统运行状态变化，能够更多地激发人们的想象力，因此 VR 在科技研发方面有着越来越多的应用。

2）虚拟现实硬件

支持虚拟现实的硬件设备可以归为三大类，即输出设备、输入设备和生成设备。

（1）输出设备。虚拟现实是利用一些特殊的技术，将信息传递给了人类的感知系统，之后这些信息在大脑中重组成为一个“虚拟”的现实世界。当虚拟环境把信息传递给我们时，体验者可以获得与真实世界相同或相似的感知，产生“身临其境”的感受。为了实现这种特性，虚拟现实系统的输出设备与普通计算机系统的输出设备不同，它能够刺激或者误导人体的感官，包括视觉、听觉、触觉、味觉、嗅觉等，让人以为是在一个真实的环境中。

① 显示设备。VR 眼镜是虚拟现实中极常见的现实设备，现在又称为头显设备，可以分为两种：一种是价格便宜，搭配手机使用；另外一种是带处理芯片的、功能复杂的一体机。Google CardBoard 属于第一种，价格便宜且可以 DIY，但是要配合手机使用；HTC VR 眼镜则属于第二种，价格相对昂贵，但是体验感较好。VR 眼镜一般都是将内容分屏，切成两半，通过镜片实现叠加成像，如图 6-20 所示。这时往往会导致人眼瞳孔中心、透镜中心、屏幕（分屏后）中心不在一条直线上，使视觉效果变差，出现不清晰、变形等一大堆问题。这些问题就需要设备生产厂商通过物理调节或者软件调节的方

图 6-20 VR 视频截图

式纠正。因此不同厂商的VR眼镜效果差异很大，有些厂商由于技术不成熟，画面拖尾、粗糙，容易使体验者产生头晕、目眩甚至恶心等不良效果。

② 力反馈（force feedback）设备。当我们在体验太空舱、射击游戏时，能够感受到失重、太空降落、机枪振动等触觉感觉，主要是借助了力反馈设备。力反馈设备通过感知人的行为，由计算机模拟出相应的力、震动或被动的运动，通过机械装置反馈给体验者，这种机械上的刺激使体验者从力觉、触觉上感受到虚拟环境中的物体运动，从而在大脑中可以更加真实地形成现实体验。常见的力反馈设备包括手套、方向盘、手柄等。

力反馈设备的出现，使虚拟现实不仅是视觉体验，而且可以在交互中获得对肌肉的训练。从而使虚拟现实技术被广泛应用到医疗、航空行天技术、纳米技术等方面，在动手能力培训和娱乐方面也更加真实。大部分力反馈设备不仅是输出设备，同时也是一种输入设备，能够实现交互。

虚拟现实的输入设备还包括一些虚拟场景构建辅助设备。例如，当你体验雨林穿梭时，有可能会有一些喷淋设备，将现实中的体验者衣服打湿，以给人真实的体验感。还包括一些嗅觉体验设备，模拟一些气味给人以刺激。

（2）输入设备。在前面提到，手套、模拟驾驶、手柄等不仅是输出设备，同时也是输入设备。类似驾驶、射击发射的命令式输入，和普通的计算机一样，比较容易实现，但是对于虚拟现实来讲，有一些输入技术需要更复杂的输入系统来实现。

① 3D运动轨迹输入。在体验“节奏光剑”游戏时，手持两个操控手柄在空中舞动，这时需要把手柄在空中舞动的轨迹信息输入游戏中，实现3D运动轨迹的捕捉与数据输入。不仅如此，一些一体化头显设备，也能够实现运动轨迹的捕捉，当体验者头部运动时，也能够捕捉到运动的轨迹，从而在游戏中显示相应的画面。

② 3D扫描。在前面介绍了虚拟现实的输入和输出硬件，相比之下虚拟现实的应用还很少，其中一个主要原因就是可用的资源——也就是可以用来体验、使用的软件、视频、游戏太少。并且相对于普通视频、图片，开发成本也很高。造成开发成本高的一大原因就是，在资源开发建设过程中需要烦琐的三维建模。

三维扫描技术的出现，能够大大地简化建模的过程。三维扫描技术是一种先进的全自动高精度立体扫描技术，集光、机、电和计算机技术于一体，通过测量空间物体表面点的三维坐标值，获得物体表面的空间坐标，得到物体表面的点信息，通过软件自动记录下来这些信息，实现快速建模。在虚拟世界中创建实际物体的数字模型，又称为“实景复制技术”。三维扫描技术具有快速性、不接触性、穿透性、实时性、动态性、主动性等特性，具有高密度、高精度、数字化、自动化等优点。

除了动作追踪捕捉系统、精准定位、三维扫描外，虚拟现实设备还有一些其他的输入，包括：眼动仪，用来监控用户的注视方向、分析用户的行为或通过目视进行交互操作；光导纤维传感器，可以被缝制在手套或者衣服中，当由于手指弯曲、身体运动而导致光导纤维弯曲时，通过光纤传输的光能量将会有衰减，光能衰减的程度与光纤的弯曲程度有关，从而获取身体的运动情况；环境传感器，获取环境的数据，以便于更好地模拟环境等。因此，虚拟现实输入系统是一个很复杂的系统，尤其在医学、工业等领域，甚至需要根据场景单独开发特殊的输入设备，人们在虚拟现实发展的道路上，还需要不断地创新。

（3）生成设备。制约虚拟现实发展应用的主要原因之一就是资源的缺乏。一方面，虚拟现实本身需要大量图形计算，这就对运行虚拟现实计算机的图形处理能力要求极高，一般的个人计算机很难流畅地运行虚拟现实游戏，必须要独立显卡的支持，这就需要图形工作站。另一方面，虚拟现实文件一般较大，当前网络速度尽管较快，但还是没有足够的带宽以支持大型的虚拟现实网络游戏运行，因此现在的虚拟现实游戏大部分以单机或局域网游戏为主，这显然大大削弱了游戏的可玩性。

"图形工作站"是一种专业从事图形、图像（静态）、图像（动态）与视频工作的高档次专用计算机的总称，它其实就是一台普通的个人计算机，但是强化了图像处理能力，性能介于个人计算机和专业的图形服务器之间。从工作站的用途来看，三维动画、数据可视化处理乃至 CAD/CAM 和 EDA，都要求系统具有很强的图形处理能力。从这个意义上来说，可以认为大部分工作站都用作图形工作站。图形工作站现已被广泛地使用在以下领域。

- 专业图形图像设计、建筑 / 装潢设计，如广告图、建筑效果图。
- 高性能计算—如有限元分析、流体计算、材料模拟计算、分子模拟计算等。
- CAD/CAM/CAE，如机械、模具设计与制造。
- 视频编辑、影视动画，如非线性编辑。
- 视频监控 / 检测，如产品的视觉检测。
- 虚拟现实，如船舶、飞行器的模拟驾驶。
- 军事仿真，如三维的战斗环境模拟。

3）虚拟现实项目开发

虚拟现实系统的开发可以看作一个综合性的软件项目开发，因此其开发流程可以按照软件工程设计的软件开发流程来分解。但是虚拟现实项目也有自身特点，可以将其分解为如下步骤。

（1）可行性分析；

（2）功能分析；

（3）三维建模；

（4）互动功能实现；

（5）测试；

（6）后期运维。

下面以某校园虚拟现实体验项目为例，来说明一下虚拟现实项目设计与制作过程。

（1）可行性。虚拟现实看起来好玩，但其综合了计算机图形学、三维建模、程序设计等多门学科，需要大量的专业知识，并且需要专门的设备和图形工作站作为支持。因此，承担虚拟现实项目的 IT 公司，必须同时具备美工、UI 设计人员、建模工程师、程序员、项目管理人员等。项目建设方要有足够的预算，一方面硬件投入比较大，包括图形服务器、网络、体验设备，目前价格相对都比较高昂；另一方面开发费用高，三维建模耗时耗力，互动功能、资源整合都比较复杂，需要长时间磨合，不断测试改进。

（2）功能分析。功能分析主要是根据调研和项目建设方的要求，对功能和效果进行归纳分析。比如，表 6-2 给出了某项目中校史展览馆 VR 系统功能分析。

表 6-2 某项目中校史展览馆 VR 系统功能分析

场景	校史展览馆
开启	用户控制角色推门，可进入校史展览馆
角色	一个虚拟角色
交互动作	① 角色在校史展览馆中可以自由走动、逗留 ② 在校史展览馆中的一些主要场景中，可以停留并通过单击查看 ③ 校史展览馆的天花板、地板上面都有图画，可以通过抬头、低头查看；并且能够单击放大 ④ 在一些地方，可以通过单击声音按钮播放相关信息 ⑤ 可以查看一些特色的展品
退出	在访问过程中可随时退出
中断	能够保留上次访问场景，而且再次登录后询问是否继续

（3）三维建模。通过三维建模来建立虚拟环境。三维建模通俗来讲就是通过三维制作软件在虚拟三维空间构建出具有三维数据的模型，这项工作是 VR 系统的核心内容之一。通过获取实际环境的三维数据，根据应用的需要建立相应的虚拟环境模型。需要注意的是，三维建模不仅是虚拟现实需要，其出现得比较早，如军事上用的沙盘。它的应用早于计算机上三维图形的流行使用，并且现在已经成为一个广为人知的术语。三维建模技术的快速发展对各行各业提供了有利的帮助，尤其在工业领域，在一些机械零部件的设计和制作中得到了广泛的应用。

三维建模常用的工具软件有犀牛建模软件（Rhino）、玛雅建模软件（MAYA）和 3d Max 等，这些软件各有优缺点，不同领域的项目会选择不同软件来建模。

（4）实现动作及交互性。虚拟现实与普通三维动画、影视的一个最大区别就是互动性，也就是在虚拟的世界中，能够完成一些动作，并且进行交互。虚拟现实项目实现交互性功能的常见软件包括 Unreal Engine（虚幻引擎）、VR-Platform、Unity 等。当我们完成三维建模时，需要将模型导入这些软件中，用程序设计出相应动作、交互等方面内容。例如，在校园项目中，假如我们使用 3d Max 建模，使用 Unity 实现互动，需要按照如图 6-21 所示流程来进行项目开发。

（5）测试。如同软件开发一样，在虚拟现实项目初步完成时，也需要不断测试和修改完善，如图 6-22 所示，校园项目开发完成后，导入相应的设备中进行体验式测试。虚拟现实项目开发完成后，因为其需要软硬件配合，因此除了检测基本内容是否正确之外。还需要重点测试以下几个方面的内容：①项目中设定的动作是否与硬件操作同步，如全视角观察、人物视角移动、物体触碰、物体拾取、物体使用和菜单交互等功能，是否能通过相应的硬件进行操作，并且具有一致性；②运行是否流畅，画面质感和渲染的效果是否合适，体验者会不会产生眩晕感或者其他的不适；③对硬件需求的测试，一般来讲，虚拟现实项目对硬件的要求都比较高，要找出项目运行所需要的最低硬件配置，以指导用户进行硬件购置与安装使用。还有一些比较复杂的大型项目，如需要多人互动等，还需要多个角色同时参与互动来完成测试。

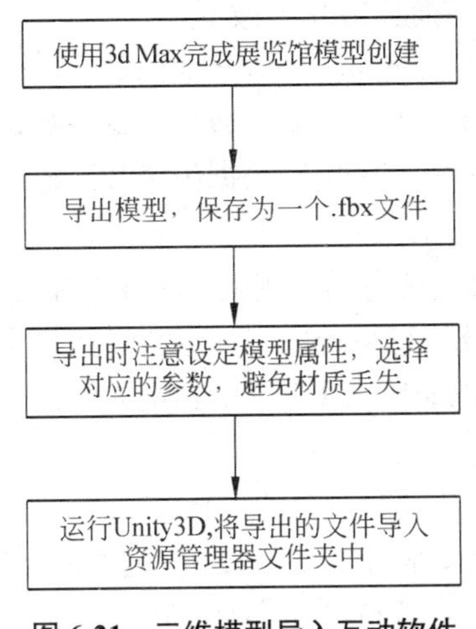

图 6-21　三维模型导入互动软件

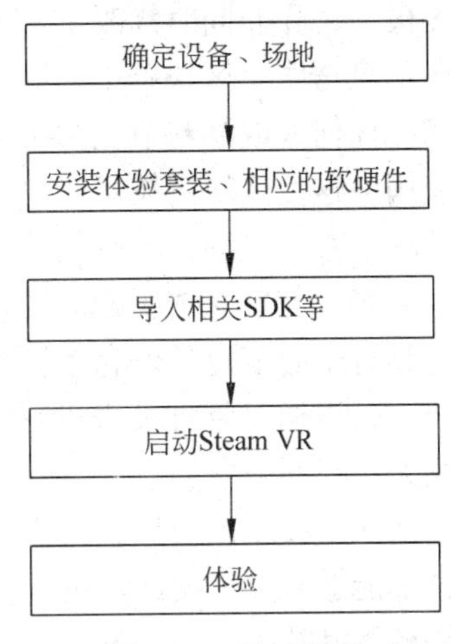

图 6-22　测试流程

7. 区块链

2008 年一位署名为“中本聪”的 ID 在 metzdowd.com 网站的密码学邮件列表中发表了一篇论文，名为 *Bitcoin: A Peer-to-Peer Electronic Cash System*。在论文中提到了 chain of blocks 一词，后来该词被翻译为区块链，现在很多文章也用 blockchain 来表示区块链。一般来讲，现在人们把区块链定义为一种由节点参与的分布式数据库系统，并且具有不可伪造、不可更改、全程留痕、可追溯、公开透明等特征。在这些特征的基础上，区块链技术奠定了坚实的“诚信”基础，创造了可靠的“合作”机制，从而使区块链技术具有了良好的发展前景。而其中最让人不可思议的是：概念的提出者、比特币之父“中本聪”只是一个虚拟 ID，迄今为止并没有找到“中本聪”本人。

1）区块链特征

区块链技术逐步发展为当前信息社会的基础技术之一，正在引领新一轮技术和产业变革。在区块链技术影响下，不断出现新方式方法，利用现有的命名、路由、数据复制和安全技术，建立一个可靠的资源共享层，解决数据共享等问题。之所以区块链技术广泛受到各国重视，是因为区块链技术具有以下几条基本特征。

（1）去中心化。区块链技术的去中心化特征表现在多个方面：在网络方面，区块链技术基于对等网络协议，对等节点具有基本相同的功能、责任，与以往的数据中心存储方式不同；在数据存储方面，数据并不是存储在某个中心节点，而是通过哈希方式分布式存储，并且每个节点都一样；在软件算法方面，无论是原有算法，还是待发展算法，都向着去中心化的方向发展。很显然，去中心化这种特征带来了避免信息泄露、便于交易等优点，尤其是在国际贸易领域，促进了交易的公平，这也是区块链技术具有良好发展前景的重要原因之一。

（2）不可篡改。区块链技术里的数据不可篡改不是绝对不可篡改，而是一种相对不可篡改。不可篡改至少体现在两个方面：①哈希算法是单向性的，不能通过修改哈希值来修改原始数据；②数据以哈希结构存储在遍布在全球各地的服务器上，篡改数据的成本和难度极大，除非同时修改了 51% 的存储，而当前算力几乎做不到。

（3）信息透明。区块链中，除了用户的私有信息被加密外，其他的数据对全网节点是透明的。任何人或参与节点都可以通过公开的接口查询区块链数据，记录数据或者开发相关应用，这使区块链技术产生了很大的应用价值。区块链数据记录和运行规则可以被全网节点审查、追溯，具有很高的透明度。

（4）匿名。与信息透明相对的是，区块链中个人信息是加密的，且对所有人不开放。这一点与具有中心节点的信息系统不同，在大部分信息系统中，如果普通用户忘记了自己的密码，可以通过管理员来进行重置；而在区块链中，以比特币私钥为例，一旦私钥丢失，则无法找回。

随着区块链技术的发展，也增加了一些新特性，如智能合约、开放性等，总而言之，这些特性都能够有效促使区块链及其相关技术向着更科学、更强大、更适用的方向发展，当前区块链及其技术已经迸发出强大的活力，在社会各行各业都有着广泛的应用。

2）区块链分类

前面提到，区块链技术具有强大的生命力和发展潜力，到目前为止，这项技术在各个领域的发展刚起步。现在根据区块链的应用情况，一般把区块链分为三类。

（1）公有链（public blockchain）。公有链是指对公众开放的、无用户授权机制，全球所有用户可随时进入进出、读取数据、发送交易的区块链。它是一种“完全去中心化”的真正分布式存储，网络中不存在任何中心化的节点。为了鼓励参与者竞争记账，公有链需要设计出相应的激励机制，从而确保区块链正常运行，同时确保数据安全性。

公有链是最早出现的区块链，同时作为大多数数字货币的基石被广泛应用，比特币、以太坊等数字货币应用都是典型的公有链。这些应用不受官方组织的管理，也不存在中心服务器，允许全世界所有个体或组织在既定规则下加入网络，能够发送交易并得到该区块链的认可。

（2）私有链（private blockchain）。私有链是指通过某个个体或组织的授权后才能加入的区块链。私有链中参与节点的数量有限，且节点权限可控，虽然写入权限被严格控制，但是读取权限可根据需求有选择性地对外开放。私有链的交易速度比其他任何区块链都快，并且交易成本低、隐私保障性好。在前面举例中，区块链电子发票就是私有链，采用这种方式，可以有效地在全国范围内解决不同行业、不同区域的发票管理问题，防止虚开发票、开假发票，减少企业负担，提高税务管理效率。

（3）联盟链（consortium blockchain）。联盟链是一种介于公有链与私有链之间的区块链技术，针对一些特定群体的实体机构或组织提供上链服务，同时通过内部指定多个节点为记账人，但这些节点由所有节点共同决定。在某种程度上，联盟链也属于私有链，只是私有化程度不同，实现了部分“去中心化”。相比较于前两者，联盟链对共识机制或者网络环境有一定要求，因此交易性能更高。总体来说，公有链的开放程度最大，而私有链以及联盟链则开放程度有所限制。

联盟链记账者一般是机构级角色。联盟链要求记账者身份可知，参与者们经过许可才能接入网络，他们之间是一种合作博弈的关系。联盟链通常会引入现实世界里的身份信息作为信用背书，如工商注册信息、商业声誉、承兑信用、周转资金，或者行业地位、执业牌照、法律身份等，参与者在链上的一切行为均可审计、追查，前面区块链电子身份证一般属于联盟链技术。

除了上述分类方式和类型以外，区块链技术还有一些分类方式，如根据应用范围，可以划分为基础链、行业链；根据原创程序，可以划分为原链、分叉链；根据独立程度，可以划分主链、侧链；也可以根据层级关系，划分为母链、子链。

3）比特币

区块链技术诞生于中本聪的一篇论文，在这篇论文中，中本聪将比特币产生过程比喻成矿工挖矿。简单来说，挖矿就是产生一个新区块的过程。当然这个过程非常复杂，区块链是超级分布式账本，是由公共、串联的链接列表组成的一种数据结构，以块为单位将历史交易记录采取分布式的方式存储在对等网络上。并且在存储过程中使用Merkle树来存储事务，同时还存储着相对时间戳和前一个块的哈希值。这就导致如果需要在区块链中添加一个新区块，则会造成某个区块中的交易被篡改，则该区块的哈希值会更改，这样则需要更改后续区块的内容，因为每个区块都包含前一个区块的哈希值，如图6-23所示。

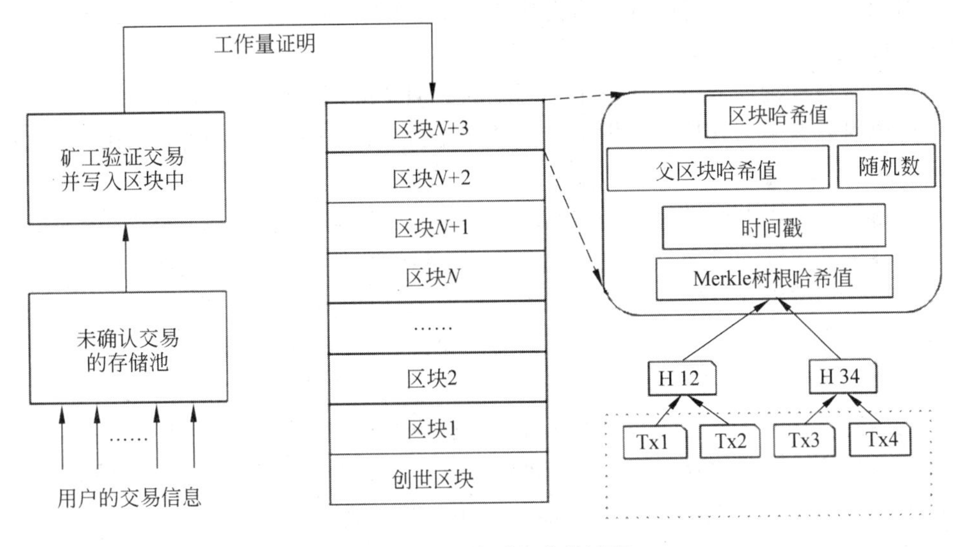

图6-23 比特币产生的过程

相比较于比特币产生过程，比特币交易系统更为复杂，也是比特币系统中极为核心的部分。通过中本聪对比特币系统的设计理念可知，比特币交易系统中的核心即比特币交易的生成、比特币交易在网络中的传播、节点对比特币交易的验证、比特币交易被添加进区块（即交易完成），其他所有部分都是为比特币交易服务。图6-24给出了比特币交易的过程。

从比特币的产生、交易整个过程中，我们了解到区块链技术起源于比特币，同时中本聪将比特币描述为："一个不依靠信任的电子交易系统"（A system for electronic transactions without relying on trust）。设立的初衷是为了促进交易的公平性，建立一种依赖算法的信任机制。比特币包括其理念有一定的先进性，同时也具有以下缺点。

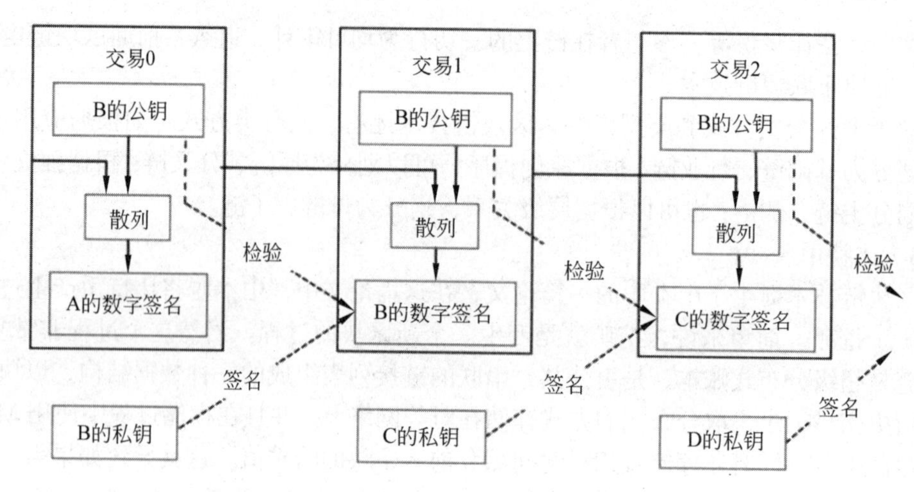

图 6-24　比特币交易过程

（1）由于其技术复杂性，很多普通人难以理解，一些不法分子利用该项技术进行欺诈，骗取钱财。比如，大肆吹捧手机挖矿、笔记本挖矿等，进而推广一些 App，甚至是种植木马程序，给很多人造成损失。

（2）尽管从理论上来讲，比特币是安全的，但是最近几年，因为技术原因导致比特币被盗窃也时有发生，并且一旦发生，数额就比较大，这也在一定程度上阻碍了比特币的应用。

（3）尽管比特币的交易过程是透明的，但是对交易的人是保密的，这样容易给一些金融不法分子洗黑钱的机会，这也是大多数国家抵制比特币的一个重要原因。

（4）比特币建立在算法基础上，尽管目前看来这种算法相对先进，但是不排除未来更先进的算法取代现有算法的可能性，这样会导致比特币体系直接崩溃。

通过本小节的学习，我们要明白区块链并不等同于比特币等虚拟货币，区块链技术实际上是开创了一种在不可信的竞争环境中，低成本建立信任的新型计算范式和协作模式，其技术在各行各业的应用将有助于推动社会组织和个人的诚信，为社会的发展保驾护航。国家非常重视区块链技术的发展和应用，2019 年 10 月 24 日，中共中央政治局就区块链技术发展现状和趋势进行专题集体学习。学习中提出区块链技术的集成应用在新技术革新和产业变革中起着重要作用，我国要把区块链作为核心技术自主创新的重要突破口，明确主攻方向，加大投入力度，着力攻克一批关键核心技术，加快推动区块链技术和产业创新发展。

任务实施

政府组织负责对辖区内民众进行管理和提供服务，随着全球化和信息化的发展，政府的理念和模式也要不断进行改进甚至重构，这种变化是一个长期过程，并且随着信息化的发展还将进一步发展。这种制度、技术、方法、手段、理念的变迁是一个复杂系统的变迁，前期主要表现在政府由传统的办公手段向信息化办公手段的转变上，即通过信息化手段来进行管理、优化相关的规定和流程、提高办公的效率，形成了一个高效有序的信息化政府。在走上信息化道路的过程中，也逐步推动流程和理念的重构，促使政府向着一个更加公平、公正、公开的角度转化。对于政府而言，电子政务不仅是一次技术上的进步，更是政府组织的转变，是整个社会的进步。

由于电子政务具有数据量大、业务需要互联互通、硬件集中建设等特点，非常适合云计算技术的应用。当前电子政务的建设已经离不开云计算平台支持，并且通过大数据、人工智能、区块链等技术的综合应用，为政府网站建设、业务系统、办公平台、政务数据中心、云桌面等方面提供了基础。图 6-25 为云计算技术在电子政务中的应用情况。

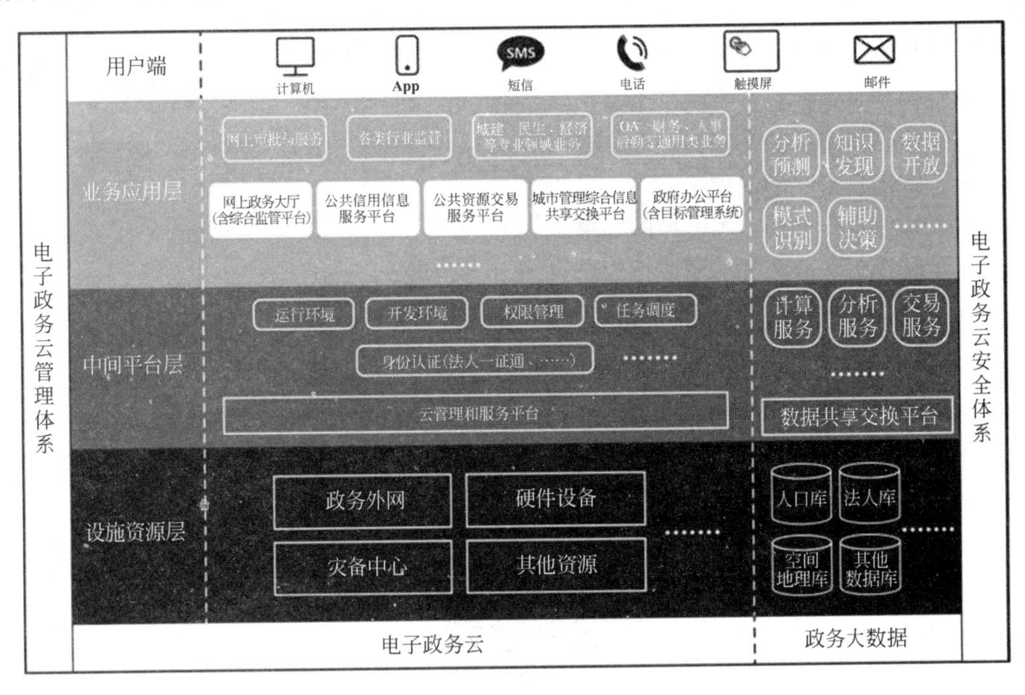

图 6-25　云计算技术在电子政务中的应用情况

随着新一代信息技术的应用，政府服务面向辖区内所有居民，对居民管理和提供的服务越来越趋向于个性化和精细化。智能推荐系统、智能决策系统、预测系统等技术和手段在政府系统中得以推广和应用，政府主动服务意识也不断提升。通过数据中心建设，业务系统之间互相打通，类似提取公积金、企业审批、个人事项审批等业务，都能够通过手机、计算机终端，足不出户即可办理。并且办理速度不断提升，推动了社会效率的提高。通过新一代信息技术的应用，提高了政府服务水平，也真正地改善了人民的生活。

第 6 章综合实训 .pdf

第 6 章综合实训 .mp4

第 7 章　信息产业与信息素养

【学习目标】

- 掌握信息与信息技术的基本概念。
- 掌握信息素养的基本概念和主要内容。
- 了解信息产业职业理念。
- 了解信息安全及自主可控的要求。
- 了解相关法律法规与职业行为自律。
- 了解职业生涯发展与创新创业。

7.1　了解信息产业

请扫描下面的二维码学习本部分内容。

7.1　了解信息产业 .pdf

7.2　信息素养与社会责任

请扫描下面的二维码学习本部分内容。

7.2　信息素养与社会责任 .pdf

7.3　职业生涯设计

请扫描下面的二维码学习本部分内容。

7.3　职业生涯设计 .pdf

7.4　创新与创业

请扫描下面的二维码学习本部分内容。

7.4　创新与创业 .pdf

第 7 章综合实训 .pdf

第 7 章综合实训 .mp4

参 考 文 献

[1] 朱意 ."互联网+"视域下现代高校网络思政教育创新研究——评《网络信息安全基础》[J]. 中国科技论文，2020, 15(4).

[2] 李国良 . 流程制胜——业务流程优化与再造 [M]. 北京：中国发展出版社，2009.

[3] 王冠,王翎子,罗蓓蓓 . 网络视频拍摄与制作：短视频、商品视频、直播视频(视频指导版)[M]. 北京：人民邮电出版社，2020.

[4] 黄立威，江碧涛，吕守业，等 . 基于深度学习的推荐系统研究综述 [J]. 计算机学报，2018, 41(7).

[5] 张俊林 . 大数据日知录：架构与算法 [M]. 北京：电子工业出版社，2014.

[6] 陈建华 . 基于 3DSMAX 的虚拟现实建模技术 [J]. 漳州师范学院学报：自然科学版，2002, 35(3).

[7] 陈帼鸾，陆雷敏，何灵辉，等 . 基于 HTC VIVE 虚拟校园漫步系统——以中山职业技术学院为例 [J]. 中国科技信息，2017(10).

[8] 池仁勇 . 项目管理 [M]. 2 版 . 北京：清华大学出版社，2009.

[9] 张力 . 基于 Zig Bee 无线通信技术的物联网智能家居系统设计 [J]. 通信技术，2019(11).

[10] 孙锦全，石峰 . 基于 NB-IoT/LoRa 的工业环境安全监测系统设计 [J]. 传感器世界，2018, 24(11).

[11] 浙江大学 SEL 实验室 .Docker 容器与容器云 [M]. 北京：人民邮电出版社，2015.

[12] 苏为斌 . CICOS 工业云智能控制系统的研究与开发 [D]. 济南：山东大学，2019.

[13] 朱晨鸣，王强，李新 . 5G：2020 后的移动通信 [M]. 北京：人民邮电出版社，2020.

[14] 陈虎，孙彦丛，赵旖旎，等 . 财务机器人——RPA 的财务应用 [M]. 北京：中国财政经济出版社，2018.

[15] 张晨宇 . 机器学习和网络嵌入算法在电力系统暂态稳定、电压稳定评估中的应用 [D]. 杭州：浙江大学，2019.

[16] 王广辉 . 基于机器视觉的电信插线测试机器人设计 [D]. 哈尔滨：哈尔滨理工大学 , 2011.

[17] 段峰，王耀南，雷晓峰，等 . 机器视觉技术及其应用综述 [J]. 自动化博览，2004,19(3).